"十四五"时期国家重点出版物出版专项规划项目
先进制造理论研究与工程技术系列

人工智能高级实践——冰壶机器人

Advanced Practice of Artificial Intelligence——Curling Robot

金　晶　倪艳姝　姜　宇　李丹丹　张　浩　编著

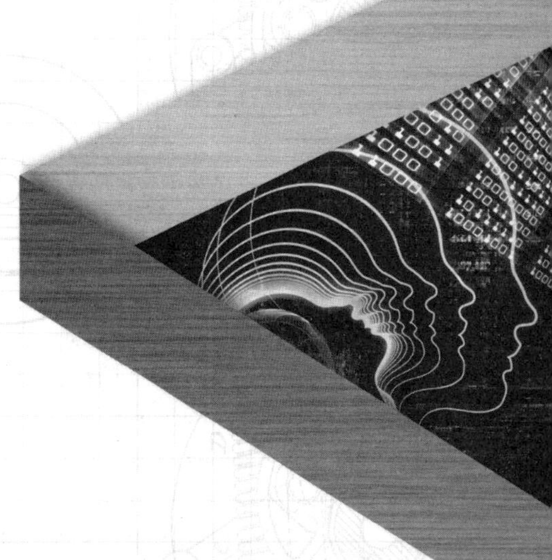

哈爾濱工業大學出版社
HARBIN INSTITUTE OF TECHNOLOGY PRESS

内 容 提 要

本书以冰壶机器人智能感知、智能控制与智能决策为研究对象，系统和深入地介绍冰壶机器人系统的功能实现，可全面锻炼和提高读者的 AI 解决问题能力。基于人工智能平台开展冰壶机器人的运动控制，在 ROS 框架下对冰壶机器人进行驱动测试；介绍了机器视觉的关键技术和基于深度学习的经典抓取检测算法，实现对冰壶的抓取；同时，对目标检测与跟踪算法进行介绍，基于冰壶运动的数据集，训练目标检测与跟踪网络，实现目标跟踪和运动轨迹可视化，实时获取场上冰壶的分布信息；使用数字冰壶仿真平台，通过强化学习的方法对冰壶投掷策略进行快速学习，可迁移到实际场景中，在线分析当前局面并生成投掷策略；最后，介绍了 SLAM 与导航的基本理论，具体的原理框架，并结合实际应用将 SLAM 导航技术应用于冰壶机器人。

本书可作为高校机器人、人工智能及相关专业的实践类教材，也可供对机器人开发感兴趣的读者阅读。

图书在版编目(CIP)数据

人工智能高级实践：冰壶机器人/金晶等编著. —
哈尔滨：哈尔滨工业大学出版社，2024.7
(先进制造理论研究与工程技术系列)
ISBN 978-7-5767-1078-6

Ⅰ.①人… Ⅱ.①金… Ⅲ.①智能机器人-研究
Ⅳ.①TP242.6

中国国家版本馆 CIP 数据核字(2023)第 196966 号

策划编辑 杜 燕
责任编辑 谢晓彤
封面设计 王 萌
出版发行 哈尔滨工业大学出版社
社 址 哈尔滨市南岗区复华四道街 10 号 邮编 150006
传 真 0451-86414749
网 址 http://hitpress.hit.edu.cn
印 刷 黑龙江艺德印刷有限责任公司
开 本 787 mm×1 092 mm 1/16 印张 22 字数 482 千字
版 次 2024 年 7 月第 1 版 2024 年 7 月第 1 次印刷
书 号 ISBN 978-7-5767-1078-6
定 价 98.00 元

前　　言

在人工智能领域迅速发展的趋势下，自动化、人工智能和无人系统等技术对于人才培养的目标和过程提出了新的要求。实践成为掌握技能和获得真实经验的关键。培养学生的实践能力意味着提供机会让学生接触和应用人工智能技术，将行业的最新趋势和技术融入实践教学中，培养适应行业需求的人才。本书旨在为对人工智能和机器人技术感兴趣的读者设计，尤其是对冰壶机器人感兴趣的读者。冰壶机器人是一个复杂而具有挑战性的领域，本书将带领读者从零开始，逐步学习和掌握冰壶机器人各个方面的知识和实践技能。

本书主要介绍冰壶机器人的相关知识和实践技术。从介绍冰壶运动的场地及规则、投掷策略、技战术入手，介绍了冰壶机器人的技术能力，让读者对冰壶运动和冰壶机器人有一个清晰的认识。然后介绍了冰壶机器人的硬件平台和软件平台，包括机器人系统组成、系统的操控、操作系统刷写和 ROS 机器人操作系统的搭建等内容，为后续的实践项目奠定基础。随后的章节深入探讨了冰壶机器人的图像处理、目标检测与跟踪、深度学习和博弈策略等实践技术。读者将学习到视觉抓取、手眼标定、物体识别、位姿估计以及基于深度学习的抓取检测网络和冰壶机器人的投掷策略设计等技术。最后，读者将学习冰壶机器人的 SLAM 导航实践，包括 SLAM 的基本理论、算法的搭建以及自主导航系统的搭建等。通过实验，读者将亲自实践并体验冰壶机器人的 SLAM 导航技术。

本书旨在帮助读者全面理解冰壶机器人的原理和技术，并通过实践项目的指导，掌握各种实用技能，将学到的知识应用到实际场景中。随着人工智能技术的不断迭代和更新，期待读者能够实现冰壶机器人系统功能的持续优化和完善。

由于作者水平所限，书中的疏漏在所难免，敬请读者批评指正。

作　者

2024 年 3 月

于哈尔滨工业大学

目　　录

第1章　初识冰壶机器人

冰壶运动是一种集体性同场竞技项目，不仅要求运动员具备高超的技术能力、超凡的体能、坚强的意志、稳定的心理能力、默契的协作能力，还需要运动员有适应对手不同技战术特点、瞬息万变的比赛情境的能力，以及战术选择和运用的能力。

现如今，社会的发展与进步正不断影响我们生活的每个角落，竞技体育也正逐渐从社会科技高速发展中受益，利用机器人技术及人工智能技术去突破竞技体育中的核心技术，从而科学指导运动员训练、研制运动辅助装备陪练来推动竞技体育更好地发展。冰壶运动以其智力性更强、不确定性更强为特点，是人工智能技术应用的典型场景。很多基于人工智能的学习系统都在虚拟环境或是严格控制的实验室环境中运行，将冰壶运动与机器人及人工智能技术结合，冰壶机器人是一次“AI适应现实环境”的尝试。

冰壶机器人的决策思维和操作动作都与运动员十分相似，未来有望成为专业“陪练员”，为运动员的日常训练提供参考和辅助。

1.1　冰壶运动的场地及规则

冰壶为圆壶状，由不含云母的苏格兰天然花岗岩制成，坚硬且耐撞，周长约为91.44 cm，高（从壶的底部到顶部）为11.43 cm，质量（包括壶柄和壶栓）最大为19.96 kg。

冰壶运动是一项在冰上进行的以投壶为主、擦冰为辅的集体运动，是以技能为主的智能型项目。同时，它也是一项动静结合、凝聚集体智慧的运动。冰壶素有“冰上象棋”的美誉，并需要体操运动员的平衡感、芭蕾舞演员的优雅、射击队员的稳定心理、赛跑运动员的力量、围棋大师的智力。

1. 冰壶运动的场地

因为冰壶运动是一种技巧性项目，运动员在竞技中要运用多种技法、战术，对冰壶运行的弧线、旋转都有一定的要求，因此，冰壶运动对场地的平整度、光滑度、室温、冰温的要求较高。为适应冰壶在冰面上转动，其冰面比一般滑冰的冰面要硬，而且对平滑度要求更高。比赛前，制冰师要在冰面上均匀地喷洒一层3 mm左右的小水滴，凝结为小冰珠后，能够增加赛道的平滑度。运动员使用擦冰刷会使小冰珠融化，使冰面更滑，冰壶的运行轨迹因此得以控制。冰壶赛道的横截面积是 U 形的,能够帮助运动员打出漂亮的弧线球,使得冰壶比赛更具欣赏性、技术性。

冰壶赛道两条端线内沿之间的长度约为 45.72 m,赛道两条边线内沿之间的最大宽度约为 4.75 m。冰壶比赛场地平面图如图 1.1 所示,在赛道的两端,在冰面内有几条清晰可见的平行线。

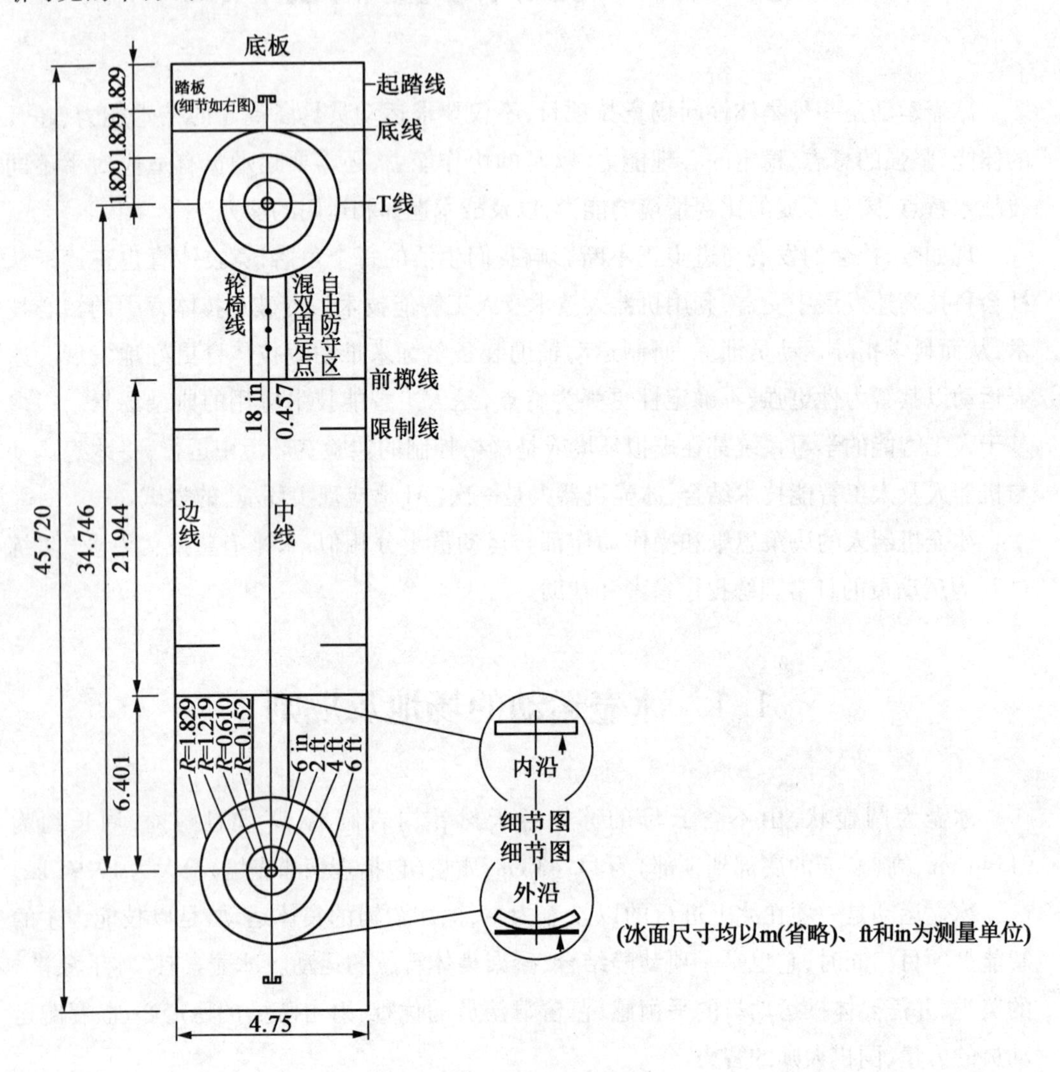

图 1.1 冰壶比赛场地平面图

ft—英尺,1 ft = 0.304 8 m;in—英寸,1 in = 2.54 cm

(1) T 线,最大宽度为 13 mm,其中心点距赛道中心点 17.375 m。

(2) 底线,最大宽度为 13 mm,其外沿距 T 线中心点 1.829 m。

(3) 前掷线,宽 102 mm,其内沿距 T 线中心点 6.401 m。

(4) 中线,最大宽度为 13 mm,交于 T 线中心点,并沿 T 线正中向外延伸 3.658 m。

(5)起踏线,长457 mm,最大宽度为13 mm,与T线平行,位于中线的两端。

(6)限制线,长152 mm,最大宽度为13 mm,与前掷线平行并距前掷线外沿1.219 m,在赛道两端。

轮椅冰壶项目中,赛道两端有两条细线,与中线平行且在中线的两侧。这两条线从前掷线到最近圆的最外侧。每条线的外沿到中线的距离为457 mm。轮椅线有助于运动员在起滑时将冰壶放置好。

2个踏板位于起踏线上,分置中线两侧,每个踏板的内沿距中线76 mm。大本营中心即圆心位于T线与中线的交叉点。以此为中心,赛道两端各有一个由4个同心圆组成的大本营,最大的圆外沿的半径为1.829 m,第二个圆的半径为1.219 m,第三个圆的半径为610 mm,最里面圆的半径最小为152 mm。比赛端T线与前掷线之间、大本营之外的区域被称为自由防守区。

2. 冰壶运动的比赛规则

冰壶比赛各队由4名运动员组成,每场设10局,每局比赛双方各有8个冰壶。每队拥有38 min的思考时间考虑80个冰壶的战术选择。每支队伍的4名运动员分别担任一垒、二垒、三垒和四垒,每人投两球,且每名队员有着相对明确的分工:一垒负责投冰壶,二垒和三垒负责擦冰,四垒负责决策和指挥。在比赛过程中,各队队员需要实时地交流配合,才能完成一次精准的投壶动作。首先,由四垒观察场上冰壶的分布情况,分析局面并做出决策,然后通过手势给一垒传递战术、点位、力量等投壶指令。一垒收到指令之后,瞄准点位,然后投壶,并且需要将出手力度反馈给二垒和三垒。二垒和三垒需要时刻观察冰壶的运动状态并反馈给四垒,四垒做出判断,并下达是否擦冰的指令,二垒、三垒根据指令进行擦冰动作。综上,完成一次完整的投壶动作,投出的冰壶会影响目前场上的局势,后续四垒会根据新的场面局势给出新的投壶指令。冰壶运动员的投壶流程如图1.2所示。

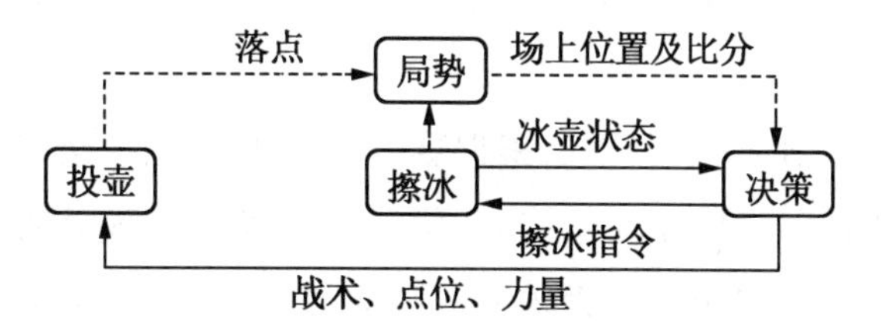

图1.2　冰壶运动员的投壶流程

每局比赛中,双方利用各种投壶技术进行对抗,结束后计算分数。在完成1局比赛后,某队的冰壶位于或接触大本营,并且比对方的所有冰壶都要更接近圆心,则该队每个达标的冰壶记作1分,比赛的结果由每局的得分累加。只有在每局第5次投壶的时候可以击打其他壶,但是不能将自由防守区的壶击出边线和底线。如果在第6壶投掷之前,由投壶直接或间接导致对方的壶从自由防守区移到出局的位置,则该投出的壶拿开,其余被触及的壶将由未违例队伍放回违例发生前的位置。由于冰壶比赛记分的特殊性,因此后手方具有天然的优势。在每局结束后,上局的赢家将成为下局比赛的先手,若上局比分均为 0,则投掷顺序保持不变。

冰壶比赛得分举例如图 1.3 所示,图 1.3(a)中,离营垒圆心处最近的是红方(用斜线表示)的 1 个冰壶,则此局红方得 1 分;图 1.3(b)中,离营垒圆心处最近的是蓝方(涂黑表示)的 3 个冰壶,则此局蓝方得 3 分。

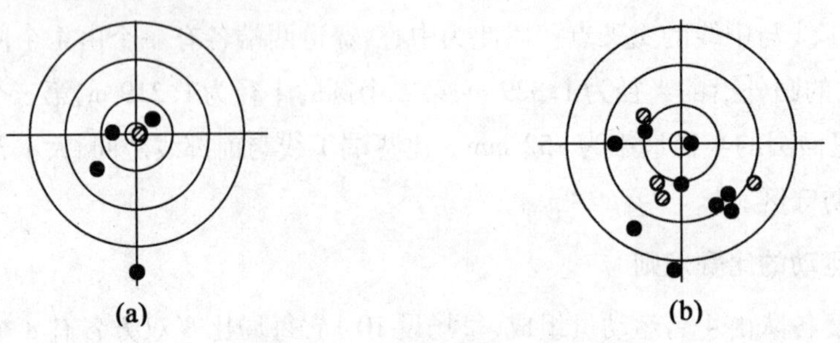

图 1.3 冰壶比赛得分举例

1.2 冰壶运动的投掷策略

冰壶比赛是多局比赛,根据不同的局数以及此前几局的胜负状态,各局的战术策略必然是不同的。总的来说,会将比赛分为以下三个阶段。

(1)非决胜阶段:冰壶比赛的前几局,一般主要是防守为主,熟悉场地状态与对方临场状态。

(2)次决胜阶段:冰壶比赛的中间几局,制定符合本队的进攻战术,为后几局争取比分优势。

(3)决胜阶段:冰壶比赛的后几局,根据剩余的局数,实时决策,赢得比赛的胜利。

因为是所有人投掷完成后才开始记分,所以后手投掷的队伍拥有巨大优势,可以根据场上的冰壶球分布来专门制定投掷策略。因此,先手方一般为防守方,目标是让对方最多只得 1 分,或趁机在本场得分;而后手方则为进攻方,目标是让己方尽可能多地获得分数,最终只得 1 分的话,就算是本局进攻失败。和通常的直观理解相反,冰壶比赛中的防守战术是指将冰壶投掷到大本营内,诱导对方进行击打。而进攻战术则是指将冰壶投掷到自由防守区进行占位,为后续布局抢占先机。

运动员通过改变投壶时的力度和旋转方向可以达到不同的战术目的,一般将投掷策略分为“慢壶”和“快壶”。冰壶比赛中最常用的 12 种投掷策略见表 1.1。比赛中选择高难度投壶技术的回报高,但风险也高,如"粘贴"和"传击"对投壶者的能力有较高要求,这些技术的准确应用和稳定发挥常作为判断队伍实力的重要指标。不同垒次应擅长不同的投壶技巧,如一垒应擅长投准并能准确地处理对方的第一个壶;二垒要擅长快壶技术,包括击打、击走、清空、双击或三击等;三垒应具备更强的得分能力;四垒作为队伍的指挥,在做出清晰准确判断的同时应具备投出制胜壶的终结能力。

表1.1　冰壶比赛中最常用的12种投掷策略

投掷策略		具体含义
慢壶	投进	投进营垒的有效冰壶
	占位	投在非营垒区的冰壶
	保护	挡住可以击打营垒区内得分壶路线的冰壶
	传进	将己方冰壶传进的同时保护了己方冰壶
	分进	将己方冰壶传进得分区或者清理对方的保护壶
	粘贴	将冰壶投掷粘贴于指定冰壶旁
快壶	击打	将对方冰壶打出后,停留于其位置上的冰壶
	击走	除了将对方冰壶打出之外,还能占据不错的防守位置或得分
	清空	将对方与己方的冰壶同时击出局
	双击	将对方两个或两个以上的冰壶击出的同时留在营垒内的冰壶
	传击	通过击打产生的多壶碰撞将对方冰壶击出的同时使己方冰壶占据优势位置
	溜壶	故意不接触任何冰壶的投法

1.3　冰壶运动的技战术与挑战

冰壶竞技战术是指在冰壶比赛中为战胜对手或为得到期望的比赛结果而采取的计谋和行动。它是冰壶运动的重要组成部分,是比赛中发挥集体力量和个人作用的手段。冰壶竞技战术的目的是把队员组织起来,保证整体实力和特长的发挥,制约对方,掌握比赛的主动权,争取比赛的胜利。综合国外权威研究综述得出如图1.4所示的高水平冰壶运动员核心竞技能力要素图,由图1.4可以看出,战术能力处于核心位置,显示出其对于比赛成败的重要性。这强调了战术不单单关乎技能的运用,更关乎如何通过策略性的思考,将技术、力量和心理准备整合起来,以应对比赛中的各种挑战和对手的不同战术布置。

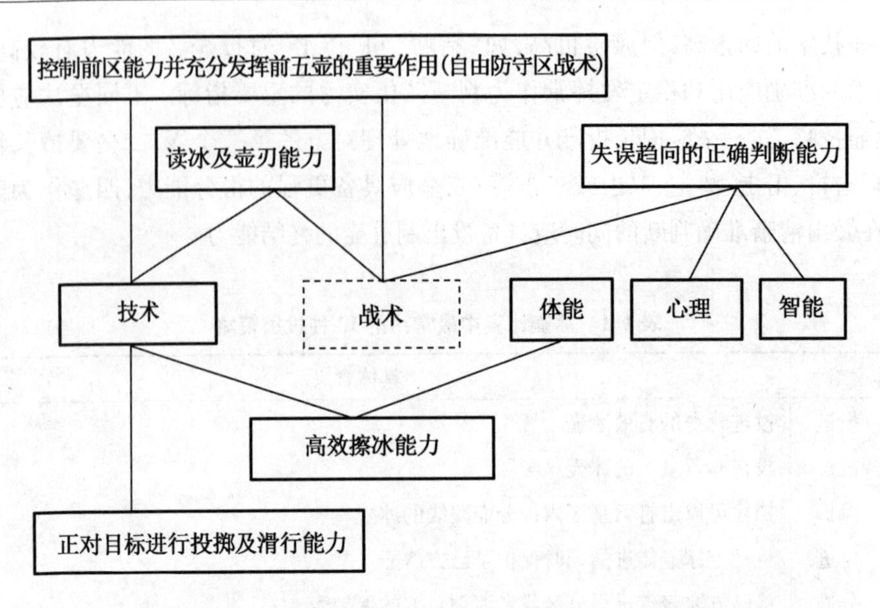

图1.4 高水平冰壶运动员核心竞技能力要素图

1. 投壶精准性

根据近几年的世界女子冰壶锦标赛和2014年冬季奥林匹克运动会的冰壶场地滑涩度的测试,4次比赛中,壶体通过前掷线后到达预定区域的时间基本相同。两端前掷线距离相等,时间相同,可以确定壶体的运行速度基本相同。可将以上比赛得出的壶体运行速度视为标准速度,壶体通过两端前掷线的运行时间视为标准时间。在标准赛道上,投壶力量取决于壶体的出手速度,可由壶体通过两端前掷线的时间作为到达预定区域的参考值,见表1.2。由表1.2可归纳出投壶力量数据,为运动员、教练员在训练和比赛中提供借鉴,也可作为投壶力量选择的标准。运动员要经过多年的专业训练,才能达到相应的投壶精准性要求。

表1.2 投壶力量与对应的壶体通过两端前掷线的时间

投壶力量	时间/s
清场力量(peel weight)	大于10.5
场外线力量(barrier line weight)	10.5左右
脚板力量(hack weight)	11.5左右
底线力量(back line weight)	12.5左右
后区力量(back - house weight)	12.5~13.5
T线力量(T - line weight)	13.5左右
前区力量(front - house weight)	13.5~14.5
占位力量(guard weight)	14.5~17.5

2. 具备快速适应冰道和壶印的能力

冰壶场地受当地气候条件、室温、湿度、制冷温度等因素影响，每个冰壶场地的情况都存在或多或少的差异。由于冰壶材料采于天然理石，因此每个壶体也会存在细微的差别。在每次比赛前，给予运动员在每条赛道 15 min 的场地适应训练和每场比赛前所在赛道 10 min 的练习，如果不能熟悉和了解场地的滑涩度、弧线、壶印的实际情况，则在比赛中很难取胜。表 1.3 为国内外冰壶场地滑涩度情况的对比，揭示了不同地区冰壶场地的显著差异。以表 1.3 作为参考标准，有利于运动员在赛前训练中迅速掌控投壶力量以及赛道的滑涩度情况。

表 1.3　国内外冰壶场地滑涩度情况的对比

场地所在地区	通过底线与近端前掷线的时间/s		
	占位时	进营时	击打时
国外	3.6 ~ 3.7	3.4 ~ 3.5	2.9 ~ 3.1
国内	2.8 ~ 2.9	2.5 ~ 2.7	2.1 ~ 2.4

3. 具备瞄点上线滑行的能力

无论是在冰壶训练还是在比赛中，无论是高水平运动员还是初学者，瞄点上线滑行都是最重要的内容之一，战术完成效果与滑行是否上线有直接关系。从踏板处蹬冰出发，由于壶的运行距离较长，因此，即使是细微的改变，也会影响壶体最终的效果，所谓“失之毫厘，差之千里”。

4. 具备出色的擦冰和预判能力

任何一支优秀的队伍都会有非常出色的擦冰员。负责冰壶投掷的运动员仅仅是控制了壶体滑行的前 4 s，而剩下的 20 s，就需要负责擦冰的运动员进行控制，包括判断壶体的运行速度、观察壶体的旋转效果、保证壶体的运行线路清洁、利用擦冰延长壶体的运行距离，或利用顶线和下线擦冰微调壶体的运行轨迹。因此，冰壶运动也是唯一一项在运动器材离开运动员肢体后，其抛物线轨迹仍可以被运动员利用器械所影响的运动。

5. 冰壶战术种类的多样性

随着冰壶比赛竞争逐渐激烈，场次的增加，对手状态的变化，在比赛中，为了适应各种临场突发情况和不同形式的攻守战术，需要不断提高和创新战术方法。为了顺利完成比赛中的战术任务，要熟练地掌握多样化的战术形式与方法，如先手中路进攻战术、先手中路防守战术、后手边路进攻战术等，才能争取场上主动权。所以，冰壶战术种类的多样性表现了现代冰壶战术的根本特征。

6. 运动员的体力与心理

冰壶运动员需要将重达 20 kg 的冰壶滑过 45 m 长的冰面，并准确地定位在大本营中。运动员的体力与心理对执行能力、判断能力和预测能力都有影响。在运动员的体力方面,冰壶比赛通常持续2.5~3 h,期间运动员反复擦冰和投壶都会造成体能的大量消耗。运动员的平衡能力与核心力量分别影响着投壶的准确性及擦冰时的力量输出。其中,肩部和上肢力量对擦冰效果,下肢力量对擦冰和投壶技术的稳定性,核心力量和柔韧性对冰壶运动中的力量传导和动作幅度均发挥积极作用。在运动员的心理方面,冰壶运动对运动员的心理稳定性、速度感觉能力都要求较高,是自我心理对抗较强的运动项目。

1.4 冰壶机器人的技术能力

通过对冰壶运动的了解可知,要实现机器人打冰壶球并不容易,因为机器人需要有快速移动的能力、灵活的手脚,对环境可以感知,对战局可以决策。总之,需要从机器人的本体和大脑同时进行设计,完成检测定位、规划、行为控制与执行等多功能于一体的综合系统。研究把冰壶投掷过程中的变量转化为人工智能可以通过学习完成建模的参数,实现冰壶机器人精准的投壶动作。冰壶机器人应具备以下技术能力。

(1)灵活运动的能力。机器人需要具备快速移动的能力,以便适时调整投掷位置和角度。

(2)精准执行的能力。机器人需要能够准确执行投掷动作,确保投掷的精准度和一致性。

(3)对环境的适应能力。机器人需要能够感知周围环境的变化,并且能够灵活地调整自身的行为以适应不同的环境。

(4)对战局的预测能力。机器人需要具备对战局的预测能力,根据场上的局势和对手的动作做出合理的决策。

(5)路径规划与运动控制。机器人需要能够规划最佳的移动路径,并且具备精准的运动控制能力,以实现冰壶的精准投掷。

(6)自主决策与学习能力。机器人需要具备自主决策的能力,并且能够通过学习不断改进和优化自身的行为策略。

综上所述,要实现冰壶机器人,需要具备多项技术能力,并且需要从机器人本体到智能大脑进行综合设计,以实现精准、稳定和智能化的投掷动作。

第2章　冰壶机器人的硬件平台

2.1　冰壶机器人系统的组成

1. 机器人的定义与组成

机器人是自动执行工作的机器装置，它既可以接受指挥，又可以运行预先编排的程序，也可以根据人工智能技术制定的规则行动。它的任务是协助或取代人类工作，例如生产业、建筑业，或是危险的工作。机器人工业协会（RIA）定义，机器人是用以搬运材料、零件、工具的可编程的多功能操作器或是通过可改变的程序动作来完成各种作业的特殊机械装置。机器人系统组成框架如图2.1所示，包含控制系统、驱动系统、传感系统、执行机构四大部分。

图2.1　机器人系统组成框架

（1）控制系统。

控制系统由计算资源丰富的处理器硬件和应用软件组成，是智能机器人的核心。机器人包含多个自由度，每个自由度均包含一个伺服机构。在控制过程中，各个关节必须协调运动,组成一个多变量的控制系统。机器人各变量之间存在耦合且其参数可能产生变化,在控制过程中,不仅要依靠位置闭环实现高精度的控制,还要利用速度和加速度闭环。系统中还常使用重力补偿、前馈补偿和自适应控制等方法。

(2)驱动系统。

驱动系统保证机器人中各执行设备正常运行,由电机驱动器来动态地调整电压和电流,使执行机构准确地运动。电机配套的驱动系统由驱动板卡和控制软件组成。普通的直流电机使用电机驱动板,工业上常用的220~380 V伺服电机使用专业的伺服驱动器。

(3)传感系统。

传感系统分为内部传感和外部传感,使机器人具备感知自身和环境信息的能力。内部传感器感知机器人的自身状态,如里程计计算轮子转速和累积位移,陀螺仪感知机器人自身的角加速度,加速度计感知机器人在各个方向上的加速度来判断运动趋势,力传感器感知机器人自身与外部的相互作用力度。外部传感器帮助机器人感知外部信息,如可见光摄像头采集的彩色图像,红外摄像头在没有光线的情况下可感知夜间的外部环境,激光雷达、声呐、超声波等距离传感器感知某个范围内的障碍物距离。

(4)执行机构。

执行机构由电机和伺服装置带动机械装置来完成动作。例如,汽车中完成动力分配的传动系统中的差速器、驱动机器人的关节电机、抓取物体的吸盘夹爪等。

一个典型的机器人控制系统框图如图2.2所示。该闭环控制系统框图展示了机器人控制的基本过程:首先,将期望与实际输出比较以计算误差,然后控制器根据误差生成控制信号,通过驱动系统驱动执行器(如机械臂)进行调整。传感器测量实际输出并反馈,以不断校正误差,实现对系统的精确控制,确保实际输出逐渐达到期望,即使受到外界干扰影响。

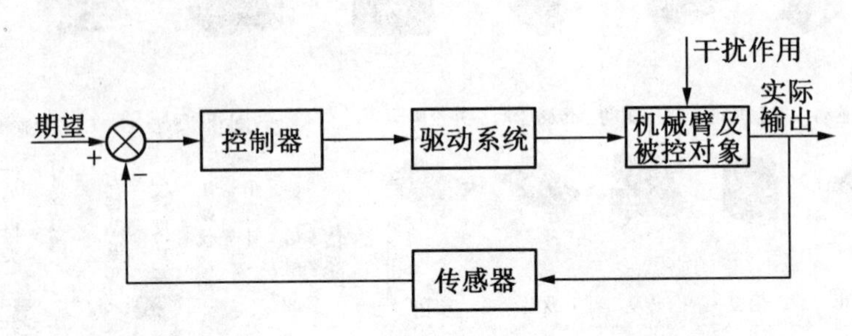

图2.2 一个典型的机器人控制系统框图

2.冰壶机器人系统简介

冰壶机器人系统是一个多学科交叉的研究领域,涉及自控控制、人工智能、视觉感知、强化学习等前沿技术,集环境感知、动态决策与规划、行为控制与执行等多功能于一体。在人工智能算法的基础上,通过视觉传感器和陀螺仪(IMU)等获取位置信息,并结合营垒区冰壶的分布给出运动控制策略,来实现智能投掷冰壶的任务。

实现冰壶机器人系统的功能，需要解决的问题包括：冰壶机器人在哪，场上的赛况如何，怎样投掷才能保持获胜，如何精准地抓取冰壶，如何精准地投掷。即分别对应：精确定位、环境感知、决策、视觉抓取、控制执行五个核心内容。冰壶机器人系统组成如下（仅为一种实现方式）。

（1）执行机构和驱动系统。

采用集成的四轮移动机器人、机械臂及夹爪，考虑对底盘车的负载能力和机动性能，结合冰面特性和实际冰场测试，选用如图2.3所示的底盘结构，加上更加拟人的kinova六自由度机械臂及三指夹爪来抓取冰壶，如图2.4所示，也可以还原和实现运动员的抓取和投掷冰壶的动作。

图2.3　scout mini四轮差速驱动移动机器人

图2.4　kinova六自由度机械臂及三指夹爪

（2）传感系统。

①使用陀螺仪实时输出冰壶机器人的水平方位角度、角速度，前进轴向加速度，反馈给机器人进行闭环控制。TL740D高精度陀螺仪如图2.5所示。

②使用深度相机实现机械臂的视觉抓取，深度相机类似人的眼睛，不仅可以看到外部环境的颜色信息，还可以获取每一个物体距离自身的深度信息。可通过复杂的采集和配准过程，得到完整的环境信息，即三维点云，每个点由RGB颜色值和*XYZ*轴坐标值组成。深度相机D435i如图2.6所示。

图2.5　TL740D高精度陀螺仪

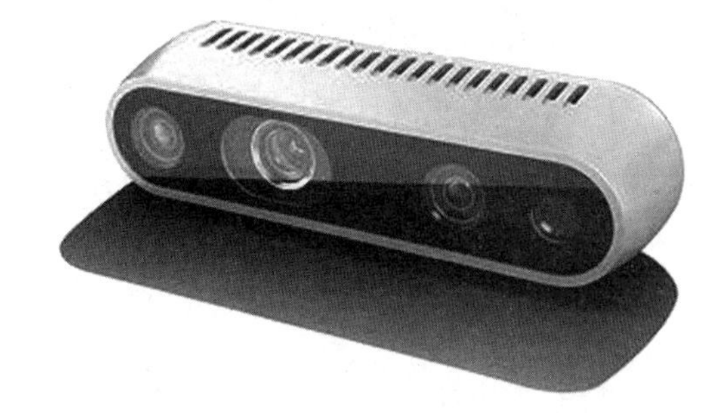

图2.6　深度相机D435i

③使用智能摄像头采集冰壶场地、冰壶球及营垒区的图像，以便实现冰壶的检测和跟踪、判断得分等。智能摄像头如图2.7所示。

④使用激光雷达实现高精度的距离测量和环境映射,使机器人能够精确地识别自身位置及冰壶比赛场地的布局。此外,激光雷达有助于检测和跟踪场上的冰壶,有效避开障碍物,并实时更新动态投掷策略,从而增强机器人的自主决策和操作能力,提高比赛中的表现和效率。激光雷达如图 2.8 所示。

图 2.7 智能摄像头

M10/M10P

图 2.8 激光雷达

(3)控制系统。

①NVIDIA Jetson TX2:最新的嵌入式 GPU 开发模组,可以进行移动端的边缘计算,支持实时操作系统,兼容机器人操作系统(robot operating system, ROS),是冰壶机器人运动控制的核心模组,NVIDIA Jetson TX2 如图 2.9 所示。

②NVIDIA Jetson AGX Xavier:嵌入式 Linux 高性能计算机,搭载深度学习加速器,能够实时快速地处理摄像头采集的场地及冰壶球信息,精准地检测与跟踪,NVIDIA Jetson AGX Xavier 如图 2.10 所示。

图 2.9 NVIDIA Jetson TX2

图 2.10 NVIDIA Jetson AGX Xavier

冰壶机器人系统的设备关联图如图 2.11 所示,由 scout mini 智能车加装 kinova 轻量型仿生机械臂和深度相机 D435i 、陀螺仪和激光雷达构成,核心模组采用了 Jetson TX2 系列模组。软硬件开发平台赋予了冰壶机器人先进的性能和极强的拓展性。在控制板卡方面,scout mini 运动控制器作为底盘驱动系统的核心,负责控制电机;机器人控制系统 Jetson TX2 作为系统的大脑,实现获取自身位姿、生成投掷策略、抓取冰壶、精准投掷等功能。通过 USB 连接相机、激光雷达、陀螺仪等来完成对外部环境的感知和对移动底盘状态的检测等。机械臂通过以太网与 Jetson TX2 连接进行运动控制。控制系统和运动控制器之间采用 CAN 通信,使用 PC 连接机器人进行编码和控制,通过 ROS 框架开发冰壶机器人的高级智能应用,以实现其智能化功能。

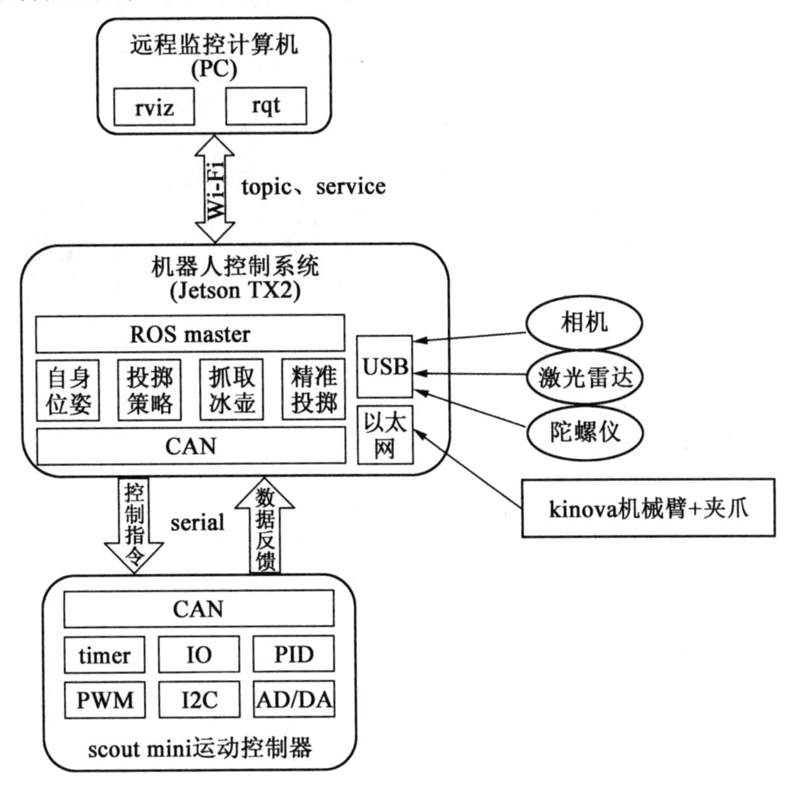

图 2.11　冰壶机器人系统的设备关联图

topic—话题;service—服务

2.2　冰壶机器人系统的操控

2.2.1　scout mini 四轮驱动移动机器人

1. 基本组成

scout mini 智能移动底盘采用四轮差速驱动,独立悬挂,可原地自转,具备强悍的越野性能,身形小巧。底盘的概览视图如图 2.12 所示,车身尺寸为 612 mm × 580 mm × 245 mm,底盘最小转弯半径为 0 m,爬坡角度接近 30°,可实现 10.8 km/h 的高速动力控制系统,可采用遥控控制和指令控制两种模式。scout mini 开发平台自带控制核心,支持标准 CAN 总线通信，以及各类外部设备，在此基础上，支持 ROS 等二次开发和更高级的机器人开发系统接入。配置有标准航模遥控器，24 V 15 A · h锂电池动力系统，续航里程可达 10 km。立体相机、激光雷达、GPS、IMU、机械手等设备可作为 scout mini 的扩展应用。

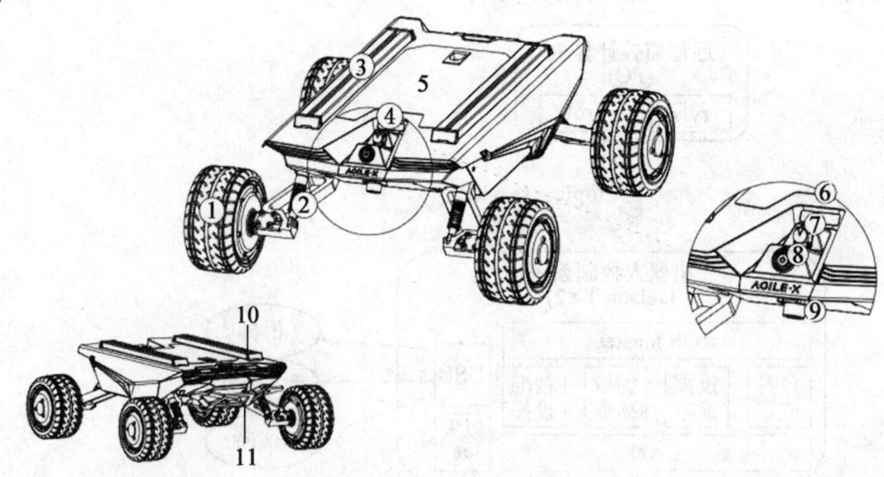

1—轮胎；2—减震弹簧；3—扩展支架；4—控制接口区；5—电气舱室面板；6—电量显示液晶；7—CAN 拓展接口；8—电源按键；9—充电接口；10—前部灯光；11—前部防撞护栏

图 2.12　底盘的概览视图

(1)机器人状态指示说明。

用户可通过安装在 scout mini 上的电压表、电源指示灯来确定车体的状态。

①尾部电源开关。当电源开关按下时，其环形指示灯会进入常亮模式。

②电源指示。尾部电源显示模块显示当前电池的电量信息、电压信息。

③前侧灯光。前部示宽灯，可通过遥控器和指令切换。

(2)电气接口说明。

scout mini 的电气接口均在尾部，包括电压显示交互模块、拓展接口、电源按键以及充电接口，尾部电气面板示意图如图 2.13 所示。

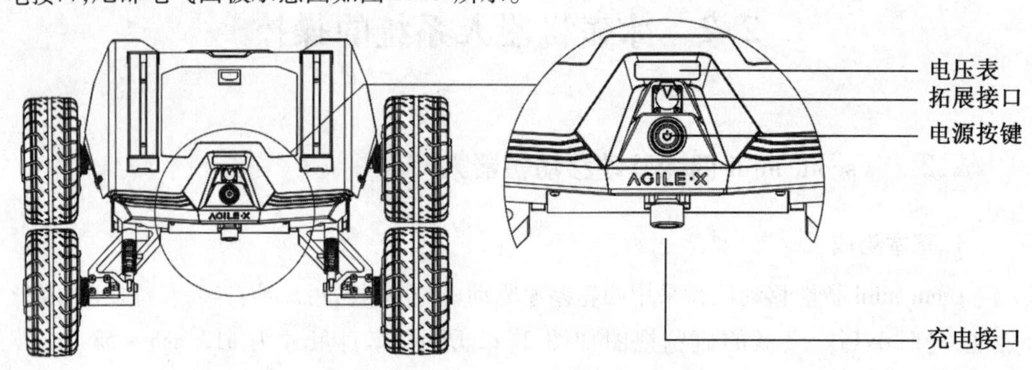

图 2.13　尾部电气面板示意图

scout mini 的拓展接口既配置了一组电源接口，也配置了一组 CAN 通信接口，便于给拓展设备提供电源，以及通信使用，引脚定义图如图 2.14 所示。在冰壶机器人平台上，机械臂、Jetson TX2 等均由 scout mini 供电，scout mini 使用 CAN_TO_USB 连接到 Jetson TX2 进行通信。

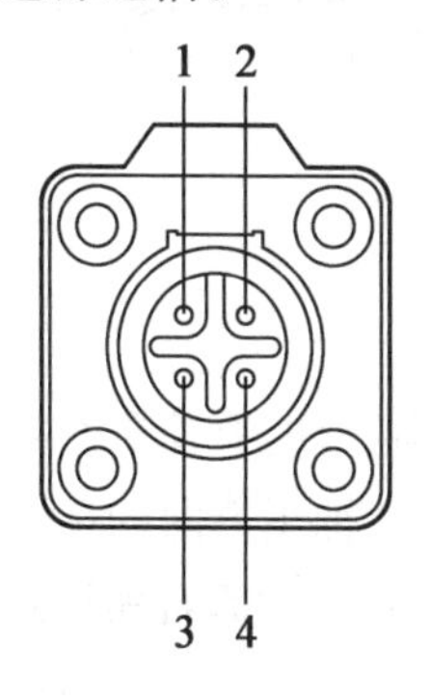

引脚编号	引脚类型	功能及定义	备注
1	电源	VCC	电源正，电压范围为23~29.2 V，最大电流为5 A
2	电源	GND	电源负
3	CAN	CAN_H	CAN总线高
4	CAN	CAN_L	CAN总线低

图 2.14 引脚定义图

(3)遥控说明。

遥控器采用左手油门的设计，遥控器按键示意图如图 2.15 所示。遥控器出厂前已经预置了按键的映射，随意更改按键映射可能会导致无法正常控制。拨杆 SWB 为切换控制模式，拨杆 SWC 为手动灯光控制开关，拨杆 SWD 为控制速度模式(暂时没有开放)，左摇杆控制前进后退，右摇杆控制车子左旋转和右旋转。

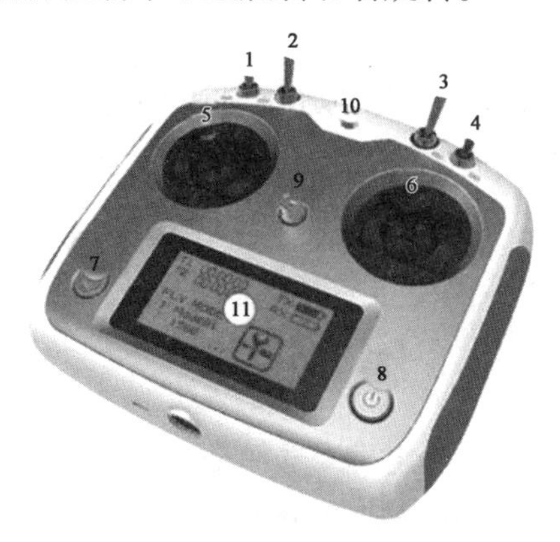

1—拨杆 SWA；2—拨杆 SWB；3—拨杆 SWC；4—拨杆 SWD；5—左摇杆；6—右摇杆；7—电源开关按键 1；8—电源开关按键 2；9—手机/平板固定支架接口；10—吊环接口；11—液晶显示面板

图 2.15 遥控器按键示意图

(注：用户拿到遥控器时，所有的设置已经设置完毕，无须单独设置)

(4)遥控控制和指令控制说明。

将地面移动车辆根据标准 ISO 8855:2011 建立如图 2.16 所示的车身参考坐标系示意图，scout mini 车体与建立的参考坐标系 X 轴为平行状态，车辆的几何中心为坐标原点。

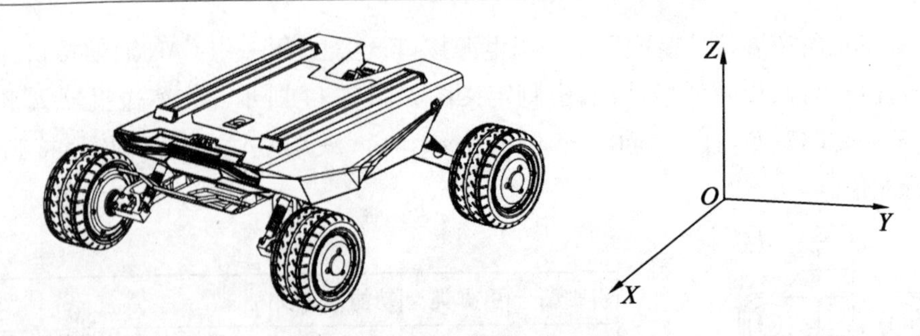

图 2.16 车身参考坐标系示意图

在遥控控制模式下,遥控器左摇杆往前推动,则为往 X 轴正方向运动,遥控器左摇杆往后推动,则为往 X 轴负方向运动;遥控器左摇杆推动至最大值时,往 X 轴正方向的运动速度最大;遥控器左摇杆推动至最小值时,往 X 轴负方向的运动速度最大;遥控器右摇杆左右控制车体的旋转运动,遥控器右摇杆往左推动,则车体由 X 轴正方向往 Y 轴正方向旋转,遥控器右摇杆往右推动,则车体由 X 轴正方向往 Y 轴负方向旋转,遥控器右摇杆往左推动至最大值时,逆时针方向的旋转线速度最大,遥控器右摇杆往右推动至最大值时,顺时针方向的旋转线速度最大。

在指令控制模式下,线速度为正值表示往 X 轴正方向运动,线速度为负值表示往 X 轴负方向运动;角速度为正值表示车体由 X 轴正方向往 Y 轴正方向运动,角速度为负值表示车体由 X 轴正方向往 Y 轴负方向运动。

2. 基本操作及使用

以下介绍 scout mini 平台的基本操作,以及通过 CAN 总线协议来对平台进行二次开发。正常启动 scout mini 底盘后,启动遥控器,将控制模式选择为遥控控制模式,即可通过遥控器控制 scout mini 平台运动。可尝试在相对空旷的区域自由控制,熟悉车辆的移动速度。

启动基本操作流程如下:

①按下 scout mini 电源按键,等待数秒即可。

②将拨杆 SWB 拨至中间。

③可尝试手动切换灯光模式,确定模式选择是否正确。

④尝试将左摇杆轻轻往前推,推一小部分即可,可见小车缓慢地往前移动。

⑤尝试将左摇杆轻轻往后推,推一小部分即可,可见小车缓慢地往后移动。

⑥释放左摇杆,小车停下。

⑦尝试将右摇杆轻轻往左推,推一小部分即可,可见小车缓慢地往左旋转。

⑧尝试将右摇杆轻轻往右推,推一小部分即可,可见小车缓慢地往右旋转。

⑨释放右摇杆,小车停下。

scout mini 提供了 CAN 通信接口,使用者可用 CAN 指令对车体进行指令控制。正常启动 scout mini,打开遥控器,将模式切换至指令控制模式,即将遥控器拨杆 SWB 拨至最上方,此时 scout mini 底盘会接收来自 CAN 通信接口的指令,同时主机也可以通过 CAN 总线回馈的实时数据,解析当前底盘的状态。

scout mini 的 CAN 通信标准采用的是 CAN 2.0B 标准,通信波特率为 500 K,报文格式采用 Motorola 格式。通过外部 CAN 总线接口可以控制底盘移动的线速度以及旋转的角速度,scout mini 会实时反馈当前的运动状态信息以及 scout mini 底盘的状态信息等。

2.2.2　kinova 六自由度机械臂

kinova 轻量型仿生机械臂设计轻巧、便携,控制简单,易于与其他设备一起实现集成控制,有着良好的安全性以及人机交互性。它具有丰富的关节传感器,每个关节都可以捕捉到电流、位置、速度、扭矩、三轴加速度等信号,兼容 Windows、Linux Ubuntu & ROS 操作系统。装有三指夹爪的 kinova 机械臂,有 6 个自由度,自重 6.18 kg,机器主体材料为碳纤维和铝,负载为 2.6 kg,通信方式为 USB/Enthernet,工作半径为 900 mm,最大线性速度为 20 cm/s,平均功耗为 25 W,有关节扭矩传感器。供电电压为 18 ~ 29 V DC,标称电压为 24 V DC,最大功率为 100 W,平均功率为 25 W(5 W 备用),通信协议为 RS485。

使用 ROS 控制 kinova 机械臂,参考网址为 https://github.com/kinovarobotics/kinova-ros。该网址在 Windows 10 和 Ubuntu 下均提供了软件工具开发包(Software Development Kit,SDK),包括机械臂操作功能包,如 kinova_driver 提供了机械臂的驱动,可以在仿真环境中构建这款仿真机械臂,kinova_description 提供了机械臂模型。kinova 可以通过执行器的位置、执行器的角度或执行器的扭矩来控制。控制方式包括力控制、笛卡儿位置和角度控制,kinova 的控制方式见表 2.1。

表 2.1　kinova 的控制方式

控制方式	说明
笛卡儿位置(Cartesian position)	控制末端在笛卡儿坐标系下运动,即爪子的位置和朝向
笛卡儿速度(Cartesian velocity)	爪子的平移速度和旋转速度
角度位置(angular position)	指定每个执行器的角度
角度速度(angular velocity)	指定每个执行机构的角度(旋转)速度
笛卡儿空间导纳控制(Cartesian admittance reactive force control in Cartesian space)	在爪子上施加力和扭矩,并得到适当方向上的笛卡儿运动(平移/旋转)
关节空间导纳控制(angular admittance reactive force control injoint space)	在执行机构上施加力矩,并得到适当方向上的角运动(关节旋转)
直接转矩控制(direct torque control)	指定每个执行机构的扭矩。默认情况下,每个执行器接收其相应的重力转矩,以便机器人补偿自己的质量(重量)
力控制(force control)	指定最终执行器上的力和扭矩。机器人自动计算每个执行器的扭矩,以产生适当的力/扭矩

kinova 在角空间中的关节方向和各执行器的正旋转方向如图 2.17 和图 2.18 所示。

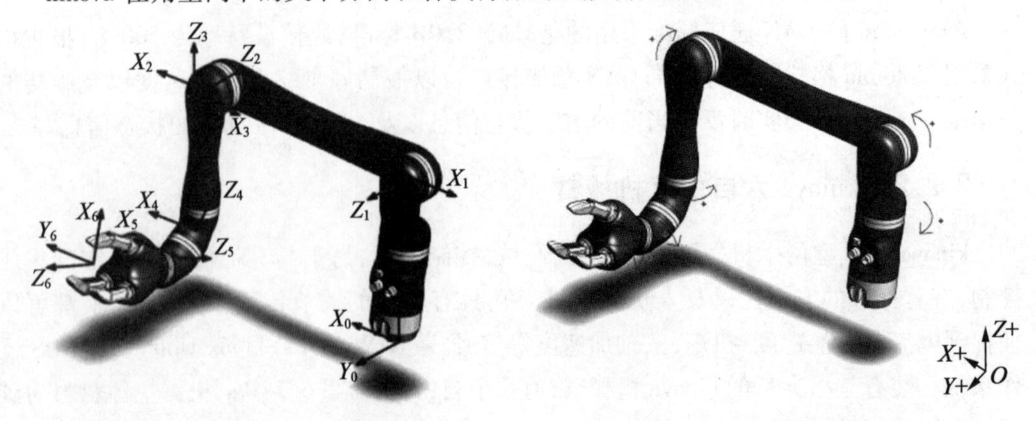

图 2.17 角空间中的关节方向 图 2.18 各执行器的正旋转方向

kinova 的三种常用控制方式如下。

(1)操纵杆控制。

以笛卡儿速度或角度控制控制机械臂(默认情况下,机器人到达就绪位置)。该示教器包括 5 个独立的按钮和 4 个外部辅助输入端,示教器按键说明如图 2.19 所示。笛卡儿模式下又有三轴模式(3 - Axis)和两轴模式(2 - Axis)。默认是 3 - Axis,要想切换,需要在启动后,按住 ON - OFF 键 2 s 以上。三轴和两轴又各有如图 2.20 和图 2.21 所示的控制模式,都有相应的状态灯表示。最常用的是平移模式和腕部模式。home position 为机器人准备开始工作时的位置,retracted position 为机器人结束任务不再使用时应处的位置。

kinova 的基本操作流程如下。

①机器人供电。

②打开手柄(按开/关按钮)。

③等状态灯不闪且为绿色(机械臂电源)。

④按住返回/home 位置按钮,直到机器人停止运动。让机器人回到 home 位置。

⑤到达 home 位置后,默认会进入 3 - Axis 中的平移模式,只有最左边的蓝色灯亮。

⑥按一下 B 按键,进入腕部模式。再按一下 B 按键,退出腕部模式。

⑦操作完成后,让机器人回到 retracted position,同样是长按返回/home 位置按钮,直到机器人停止运动。此时,上面的蓝色状态灯会全部熄掉。

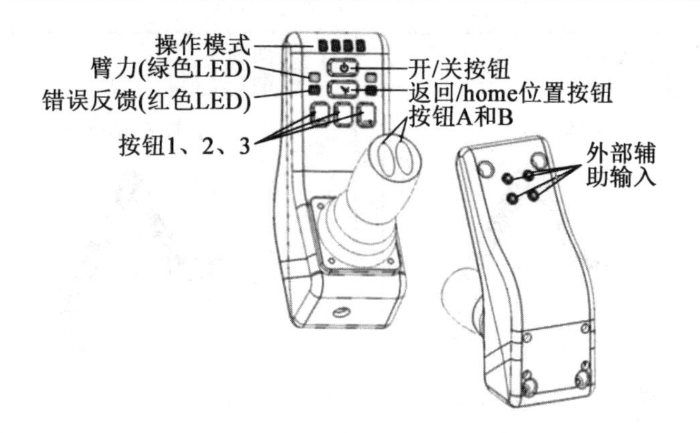

图2.19　示教器按键说明

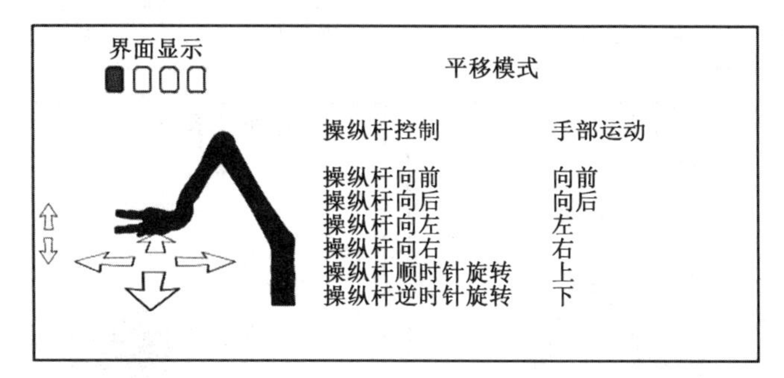

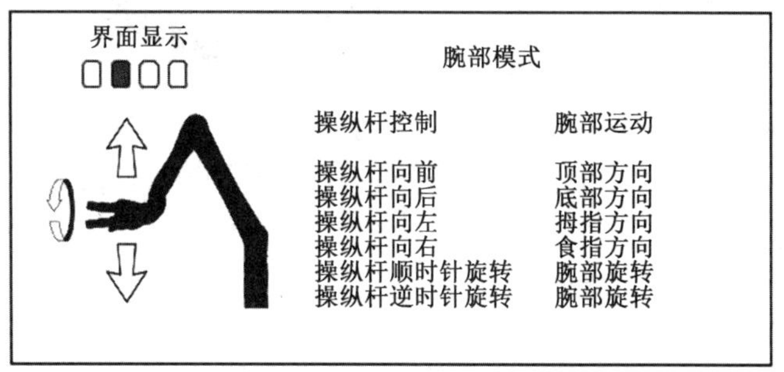

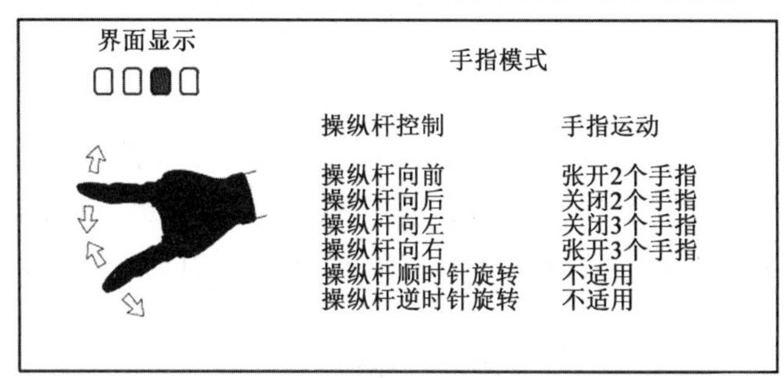

图2.20　三轴模式操纵杆控制

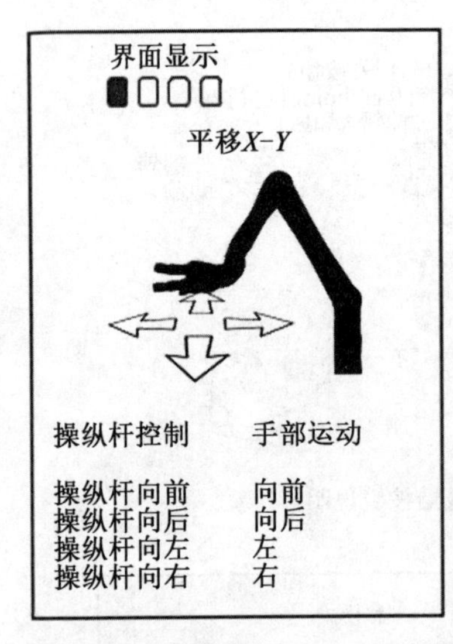

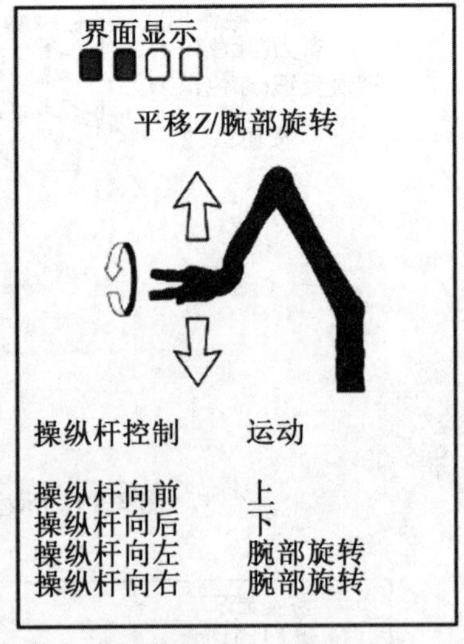

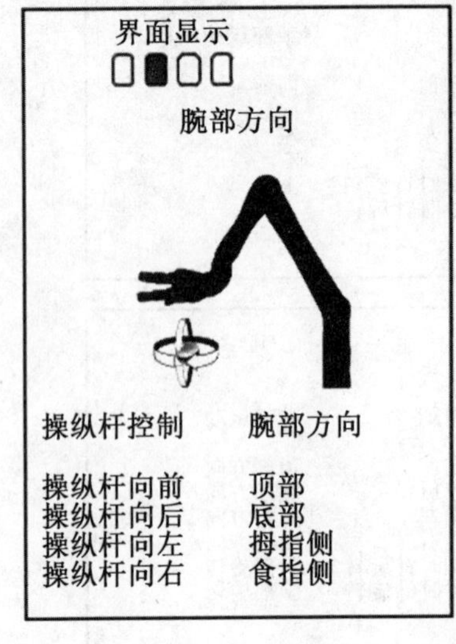

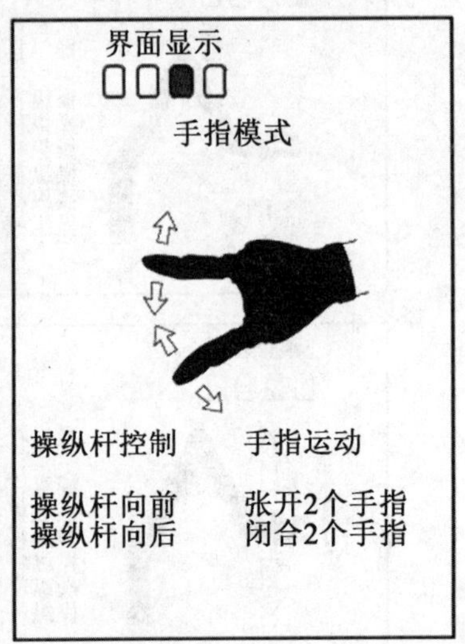

图 2.21 两轴模式操纵杆控制

(2)软件控制。

kinova 提供了开发中心和扭矩控制台,这两个不同的软件控制面板允许用户通过图形界面来控制机械臂,允许用户命令机械臂的位置、速度和轨迹,还允许用户激活导纳控制(在开发中心内)和直接扭矩控制/力控制(在扭矩控制台内)。

(3)API 控制。

支持由 C + + 函数库调用 API 来控制机械臂,封装的函数库被称为 kinova API 函数库。该函数库可以从 kinova 的网站上下载,作为 kinova 软件开发工具包 SDK 的一部分。Windows 和 Ubuntu 都支持 kinova API。kinova 还为开发人员提供了通过 ROS 界面控制机械臂的可能性。

第3章　冰壶机器人的软件平台

3.1　Jetson 平台的操作系统刷写

NVIDIA Jetson 嵌入式计算平台（简称 Jetson 平台）所提供的性能可提高自主机器软件的运行速度，功耗更低，每个系统都是一个完备的模块化系统（SOM），具备 CPU、GPU、电源管理集成芯片、动态随机存储器和闪存，可节省开发时间和资金。该平台的系列产品并不是入手即可使用的，需要进行系统刷写，刷写后的平台操作系统是 Linux 系统的一个发行版。本节主要介绍 Jetson Xavier 和 Jetson TX2 的操作系统刷写，方便后续的应用与开发。

3.1.1　Jetson Xavier 的操作系统刷写

1. Jetson Xavier 在系统刷写前的准备工作

（1）外接设备。

Jetson Xavier 提供了 HDMI 接口和 USB - C 接口方便外接显示器和主机，Jetson Xavier 接好电源后需要用户手动按下开关键启动。在网络接入方面，Jetson 系列平台提供了千兆以太网的有线接入接口，可直接经由网线接到路由器上，正常通过 DHCP 分配 IP 即可使用。同时，Jetson Xavier 还经由 M.2 接口或 USB 接口接入了无线网卡。在视频采集方面，Jetson Xavier 不支持接入 CSI 摄像头，一般的 USB 摄像头都可即插即用。在散热方面，Jetson Xavier 配备了温控风扇，刷机后，用户在 Terminal 程序界面下运行如下命令可以驱动风扇，使之以最高转速转动。将 255 替换为更小的数字可以降低风扇的转速。

```
$ sudo sh -c'echo 255 > /sys/devices/pwm-fan/target_pwm'
```

（2）刷机连接方式。

Jetson Xavier 配备了 eMMC 硬盘，系统的刷写只能经由上位机（简称主机）并通过局域网进行刷写，因此在刷机之前，除了 Jetson Xavier 开发人员套件外，用户还需要准备一台安装了 Ubuntu 系统的主机。在系统刷写之前，用户需要将主机和 Jetson Xavier 开发板用 USB 转 USB - C 转接线连接起来。

2. 使用 NVIDIA SDK Manager 完成 Jetson 平台刷写

从 JetPack 4.2 开始，NVIDIA 为 Jetson 平台编写了全新的 SDK Manager，当前该系统

刷写方式适用于 Jetson 的全系列产品。下面以在 Jetson Xavier 上刷写 JetPack 4.2.1 为例,讲解使用 NVIDIA SDK Manager 刷写系统的过程。

开启主机,打开浏览器并访问网址 https://developer.nvidia.com/embedded/JetPack,点击“Download SDK Manager”按钮,下载最新版本的 NVIDIA SDK Manager。下载时,需要使用 NVIDIA 开发人员账号登录网站。下载完成后,下载的文件会默认保存在“~/Downloads”目录下,在终端依次键入如下命令安装并运行 NVIDIA SDK Manager。

```
$ sudo dpkg -i ~/Downloads/sdkmanager_xxxx.deb
$ sudo dpkg -i ~/Downloads/sdkmanager_1.6.1-8175_amd64.deb
  #举例
$ sdkmanager
```

在 NVIDIA SDK Manager 运行时,用户会先进入登录界面,如图 3.1 所示。用户可选择使用开发人员账户、伙伴账户或从本地目录离线登录该软件平台。

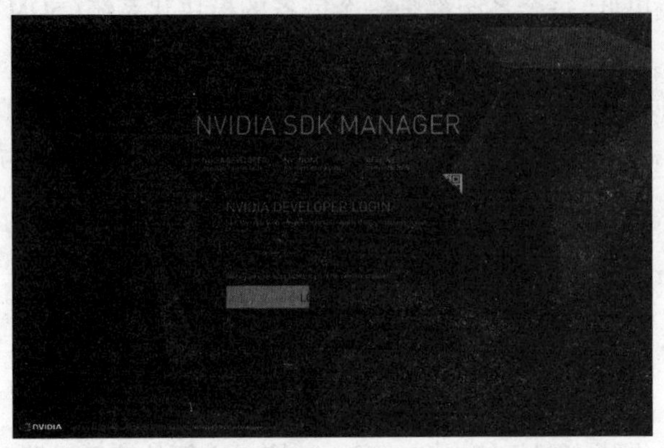

图 3.1　NVIDIA SDK Manager 的登录界面

(1)在 STEP 01 界面中,用户根据实际需要选择是否要在主机上进行安装配置,选择要刷写的 Jetson 设备,如 Jetson AGX Xavier,点击“CONTINUE”按钮,如图 3.2 所示。

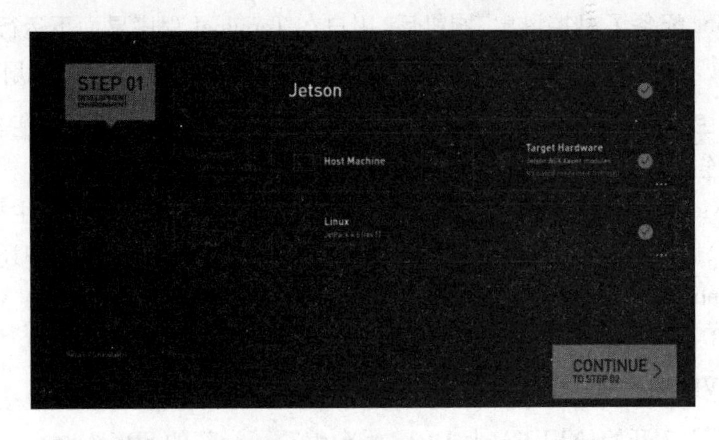

图 3.2　NVIDIA SDK Manager STEP 01 界面

(2)在 STEP 02 界面中,用户根据实际需要在主机和 Jetson 设备上安装组件,如无特殊需求,则保持默认的全部选择即可,勾选“I accept...”,点击“CONTINUE”按钮,如图 3.3 所示。在弹出的授权对话框中输入主机管理账号的密码,点击“OK”按钮。等待漫长的下载过程结束。

图 3.3　NVIDIA SDK Manager STEP 02 界面

(3)按照 STEP 03 界面弹出的提示对话框中的内容进行操作。

①将主机和 Jetson Xavier 开发板用 USB 转 USB－C 连接,USB 端接到主机,USB－C 端接到 Jetson Xavier。

②选择使用自动操作或手动操作设定开发板,进入 USB 恢复模式。

当选择自动操作时,首先确认 Jetson Xavier 上的系统已经开机且正在运行,再设定 Jetson Xavier 的 IP、管理员账号及密码,其中,IP Address 是通过 USB－C 接口连接时的默认 IP。

当选择手动操作时(推荐),首先确认 Jetson Xavier 已经连接到电源适配器上且处于关机状态,再按住中间的按键(Force Recovery)并持续按压,按住最左侧的按键(Power)并持续按压。最后,同时松开两个按键。

在终端界面键入 lsusb 命令并回车,如看到列出“Nvidia Crop.”字样的设备,则说明 Jetson Xavier 成功进入恢复模式。

(4)确认设备列表中存在“Nvidia Crop.”后,切换回 NVIDIA SDK Manager 的操作界面,点击“Flash”按钮,等待 Jetson Xavier 上系统镜像的刷写操作完成。系统镜像刷写完成后,按 NVIDIA SDK Manager 弹出的如图 3.4 所示的对话框中的提示内容进行操作。

①将 Jetson Xavier 与键盘、鼠标和显示器连接,根据相应提示一步步地完成板载系统的系统配置向导,包括浏览并接受许可和用户协议、选择系统语言、选择键盘布局,所在时区,以及设定用户名、计算机名、登录账户、登录密码和是否自动登录。

②等待 Jetson Xavier 的板载系统完成配置过程并显示操作系统登录界面。

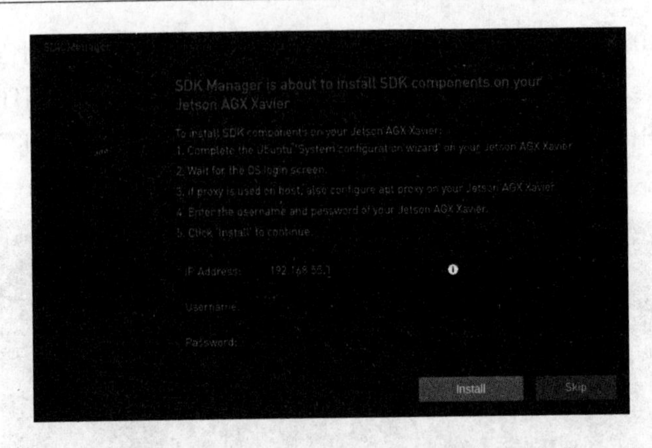

图 3.4 Jetson Xavier 板载系统镜像已刷写完成

③切换到主机的显示器，在 NVIDIA SDK Manager 界面的提示对话框中输入刚刚设定的板载系统的登录账户和登录密码。

④点击“Install”按钮继续为 Jetson Xavier 安装其他的 SDK 组件。

等待 Jetson SDK 组件安装结束，NVIDIA SDK Manager 会进入 STEP 04 界面，如无任何错误提示，则在该界面中点击“FINISH AND EXIT”按钮即可退出 NVIDIA SDK Manager 程序。

3. 使用 flash 命令完成系统的备份与恢复

使用 NVIDIA SDK Manager 刷写 Jetson 设备耗时较久，如果用户需要刷写多台 Jetson 设备，则建议使用 flash 命令提供的备份与恢复功能，本节以 Jetson Xavier 为例讲解具体的操作过程。在使用此功能之前，用户需要在主机上至少成功刷写一台 Jetson Xavier，此时在主机的 JetPack 安装文件所在目录下会生成“nvidia”子目录，需要用到该目录下的文件完成备份与恢复操作。

(1)使用 flash 命令完成系统的备份。

将主机和想要备份的 Jetson Xavier 通过 USB 转 USB－C 转接线连接，操作 Jetson Xavier 启动并进入 recovery 模式，运行 lsusb 命令，确认有“Nvidia Crop.”字样的设备。在主机 Terminal 终端键入如下命令开始备份 Jetson Xavier 当前的系统。等待备份成功即可，大约耗时 20 min。备份成功后，用户在 Terminal 界面下调用 ls 命令可以看到在当前目录下生成了“system. img”文件。

```
$ cd ~/nvidia/nvidia_sdk/JetPack_4.2.1_Linux_GA_P2888/Linux_
for_Tegra
$ sudo ./flash. sh -r -k APP -G system. img jetson-xavier
mmcblk0p1
```

(2)使用 flash 命令完成系统的恢复。

将主机和想要备份镜像恢复的 Jetson Xavier 通过 USB 转 USB－C 转接线连接，操作

Jetson Xavier 启动并进入 recovery 模式,运行 lsusb 命令,确认有"Nvidia Crop."字样的设备。在主机 Terminal 终端键入如下命令从镜像恢复 Jetson Xavier 的系统。等待恢复成功即可,大约耗时 10 min。

```
$ cd ~/nvidia/nvidia_sdk/JetPack_4.2.1_Linux_GA_P2888/Linux_
for_Tegra
$ mv bootloader/system.img bootloader/system.img.Bak
$ mv system.img bootloader/
$ sudo ./flash.sh -r jetson-xavier mmcblk0p1
```

3.1.2 Jetson TX2 的操作系统刷写

1. Jetson TX2 在系统刷写前的准备工作

(1)外接设备。

Jetson TX2 提供了 HDMI 接口方便外接显示器,Jetson TX2 接好电源后需要用户手动长按电源开关键。在网络接入方面,Jetson 系列平台提供了千兆以太网的有线接入接口,可直接经由网线接入路由器上,正常通过 DHCP 分配 IP 即可使用。同时,Jetson TX2 还经由 M.2 接口接入了无线网卡,可在 Ubuntu 系统界面中直接配置无线接入节点信息。在视频采集方面,Jetson TX2 已经配备了 CSI 摄像头,用户在正式使用前要取下镜头上的蓝色保护膜,或者可即插即用的 USB 摄像头。Jetson TX2 模块解析如图 3.5 所示。在散热方面,Jetson TX2 配备了温控风扇,刷机后,用户在 Terminal 程序界面下运行如下命令可以驱动风扇,使之以最高转速转动。将 255 替换为更小的数字可以降低风扇的转速。

```
$ sudo sh -c 'echo 255 > /sys/devices/pwm-fan/target_pwm
```

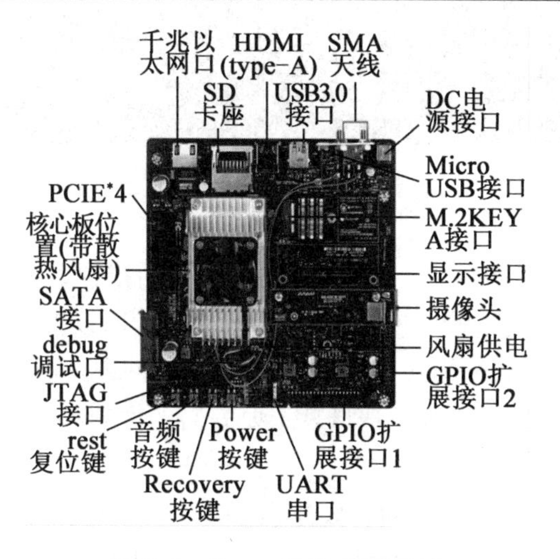

图 3.5 Jetson TX2 模块解析

(2)刷机连接方式。

Jetson TX2 配备了 eMMC 硬盘,系统的刷写只能经由主机并通过局域网进行刷写,因此在刷机之前,除了 Jetson TX2 开发人员套件外,用户还需要准备一台安装了 Ubuntu 系统的主机。在系统刷写之前,用户需要将主机和 Jetson TX2 经由有线网络接口接入到同一局域网内,并确保该局域网可以连接到互联网上。同时还要将主机和 Jetson TX2 开发板用 USB 转 Micro - USB 转接线连接,转接线的 USB 端接到主机的 USB 接口上,Micro - USB 端接到 Jetson TX2 开发板的 Micro - USB 接口上。

2. Jetson TX2 刷写 JetPack 4.6.2

JetPack 4.6.2 是当前 Jetson TX2 能够安装的最新系统,基于 Ubuntu 18.04。使用在 Ubuntu 18.04 的主机上,下载 NVIDIA SDK Manager 并安装。点击 LOGIN,登录成功后,选择要刷机的型号 Jetson TX2,选择要安装的 JetPack 4.6.2 版本。

STEP 01 的选项选择如图 3.6 所示,Host Machine 取消掉对勾,Target Hardware 这里要选择 Jetson TX2 设备,然后点击“refresh”刷新。如果仍然是 No board connected,则可能没开机或使用的不是官方提供的 USB 线连接 Jetson TX2 组件和主机(USB 3.0 端口)。如果上述两者均满足,请进入 Recovery 模式,等待几分钟,然后再刷新一下,即可进入下一步。

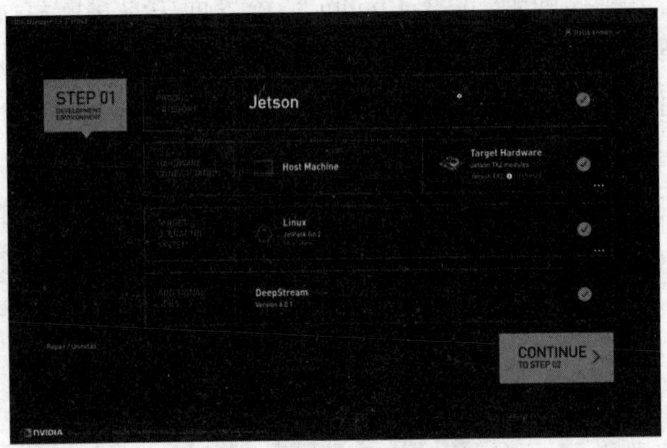

图 3.6 STEP 01 的选项选择

进入 Recovery 模式的方法:Jetson TX2 先关机,然后拔掉 Jetson TX2 的电源,按下 Jetson TX2 电源键(PWR)开机,按住恢复键(REC)不要松开,按下复位键(RST)保持 2 s,再松开 REC,即可进入 Recovery 模式,这时 Jetson TX2 组件进入刷机状态。

如图 3.7 所示,STEP 02 的选项选择表示要安装的内容,勾选“I accept...”并“CONTINUE”到下一步。

安装界面如图 3.8 所示,安装的时候注意 Jetson TX2 连接显示器、键盘、鼠标。在下载安装过程中,会弹出图 3.9 所示的窗口,代表开始烧录 Jetson OS 系统,此处选择手动安装 Manual Setup。连接 Jetson TX2 和主机,并以 Recovery 模式启动 Jetson TX2,点击“flash”。

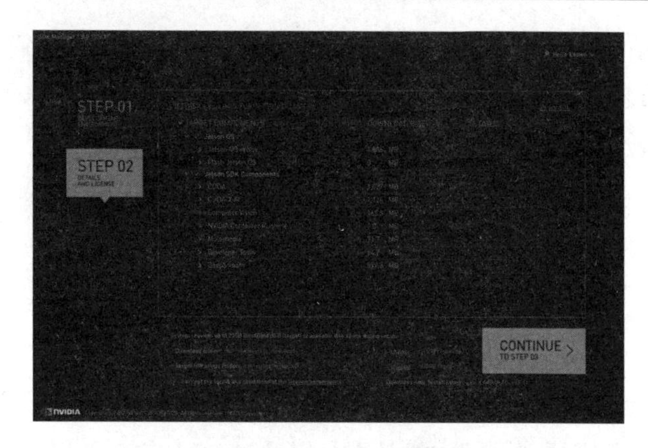

图3.7　STEP 02的选项选择

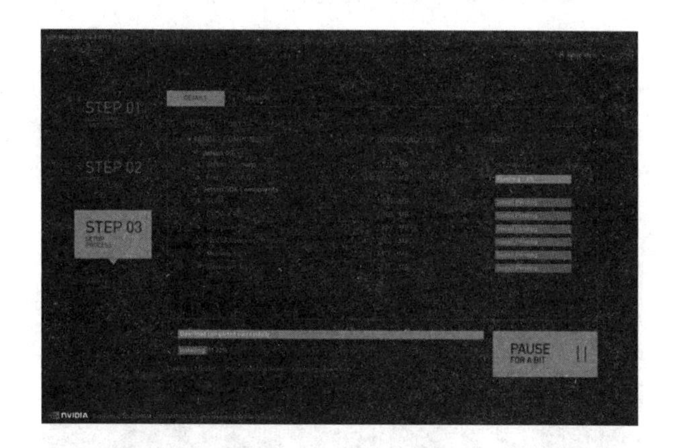

图3.8　安装界面

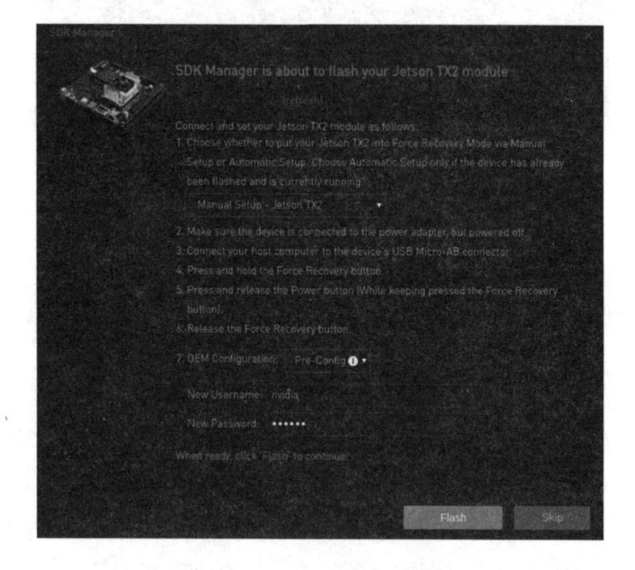

图3.9　选择Manual Setup

一段时间后,系统烧录完成,可进入 Jetson TX2 桌面,进行开机设置及联网设置,可尝试换源以提高下载速度和成功率。此处注意 Jetson TX2 是 ARM 架构,源和 x86 版本要区分开。

```
$ sudo cp /etc/apt/sources.list /etc/apt/sources.list.backup
# 对源文件进行备份
$ sudo gedit /etc/apt/sources.list
```

输入如下命令,进行更新。

```
$ sudo apt-get update
```

完成以上步骤后,需要先测试主机是否可以通过 SSH 连接到 Jetson TX2。Jetson TX2 在刷机后,一般默认为 192.168.55.1(这是通过 USB 到 Micro-USB 连接的 IP 地址),或者如果主机和 Jetson TX2 在同一个 Wi-Fi 下,也可以使用 ifconfig 查看无线网卡下的 IP 地址。

回到主机端继续安装,弹出界面,填写 Jetson TX2 的 IP 地址、用户名、密码,点击 install。开始后续的 SDK 安装,需要依赖网络环境,耐心等待即可。最后,显示安装成功如图 3.10 所示。

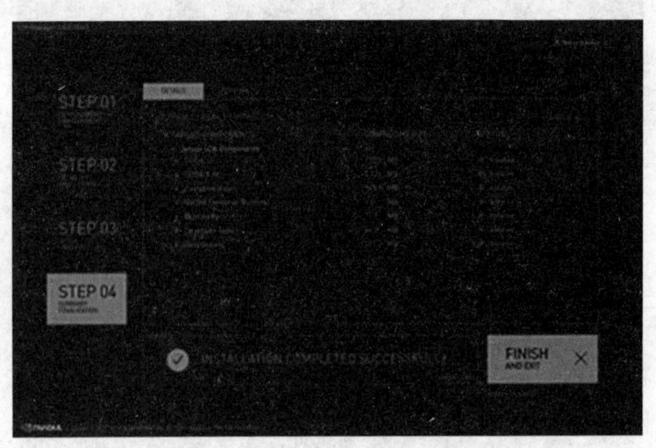

图 3.10 安装成功

3.2 ROS 机器人操作系统的搭建

随着机器人领域的快速发展和复杂化,代码的复用性和模块化需求越来越强烈,2010 年,Willow Garage 公司发布了开源机器人操作系统 ROS。ROS 系统整合了机器学习、视觉、导航、规划、推理和自然语言处理等所有的人工智能领域的平台,并提供了操作系统应有的服务,包括硬件抽象、底层设备控制、常用函数的实现、进程间的消息传递及包管理,也提供用于获取、编译、编写和跨计算机运行代码所需的工具和库函数。

ROS 的主要目标是为机器人研究和开发提供代码复用的支持。ROS 是一个分布式的进程(节点)框架,这些进程被封装在易于被分享和发布的程序包和功能包中。ROS 支持一种类似于代码储存库的联合系统,这个系统也可以实现工程的协作及发布。这个设计可以使一个工程的开发和实现从文件系统到用户接口完全独立决策(不受 ROS 限制)。同时,所有的工程都可以被 ROS 的基础工具整合在一起。ROS 可以实现多机器人的系统沟通,有开源的社区,可借鉴开源代码,快速搭建机器人,可节省开发时间,提高机器人研发中的软件复用率。ROS 相较于其他机器人操作系统主要有以下特点。

(1)通道:ROS 提供了一种发布 - 订阅式的通信框架,用以简单、快速地构建分布式计算系。

(2)工具:ROS 提供了大量的工具组合,用以配置、启动、自检、调试、可视化、登录、测试、终止分布式计算系统。

(3)强大的库:ROS 提供广泛的库文件,实现以机动性、操作控制、感知为主的机器人功能。

(4)生态系统:ROS 的支持与发展依托着一个庞大的生态——ROS 社区。其网址入口为 http://wiki.ros.org,关注兼容性和支持文档,提供"一站式"的方案,用户可以搜索并学习来自全球开发者数以千计的 ROS 程序包。

ROS 系统功能庞大且复杂,本平台侧重于在 Jetson 平台上的 ROS 应用,整理 ROS 应用过程中,必须掌握的相关工具分为 ROS 环境的安装与测试、ROS 的常用组件、Rivz 三维可视化平台和 Gazebo 三维物理仿真平台。

3.2.1　ROS 环境的安装与测试

使用 ROS 进行机器人的学习和开发,需要机器人平台和调试工作平台。采用 Jetson TX2 的 ARM 嵌入式开发板作为硬件设备,调试工作平台一般采用 Windows x86 个人计算机。本节在机器人平台和调试工作平台都已预装 Ubuntu 18.04 的情况下,以安装 ROS Melodic 为例,给出 ROS 的安装和配置过程。ROS 的软硬件配置如图 3.11 所示。

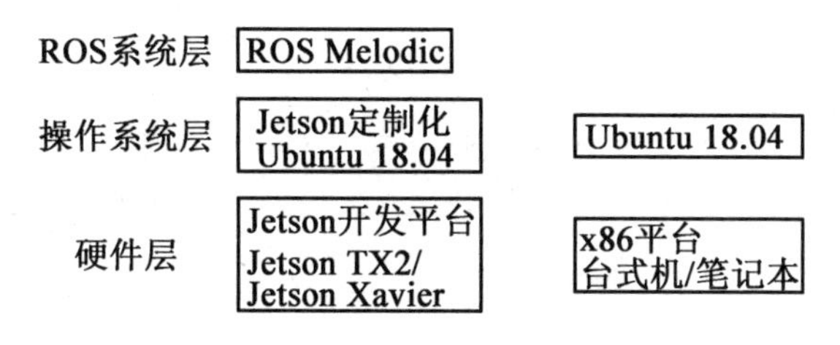

图 3.11　ROS 的软硬件配置

ROS 官方已经编译好 Ubuntu 平台下的 Debian 软件包,采用直接安装编译好的软件包比从源码编译安装更加高效,是在 Ubuntu 上的首选安装。在 Ubuntu 18.04 下安装 ROS Melodic,有很详细的 ROS 官方教程,参考官方教程 http://wiki.ros.org/melodic/Installation/Ubuntu。ROS 安装完成后，将通过一系列实践例程来学习创建工作空间、创建功能包、编写功能包的源代码、配置和编译功能包，以及启动和运行功能包。

1. ROS Melodic 环境的安装与配置

(1)配置 Ubuntu 软件仓库。

通过“系统设置”→“软件和更新”→“Ubuntu 软件”，打开如图 3.12 所示的资源库配置界面，前四个选项全部选上，同时将下载源更换为国内的镜像服务器，能够使下载更新软件的速度更快。一般情况下，以上选项都已默认设置好，图中描述的操作会修改软件存储库配置文件“/etc/apt/sources.list”，也可以直接修改此文件。

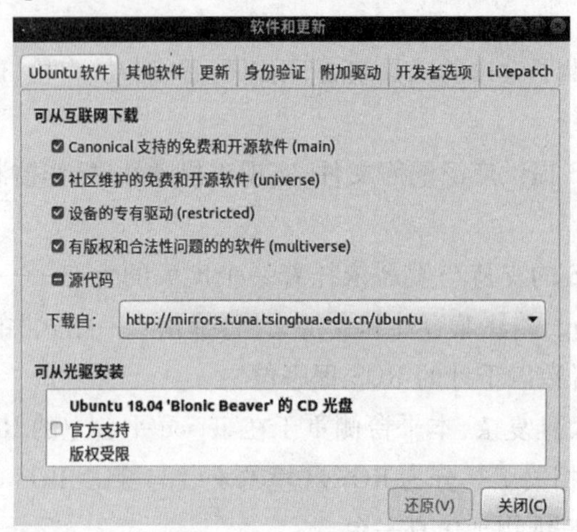

图 3.12　资源库配置界面

(2)添加软件下载源。

要为 Jetson 开发板设置 ROS 官方软件源，可以执行以下命令：

```
$ sudo sh -c 'echo "deb http://packages.ros.org/ros/ubuntu
$(lsb_release -cs) main" > /etc/apt/sources.list.d/ros-lat-
est.list'
```

或者使用国内的镜像源来提高安装下载的速度：

```
$ sudo sh -c 'echo "deb http://mirrors.ustc.edu.cn/ros/ubuntu
$(lsb_release -cs) main" > /etc/apt/sources.list.d/ros-lat-
est.list'
```

(3)添加 Keys。

使用以下命令添加密钥：

```
$ sudo apt-key adv --keyserver 'hkp://keyserver.ubuntu.com:
80' --recv-key C1CF6E31E6BADE8868B172B4F42ED6FBAB17C654
```

如果无法连接到 keyserver，请尝试：

```
$ sudo apt-key adv --keyserver 'hkp://pgp.mit.edu:80' --recv-key C1CF6E31E6BADE8868B172B4F42ED6FBAB17C654
```

(4)安装ROS。

首先,确保Debian软件包索引是最新的。

```
$ sudo apt update
```

在ROS中有很多不同的库和工具,并提供了4种默认的配置来帮助用户开始,推荐安装桌面完整版,包含ROS、rqt、Rviz、机器人通用库、2D/3D模拟器、导航和2D/3D感知等的全套基础组件。

```
$ sudo apt install ros-melodic-desktop-full
```

在安装桌面完整版的过程中,还需要安装一些依赖。

```
$ sudo apt install python3-catkin-pkg python3-rospkg python3-rosdistro python3-rosinstall
$ python3-rosinstall-generator python3-wstool build-essential
```

要查找可用软件包,请运行:

```
$ apt-cache search ros-melodic
```

(5)初始化rosdep。

在开始使用ROS之前还需要初始化rosdep,rosdep可以方便地在需要编译某些源码的时候为其安装一些系统依赖,同时也是某些ROS核心功能组件所必须用到的工具。

```
$ sudo rosdep init
$ rosdep update
```

此时,安装结束,由于ROS Melodic自带的OpenCV基于Python 2.7,与JetPack 4.2安装的Python 3.5.2不兼容,需要删除cv2.so。

```
$ cd/opt/ros/melodic/lib/python2.7/dist-packages
$ sudo rm cv2.so
```

(6)安装测试。

调用以下命令来进行测试:

```
$ cd ~
$ source /opt/ros/melodic/setup.bash
$ mkdir -p ~/catkin_ws/src
$ cd catkin_ws
$ catkin_make
$ source ~/catkin_ws/devel/setup.bash
$ roscore
```

新打开一个 Terminal 终端,输入命令:

```
$ rosrun turtlesim turtlesim_node
```

会看到一个小乌龟,再重新打开一个 Terminal 终端,输入命令:

```
$ rosrun turtlesim turtle_teleop_key
```

此时,可以通过键盘上的方向键来控制小乌龟移动,ROS Melodic 安装成功演示如图 3.13 所示。

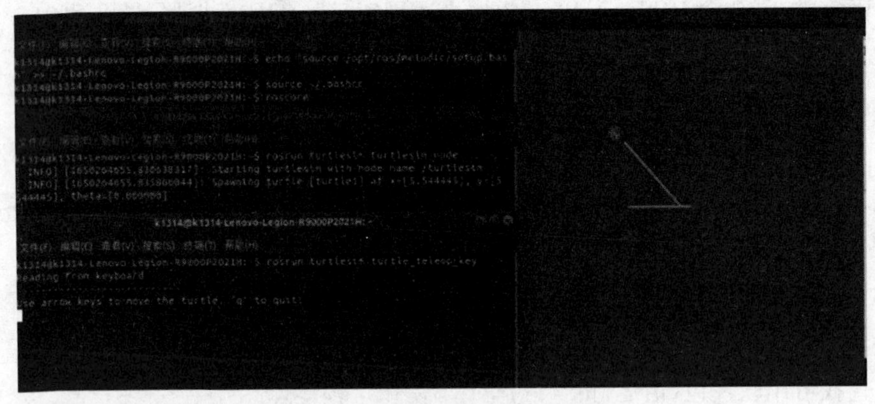

图 3.13 ROS Melodic 安装成功演示

(7)卸载 ROS。

卸载使用如下指令,卸载成功后,“/opt”目录下的 ROS 文件夹“Melodic”将被删除。

```
$ sudo apt remove ros - melodic - - desktop - full
```

(8)管理环境。

在安装 ROS 期间,如果提示需要“source setup. * sh”文件,或者添加提示这条“source”命令到启动脚本里面。这就要通过配置脚本环境来实现,这可以让针对不同版本或者不同软件包集的开发更加容易。

如果在查找和使用 ROS 软件包方面遇到问题,请确保已经配置了脚本环境。检查方法是确保已经设置了 ROS_ROOT 和 ROS_PACKAGE_PATH 等环境变量,可以通过以下命令查看:

```
$ export | grep ROS
```

如果发现没有配置,这时就需要“source”某些“setup. * sh”文件,将会在“/opt/ros/melodic”目录中看到 setup. * sh 文件,然后执行下面的 source 命令:

```
$ source /opt/ros/melodic/setup.bash
```

在每次打开终端时,都需要先运行上面这条命令后才能运行 ros 相关的命令,为了避免这一烦琐过程,可以先在“. bashrc”文件(该文件是在当前系统用户的“home”目录下,通过 Ctrl + H 来查看)中添加,这样每次登录后,系统已经执行这些命令并配置好环境。

当完成ROS安装后,ROS程序的不同组件被放在不同的文件夹下,这些文件夹是根据不同的功能来对文件进行组织的,ROS安装文件架构如图3.14所示。

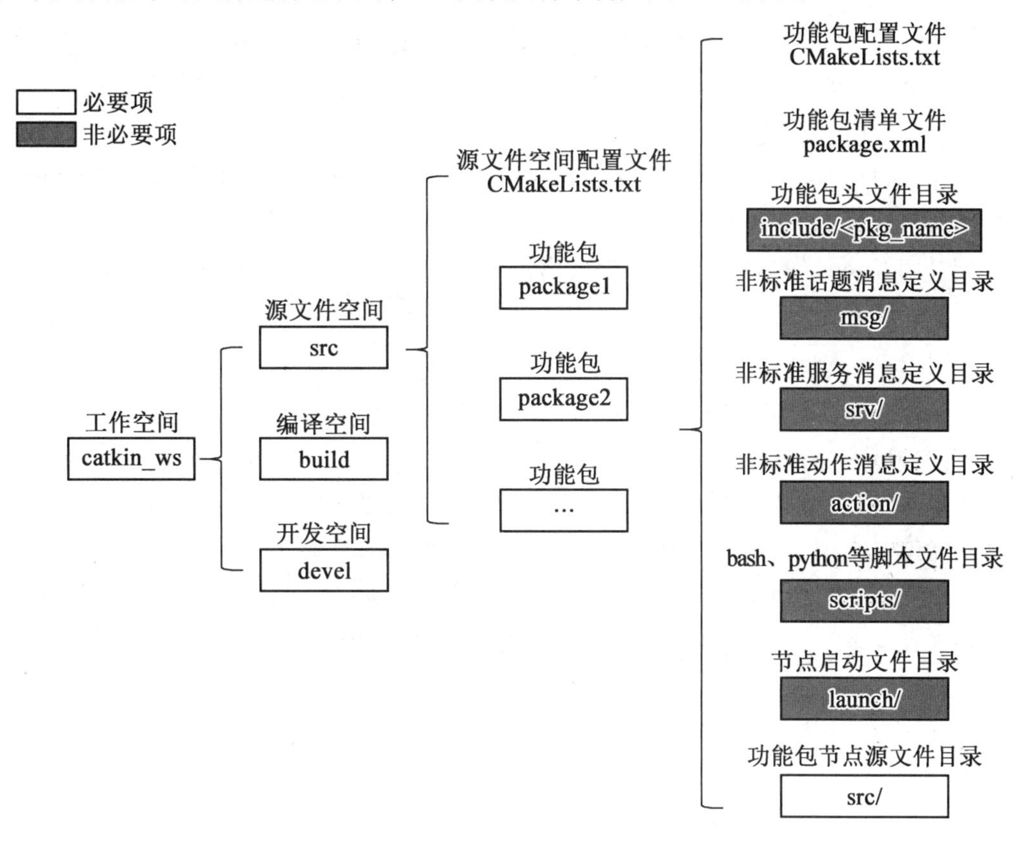

图3.14 ROS安装文件架构

2. 编写ROS测试程序

通过范例"hello_world"可以学到工作空间的创建、功能包的创建、功能包的源代码编写、功能包的编译配置、功能包的编译、功能包的启动运行等知识。

(1)工作空间的创建。

创建存放"hello_world"的工作空间:

```
$ cd ~
$ mkdir catkin_ws
$ cd catkin_ws
$ mkdir src
$ cd src
$ catkin_init_workspace
$ cd ~/catkin_ws
```

```
$ catkin_make
$ source devel/setup.bash
```

此时,已经创建了 ROS 的工作空间,在“catkin_ws”工作空间下的“src”目录下新建功能包并进行功能包程序编写。

(2)功能包的创建。

在“catkin_ws/src”下创建取名为“hello_world”的功能包,ROS 功能包命名只允许使用小写字母、数字和下划线,首字母须为小写字母。此时,在“~/catkin_ws/src/”目录下看到“hello_world”的文件夹,文件夹名称就是功能包的名称及功能包的唯一标识符,说明功能包创建成功:

```
$ cd ~/catkin_ws/src/
$ catkin_create_pkg hello_world
```

(3)功能包的源代码编写。

本节以 C++代码作为示范编写打印“hello_world”程序。首先,把 C++源文件放在功能包中的“src”目录下,即在“hello_world”目录下新建“src”目录,再在新建的“src”目录下新建一个“my_hello_world_node.cpp”文件,其中,新建目录和文件的方法可以在图形界面下直接操作。用文本编辑器 gedit 打开“my_hello_world_node.cpp”文件,并输入如下内容:

```
#include "ros/ros.h"

int main(int argc,char**argv)
{
  ros::init(argc,argv,"hello_node");
  ros::NodeHandle nh;
  ROS_INFO_STREAM("hello world!!!");
}
```

对代码进行解析:

①#include "ros/ros.h"包含头文件 ros/ros.h,这是 ROS 提供的 C++客户端库,是必须包含的头文件,在后面的编译配置中要添加相应的依赖库 roscpp。

②“ros::init(argc,argv,"hello_node")”初始化 ROS 节点并指明节点的名称,这里给节点取名为“hello_node”,一旦程序运行后,就可以在 ROS 的计算图中被注册为“hello_node”名称标识的节点。

③“ros::NodeHandle nh”声明一个 ROS 节点的句柄,初始化 ROS 节点是必需的。

④“ROS_INFO_STREAM("hello world!!!")”调用了 roscpp 库提供的方法 ROS_INFO_STREAM 来打印信息,这里打印字符串“hello world!!!”。

(4)功能包的编译配置。

首先声明依赖库,“my_hello_world_node. cpp”程序包含了 <ros/ros. h> 这个库,因此需要添加名为“roscpp”的依赖库。用文本编辑器 gedit 打开功能包目录下的“CMakeLists. txt”文件,在“find_package(catkin REQUIRED ...)”字段中添加“roscpp”,添加后的字段如下:

```
find_package(catkin REQUIRED COMPONENTS roscpp)
```

同时,找到“include_directories(...)”字段,去掉“${catkin_INCLUDE_DIRS}”前面的注释,如下:

```
include_directories(
# include
 ${catkin_INCLUDE_DIRS}
)
```

添加好后的效果如图 3.15 所示。

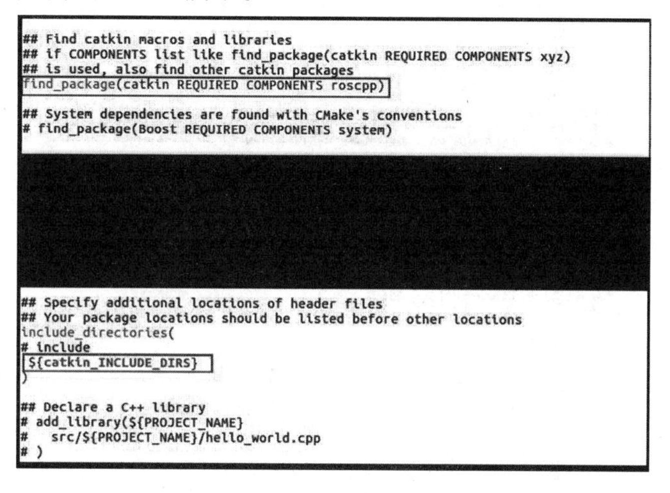

图 3.15　在 CMakeLists. txt 中添加 roscpp 依赖库

然后,用文本编辑器 gedit 打开功能包目录下的“package. xml”文件,找到“<buildtool_depend>catkin</buildtool_depend>”,在其下面添加如下内容:

```
<build_depend>roscpp</build_depend>
<build_export_depend>roscpp</build_export_depend>
<exec_depend>roscpp</exec_depend>
```

添加后的效果如图 3.16 所示。

```
<!--   <doc_depend>doxygen</doc_depend> -->
<buildtool_depend>catkin</buildtool_depend>
<build_depend>roscpp</build_depend>
<build_export_depend>roscpp</build_export_depend>
<exec_depend>roscpp</exec_depend>

<!-- The export tag contains other, unspecified, tags -->
```

图 3.16　在 package. xml 中添加 roscpp 依赖库

接下来,声明可执行文件。在“CMakeLists. txt”文件中最后一行添加两句,来声明我们需要创建的可执行文件:

```
add_executable(my_hello_world_node src/my_hello_world_node.cpp)
target_link_libraries(my_hello_world_node ${catkin_LIBRARIES})
```

第一行声明了可执行文件的文件名,以及生成此可执行文件所需的源文件列表。如果有多个源文件,把它们列在此处,并用空格将其区分开。第二行是当 CMake 链接此可执行文件时需要链接哪些库(在上面的 find_package 中定义)。如果包中包括多个可执行文件,则为每一个可执行文件复制和修改上述两行代码。添加好后的效果如图 3.17 所示。

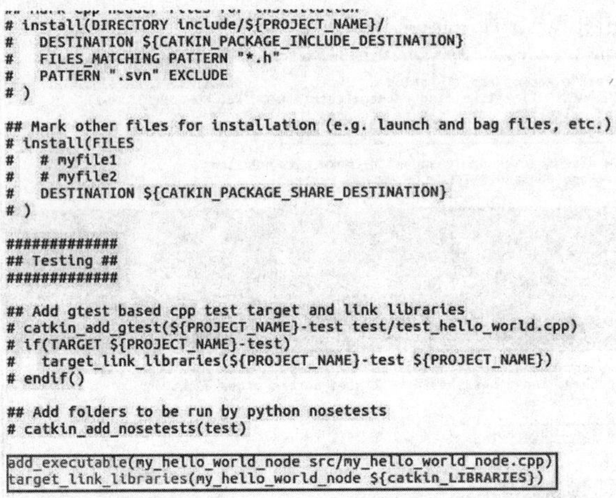

```
# install(DIRECTORY include/${PROJECT_NAME}/
#   DESTINATION ${CATKIN_PACKAGE_INCLUDE_DESTINATION}
#   FILES_MATCHING PATTERN "*.h"
#   PATTERN ".svn" EXCLUDE
# )

## Mark other files for installation (e.g. launch and bag files, etc.)
# install(FILES
#   # myfile1
#   # myfile2
#   DESTINATION ${CATKIN_PACKAGE_SHARE_DESTINATION}
# )

#############
## Testing ##
#############

## Add gtest based cpp test target and link libraries
# catkin_add_gtest(${PROJECT_NAME}-test test/test_hello_world.cpp)
# if(TARGET ${PROJECT_NAME}-test)
#   target_link_libraries(${PROJECT_NAME}-test ${PROJECT_NAME})
# endif()

## Add folders to be run by python nosetests
# catkin_add_nosetests(test)

add_executable(my_hello_world_node src/my_hello_world_node.cpp)
target_link_libraries(my_hello_world_node ${catkin_LIBRARIES})
```

图 3.17 在 CMakeLists. txt 声明可执行文件

(5)功能包的编译。

这里介绍两种编译方式,一种是编译工作空间内的所有功能包,另一种是编译工作空间内的指定功能包。

①编译工作空间内的所有功能包。

```
$ cd ~/catkin_ws/
$ catkin_make
```

②编译工作空间内的指定功能包,加入参数“-DCATKIN_WHITELIST_PACKAGES=”,在双引号中填入需要编译的功能包名字,用空格分割。

```
$ cd ~/catkin_ws/
$ catkin_make -DCATKIN_WHITELIST_PACKAGES="hello_world"
```

(6)功能包的启动运行。

用 roscore 命令来启动 ROS 节点管理器,ROS 节点管理器是所有节点运行的基础。打开 Terminal 终端,输入命令:

```
$ roscore
```

用"source devel/setup. bash"激活"catkin_ws"工作空间,用"rosrun <package_name> <node_name>"启动功能包中的节点。再打开一个 Terminal 终端,分别输入命令,如果看到输出"hello world!!!",就说明程序已经正常执行,当正常打印后,程序就会自动结束。

```
$ cd ~/catkin_ws/
$ source devel/setup.bash
$ rosrun hello_world my_hello_world_node
```

3.2.2 ROS 的常用组件

1. launch 启动文件

ROS 采用 rosrun 命令可以启动单个节点,launch 启动文件是 ROS 中的一种可以同时启动多个节点,还可以自动启动 ROS master 节点的管理器,并且可以实现每个节点的各种配置,为多个节点的操作提供很大便利。launch 文件是一种特殊的 XML 格式文件,通常以".launch"作为文件后缀,每个 launch 文件都必须要包含一个根元素。launch 启动文件的基本元素与参数见表 3.1。

表 3.1　launch 启动文件的基本元素与参数

<launch>	根元素标签
<node>	启动 ROS 节点标签,包含 pkg(功能包名称)、type(可执行文件名称)、name(节点运行名称)
<param>	ROS 系统中运行的参数,即加载的参数
<arg>	类似于 launch 文件内部的局部变量

roslaunch 的使用方法为:

```
$ roslaunch <pkg-name> <launch-file-name>
```

下面以一个 launch 文件为例进行介绍:

```
<launch>

<arg name="release" default="true"/>
```

```
< include file =" $ (find gazebo _ ros )/launch/new _ world.
launch" > < arg name ="release"value =" $ ( arg release)"/> < /
include >

< arg name ="model" >

< param name ="jetson_description"command =" $ (find xacro)/
xacro.py $ (arg model)"/>

< node name ="urdf_spawner" pkg ="Gazebo_ros"type ="spawn_mod-
el" respawn ="false"output ="screen"arg =" - urdf - model robot1
 - param robot_description - z 0.05"/>

< /launch >
```

其中,每个 launch 文件都必须且只能包含一个根元素。根元素由一对 launch 标签定义,其他所有元素标签都应该包含在这两个标签之内:

```
< launch > ... < /launch >
```

另一个基本元素是 node,其中,pkg 定义节点所在的功能包名称;type 定义节点的可执行文件名称;name 定义节点运行的名称,将覆盖节点中 init( )赋予节点的名称;output = "screen"将节点的标准输出打印到终端屏幕,默认输出为日志文档;args 是节点需要的输出参数;launch 文件支持参数设置的功能,类似于编程语言中的变量声明;

< param >代表 parameter,是 ros 系统运行中的参数,存储在参数服务器中。在 launch 文件中,通过< param >元素加载 parameter,launch 文件执行后,parameter 就已经加载到 ROS 的参数服务器上。

< arg >代表 argument,类似于 launch 文件内部的局部变量,仅限于 launch 文件使用,便于 launch 文件的重构,与 ROS 节点内部的实现没有关系。可以通过指定值来创建更多能重复使用和配置的文件。arg 声明是针对单一启动文件,就像是一种方法中的局部参数一样。必须明确传递 arg 值到被包含的文件中,就像在方法调用中一样。

< include >是一种嵌套复用,在复杂的系统当中,launch 文件往往有很多,这些 launch 文件之间也会存在依赖关系。如果需要直接复用一个已有 launch 文件中的内容,则可以使用< include >标签包含其他 launch 文件,这和 C 语言中的 include 几乎是一样的。

2. TF 坐标变换组件

TF 是一个让用户随时间跟踪多个参考系的功能包,它使用一种树形数据结构,根据实践缓冲并维护多个参考系之间的坐标变换关系可以帮助用户在任意时间将点、向量等数据的坐标在两个参考系中完成坐标变换。如图 3.18 所示是 kinova 的 TF 树形结构图。圆圈中是坐标系的名称，箭头表示两个坐标系之间的关系，箭头上会显示该坐标系关系的发布者、发布速率、时间戳等信息。

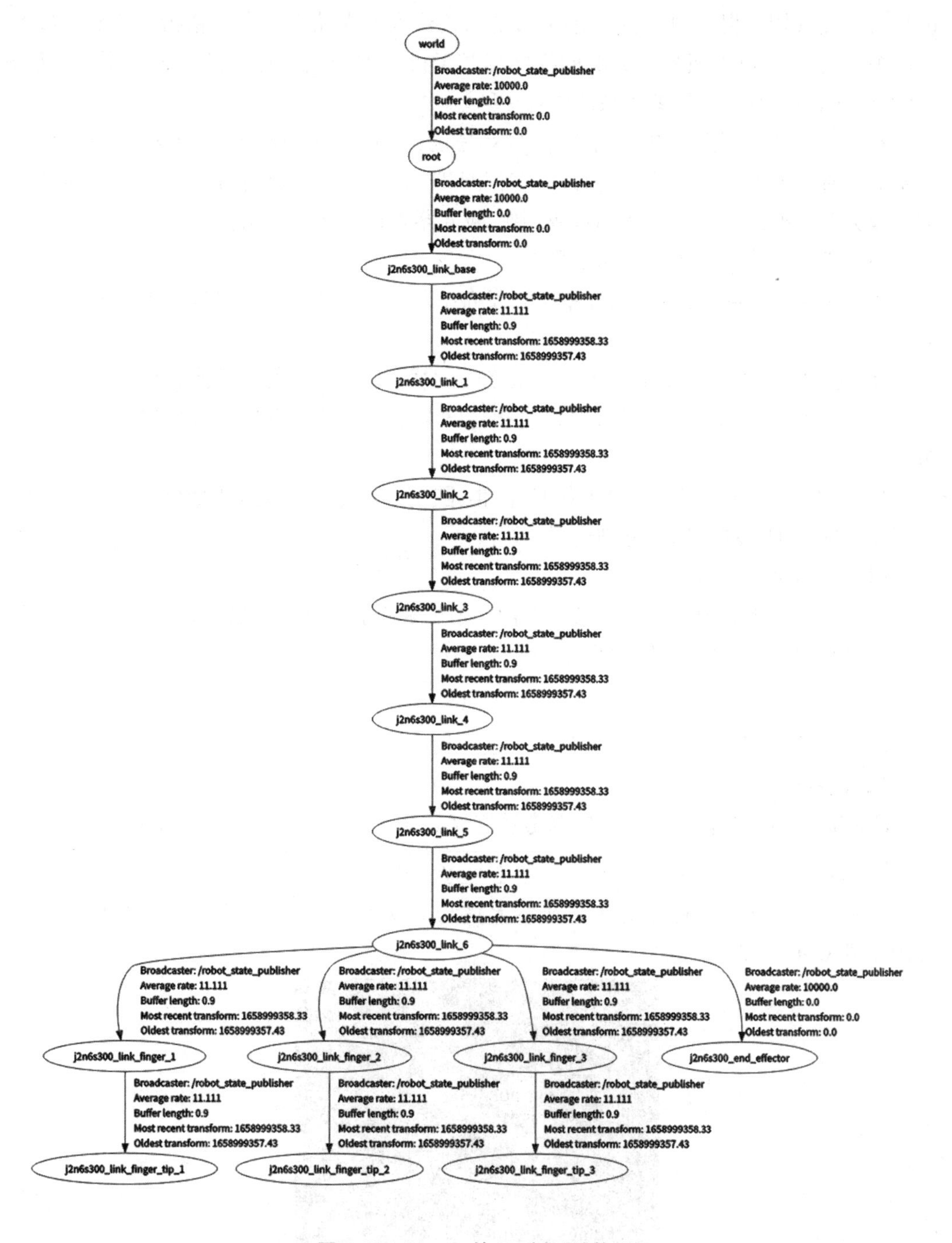

图 3.18　kinova 的 TF 树形结构图

一个机器人系统通常有很多的三维参考系，而且会随着时间的推移发生变化，例如全局参考系(world frame)，机器人的基坐标系(j2n6s300_link_base)，机器人的末端夹爪参考系(j2n6s300_end_effector)等。TF 可以以时间为轴，跟踪这些参考系(默认是 10 s 之内)，并且允许用户提出如下的申请:5 s 之前，机器人的末端夹爪参考系相对于全局参考系的关系是什么样的，机器人夹取的物体相对于机器人的基坐标系的位置在哪里，机器人的基坐标系相对于全局参考系的位置在哪里。

TF 可以在分布式系统中进行操作，也就是说，一个机器人系统中所有的参考系变换关系对于所有节点组件都是可用的，所有订阅 TF 消息的节点都会缓冲一份所有参考系的变换关系数据，所以这种结构不需要中心服务器来存储任何数据。

使用 TF 功能包，分为以下两个步骤。

①监听 TF 变换。接收并缓存系统中发布的所有参考系变换，并从中查询所需要的参考系变换。

②广播 TF 变换。向系统广播坐标系之间的变换关系，系统中可能会存在多个不同部分的 TF 变换广播，每个广播都可以直接将参考系变换关系直接插入 TF 树中，不需要再进行同步。

虽然 TF 是 ROS 中的一个代码链接库，但是仍然提供了丰富的命令行工具来帮助用户调试和创建 TF 变换，以下分别进行介绍。

(1)tf_monitor 工具。

tf_monitor 工具的功能是打印 TF 树中的所有参考系信息，通过输入参数来查看指定参考系之间的信息。命令格式如下：

```
tf_monitor
tf_monitor < source_frame > < target_target >
```

(2)tf_echo 工具。

tf_echo 工具的功能是查看指定参考系之间的变换关系。命令的格式如下：

```
tf_echo < source_frame > < target_frame >
```

如查看 kinova 基坐标系和末端坐标系的位置关系，输入如下指令，位置关系如图 3.19和图 3.20 所示。

图 3.19 机械臂的基坐标系与末端坐标系

```
curling@k1314:~/Project/kinova_ws$ source devel/setup.bash
curling@k1314:~/Project/kinova_ws$ rosrun tf tf_echo /j2n6s300_link_base /j2n6s3
00_end_effector
At time 1658999203.229
- Translation: [0.213, -0.257, 0.507]
- Rotation: in Quaternion [0.644, 0.321, 0.423, 0.550]
            in RPY (radian) [1.607, -0.194, 1.111]
            in RPY (degree) [92.096, -11.117, 63.637]
```

图3.20 查看机械臂的基坐标系与末端坐标系的位置关系

```
$ rosrun tf tf_echo /j2n6s300_link_base /j2n6s300_end_effector
```

(3) static_transform_publisher 工具。

static_transform_publisher 工具的功能是发布两个参考系之间的静态坐标变换,两个参考坐标系一般不发生相对位置变换。命令的格式如下:

```
static_transform_publisher x y z yaw pitch roll frame_id child_
frame_id period_in_ms
static_transform_publisher x y z qx qy qz qw frame_id child_
frame_id period_in_ms
```

以上两种命令格式需要设置坐标的偏移和旋转参数,偏移参数都使用相对于 X、Y、Z 轴3轴的坐标位移。而旋转参数第一种命令格式使用以弧度为单位的 yaw、pitch、roll 3个角度,yaw 是围绕 X 轴旋转的偏航角,pitch 是围绕 Y 轴旋转的俯仰角,roll 是围绕 Z 轴旋转的翻滚角。第二种命令格式使用四元数表达旋转角度,发布频率以 ms 为单位,一般 100 ms 比较合适。该命令不仅可以在终端中使用,还可以在 launch 文件中使用,使用方式如下:

```
< launch >
< node pkg ="tf"type ="static_transform_publisher"name ="link1_
broadcaster"arg ="1 0 0 0 0 0 1 link1_parent link1 100"/>
< /launch >
```

(4) view_frames 工具。

view_frames 是可视化的调试工具,可以生成.pdf 文件来显示整个 TF 树的信息,命令行的执行方式如下:

```
$ rosrun tf view_frames
$ evince frames.pdf
```

(5) roswtf plugin 工具。

roswtf 是 ROS 中自查的工具,也可以作为组件使用。针对 TF,roswtf 可以检查 TF 的配置并发现常见问题。命令行的使用方式如下:

```
$ roswtf
```

3. Qt 工具箱

为方便可视化调试和显示，ROS 提供了一个 Qt 架构的后台图形工具套件 rqt_common_plugins，其中包含很多实用的工具。Qt 工具箱的安装：

```
$ sudo apt install ros-melodic-rqt
$ sudo apt install ros-melodic-rqt-common-plugins
```

（1）日志输出工具——rqt_console。

rqt_console 工具用来图像化显示和过滤 ROS 系统运行状态中的所有日志消息，包括 info、warn、error 等级别的日志。启动命令为：

```
$ rqt_console
```

（2）数据流图可视化工具——rqt_graph。

rqt_graph 工具可以图形化显示当前 ROS 系统中的数据流图。在系统运行时，使用如下命令可以启动该工具：

```
$ rqt_graph
```

（3）数据绘图工具——rqt_plot。

rqt_plot 是一个二维数值曲线绘图工具，可以将需要显示的数据在 X、Y 轴坐标系中使用曲线描绘。在出现的界面中的 Topic 框内输入需要查看的话题（可用 rostopic list 查看话题）：

```
$ rqt_plot
```

（4）图像渲染工具——rqt_image_view。

驱动摄像头，摄像头发布图像信息，选择话题接受并渲染，rgb 值、深度图、红外图等都可视。

（5）参数动态配置工具——rqt_reconfigure。

rqt_reconfigure 工具可以在不重启系统的情况下，动态配置 ROS 系统中的参数，但是该功能的使用需要在代码中设置参数的相关属性，从而支持动态配置。启动命令为：

```
$ rosrun rqt_reconfigure rqt_reconfigure
```

3.2.3 Rviz 三维可视化平台

Rviz 是一款三维可视化平台，强调把已有的数据可视化显示，能够很好地兼容基于 ROS 软件框架的机器人平台。在 Rviz 中，可以使用可扩展标记语言 XML 对机器人、周围物体等任何实物进行尺寸、质量、位置、材质、关节等属性的描述，并且在界面中呈现出来。同时，Rviz 还可以通过图形化方式实时显示机器人传感器的信息、机器人的运动状态、周围环境的变化等。Rviz 可以帮助开发人员实现所有可检测信息的图像形化显示，开发人员也可在 Rviz 的控制界面下，通过按钮、滑动条、数值等方式控制机器人的行为。

1. Rviz 的安装与运行

Rviz 已经集成在桌面完整版的 ROS 系统中，如果已经成功安装桌面完整版的 ROS，可以直接跳过这一步骤，否则，请使用如下命令进行安装：

```
$ sudo apt install ros-melodic-rviz
```

安装完成后，在终端分别运行如下命令即可启动 ROS 系统和 Rviz 平台：

```
$ roscore
$ rosrun rviz rviz
```

启动成功的 Rviz 主界面如图 3.21 所示，主要包括 3D 视图区，用于可视化显示数据；工具栏，提供视角控制、目标设置、发布地点等工具；显示项列表，用于显示当前选择的显示插件，可以配置每个插件的属性；视角设置区，可以选择多种观测视角；时间显示区，显示当前的系统时间和 ROS 时间。点击 Rviz 主界面左侧下方的“Add”键，选择想可视化的数据内容。这些数据均来源于话题，因此，无论通过 Rviz 显示什么，都需要在 topic 中订阅相应的话题。

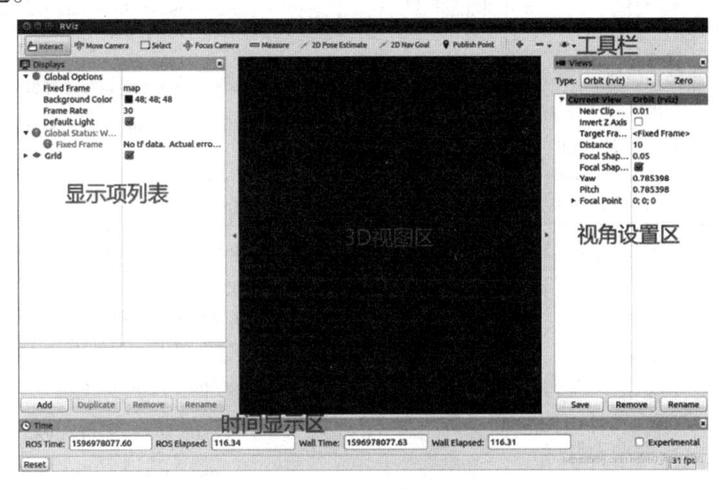

图 3.21　Rviz 主界面

2. 插件扩展机制

Rviz 是一个三维可视化平台，默认可以显示表 3.2 所示的通用类型数据，其中包含坐标轴、摄像头图像、地图、激光等数据。Rviz 支持插件扩展机制，以下这些数据的显示都基于默认提供的相应插件，如果需要添加其他数据的显示，也可以通过编写插件的形式进行添加。

表 3.2 Rviz 可以显示的数据

插件名	描述	消息类型
Axes	显示坐标轴	—
Effort	显示机器人转动关节的力	sensor_msgs/JointStates
Camera	打开一个新窗口并显示摄像头图像	sensor_msgs/Image sensor_msgs/CameraInfo
Grid	显示 2D 或者 3D 栅格	—
Grid Cells	显示导航功能包中代价地图的障碍物栅格信息	nav_msgs/GridCells
Image	打开一个新窗口并显示图像信息(不需要订阅摄像头校准信息)	sensor_msgs/Image
Interactive Marker	显示 3D 交互式标记	visualization_msgs/InteractiveMarker
Laser Scan	显示激光雷达数据	sensor_msgs/LaserScan
Map	在大地平面上显示地图信息	nav_msgs/OccupancyGrid
Markers	绘制各种基本形状(箭头、立方体、球体、圆柱体、线带、线列表、立方体列表、球体列表、点、文本、mesh 数据、三角形列表等)	visualization_msgs/Marker visualization_msgs/MarkerArray
Path	显示导航过程中的路径信息	nav_msgs/Path
Point	使用圆球体绘制一个点	geometry_msgs/PointStamped
Pose	使用箭头或者坐标轴的方式绘制一个位姿	geometry_msgs/PoseStamped
Pose Array	根据位姿列表,绘制一组位姿箭头	geometry_msgs/PoseArray
Point Cloud(2)	显示点云数据	sensor_msgs/PointCloud sensor_msgs/PointCloud2
Polygon	绘制多边形轮廓	geometry_msgs/Polygon
Odometry	绘制一段时间内的里程计位姿信息	nav_msgs/Odometry
Range	显示声呐或者红外传感器反馈的测量数据(锥形范围)	sensor_msgs/Range
Robot Model	显示机器人模型(根据 TF 变换确定机器人模型的位姿)	—
TF	显示 TF 变换的层次关系	—
Wrench	显示力信息(力用箭头表示,转矩用箭头和圆表示)	geometry_msgs/WrenchStamped

3.2.4　Gazebo 仿真平台

Gazebo 仿真平台是一个广泛应用于机器人研发、测试和教育等领域的开源软件。它可以模拟机器人的运动、感知和控制等行为，并提供了丰富的物理引擎、传感器模拟和 ROS 集成等功能，使得使用者可以高效地进行机器人仿真和开发。以下将介绍 Gazebo 仿真平台的基本概念和安装方法。

1. Gazebo 简介

Gazebo 的历史和发展可以追溯到 2002 年，当时由美国南加州大学的 Andrew Howard 教授和 Nate Koenig 博士等人创建了一个基于 OpenGL 的 3D 仿真引擎，用于模拟室内机器人的运动和控制。后来，他们将其开源发布，逐渐形成了一个成熟的机器人仿真平台。随着机器人技术的快速发展和应用的广泛，Gazebo 平台也逐渐得到了更广泛的应用和发展，成了机器人仿真领域的一个重要组成部分。

Gazebo 是一款功能强大的三维物理仿真平台，可创建一个虚拟的仿真环境。它具备强大的物理引擎、高质量的图形渲染、方便的编程与图形接口，并且开源免费。Gazebo 中的机器人模型与 Rviz 使用的模型相同，但是需要在模型中加入机器人和周围环境的物理属性，例如质量、摩擦系数、弹性系数等。机器人的传感器信息也可以通过插件的形式加入仿真环境，以可视化的方式显示。用户可以使用 Gazebo 提供的命令行工具在终端实现仿真控制，其典型应用场景包括：测试机器人算法、机器人的设计、现实情景下的回溯测试。

相比其他机器人仿真软件，Gazebo 平台具有以下几个优点。

(1)高度可定制化。Gazebo 平台提供了丰富的插件和 API，可以方便地扩展和定制仿真模型、控制器、传感器等组件。这使得使用者可以根据自己的需求快速定制和修改仿真场景。

(2)高度灵活性。Gazebo 平台支持多种物理引擎和传感器模拟，可以适应不同的机器人平台和场景需求。这使得使用者可以根据不同的机器人类型和应用场景选择合适的物理引擎和传感器模拟，从而更加准确地模拟机器人的行为。

(3)高度可视化。Gazebo 平台提供了强大的 3D 可视化功能，可以直观地展示仿真场景和机器人的运动和行为。这使得使用者可以更加深入地理解和分析仿真结果，从而更好地优化机器人的设计和控制。

Gazebo 不是显示工具，强调的是仿真，它不需要数据，而是创造数据。可以在 Gazebo 中创建一个机器人世界，不仅可以仿真机器人的运动功能，还可以仿真机器人的传感器数据。而这些数据就可以放到 Rviz 中显示，Gazebo 常与 Rviz 配合使用。当初学者手上没有机器人硬件或实验环境难以搭建时，Gazebo 可以实现动力学仿真、传感器仿真等。它能够模拟复杂和现实环境中的关节型机器人，能为机器人模型添加现实世界的物理性质。

2. Gazebo 仿真平台的基本概念

物理引擎(physics engine):Gazebo 仿真平台使用物理引擎来模拟机器人的运动和相互作用。它可以计算机器人在仿真环境中的运动、碰撞、摩擦、弹性等物理特性,从而实现真实的仿真效果。

仿真模型(simulation model):Gazebo 仿真平台使用仿真模型来描述机器人的物理特性和结构。仿真模型包括机器人的几何形状、质量、惯性、运动学、动力学等属性,可以通过简单的文本格式(如 URDF、SDF 等)进行描述和创建。

传感器模拟(sensor simulation):Gazebo 仿真平台提供了多种传感器模拟,包括激光雷达、摄像头、IMU 等,可以模拟机器人的感知能力。用户可以自定义传感器的参数、位置和方向,并通过 ROS 等通信框架将传感器数据传输到其他系统中。

控制器(controller):Gazebo 仿真平台提供了多种控制器,包括关节控制器、力控制器、轨迹控制器等,可以控制机器人的运动。用户可以通过编写控制器插件来实现自定义的控制算法。

3. Gazebo 仿真平台的安装

安装指令:

```
$ sudo apt - get install ros - Melodic - gazebo - ros *
$ sudo apt - get install ros - Melodic - gazebo - ros - control
$ sudo apt - get install ros - Melodic - ros - controllers
$ sudo apt - get install ros - Melodic - trac - ik - kinematics -
plugin
```

在终端中使用如下命令启动 ROS 和 Gazebo:

```
$ roscore
$ rosrun Gazebo_ros Gazebo
```

Gazebo 启动成功后的界面如图 3.22 所示,包括 3D 视图区、工具栏、模型列表、模型属性项、时间显示区。

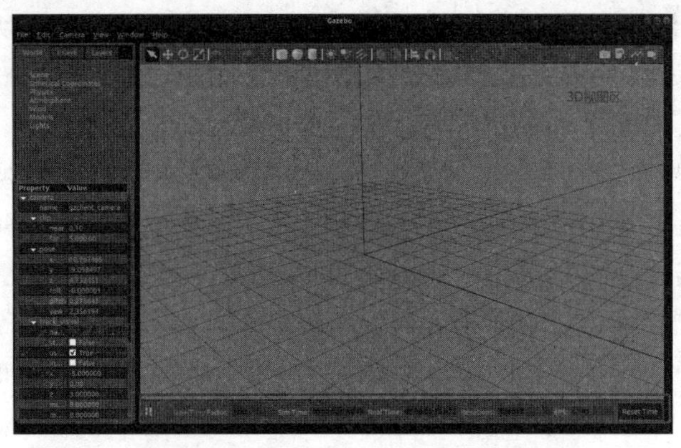

图 3.22 Gazebo 启动成功后的界面

为了验证 Gazebo 是否与 ROS 系统成功连接,可以查看 ROS 的话题列表:

```
$ rostopic list
```

如果连接成功,可以看到 Gazebo 发布/订阅的如下话题列表:

```
/Gazebo/link_states
/Gazebo/model_states
/Gazebo/parameter_descriptions
/Gazebo/parameter_updates
/Gazebo/set_link_state
/Gazebo/set_model_state
```

3.3　ROS 节点通信

ROS 代码的编写围绕节点通信过程中的消息机制和消息类型两个核心点展开,因此先详细阐述话题(topic)、服务(service)和动作(action)三种消息机制的原理,然后介绍这三种消息机制中使用的消息类型,最后用 python 编写基于这三种消息机制的代码实例。

话题通信方式是单向异步的,发布者只负责将消息发布到话题,订阅者只从话题订阅消息,发布者与订阅者之间并不需要事先确定对方的身份,话题充当消息存储容器的角色。这种机制很好地实现了发布者与订阅者程序之间的解耦。由于话题通信方式是单向的,即发布者并不能确定订阅者是否按时接收到消息,所以这种机制也是异步的。话题通信一般用在实时性要求不高的场景中,比如传感器广播其采集的数据。图 3.23 所示为一个通过话题消息机制传递 hello 消息内容的过程。

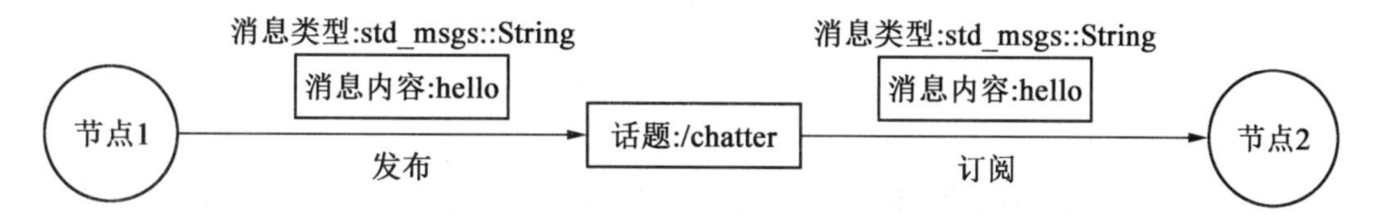

图 3.23　通过话题消息机制通信的过程

服务通信方式是双向同步的,服务客户端向服务提供端发送请求,服务提供端在收到请求后立即进行处理并返回响应信息。图 3.24 所示为一个通过服务消息机制计算两个数之和的实例。服务通信一般用在实时性要求比较高且使用频次低的场景下,比如获取全局静态地图。

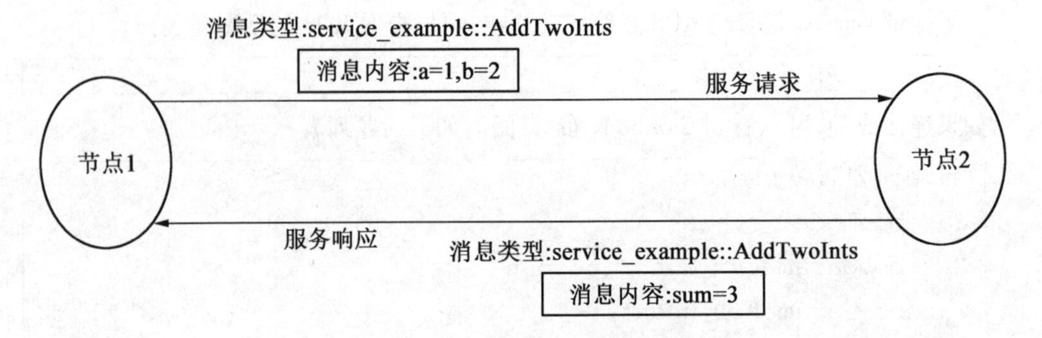

图 3.24 通过服务消息机制通信的过程

动作通信方式是双向异步的,动作客户端向动作服务端发送目标,而动作服务端在达到目标的过程中,需要经历一系列步骤,其间会实时反馈消息,并在目标完成后返回结果,适用于需要过程性任务执行的场景。图 3.25 所示为一个通过动作消息机制实现倒计时任务的实例。

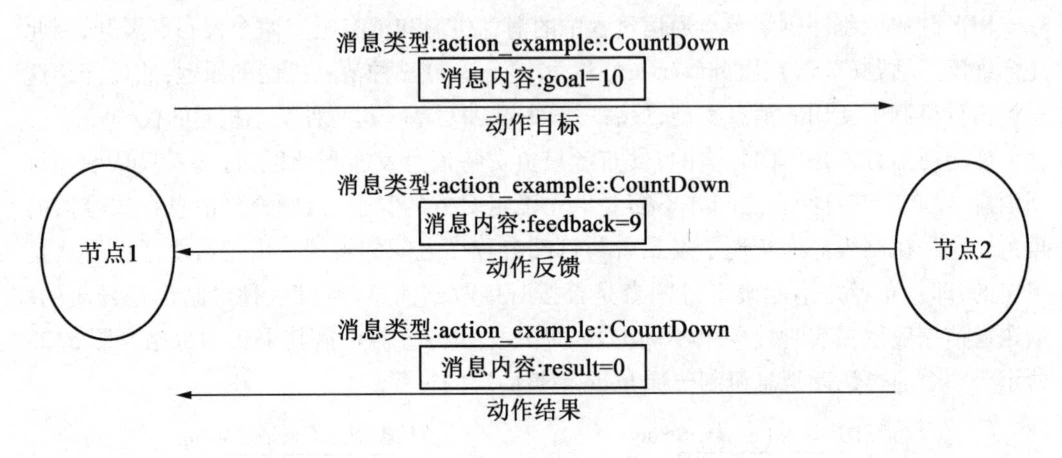

图 3.25 通过动作消息机制通信的过程

了解 ROS 消息机制的原理后,接下来讨论 ROS 中的消息类型。其实消息类型就是一种数据结构,最底层的数据结构还是 C++/Python 的基本数据类型,只是 ROS 基于这些基本数据类型做了自己的封装。ROS 中的消息类型分两种:一种是 ROS 定义的标准消息类型,另一种是用户利用标准消息类型自己封装的非标准消息类型,后者是对标准消息类型的有效补充。不管是标准的消息类型,还是自定义的消息类型,都需要在功能包中进行封装,因此使用消息类型时需要使用功能包名和子类型名同时对其进行标识。ROS 标准消息类型主要封装在 std_msgs、sensor_msgs、geometry_msgs、nav_msgs、actionlib_msgs 等功能包中。消息类型按消息通信机制也相应分为三种类型:话题消息类型、服务消息类型、动作消息类型。如果想要了解 ROS 标准消息类型的详细定义以及具体用法,可以查阅 ROS 的官方 wiki 界面(https://wiki.ros.org)。

3.3.1　话题通信方式

现在就开始编写使用 ROS 进行节点间通信的程序。由于之前已经建好了 catkin_ws 工作空间,以后开发的功能包都将放在这个工作空间。这里给新建的功能包取名为 topic_example,在这个功能包中分别编写 publish_node. py 和 subscribe_node. py 两个节点程序,发布节点 publish_node 向话题 chatter 发布 std_msgs::String 类型的消息,订阅节点 subscribe_node 从话题 chatter 订阅 std_msgs:String 类型的消息,这里消息传递的具体内容是一句问候语 hello,具体过程如图 3.23 所示。

开发步骤包括创建功能包、编写源码、配置编译和启动节点。创建功能包就是在工作空间用 catkin_create_pkg 命令新建一个功能包,并明确指出对 roscpp 和 std_msgs 等的依赖;编写源码就是为节点编写具体的代码实现;配置编译就是在功能包的 CMakeLists. txt 和 package. xml 中添加编译依赖项以及编译目标项后用 catkin_make 命令执行编译;启动节点就是利用 rosrun 或者 roslaunch 启动编译生成的可执行节点。限于篇幅,下面就只讨论编写源码步骤的相关内容。

功能包中需要编写两个独立可执行的节点:一个节点用来发布消息,另一个节点用来订阅消息,所以需要在新建的功能包 topic_example/目录下新建两个文件:publish_node. py 和 subscribe_node. py。具体代码如下:

publish_node. py:

```
import rospy
from std_msgs.msg import String

def main():
    # 初始化 ROS 节点
    rospy.init_node('publish_node', anonymous = True)

    # 创建一个发布者,发布的消息类型为 String,话题名称为"chatter",队列
大小为 1000
    chatter_pub = rospy.Publisher('chatter', String, queue_
size =1000)
    # 设置循环的频率为 10Hz
    loop_rate = rospy.Rate(10)
    count = 0
    # 循环运行直到 ROS 停止
    while not rospy.is_shutdown():
        # 创建一个消息对象
        msg = String()
```

```
        # 构造消息内容,格式为"hello <count>"
        ss = 'hello {}'.format(count)
        # 将消息内容赋值给消息对象的 data 字段
        msg.data = ss
        # 在日志中打印消息内容
        rospy.loginfo(msg.data)

        # 发布消息
        chatter_pub.publish(msg)

        # 按照设定的循环频率休眠
        loop_rate.sleep()
        # 更新计数器
        count += 1
    return 0
if __name__ == '__main__':
    try:
        main()
    except rospy.ROSInterruptException:
        pass
```

将发布节点的代码稍做修改,就能得到订阅节点。定义一个订阅节点,通过订阅话题"chatter"接收 String 类型的消息,并在回调函数中处理接收到的消息。

subscribe_node.py:

```
import rospy
from std_msgs.msg import String

# 在回调函数中处理接收到的消息
def callback(msg):
    rospy.loginfo("Received message: %s", msg.data)

def subscribe_node():
    # 初始化 ROS 节点
    rospy.init_node('subscribe_node', anonymous=True)
```

```
    #创建一个订阅者,订阅的消息类型为String,话题名称为"chatter",回调函数为callback
    rospy.Subscriber('chatter', String, callback)
    #循环运行直到ROS停止
    rospy.spin()

if __name__ == '__main__':
    try:
        subscribe_node()
    except rospy.ROSInterruptException:
        pass
```

当功能包编译完成后,先用 roscore 命令启动 ROS 节点管理器,ROS 节点管理器是所有节点运行的基础。打开命令行终端,输入如下命令:

```
$ roscore
```

然后,就可以用 rosrun 命令来启动功能包 topic_example 中的节点 publish_node,发布消息。打开另外一个命令行终端,输入如下命令:

```
$ rosrun topic_example publish_node
```

启动完 publish_node 节点后,可以在终端中看到打印信息不断输出,就说明发布节点已经正常启动,并不断向 chatter 话题发布消息数据。用 rosrun 命令来启动功能包 topic_example 中的节点 subscribe_node,订阅上面发布的消息。打开另外一个命令行终端,输入如下命令:

```
$ rosrun topic_example subscribe_node
```

启动完 subscribe_node 节点后,可以在终端中看到打印信息不断输出,就说明订阅节点已经正常启动,并不断从 chatter 话题订阅消息数据。

3.3.2 服务通信方式

下面以实现两个整数求和为例来讨论服务通信(图3.24),client 节点(节点1)向 server 节点(节点2)发送 a、b 的请求,server 节点返回响应 sum = a + b 给 client 节点。开发步骤包括创建功能包、自定义服务消息类型、编写源码、配置编译和启动节点,除了自定义服务消息类型之外,其他步骤与话题通信的步骤相同。

以下将在功能包 service_example 中封装自定义服务消息类型。服务类型的定义文件都是以 *.srv 为扩展名,并且被放在功能包的 srv/文件夹下。首先,在功能包 service_example 目录下新建 srv 目录,然后在 service_example/srv/目录中创建 AddTwoInts.srv 文件,并在该文件中填充如下内容。

```
int64 a
int64 b
---
int64 sum
```

定义好服务消息类型后,要想让该服务消息类型能在 C++、Python 等代码中使用,必须要进行相应的编译与运行配置。编译依赖 message_generation,运行依赖 message_runtime。打开功能包中的 CMakeLists.txt 文件,将依赖 message_generation 添加进 find_package( ) 配置字段中,如下所示:

```
find_package ( catkin REQUIRED COMPONENTS
    roscpp
    std_msgs
    message_generation
)
```

接着,将该 CMakeLists.txt 文件中 add_service_files( )配置字段前面的注释去掉,并将自己编写的类型定义文件 AddTwoInts.srv 填入该字段,如下所示:

```
add_service_files (
    FILES
    AddTwoInts.srv
)
```

接着,将该 CMakeLists.txt 文件中 generate_messages( )配置字段前面的注释去掉。generate_messages 的作用是自动创建自定义的消息类型 *.msg、服务类型 *.srv 和动作类型 *.action 相对应的 *.h,由于定义的服务消息类型使用了 std_msgs 中的 int64 基本类型,所以必须向 generate_messages 指明该依赖,如下所示:

```
generate_messages (
    DEPENDENCIES
    std_msgs
)
```

最后,打开功能包中的 package.xml 文件,将以下依赖添加进去即可,到这里就完成了自定义服务消息类型:

```
<build_depend>message_generation</build_depend>
<build_export_depend>message_generation</build_export_depend>
<exec_depend>message_runtime</exec_depend>
```

做好了上面类型定义的编译配置后,就可以用命令检测新建的消息类型是否可以被ROS系统自动识别。消息类型通过功能包和子类型名共同标识,需用下面的命令进行检测(如果能正确输出类型的数据结构,就说明新建的消息类型成功了,即可以被ROS系统自动识别到):

```
$ rossrv show service_example/AddTwoInts
```

功能包中需要编写两个独立可执行的节点,一个节点是用来发起请求的client节点,另一个节点是用来响应请求的server节点,所以需要在新建的功能包service_example/目录下新建server_node.py和client_node.py两个文件。

server节点server_node.py代码如下所示:

```
import rospy
from service_example.srv import AddTwoInts, AddTwoIntsRe-
sponse

# 定义服务回调函数
def add_execute(req):
    res = AddTwoIntsResponse()
    res.sum = req.a + req.b
    rospy.loginfo("receive request: a=%d,b=%d", req.a, req.b)
    rospy.loginfo("send response: sum=%d", res.sum)
    return res

if __name__ == "__main__":
    # 初始化ROS节点
    rospy.init_node("server_node")
    # 创建服务
    service = rospy.Service("add_two_ints", AddTwoInts, add_ex-
ecute)
    rospy.loginfo("service is ready!!!")
    # 进入循环等待回调函数
    rospy.spin()
```

以上代码是一个ROS的服务端程序。首先,导入了ROS和服务所需的消息类型,其中AddTwoInts是服务类型,AddTwoIntsResponse是服务响应类型。定义了服务回调函数add_execute,该函数接收一个请求req,并返回一个响应res。在回调函数中,将请求中的两个整数相加,将结果存入响应中,并使用rospy.loginfo()函数打印出请求和响应的内容。在if __name__ == "__main__":语句块中,首先初始化了ROS节点,然后创建了一个名为 add_two_ints 的服务，服务类型为 AddTwoInts，回调函数为 add_execute。最后使用 rospy. spin( ) 函数进入循环等待回调函数。

client 节点 client_node. cpp 代码如下所示：

```
import rospy
from service_example.srv import AddTwoInts, AddTwoIntsRequest

if __name__ = = "__main__":
    # 初始化 ROS 节点
    rospy.init_node("client_node")
    # 创建服务客户端
    client = rospy.ServiceProxy("add_two_ints", AddTwoInts)
    # 循环请求
    while not rospy.is_shutdown():
        a_in = int(input("please input a: "))
        b_in = int(input("please input b: "))
        # 创建请求
        req = AddTwoIntsRequest()
        req.a = a_in
        req.b = b_in
        # 发送请求
        try:
            res = client(req)
            rospy.loginfo("sum = % d", res.sum)
        except rospy.ServiceException as e:
            rospy.loginfo("failed to call service add_two_ints:
% s", e)
```

以上代码是一个 ROS 的客户端程序。首先，导入了 ROS 和服务所需的消息类型，其中 AddTwoInts 是服务类型，AddTwoIntsRequest 是服务请求类型。在 if __name__ = = "__main__":语句块中，首先初始化了 ROS 节点，然后创建了一个名为 add_two_ints 的服务客户端，服务类型为 AddTwoInts。接着使用 while 循环不断请求用户输入两个整数，并将其存入请求中。最后使用 client(req) 函数发送请求，并使用 rospy. loginfo( ) 函数打印出响应的内容。需要注意的是，调用服务时可能会抛出 rospy. ServiceException 异常，因此需要使用 try 和 except 语句块进行异常处理。

在配置编译步骤中，除了在 add_executable( ) 配置字段创建可执行文件以及在 target_link_ libraries( ) 配置字段连接可执行文件运行时需要的依赖库之外，还需要用到 add_dependencies( ) 配置字段，该字段用于声明可执行文件的依赖项。由于使用了自定义的

*.srv 文件,为了让编译系统自动根据功能包和功能包中创建的 *.srv 文件生成对应的头文件与库文件,因此需要在 add_dependencies( )配置字段内填入 ${package_name}_generate_messages_cpp。这是为了确保在编译可执行文件之前,所有必要的服务消息和服务的头文件已经被正确生成。例如,如果您的包名是 service_example,那么应该使用 service_example_generate_messages_cpp 作为依赖。

当功能包编译完成后,使用 roscore 命令来启动 ROS 核心,为所有 ROS 节点提供命名、日志记录、参数服务器等基础设施服务。roscore 是启动 ROS 系统的第一步,为节点间的通信提供所需的基础设施。打开命令行终端,输入如下命令:

```
$ roscore
```

然后,就可以用 rosrun 命令来启动功能包 service_example 中的节点 server_node,为其他节点提供两个整数求和的服务。打开另外一个命令行终端,输入如下命令:

```
$ rosrun service_example server_node
```

启动完 server_node 节点后,可以在终端中看到服务已就绪的打印信息输出,说明服务节点已经正常启动,为两个整数求和的服务已经就绪,只要客户端发起请求,就能即刻给出响应。再用 rosrun 命令来启动功能包 service_example 中的节点 client_node,向 server_node 发起请求。打开另外一个命令行终端,输入如下命令:

```
$ rosrun service_example client_node
```

启动完 client_node 节点后,用键盘键入两个整数,以空格分隔,输入后按回车键。如果看到输出信息 sum = xxx,就说明 client 节点向 server 节点发起的请求得到了响应,打印出来的 sum 就是响应结果,这样就完成了一次服务请求的通信过程。

3.3.3 动作通信方式

与服务通信方式类似,动作通信方式只是在响应中多了一个反馈机制。与服务通信例程一样,这里的动作通信例程也是使用自定义消息类型。这里以实现倒计数器为例,动作客户端节点向动作服务端节点发送倒计数的请求,动作服务端节点执行递减计数任务,并给出反馈和结果,具体过程如图 3.25 所示。开发步骤包括创建功能包、自定义动作消息类型、编写源码、配置编译和启动节点,除了自定义动作消息类型之外,其他步骤与服务通信步骤相同。

前面已经介绍过封装自己的服务消息类型了,这里按类似方法在功能包 action_example 中封装自定义的动作消息类型。动作类型的定义文件都是以 *.action 为扩展名,并且放在功能包的 action/文件夹下。首先,在功能包 action_example 目录下新建 action 目录,然后在 action_example/action/目录中创建 CountDown.action 文件,并在文件中填充如下内容。动作消息分为目标、结果和反馈三个部分,每个部分的定义内容用三个连续的短线分隔。每个部分内部可以定义一个或多个数据成员,具体根据需要定义。

```
#goal define
int32 target_number
int32 target_step
- - -
#result define
bool finish
- - -
#feedback define
float32 count_percent
int32 count_current
```

定义好动作消息类型后,要想让该动作消息类型可在C++、Python等代码中使用,必须要做相应的编译与运行配置。编译依赖message_generation已经在新建功能包时显式指定了,运行依赖message_runtime需要手动添加一下。打开功能包中的CMakeLists.txt文件,将find_packag( )配置字段前面的注释去掉,即将依赖Boost放出来,因为代码中用到了Boost库,如下所示:

```
find_package(Boost REQUIRED COMPONENTS system)
```

接着,将该CMakeLists.txt文件中add_action_files( )配置字段前面的注释去掉,并将自己编写的类型定义文件CountDown.action填入,如下所示:

```
add_action_files(
    FILES
    CountDown.action
)
```

接着,将该CMakeLists.txt文件中generate_messages( )配置字段前面的注释去掉,如下所示。由于actionlib_msgs是动作通信中的必要依赖项,而std_msgs在自定义动作类型中有使用,所以需要在generate_messages( )配置字段中指明这两个依赖。

```
generate_messages(
    DEPENDENCIES
    actionlib_msgs
    std_msgs
)
```

最后,打开功能包中的package.xml文件,将以下依赖添加进去即可。到这里,自定义动作消息类型的步骤就完成了。

```
<exec_depend>message_runtime</exec_depend>
```

做好了类型定义的编译配置,一旦功能包编译后,ROS系统将会生成自定义动作类型的调用头文件,同时会产生很多供调用的配套子类型。实例中,CountDown.action经过编译会产生对应的*.msg和*.h文件,如图3.26所示。在程序中,只需要引用action_ example/CountDownAction. msg 头文件，就能使用自定义动作类型以及配套的子类型。

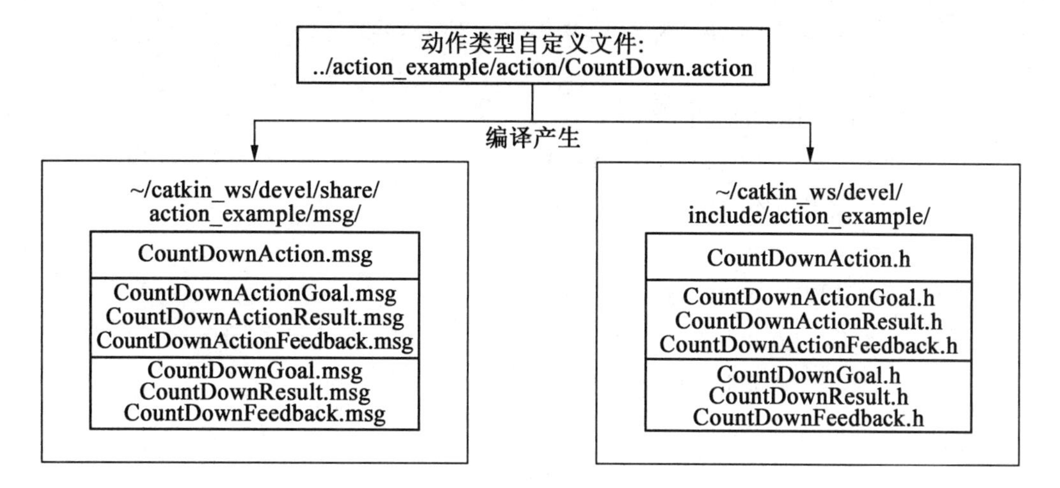

图 3.26　自定义动作消息类型创建过程

功能包中需要编写两个独立可执行的节点，一个节点是用来发起目标的动作客户端，另一个节点是用来执行目标任务的动作服务端，所以需要在新建的功能包 action_example/目录下新建 action_server_node. py 和 action_client_node. py 两个文件。

动作服务端节点 action_server_node. py 代码内容如下：

```
import rospy
import actionlib
from action_example.msg import CountDownAction, CountDown-
Goal, CountDownResult, CountDownFeedback

# 定义 Action 服务器类
class ActionServer:
   def __init__(self, name):
   # 创建 Action 服务器，名称为 name，类型为 CountDownAction，执行回调
函数为 executeCB
        self._as = actionlib.SimpleActionServer(name, Count-
DownAction, execute_cb=self.executeCB, auto_start=False)
       # 启动 Action 服务器
       self._as.start()
       rospy.loginfo("action server started!")
       # 定义 Action 目标、结果、反馈
       self._goal = CountDownGoal()
```

```
        self._result = CountDownResult()
        self._feedback = CountDownFeedback()

    # Action 执行回调函数
    def executeCB(self, goal):
        # 设置循环频率
        r = rospy.Rate(1)
        # 获取 Action 目标中的参数
        self._goal.target_number = goal.target_number
        self._goal.target_step = goal.target_step
        rospy.loginfo("get goal:[% d,% d]", self._goal.target_
number, self._goal.target_step)

        # 进行倒计时操作
        count_num = self._goal.target_number
        count_step = self._goal.target_step
        flag = True
        for i in range(count_num, 0, -count_step):
            # 判断是否有新的目标请求或者是否需要取消当前目标
            if self._as.is_preempt_requested() or not rospy.is_
shutdown():
                # 取消当前目标
                self._as.set_preempted()
                flag = False
                rospy.loginfo("Preempted")
                break
            # 发布反馈信息
            self._feedback.count_percent = 1.0 * i /count_num
            self._feedback.count_current = i
            self._as.publish_feedback(self._feedback)

            r.sleep()
        # 如果倒计时完成,则设置 Action 结果
        if flag:
            self._result.finish = True
```

```
            self._as.set_succeeded(self._result)
            rospy.loginfo("Succeeded")

if __name__ == "__main__":
    # 初始化 ROS 节点
    rospy.init_node("action_server_node")
    # 创建 Action 服务器对象
    my_action_server = ActionServer("/count_down")
    # 进入 ROS 循环
    rospy.spin()
```

以上代码是一个 ROS 的 Action 服务器程序。首先，导入了 ROS 和 Action 所需的消息类型，其中 CountDownAction 是 Action 类型，CountDownGoal 是 Action 目标类型，CountDownResult 是 Action 结果类型，CountDownFeedback 是 Action 反馈类型。在 class ActionServer：中，首先初始化了 Action 服务器，创建了一个名为/count_down 的 Action 服务器，Action 类型为 CountDownAction。接着定义了 executeCB 函数，用于处理 Action 目标。在 executeCB 函数中，首先获取目标，然后根据目标中的参数进行倒计时操作。在倒计时过程中，使用 self._as.is_preempt_requested()函数判断是否有新的目标请求或者是否需要取消当前目标，如果有，则调用 self._as.set_preempted()函数取消当前目标。在倒计时过程中，使用 self._as.publish_feedback()函数发布反馈信息。如果倒计时完成，则调用 self._as.set_succeeded()函数设置 Action 结果，并打印"Succeeded"信息。需要注意的是，executeCB 函数中的 goal 参数是 Action 目标类型的指针，需要使用 goal.target_number 和 goal.target_step 来获取目标中的参数。需要注意，Action 服务器的名称应该与客户端程序中的 Action 服务器名称保持一致。

动作客户端节点 action_client_node.py 代码内容如下：

```
import rospy
import actionlib
# 导入 ROS Action 消息类型
from actionlib_msgs.msg import *
# 导入自定义的 Action 消息类型
from action_example.msg import *

# 定义 done 回调函数，用于处理 Action 完成时的状态
def done_cb(state, result):
    # 输出日志信息
    rospy.loginfo("done")
    # 关闭 ROS 节点
    rospy.signal_shutdown("done")
```

```
# 定义 active 回调函数,用于处理 Action 激活时的状态
def active_cb():
    # 输出日志信息
    rospy.loginfo("active")

# 定义 feedback 回调函数,用于处理 Action 反馈时的状态
def feedback_cb(feedback):
    # 输出日志信息
    rospy.loginfo("feedback:[% f,% d]", feedback.count_per-
cent, feedback.count_current)

if __name__ == '__main__':
    # 初始化 ROS 节点
    rospy.init_node('action_client_node')

    # 创建 SimpleActionClient 对象
    client = actionlib.SimpleActionClient('/count_down',
CountDownAction)

    # 输出日志信息
    rospy.loginfo("wait for action server to start!")
    # 等待 Action 服务器启动
    client.wait_for_server()

    # 创建 CountDownGoal 对象
    goal = CountDownGoal()
    # 设置目标数值
    goal.target_number = int(input("please input target_num-
ber:"))
    # 设置目标步长
    goal.target_step = int(input("please input target_step:"))

    #发送目标并指定回调函数
    client.send_goal(goal, done_cb=done_cb, active_cb=active
_cb, feedback_cb=feedback_cb)

    # 保持程序运行,直到收到 done 信号
    rospy.spin()
```

以上程序是一个 ROS Action 客户端程序，用于与名为/count_down 的 Action 服务器进行通信。程序中定义了 3 个回调函数，分别是 done_cb、active_cb 和 feedback_cb，用于处理 Action 的不同状态。在主函数中，首先初始化 ROS 节点，然后创建一个名为 client 的 SimpleActionClient 对象，并等待 Action 服务器启动。接着，通过用户输入设置 Action 的目标值，然后使用 send_goal 函数向 Action 服务器发送目标，并指定相应的回调函数。最后，通过 rospy. spin( ) 函数来保持程序的运行，直到收到 done 信号。

当功能包编译完成后，先用 roscore 命令来启动 ROS 节点管理器，ROS 节点管理器是所有节点运行的基础。打开命令行终端，输入如下命令：

```
$ roscore
```

然后，可以用 rosrun 命令来启动功能包 action_example 中的节点 action_server_node，为其他节点提供动作的服务。打开另外一个命令行终端，输入如下命令：

```
$ rosrun action_example action_server_node
```

启动完 action_server_node 节点后，可以在终端中看到动作服务已就绪的打印信息输出，说明动作服务节点已经正常启动，只要客户端发起目标，就能开始执行目标和反馈。最后，用 rosrun 命令来启动功能包 action_example 中的节点 action_client_node，向 action_server_node 发送目标。打开另外一个命令行终端，输入如下命令：

```
$ rosrun action_example action_client_node
```

启动完 action_client_node 节点后，按照终端输出提示信息，用键盘键入两个整数，以空格分割，输入完毕后回车。如果看到输出反馈信息，就说明动作客户端节点向动作服务端发起的目标已经开始执行，目标执行完成后，客户端程序自动结束，这样就完成了一次动作目标请求的通信过程。

3.4　冰壶机器人的运动控制

3.4.1　ROS 下 scout mini 的控制测试

首先，在主目录下新建 catkin_ws 工作空间，在 catkin_ws 文件夹下新建 src 文件夹，将下载的代码包放在此文件夹下。代码包地址为 https://github. com/westonrobot/scout_ros. git。

1. 设置接口

配置 CAN - TO - USB 适配器，每次拔插硬件后重新通过计算机控制 scout mini 前，都需要重新运行步骤(1)和(2)以启用内核模块。

(1)设置 CAN 转 USB 适配器，启用 gs_usb 内核模块(进行硬件安装工作后才可以使用)：

```
$ sudo modprobe gs_usb
```

(2)设置500 K波特率和CAN - TO - USB适配器,每次重新将CAN - TO - USB连接到计算机端口都需运行一次下面的命令来实现连接:

```
$ sudo ip link set can0 up type can bitrate 500000
```

(3)查看can设备:

```
$ ifconfig -a
```

(4)安装和使用can - utils来测试硬件:

```
$ sudo apt install can-utils
```

(5)测试指令,小车与板子通信测试:

```
$ candump can0 //receiving data from can0
$ cansend can0 001#1122334455667788 //send data to can0
```

通信测试如图3.27所示,如不成功,报错请返回执行步骤(1)和(2)。

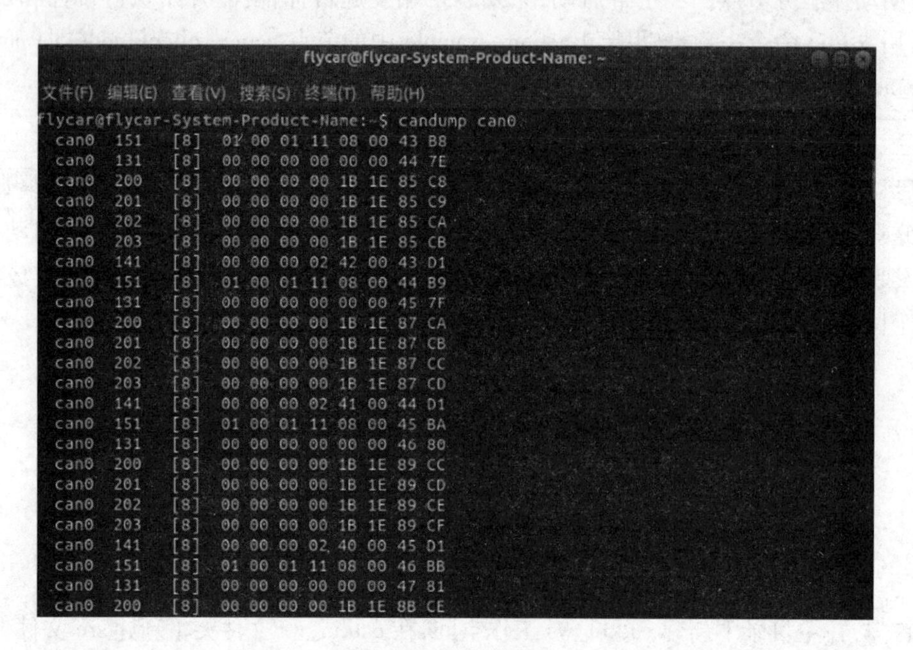

图3.27 通信测试

2. ROS package的使用

(1)安装ROS packages依赖:

```
$ sudo apt install ros-melodic-teleop-twist-keyboard
```

(2)编译,将scout_ros package下载至catkin工作空间,并进行编译(~/catkin_ws/src目录下):

```
$ cd ~/catkin_ws/src
$ git clone https://github.com/westonrobot/scout_ros.git
$ cd..
$ catkin_make
```

3. 尝试使用键盘方向键控制 scout mini

(1)开始 the base node：

```
$ roslaunch scout_bringup scout_mini_minimal.launch
```

(2)开启键盘控制，如图 3.28 所示，键盘控制 scout mini 运动情况见表 3.3。

```
$ roslaunch scout_bringup scout_teleop_keyboard.launch
```

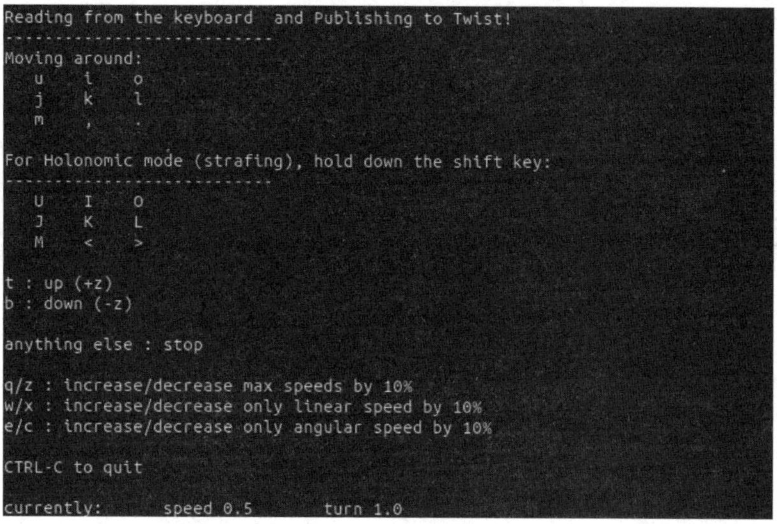

```
Reading from the keyboard  and Publishing to Twist!
---------------------------
Moving around:
   u    i    o
   j    k    l
   m    ,    .

For Holonomic mode (strafing), hold down the shift key:
---------------------------
   U    I    O
   J    K    L
   M    <    >

t : up (+z)
b : down (-z)

anything else : stop

q/z : increase/decrease max speeds by 10%
w/x : increase/decrease only linear speed by 10%
e/c : increase/decrease only angular speed by 10%

CTRL-C to quit

currently:      speed 0.5       turn 1.0
```

图 3.28　开启键盘控制

表 3.3　键盘控制 scout mini 运动情况

键盘控制	scout mini 的运动情况
I	前进
K/其他任意键	停止
<	后退
U	左转
O	右转
J	左自转
L	右自转

4. scout mini 的控制测试

ROS 中的速度指令是一个标准消息 Twist,放置在 geometry_msgs 功能包里,尝试控制 scout mini 沿 X 轴方向以 1 m/s 的线速度前进,如 scout_control. py:

```
#! /usr/bin/python
# - * - coding: UTF - 8 - * -
import rospy
import math

from geometry_msgs.msg import Twist

  def main():
        rospy.init_node("straight_move", anonymous = True)
        twist = Twist()
        twist.linear.x = 1
        twist.linear.y = 0
        twist.linear.z = 0
        twist.angular.x = 0
        twist.angular.y = 0
        twist.angular.z = 0
        cmd_vel_pub = rospy.Publisher('cmd_vel',Twist,queue_
size =1)
        rate = rospy.Rate(10)
        while not rospy.is_shutdown():
                cmd_vel_pub.publish(twist)
                rate.sleep()
if __name__ = = "__main__":
        main()
```

如果要实现控制机器人做圆周运动,实时接收机器人的位姿信息,则实现的功能框架如图 3.29 所示。机器人运行以后,scout_base_node 节点会订阅一个 cmd_vel 话题,如果编写一个节点 draw_circle,通过此节点去发布 scout_base_node 所需要的 cmd_vel 速度指令,就会实现机器人的运动。如果发布的消息中同时包含线速度和角速度,则机器人可以实现圆形轨迹运动。

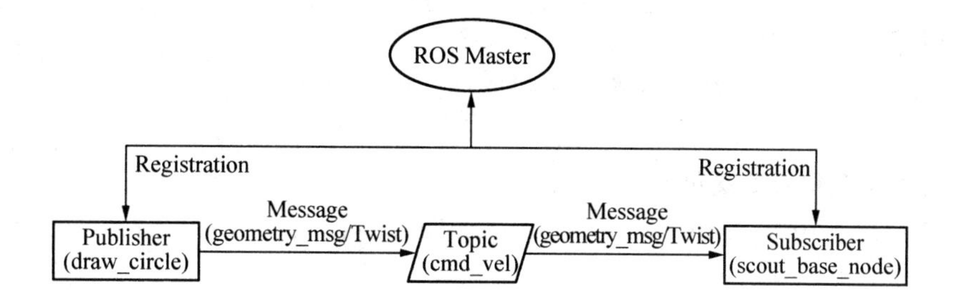

图 3.29　机器人实现圆形轨迹运动的框架

需要写出一个节点来发布速度指令，实现一个发布者，步骤如下。

(1)初始化 ROS 节点，注册节点信息。

(2)创建发布者，设置话题名和消息类型。

(3)创建消息数据。

(4)按照一定频率循环发布信息。

draw_circle.py 如下：

```
#! /usr/bin/env python3
import rospy
from geometry_msgs.msg import Twist

INTRODUCTION = """
----------------------------
发布控制命令使小车以圆形轨迹运动
----------------------------
"""

def main()
    # 打印介绍信息
    print(INTRODUCTION)
    # 初始化 Twist 控制消息
    twist = Twist()
    twist.linear.x = 0.3
    twist.linear.y = 0
    twist.linear.z = 0
    twist.angular.x = 0
    twist.angular.y = 0
    twist.angular.z = 1.5
```

```
# 初始化 ros 节点
rospy.init_node("draw_circle", anonymous = True)

# 初始化控制命令发布者
cmd_vel_pub = rospy.Publisher('cmd_vel', Twist, queue_size =1)

#初始化 ros 主循环
rate = rospy.Rate(10)
while not rospy.is_shutdown():
    # 发布控制命令
    cmd_vel_pub.publish(twist)
    rate.sleep()
```

控制机器人做圆周运动,运行以下命令:

```
$ roslaunch scout_bringup scout_start.launch
$ rosrun scout_bringup draw_circle.py
```

编写一个订阅者,步骤如下。

(1)初始化 ROS 节点,所有 ROS 节点必须要先进行初始化。

(2)创建订阅者,订阅需要的话题。话题类型和名称要与发布者完全一致,话题通信正常建立。

(3)等待话题消息,接收到消息后进入回调函数。话题是异步,使用回调函数,收到数据消息就尽快跳入到回调函数中。

(4)在回调函数中完成消息处理。重复步骤(3)和(4),订阅者可以不断处理收到的消息数据。

scout_base_node 节点除了会订阅 cmd_vel 话题之外,还会检测机器人的运行速度,并积分得到位置信息,通过 odom 话题发布出来。尝试订阅 odom 话题来接收机器人的位姿信息。编写订阅者节点 scout_subscriber,订阅 odom 话题,话题消息是 ROS 中针对机器人位姿的一个标准定义,在 nav_msgs 功能包里面的 Odometry,订阅者节点 scout_subscriber 具体代码 scout_subscriber. py 如下:

```
…python
#! /usr/bin/env python3
import rospy
from nav_msgs.msg import Odometry


INTRODUCTION = """
- - - - - - - - - - - - - - - - - - - - - - - - - - - - - - -
```

```
订阅机器人实时位姿并打印到终端
------------------------------
"""
# 打印介绍信息
print(INTRODUCTION)

# 回调函数处理消息
def scoutCallBack(msg):
    rospy.loginfo("scout pose: x:% 06f, y:% 0.6f,z:% 0.6f", \
            msg.pose.pose.position.x,msg.pose.pose.position.y,
msg.pose.pose.orientation.z)

defscout_subscriber():
    # 初始化 ros 节点
    rospy.init_node('scout_subscriber',anonymous = False)
    rospy.Subscriber("/odom", \
        # 初始化机器人位姿的订阅者
        Odometry, CallBack, queue_size =1)
    # 循环等待信息数据
    rospy.spin()
...
```

查看机器人的实时位置,运行以下指令:

```
$ roslaunch scout_bringup scout_start.launch
$ rosrun scout_demo scout_subscriber.py
$ roslaunch scout_bringup scout_teletop_keyboard.launch
```

3.4.2 ROS 下 kinova 的控制测试

1. 机械臂坐标系

机械臂根系的笛卡儿坐标由以下规则定义:原点是底板与圆柱中心线的交点。$+X$ 轴在面向底板(电源开关和电缆插座所在的位置)时指向左侧。当面向底板时,$+Y$ 轴朝向用户。当机械臂立在平面上时,$+Z$ 轴向上。位姿方向:逆时针为正。具体如图 3.30 和图 3.31 所示。

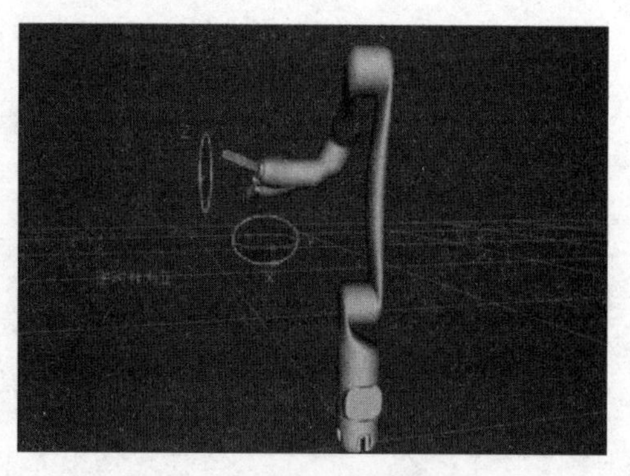

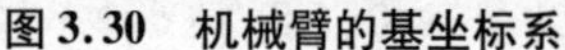

图3.30 机械臂的基坐标系　　图3.31 机械臂的逆时针为正

Z 轴的起始点：origin 所在平面 Z 值为 0，j2n6s300_end_effector 的位置为第六个关节向下 160 mm 处，实物上即最后一节手指关节上螺丝的上端的几何参数如图 3.32 所示。

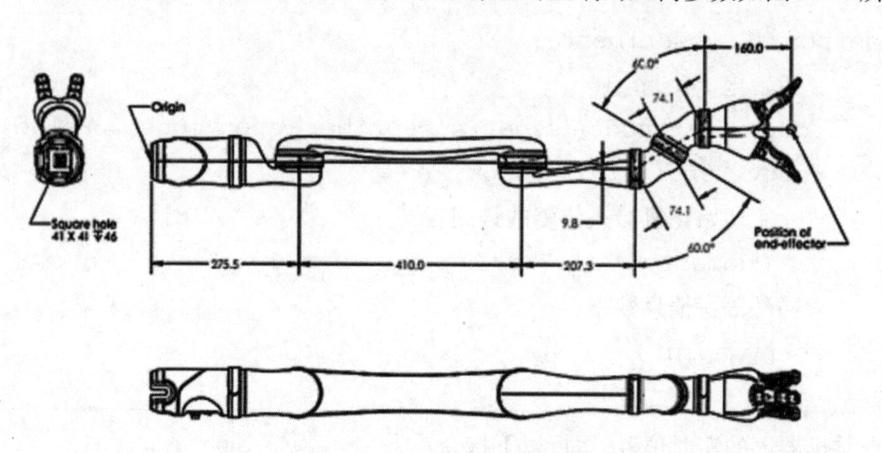

图3.32 kinova 的几何参数

2. kinova - ros 安装

推荐的配置：Ubuntu 18.04 的 ROS melodic。要使 kinova - ros 成为工作区的一部分，执行以下操作：

```
$ cd ~/catkin_ws/src
$ git clone https://github.com/Kinovarobotics/kinova-ros.git kinova-ros
$ cd ~/catkin_ws
$ catkin_make
```

启动 kinova：给 kinova 上电，将 kinova 的 USB 接口连到计算机上。

绑定端口：要通过 USB 访问 arm，需将 udev 规则文件 10 - kinova - arm. rules 从 ~/catkin_ws/src/kinova - ros/kinova_driver/udev 复制到/etc/udev/rules. d/：

```
$ sudo cp kinova_driver/udev/10-kinova-arm.rules /etc/
udev/rules.d/
```

更新环境变量：

```
$ echo "source ~/catkin_ws/devel/setup.bash" >> ~/.bashrc
```

输入以下命令使环境变量生效：

```
$ source ~/.bashrc
```

或机器人唤醒：

```
$ source devel/setup.bash
```

执行如下指令，启动了 kinova：

```
$ roslaunch kinova_bringup kinova_robot.launch
$ roslaunch kinova_bringup kinova_robot.launch kinova_
robotType:=j2n6s300
```

如果机器人启动后无法移动，请尝试通过按操纵杆上的主页按钮或在下面的 ROS 服务命令中调用 rosservice 来使手臂归位。复位：

```
$ rosservice call /j2n6s300_driver /in/home_arm
```

查看机械臂末端位姿：

```
$ rostopic echo /j2n6s300_driver/out/tool_pose
```

kinova 为了支持不同的产品，利用 8 个字节的字符串 kinova_robotType 来配置参数，格式为：[{j|m|r|c}、{1|2}、{s|n}、{4|6|7}、{s|a}、{2|3}、{0}、{0}]。具体参数含义如下：机器人类别{j|m|r|c}指 jaco、mico、roco 和 customized；目前版本为 {1|2}；手腕类型 {s|n} 可以是球形或非球形；自由度可以是 {4|6|7}；机器人模式 {s|a} 可以服务或辅助；机械手 {2|3} 可以配备 2 个或 3 个手指夹持器；最后两位未定义并保留用于进一步的功能。例如：j2n6s300（默认值）指的是 jaco v2 6DOF 服务 3 个手指。

3. kinova 与 Jetson TX2 的连接

Jetson TX2 的 arm 架构不支持使用 USB 连接方式，只能通过以太网与 kinova 通信，以太网的通信需要对静态 IP 进行配置。kinova 功能包中的配置文件是对标 AMD64 架构的，需要对部分配置文件进行修改。

（1）功能包的修改。

kinova 官网提供了 Jetson TX2 专用通信配置文件，下载后替换/kinova_ros/kinova_driver/lib/x86_64-linux-gnu 路径下的所有文件并按照图 3.33 修改文件名。找到 robot_parameters.yaml 文件，并更改相关参数，如图 3.34 所示（参考路径：/kinova_ros kinova_bringup/launch/config/）。

再执行下面的指令：

```
$sudo ln -s /home/nvidia/catkin_ws/src/kinova-ros/kinova_driver/lib/x86_64-linux-gnu/* /usr/lib
export $LD_LIBRARY_PATH=/home/nvidia/catkin_ws/src/kinova-ros/kinova_driver/lib/x86_64-linux-gnu/$LD_LIBRARY_PATH
$sudo ldconfig
```

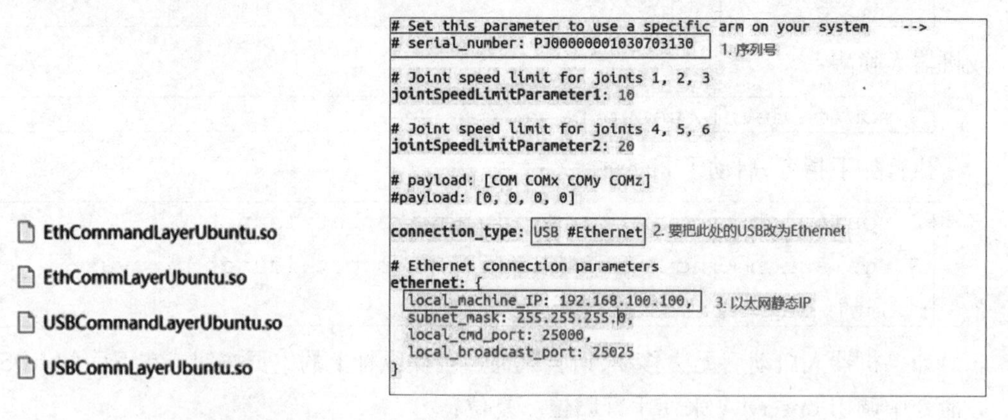

图 3.33　kinova 替换配置文件　　　　图 3.34　kinova 修改配置文件

(2)kinova 与 Jetson TX2 进行 TCP 通信。

按照图 3.35 打开终端确定以太网的名字。按照图 3.36 配置静态 IP,找不到 Edit Connection 也没有关系,可以在设置中查找以太网连接。使用以太网线将 Jetson TX2 和 kinova 连接,注意 kinova 必须连接电源并打开电源开关。可以看到 Jetson TX2 桌面右上角显示以太网连接成功。

```
navio2@ubuntu: ~/Desktop
navio2@ubuntu:~/Desktop$ ifconfig
ens33     Link encap:Ethernet  HWaddr 00:0c:29:ce:51:f1
          UP BROADCAST MULTICAST  MTU:1500  Metric:1
          RX packets:795 errors:0 dropped:0 overruns:0 frame:0
          TX packets:392 errors:0 dropped:0 overruns:0 carrier:0
          collisions:0 txqueuelen:1000
          RX bytes:908794 (908.7 KB)  TX bytes:44784 (44.7 KB)

enx000ec6ae9b3f Link encap:Ethernet  HWaddr 00:0e:c6:ae:9b:3f
          inet addr:192.168.100.100  Bcast:192.168.100.255  Mask:255.255.255.0
          inet6 addr: fe80::381b:0b1c:6600:8c8d/64 Scope:Link
          UP BROADCAST RUNNING MULTICAST  MTU:1500  Metric:1
          RX packets:1 errors:0 dropped:0 overruns:0 frame:0
          TX packets:47 errors:0 dropped:0 overruns:0 carrier:0
          collisions:0 txqueuelen:1000
          RX bytes:46 (46.0 B)  TX bytes:6816 (6.8 KB)

lo        Link encap:Local Loopback
          inet addr:127.0.0.1  Mask:255.0.0.0
          inet6 addr: ::1/128 Scope:Host
          UP LOOPBACK RUNNING  MTU:65536  Metric:1
          RX packets:405 errors:0 dropped:0 overruns:0 frame:0
          TX packets:405 errors:0 dropped:0 overruns:0 carrier:0
          collisions:0 txqueuelen:1000
```

图 3.35　进入以太网配置界面

①点击右上角，如图 3.36(a)所示进入对应的以太网设置窗口。

②选择对应的以太网口，点击“Edit”进入设置界面，按照图 3.36(b)步骤配置静态 IP，最后一步点击“Save”保存即可。

(a)点击右上角，进入对应的以太网设置窗口

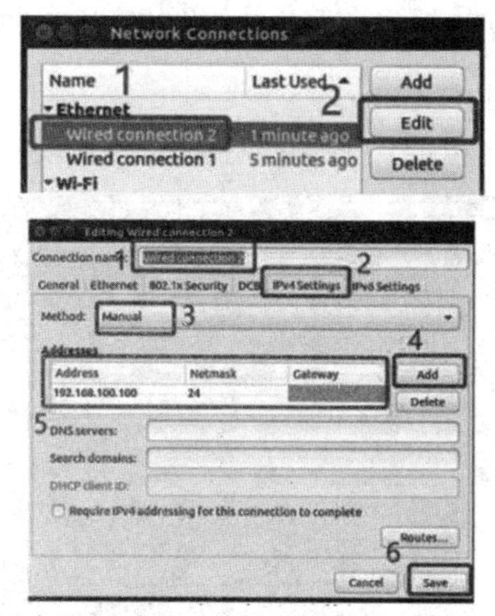

(b)选择对应的以太网口，点击Edit进入设置界面，按照步骤配置静态 IP，最后一步点击Save保存即可

图 3.36　配置静态 IP

4. 关节位置控制

关节位置控制可以通过调用自定义节点中的 KinovaComm::setJointAngles()来实现，也可以直接调用 kinova_demo 包中的节点 joints_action_client.py。

以下指令将驱动 kinova 机械臂的第六个关节旋转 +10°，并打印出有关关节位置的附加信息如图 3.37 所示：

```
$ rosrun kinova_demo joints_action_client.py -v -r j2n6s300
degree -- 0 0 0 0 0 10
```

```
xa@xa-desktop:~/catkin_ws$ rosrun kinova_demo joints_action_client.py -v -r j2n6
s300 degree -- 0 0 0 0 0 10
position listener obtained message for joint position.
Joint values sent in degree are:
joint1 275.5, joint2 167.4, joint3 57.6, joint4 240.5, joint5 82.9, joint6 85.5
Joint values sent in radian are:
joint1 4.808, joint2 2.922, joint3 1.005, joint4 4.198, joint5 1.447, joint6 1.4
93
```

图 3.37　关节位置信息

以上指令需输入三个参数:kinova_robotType(例如 j2n6s300), unit {degree | 弧度}和值(每个关节的角度)。选项 -r 说明机器人角度值是相对/绝对的,按照关节旋转后面的数值变化,单位是角度,改变相应的角度,正数就增加,负数就减小。“ -v”和“ -h”分别为更详细的输出选项 (输出显示所有关节的当前角度值)和帮助选项。

输入如下指令,观察关节位置,将打印出如图 3. 38 所示的关节名称、位置、速度(rad/s) 和力矩(N · m) 信息。

```
$ rostopic echo  /j2n6s300_driver/out/joint_state
```

```
xa@xa-desktop:~/catkin_ws$ rostopic echo /j2n6s300_driver/out/joint_state
header:
  seq: 518
  stamp:
    secs: 1708670632
    nsecs:  66910968
  frame_id: ''
name: [j2n6s300_joint_1, j2n6s300_joint_2, j2n6s300_joint_3, j2n6s300_joint_4, j
2n6s300_joint_5,
  j2n6s300_joint_6, j2n6s300_joint_finger_1, j2n6s300_joint_finger_2, j2n6s300_j
oint_finger_3,
  j2n6s300_joint_finger_tip_1, j2n6s300_joint_finger_tip_2, j2n6s300_joint_finge
r_tip_3]
position: [4.806619609234963, 2.9241575348097286, 1.0023136994488382, 4.20432202
6579842, 1.4446818007419764, 1.323326476715082, -0.0012319971190548208, 0.0, -0.
0012319971190548208, 0.0, 0.0, 0.0]
velocity: [0.0, -0.0003408846195301425, -0.0003408846195301425, -0.0004958321561
296851, 0.0, -0.0004958321561296851, 0.0, 0.0, 0.0, 0.0, 0.0, 0.0]
effort: [-0.08256718516349792, -2.3531155586242676, 4.7958984375, -1.56973123550
41504, -0.27652719616889954, 0.09551194310188293, 0.0, 0.0, 0.0, 0.0, 0.0, 0.0]
---
```

图 3.38　查看机械臂关节信息

实现机械臂关节位置的控制,可参考示例代码及具体流程如下。

(1)导入库和消息类型。需要导入 rospy 和 actionlib 库,以及机械臂控制所需的消息类型。这些是与 ROS 系统通信和控制机械臂的基础。

(2)定义 joint_angle_client 函数。

①设置动作服务器通信地址(action_address)。

②创建动作客户端(client),等待服务器连接。

③创建 ArmJointAnglesGoal 实例,将关节角度(弧度)赋给目标字段。

④发送目标到服务器并等待结果。

(3)main 函数流程。

①初始化 ROS 节点。通过 rospy. init_node 开始与 ROS 的通信。

②设置关节角度。定义关节角度(度),转换为弧度。

③发送关节角度。使用 joint_angle_client 发送角度,控制机械臂。

④处理结果。根据返回值打印执行结果日志。

⑤异常处理。使用 try - except 结构捕获 rospy. ROSInterruptException,以处理程序中断。通过这个示例,可以了解到如何在 ROS 环境下,使用 Python 编写代码来控制机械臂的关节角度,实现精确的位置控制:

```
#! /usr/bin/env python
# - * - coding: utf -8 - * -

import rospy
import actionlib
import math
from kinova_msgs.msg import JointAngles, ArmJointAnglesAc-
tion, ArmJointAnglesGoal

def send_joint_angles_to_arm(joint_angles_radian):
    """Send a joint angle goal to the action server for the robot-
ic arm."""
    # Define the action server address
    action_server_address = '/j2n6s300_driver/joints_action/
joint_angles'
    # Initialize the action client with the server address and
action type
    client = actionlib.SimpleActionClient(action_server_ad-
dress, ArmJointAnglesAction)
    rospy.loginfo("Waiting for the action server...")
    client.wait_for_server()

    # Create a goal with the desired joint angles
    goal = ArmJointAnglesGoal()
     goal.angles.joint1, goal.angles.joint2, goal.angles.
joint3, \
        goal.angles.joint4, goal.angles.joint5, goal.angles.
joint6 = joint_angles_radian
```

```
    rospy.loginfo("Sending goal to the action server...")
    client.send_goal(goal)
    # Wait for the action server to complete the action within 20
seconds
    client.wait_for_result(rospy.Duration(20.0))
    return client.get_result()
def main():
    rospy.init_node('kinova_joint_position_control')

    # Define joint angles in degrees
    joint_angles_degrees = [-90, 180, 90, -90, 0, 0]  # Example
joint angle values
    # Convert degrees to radians
    joint_angles_radians = [math.radians(angle) for angle in
joint_angles_degrees]

    # Send the joint angles to the robotic arm
    result = send_joint_angles_to_arm(joint_angles_radians)
    if result:
        rospy.loginfo("Action completed successfully.")
    else:
        rospy.loginfo("Action failed.")

if __name__ == '__main__':
    try:
        main()
    except rospy.ROSInterruptException:
        print("Program interrupted before completion.")
```

5. 笛卡儿位置控制

笛卡儿位置控制可以通过在自定义节点中调用 KinovaComm::setCartesianPosition()来实现,或者可以简单地调用 kinova_demo 包中的节点 pose_action_client.py。该函数采用三个参数:kinova_robotType(j2n6s300),单位{mq|mdeg|mrad}(meter&Quaternion、meter°ree 和 meter&radian)和 pose_value。

pose_value 是位置(坐标 x、y、z)及方向(基于单位的 3 或 4 个值)。位置的单位为 m,

方向的单位不同。度数和弧度与 *XYZ* 顺序的欧拉角有关。注意:使用四元数和欧拉角时,参数的长度是不同的。该函数采用 -r 选项,将告诉机器人角度值是相对的还是绝对的。还具有用于更详细输出的选项 -v 和用于帮助的选项 -h。

以下代码将驱动 kinova 机械臂沿 + *X* 轴移动 1 cm,并将手沿手轴旋转 + 10°,输出的笛卡儿位置信息如图 3.39 所示:

```
$ rosrun kinova_demo pose_action_client.py -v -r j2n6s300
mdeg -- 0.01 0 0 0 0 0 10
```

```
xa@xa-desktop:~/catkin_ws$ rosrun kinova_demo pose_action_client.py -v -r j2n6s3
00 mdeg -- 0.01 0 0 0 0 0 10
position listener obtained message for Cartesian pose.
Cartesian pose sent!
Cartesian position is: [0.222296754122, -0.257296562195, 0.509807884693]
Cartesian orientation in Quaternion is:
qx 0.643, qy 0.319, qz 0.424, qw 0.553
Cartesian orientation in Euler-XYZ(radian) is:
tx 1.637, ty 1.113, tz 0.134
Cartesian orientation in Euler-XYZ(degree) is:
tx 93.8, ty 63.8, tz 7.7
```

图 3.39　查看机械臂笛卡儿位置信息

输入如下指令,观察机械臂末端位置,将打印出如图 3.40 所示的位置信息:

```
$ rostopic echo /j2n6s300_driver/out/tool_pose
```

```
^Cxa@xa-desktop:~/catkin_ws$ rostopic echo /j2n6s300_driver/out/tool_pose
header:
  seq: 2317
  stamp:
    secs: 1708670811
    nsecs: 973712376
  frame_id: "j2n6s300_link_base"
pose:
  position:
    x: 0.21216212213
    y: -0.257043600082
    z: 0.506942451
  orientation:
    x: 0.644773721695
    y: 0.32017955184
    z: 0.422409921885
    w: 0.550746440887
---
```

图 3.40　查看机械臂末端的位置信息

6. 手指位置控制

笛卡儿位置控制可以通过在自定义节点中调用 KinovaComm::setFingerPositions()来实现,或可以简单地调用 kinova_demo 包中的节点 fingers_action_client.py。这个函数需要三个参数:kinova_robotType * (j2n6s300)、unit {turn | 毫米 | 百分比} 和手指转动值。

手指本质上是通过转动来控制的,其余的单元为了方便而按比例转动。值为 0 表示完全打开,而 fingers_maxTurn 表示完全关闭。fingers_maxTurn 的值可能会因许多因素而变化。手指转动的正确参考值将是 0(完全打开)~6 800(完全关闭)。该函数还采用 -r 选项说明角度值是相对的还是绝对的。还有用于更详细输出的选项 -v 和用于帮助的选

项 - h。

以下代码完全闭合手指，在 kinova_demo/nodes/kinova_demo 执行：

```
$ rosrun kinova_demo fingers_action_client.py j2n6s300 per-
cent - - 100 100 100
```

输入如下指令，观察机械臂的手指位置，将打印出如图 3.41 所示的位置信息：

```
$ rostopic echo /j2n6s300_driver/out/finger_position
```

```
xa@xa-desktop:~/catkin_ws$ rostopic echo /j2n6s300_driver/out/finger_position
finger1: 2244.0
finger2: 2244.0
finger3: 2238.0
---
finger1: 2244.0
finger2: 2244.0
finger3: 2238.0
---
finger1: 2244.0
finger2: 2244.0
finger3: 2238.0
---
```

图 3.41　查看机械臂手指位置信息

参考以下代码，使用 kinova_msgs 包中的 SetFingersPositionAction 消息来控制机械臂的末端位置和手指位置。实现的步骤如下。

(1)初始化 ROS 节点。

初始化 ROS 节点以允许程序与 ROS 系统交互。通过调用 rospy. init_node('kinova_move', anonymous = True)实现的，其中，kinova_move 是节点的名称。

(2)创建动作客户端。

①机械臂移动。使用 actionlib. SimpleActionClient 创建一个客户端，连接到机械臂移动的动作服务器，通常地址是/{prefix}driver/pose_action/tool_pose。

②手指控制。同样使用 actionlib. SimpleActionClient 创建一个客户端，连接到手指位置控制的动作服务器，地址遵循/{prefix}driver/fingers_action/finger_positions 格式。这里的{prefix}根据机械臂的型号和配置可能会有所不同。

(3)设置目标并发送。

①设置机械臂位置目标。实例化一个 ArmPoseGoal 对象，为机械臂设置目标位置和方向。

②设置手指位置目标。创建一个 SetFingersPositionGoal 对象，并根据手指的目标闭合或张开程度(以百分比表示)计算每个手指的目标位置。这样做可以精确控制手指的闭合程度。

(4)发送目标。

通过 send_goal 方法，将目标位置发送给相应的动作服务器。这一步指示机械臂和手指按照设定的目标进行移动或调整。

(5)等待动作完成。

使用 wait_for_result 方法等待动作执行完成,可以设置超时时间以避免无限期等待。这确保了机械臂和手指的动作按预期完成。

(6)执行动作和调整。

根据实际需要,可以执行更多动作或进行调整,例如,先移动机械臂到特定位置,然后闭合手指,稍后再打开手指,以完成特定的操作序列。

(7)确认结果。

动作完成后,根据需要进行结果确认,以确保机械臂和手指已经达到预期的位置或状态:

```
#! /usr/bin/env python3

import rospy
import actionlib
from kinova_msgs.msg import ArmPoseAction, ArmPoseGoal, Set-
FingersPositionAction, SetFingersPositionGoal

def move_to_position(prefix, position, orientation):
    rospy.init_node('kinova_move', anonymous=True)
    pose_client = actionlib.SimpleActionClient(f'/{prefix}
driver/pose_action/tool_pose', ArmPoseAction)
    pose_client.wait_for_server()

    pose_goal = ArmPoseGoal()
    pose_goal.pose.header.frame_id = f"{prefix}link_base"
    pose_goal.pose.pose.position.x = position[0]
    pose_goal.pose.pose.position.y = position[1]
    pose_goal.pose.pose.position.z = position[2]
    pose_goal.pose.pose.orientation.x = orientation[0]
    pose_goal.pose.pose.orientation.y = orientation[1]
    pose_goal.pose.pose.orientation.z = orientation[2]
    pose_goal.pose.pose.orientation.w = orientation[3]

    pose_client.send_goal(pose_goal)
    pose_client.wait_for_result(rospy.Duration(20.0))
```

```
def control_gripper(prefix, finger_position_percent):
    finger_maxTurn = 6800
    finger_turn = finger_position_percent /100.0 * finger
_maxTurn

    gripper_client = actionlib.SimpleActionClient(f'/{prefix}
driver/fingers_action/finger_positions', SetFingersPosition-
Action)
    gripper_client.wait_for_server()

    gripper_goal = SetFingersPositionGoal()
    gripper_goal.fingers.finger1 = finger_turn
    gripper_goal.fingers.finger2 = finger_turn
    gripper_goal.fingers.finger3 = finger_turn

    gripper_client.send_goal(gripper_goal)
    gripper_client.wait_for_result(rospy.Duration(5.0))

if __name__ == '__main__':
    prefix = 'j2n6s300_'
    initial_position = [ -0.0975558236241, -0.283851027489,
0.447432279587]
    initial_orientation = [0.718922078609,0.0477945916355,0.
016745692119,0.693243324757]
    move_to_position(prefix, initial_position, initial_orien-
tation)
    control_gripper(prefix, 100)  # Close the gripper
    rospy.sleep(3)
    control_gripper(prefix, 0)    # Open the gripper
```

7. Moveit

在实现机械臂的自主抓取时，机械臂的运动规划是其中最重要的一部分，包含运动学正逆解算、碰撞检测、环境感知和动作规划等。很多机械臂运动规划采用 ROS 系统提供的 Moveit。Moveit 是 ROS 系统中集合了与移动操作相关的组件包的运动规划库，它包含了运动规划中所需要的大部分功能，同时还提供友好的配置和调试界面，便于完成机器人在 ROS 系统上的初始化及调试安装：

```
$ sudo apt -get install ros -Melodic -moveit
$ sudo apt -get install ros -Melodic -trac -ik
```

适用于 kinova 机器人的 Moveit 配置文件已经设置好,配置文件夹位于 kinova - ros/kinova_moveit/robot_configs/。可以选择启动 Moveit 带有虚拟机器人,可用于可视化和测试:

```
$ roslaunch j2n6s300_moveit_config j2n6s300_virtual_robot_
demo.launch
```

或者可以选择启动 Moveit,使用控制实际机器人的 kinova_driver 节点:

```
$ roslaunch kinova_bringup kinova_robot.launch kinova_robot
Type: =robot_type
$ roslaunch j2n6s300_moveit_config j2n6s300_demo.launch
```

Moveit 的核心节点 move_group 用于接收运动规划的请求,生成运动轨迹,并与 ROS 的控制器通信来执行这些轨迹。控制器配置在/config/controllers. yaml 中定义,指定用于驱动机械臂关节和执行器(如夹爪)的控制器。这些控制器通常定义了与 joint_trajectory_action_server 和 gripper_command_action_server 等节点的接口,这些节点负责将 Moveit 生成的轨迹转换为机械臂的实际运动。

rviz moveit 插件:可以使用交互式标记移动机器人的末端执行器。当移动末端执行器时,在拖动标记时运行反向运动学以更新关节位置。rviz 插件还可用于添加障碍物、编辑规划参数。使用 moveit API 与机器人交互,moveit 存储库有使用其 API 的示例。已针对 kinova 机器人进行了取放演示,以帮助开发自己的应用程序。

运行拾取和放置的演示,请启动 moveit 和 rivz:

```
$ roslaunch j2n6s300_moveit_config j2n6s300_virtual_robot_
demo.launch
```

或连接真正的机器人(警告:此序列占用大量空间,请确保机器人有足够的空间,并准备好在需要时关闭机器人):

```
$ roslaunch kinova_bringup kinova_robot.launch kinova_
robotType: =robot_type
$ roslaunch j2n6s300_moveit_config j2n6s300_demo.launch
```

用 moveit API 与 robot 互动,以一个 pick and place 为例,执行以下命令。脚本贯穿的场景包括:设置工作场景,添加障碍,在关节空间为机器人设定目标,在笛卡儿空间设定目标,设置路径约束,将物体连接到机器人等。

```
$ rosrun kinova_arm_moveit_demo pick_place
```

8. Gazebo

使用 ros_control 启动 Gazebo,图 3.42 所示为启动 kinova 的三维仿真界面:

```
$ roslaunch kinova_gazebo robot_launch.launch kinova_robot-
Type:=j2n6s300
```

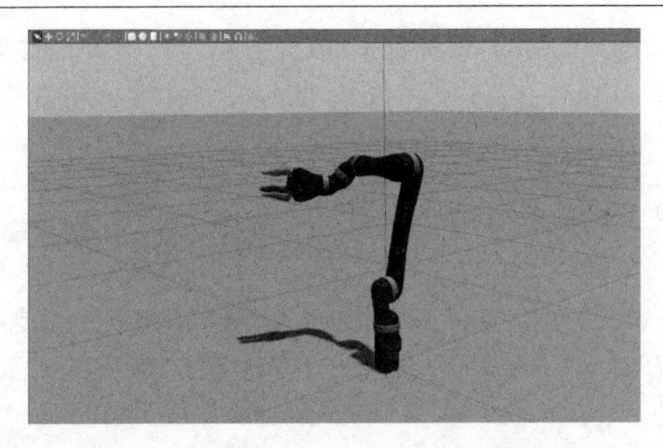

图 3.42 启动 kinova 的三维仿真界面

在 rviz 中显示机器人的状态，将 Global Options -> Fixed Frame 更改为 world，使用 Add -> RobotModel 添加机器人模型（在 rviz 文件夹中）。默认情况下，控制器设置为启动一个轨迹位置控制器，如果想通过关节控制关节，请设置 use_trajectory_controller = false：

```
$ roslaunch kinova_gazebo robot_launch.launch kinova_robot-
Type:=j2n6s300 use_trajectory_controller:=false
```

可以直接使用 ros_control 实现 trajectory plan：

```
$ rosrun kinova_control move_robot.py j2n6s300
```

也可以使用 moveit 实现 trajectory plan：

```
$ roslaunch kinova_gazebo robot_launch.launch kinova_robot-
Type:=j2n6s300
```

启动 moveit 和 rviz：

```
$ roslaunch j2n6s300_moveit_config j2n6s300_demo.launch
```

9. 通过 Moveit 编程控制机械臂运动

Moveit 的核心节点是 move_group，Moveit 的编程接口如图 3.43 所示，用户接口主要包括 C++ 接口、python 接口、rivz 插件接口等。通过 Python 接口，Moveit 提供了以下服务。

（1）正向运动学（FK）。用户可以指定机器人的关节角度值，服务将计算出机械臂末端执行器的位置和姿态。

（2）逆向运动学（IK）。用户可以指定末端执行器的目标位置和姿态，服务则计算出为了达到该位置和姿态所需要的关节角度值。

（3）笛卡儿路径规划。用户可以定义机械臂的末端执行器沿着一个特定的笛卡儿路径（如直线或曲线）移动，同时可以指定其在移动过程中保持末端姿态不变。

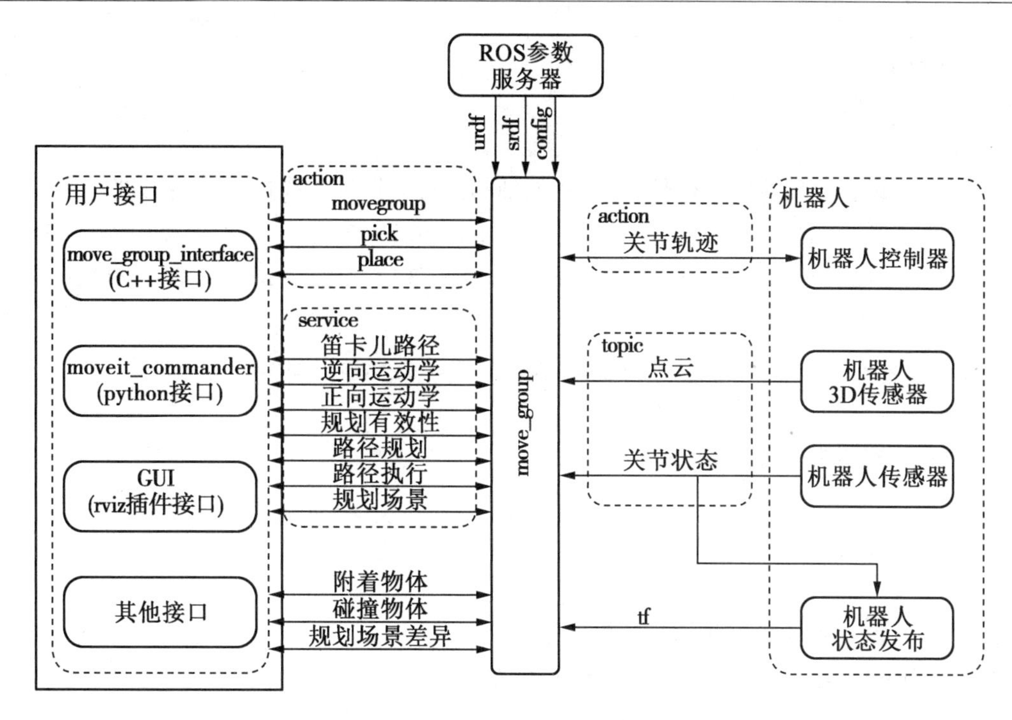

图 3.43　Moveit 的编程接口

正向运动学的解是唯一的,如要运动到固定位置,使用正向运动学控制能够减小碰撞的风险。机械臂的正向运动学控制的实现代码及关键步骤如下。

(1)创建规划组的控制对象。

(2)设置关节空间运动的目标位姿。

(3)完成规划并控制机械臂完成运动。

```
# 初始化需要使用 move group 控制的机械臂中的 arm group
arm = moveit_commander.MoveGroupCommander('arm')

# 设置机械臂运动的允许误差值
arm.set_goal_joint_tolerance(0.001)

# 设置允许的最大速度和加速度
arm.set_max_acceleration_scaling_factor(0.5)
arm.set_max_velocity_scaling_factor(0.5)

# 控制机械臂先回到初始化位置
arm.set_named_target('home')
```

```
arm.go()
    rospy.sleep(1)

    # 设置机械臂的目标位置,使用六轴的位置数据进行描述(单位:弧度)
    joint_positions = [2.645195139049455, 3.561027209471823,
1.4234899626837798, 6.056461348833434, 1.0069928734841076,
1.141271719332829 2]
    arm.set_joint_value_target(joint_positions)

    # 控制机械臂完成运动
    arm.go()
    rospy.sleep(1)

    # 控制机械臂先回到初始化位置
    arm.set_named_target('home')
    arm.go()
    rospy.sleep(1)
```

如果获取到物体的坐标,要将机械臂运动到此处,则可以使用逆向运动学来控制。机械臂的逆向运动学控制的实现代码及关键步骤如下。

(1)创建规划组的控制对象。

(2)获取机器人终端 link 名称。

(3)设置目标位姿对应的参考坐标系和起始、终止位姿。

(4)完成规划并控制机械臂完成运动。

```
    # 初始化需要使用 move group 控制的机械臂中的 arm group
    arm = moveit_commander.MoveGroupCommander('arm')

    # 获取终端 link 的名称
    end_effector_link = arm.get_end_effector_link()

    # 设置目标位置所使用的参考坐标系
    reference_frame = 'base_link'
    arm.set_pose_reference_frame(reference_frame)

    # 当运动规划失败后,允许重新规划
```

```
arm.allow_replanning(True)

# 设置位置(单位:米)和姿态(单位:弧度)的允许误差
arm.set_goal_position_tolerance(0.001)
arm.set_goal_orientation_tolerance(0.01)

# 设置允许的最大速度和加速度
arm.set_max_acceleration_scaling_factor(0.5)
arm.set_max_velocity_scaling_factor(0.5)

# 控制机械臂先回到初始化位置
arm.set_named_target('home')
arm.go()
rospy.sleep(1)

# 设置机械臂工作空间中的目标位姿,位置使用 x、y、z 坐标描述
# 姿态使用四元数描述,基于 base_link 坐标系
target_pose = PoseStamped()
target_pose.header.frame_id = reference_frame
target_pose.header.stamp = rospy.Time.now()
target_pose.pose.position.x = 0.2593
target_pose.pose.position.y = 0.0636
target_pose.pose.position.z = 0.1787
target_pose.pose.orientation.x = 0.70692
target_pose.pose.orientation.y = 0.0
target_pose.pose.orientation.z = 0.0
target_pose.pose.orientation.w = 0.70729

# 设置机器臂当前的状态作为运动初始状态
arm.set_start_state_to_current_state()

# 设置机械臂终端运动的目标位姿
arm.set_pose_target(target_pose, end_effector_link)

# 规划运动路径
```

```
traj = arm.plan()

    # 按照规划的运动路径控制机械臂运动
    arm.execute(traj)
    rospy.sleep(1)
```

路点列表是机器人运动轨迹中的一个重要的概念,它由机器人需要到达的连续的点组成。在机器人路径规划中,可以用一系列路点来描述机器人的移动轨迹,使机器人能够从起点到达终点。路点列表可以是笛卡儿类型或关节类型,同时也可以包含其他信息,如时间戳、加速度和速度等。在路径规划中,通过在路点之间进行插值和轨迹优化,可以使机器人运动得更加平滑、高效。初始化路点列表是为了规划笛卡儿空间下的路径,以实现机器人的轨迹规划。实现笛卡儿路径规划的代码及操作步骤如下:

(1)初始化使用 move group 控制的机械臂中的 arm group。

(2)设置允许重新规划。

(3)设置目标位置所使用的参考坐标系。

(4)获取终端 link 的名称。

(5)控制机械臂运动到预抓取的位置。

(6)获取当前位姿数据作为机械臂运动的起始位姿。

```
    # 初始化需要使用 move group 控制的机械臂中的 arm group
    arm = MoveGroupCommander('arm')

    # 当运动规划失败后,允许重新规划
    arm.allow_replanning(True)

    # 设置目标位置所使用的参考坐标系
    arm.set_pose_reference_frame('j2n6s300_link_base')

    # 获取终端 link 的名称
    end_effector_link = arm.get_end_effector_link()

    # 控制机械臂运动到预抓取的位置
    arm.set_joint_value_target(
                [2.645195139049455, 3.561027209471823,
1.4234899626837798, 6.056461348833434, 1.0069928734841076,
1.1412717193328292])
    arm.go(wait=True)
```

```
# 获取当前位姿数据作为机械臂运动的起始位姿
    start_pose = arm.get_current_pose(end_effector_link).pose
```

(7)初始化路点列表。

(8)设置第一个路点数据,并加入路点列表。

(9)设置第二个路点数据,并加入路点列表。

(10)尝试规划一条笛卡儿空间下的路径,依次通过所有路点,直到覆盖率为 100% 或规划次数达到最大次数。

(11)根据路径规划结果(成功或失败)执行相应操作。

```
# 初始化路点列表
    waypoints = []

    # 设置第一个路点数据,并加入路点列表
    # 第一个路点需要向后运动 0.05 米
    wpose = deepcopy(start_pose)
    wpose.position.x -= 0.05
    waypoints.append(deepcopy(wpose))
# 设置第二个路点数据,并加入路点列表
    wpose.position.z += 0.15
    waypoints.append(deepcopy(wpose))
    fraction = 0.0  #路径规划覆盖率
    maxtries = 100  #最大尝试规划次数
    attempts = 0    #已经尝试规划次数

    # 设置机器臂当前的状态作为运动初始状态
    arm.set_start_state_to_current_state()

    # 尝试规划一条笛卡儿空间下的路径,依次通过所有路点
    while fraction <1.0 and attempts <maxtries:
        (plan,fraction) = arm.compute_cartesian_path (
               waypoints,   # waypoint poses,路点列表
               0.01,        # eef_step,终端步进值
               0.0,         # jump_threshold,跳跃阈值
               True)        # avoid_collisions,避障规划
        # 尝试次数累加
        attempts += 1
```

```
    # 打印运动规划进程
    if attempts % 10 = = 0:
            rospy.loginfo("Still trying after " + str(attempts)
+ " attempts...")

    # 如果路径规划成功(覆盖率 100% ),则开始控制机械臂运动
    if fraction = = 1.0:
    rospy. loginfo (" Path computed successfully. Moving
the arm.")
    arm.execute(plan)
    rospy.loginfo("Path execution complete.")

    # 如果路径规划失败,则打印失败信息
    else:
    rospy.loginfo("Path planning failed with only " +
str(fraction) + " success after " + str(maxtries) + " attempts.")

    # 控制机械臂运动到预抓取的位置
    arm.set_joint_value_target(
             [2.645195139049455, 3.561027209471823,
1.4234899626837798, 6.056461348833434,
1.0069928734841076, 1.1412717193328292])
    arm.go(wait = True)
    rospy.sleep(1)
```

3.4.3 ROS 下 IMU 的驱动测试

1. 陀螺仪简介

陀螺仪是一种能够在缺少外部参考信号的情况下检测载体自身姿态和状态变化的内部传感器。它主要用于测量运动体的角度、角速度和角加速度。在机器人导航领域,陀螺仪的应用尤为重要,因为它可以精确地测定机器人的瞬时航向角。此外,高精度的光电编码器可以准确测量机器人运动的瞬时位移,进一步提高导航的准确性。

实验中使用图 3.44 的 TL740D 陀螺仪(IMU)通过应用动态姿态算法来处理角速率数据,实时输出物体的水平方位角度、角速度和前进轴向加速度。TL740D 陀螺仪内置的惯性导航算法通过融合多模型数据来解决陀螺仪短时间内的漂移问题,这对于维持测量的连续性和准确性至关重要。

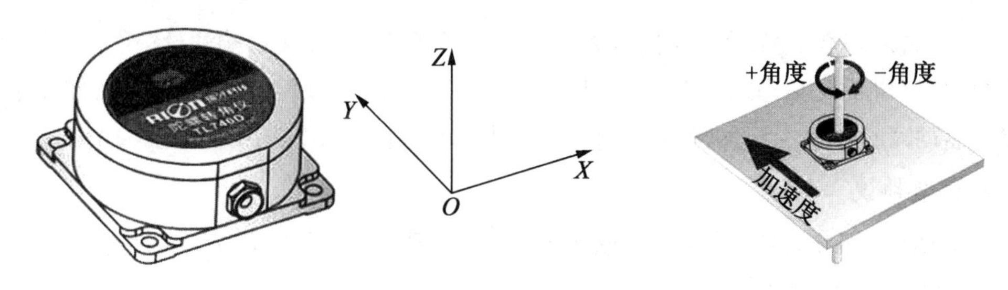

图 3.44　TL740D 陀螺仪

在自动引导车辆(AGV)等移动机器人应用中,陀螺仪提供的方位信息是实现自动寻迹驾驶的核心导航组件。通过精确测定机器人的位置和方向,陀螺仪使得 AGV 能够在复杂的环境中自主导航,执行搬运、配送等任务,而不需要外部物理引导。

总之,陀螺仪通过其内部传感器和高级算法,为机器人和其他自动化系统提供了一种可靠的姿态感知和导航解决方案,大大增强了这些系统在无人操作环境中的自主性和效率。

TL740D 陀螺仪的主要特性包括:水平方位角姿态角输出,实时角速度输出,质量轻,寿命长,稳定性强,前进轴体加速度测量,全固态构造,设计紧凑而轻巧,RS232/RS485 输出可选,9 ~ 36 VDC 供电。陀螺仪的接线定义见表 3.4,输出信号和通信协议如图 3.45 所示。

表 3.4　陀螺仪的接线定义

线色	黑色	白色	绿色	红色
功能	GND 电源负极	RS232(RXD) RS485(D+)	RS232(TXD) RS485(D-)	VCC 9 ~ 36 V 电源正极

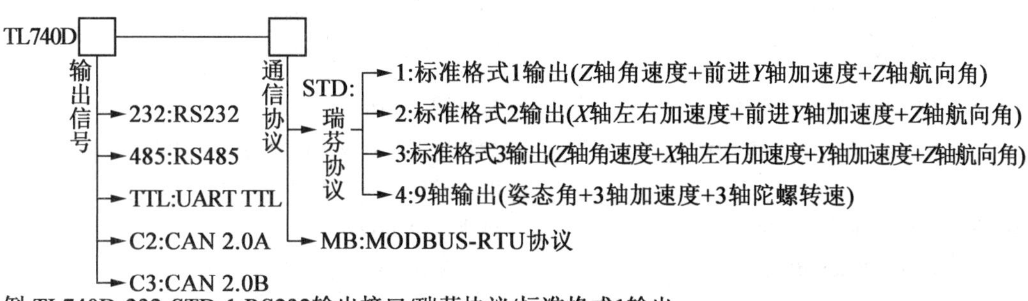

例:TL740D-232-STD-1:RS232输出接口/瑞芬协议/标准格式1输出。
TL740D-C2-STD-1:CAN 2.0输出/瑞芬协议/标准格式1输出(can协议的目前只有标准格式1输出)。

图 3.45　陀螺仪的输出信号和通信协议

陀螺仪尽量安装于被测物体中心位置,以减少线性加速度对测量精度的影响;保持陀螺仪安装面与被测目标面平行,并减少动态和加速度对陀螺仪的影响。使用过程中勿剧烈摇晃,避免震动、急加速、骤停、急转弯等角速度大于300 (°)/s的运动,以免影响测量精度。陀螺仪在启动时需要对内部的姿态运算模型进行构建,所以在启动时要求5 s的时间内,需要保持静止不动。启动完成以后,会自动输出数据包,在启动的5 s过程中,不输出数据包。

2. 通信协议

TL740D陀螺仪的数据帧格式,依次如下(BCD码,8位数据位,1位停止位,无校验,默认波特率为115 200)。

标识符(1 byte):固定为68 h。

数据长度(1 byte):从数据长度到校验和(包括校验和)的长度。

地址码(1 byte):采集模块的地址,默认为00。

命令字(1 byte):解析见表3.5。

表3.5 命令字解析

说明	含义/范例	说明
0×03	同时读角度命令 例:68 04 00 04 08	数据域(0 byte) 无数据域命令
0×84	传感器自动输出角度	具体的输出格式请参照详细输出格式表 注:数据输出格式可根据客户要求由厂家进行设置
0×0C	设置传感器输出模式 自动输出制: 传感器上电后自动输出角度,输出频率25 Hz (默认设置) (此功能可断电记忆) 例:68 05 00 0C 03 14 设置成25 Hz输出	数据域 00 0 Hz 问答输出模式 01 5 Hz 自动输出模式 02 15 Hz 自动输出模式 03 25 Hz 自动输出模式 04 35 Hz 自动输出模式 05 50 Hz 自动输出模式 06 100 Hz 自动输出模式
0×8C	传感器应答回复命令 例:68 05 00 8C 00 91	数据域(1 byte) 数据域中的数表示传感器回应的结果 00 成功 FF 失败
0×0B	传感器应答回复命令 例:68 05 00 0B 03 13 此命令设置须断电后重启生效,同时断电保存功能	数据域(1 byte) 波特率:默认值为9 600 02表示9 600 03表示19 200 04表示38 400 05表示115 200(出厂默认)
0×8B	传感器应答回复命令 例:68 05 00 8B 90	数据域(1 byte) 数据域中的数表示传感器回应的结果 00 成功 FF 失败

续表 3.5

说明	含义/范例	说明
0 × 28	对方位角清零命令 当方位角长期工作以后有误差，可以发送此命令，发送成功后，方位角输出回来“0” 例：68 04 00 28 2C	数据域 无
0 × 28	传感器应答回复命令 例：68 05 00 28 00 2D	数据域（1 byte） 数据域中的数表示传感器回应的结果 00　成功　FF　失败
0 × 0F	修改传感器地址 例：68 05 00 0F 05 19	数据域（1 byte） 地址（00 – FE），FF 为万能地址

数据域：根据命令字节不同，内容和长度发生相应变化。

校验和（1 byte）：数据长度、地址码、命令字和数据域的和不考虑进位。

陀螺仪的 9 轴输出：姿态角 +3 轴加速度 +3 轴陀螺转速，9 轴输出格式见表 3.6。

表 3.6　9 轴输出格式

标记数据帧的开始	0 × 68（1 byte）				
数据长度	0 × 1F（1 byte）				
地址码	0 × 00（1 byte）				
字节偏移	数字格式	名称	内容	字节数	表示数据
0	INT8U	command	0 × 84	1	表示数据
1	INT8U	ROLL	横滚角	3	10 50 23：3 个字符表示 –50.23°
4	INT8U	PITCH	俯仰角	3	01 60 00：3 个字符表示 +160.00°
7	INT8U	YAW	航向角	3	11 60 00：3 个字符表示 –160.00°
10	INT8U	ACC X	X 轴加速度	3	00 24 03：3 个字符表示加速度 +2.304g
13	INT8U	ACC Y	Y 轴加速度	3	10 23 04：3 个字符表示加速度 –2.304g
16	INT8U	ACC Z	Z 轴加速度	3	10 23 04：3 个字符表示加速度 –2.304g
19	INT8U	Gyro – X	X 轴陀螺	3	10 50 23：3 个字符表示 –50.23（°）/s
22	INT8U	Gyro – Y	Y 轴陀螺	3	01 80 00：3 个字符表示 +180.00（°）/s
25	INT8U	Gyro – Z	Z 轴陀螺	3	00 50 23：3 个字符表示 +50.23（°）/s
28	INT8U	Check sum	校验和	1	

3. 驱动测试

常见的 IMU 器件接口为 USB 接口,在 Linux 系统下表现为/dev/ttyUSBx 设备文件。不同 IMU 器件,IMU ROS 驱动是不同的。若厂商直接提供了 ROS 驱动,可到 ros wiki 或者厂家官网查找;如没有提供,也可以通过对 SDK 进行 ROS 封装,得到 ROS 驱动。下面介绍如何获取、解析以及发布 IMU 数据。

(1)IMU 文件结构。

IMU 的 ROS 驱动包使用 C ++ 实现。TL740D 可以测量三轴加速度、三轴角速度以及朝向。下载 TL740D 陀螺仪的功能包,执行以下指令,查看文件结构,IMU 文件结构如图 3.46 所示。independentofros 文件下的程序文件是独立于 ROS 的驱动。src 和 include 中的/imu. cpp 和/imu. hpp 是 imu 的库文件,里面有两个版本:一个是基于 uint8_t*,另一个是基于 std::vector <uint8_t>。两个 ROS 驱动节点,一个是基于 io 中断机制的/imu_node. cpp(其中断是一个字节、一个字节触发的)和基于定时器机制的 scout_imu_node. cpp。提供节点/imu_node 和 /scout_imu_node. cpp,用于接收、解析、发布 IMU 数据。

```
$ cd scout_imu -master/
$ tree -L 3
```

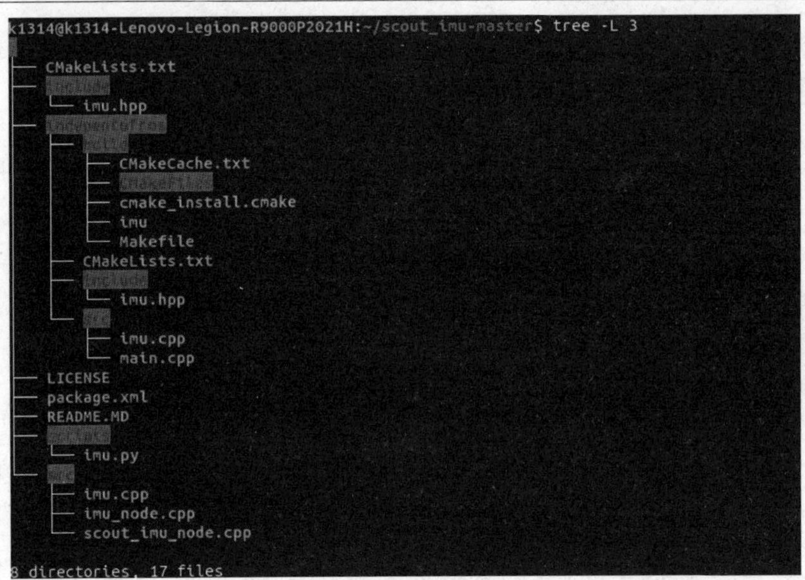

图 3.46　IMU 文件结构

(2)编译并运行。

依赖于 eigen 和 boost 以及 serial,需要先安装 serial,执行命令:

```
$ sudo apt -get install ros -melodic -serial
$ cd ~/catkin_ws
$ catkin_make
```

给串口/dev/ttyUSB0 权限,执行命令:

```
$ sudo chmod 777 /dev/ttyUSB0
```

运行:确保 IMU 已经上电后,插上 USB,静置 5 s,等待 IMU 初始化,执行如下命令,运行 roscore,随后运行节点:

```
$ roscore
$ rosrun scout_imu scout_imu_node
```

查看 IMU - TL740D 的数据,可打印数据包括四元数、角速度、线速度及协方差矩阵参数。

```
$ rostopic list
$ rostopic echo /CartImu
```

执行命令:rostopic echo/CartImu,打印四元数、角速度、线速度及协方差参数等数据,如图 3.47 所示。

```
  seq: 2749
  stamp:
    secs: 1632879989
    nsecs: 815635147
  frame_id: "cart_imu"
rientation:
  x: -0.0039798617363
  y: -0.00314649590291
  z: 0.0433700047433
  w: 0.999846206474
rientation_covariance: [0.0, 0.0, 0.0, 0.0, 0.0, 0.0, 0.0, 0.0, 0.0]
ngular_velocity:
  x: 0.000174532920937
  y: 0.000523598748259
  z: 0.000349065841874
ngular_velocity_covariance: [0.013, 0.0, 0.0, 0.0, 0.013, 0.0, 0.0, 0.0, 0.013]
inear_acceleration:
  x: -0.0587580017745
  y: -0.068551003933
  z: 9.75382804871
inear_acceleration_covariance: [0.083, 0.0, 0.0, 0.0, 0.083, 0.0, 0.0, 0.0, 0.0
3]
```

图 3.47　打印 IMU 信息

3.4.4　ROS 下的 RealSense 驱动

RealSense D435i 采用主动立体红外成像的深度成像原理,深度相机 RealSense D435i 如图 3.48 所示,包括:Stereo IR Pair:一对红外立体相机,主动红外测距相机;IR Projector:红外投影;RGB Camera:RGB 普通彩色相机;一个 IMU 单元(D435i 中的 i 表示 IMU)。

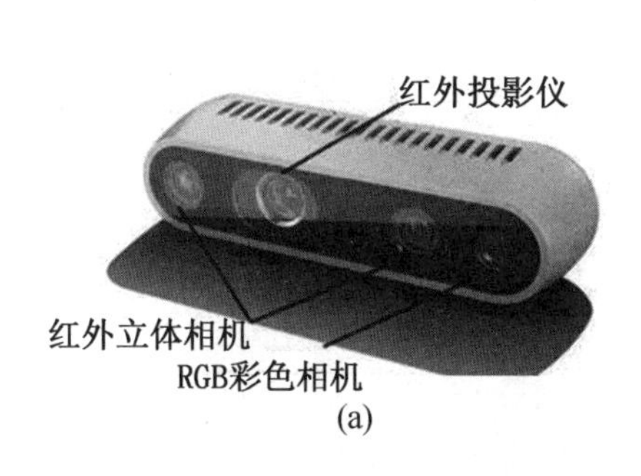

(a)

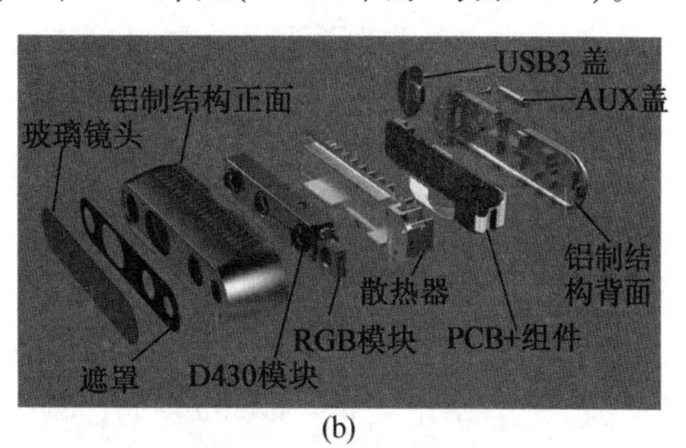

(b)

图 3.48　深度相机 RealSense D435i

根据深度图(3D 点云)和对应的 RGB 影像,可获得 RGB - D 点云。通过两个主动红外测距相机可以拍摄到场景,包含红外信息的图像。一般 RGB 普通彩色相机只能拍摄到人眼可观测的色彩,但主动红外测距相机可拍摄到红外,包含更多的场景信息,通过三角测距方法来获取某一点的深度。

RealSense D435i 相机参数见表 3.7,深度图和 RGB 影像的大小不同,即 RGB 影像中只有和深度图重叠的那部分才有深度信息,否则是没有的。同时,帧率也不相同,如果需要使用 RGB - D 信息,那么时间同步也需要处理。

表 3.7 RealSense D435i 相机参数

参数名	参数值
深度相机分辨率 & 帧率	最高 1 280 ×720 @90 fps
深度相机视场角	水平 87° 垂直 58°
深度相机检测范围	0.1 ~10 m
RGB 相机分辨率 & 帧率	最高 1 920 ×1 080 @30 fps
RGB 相机视场角	水平 69° 垂直 42°
深度误差	2 m 内 <2%

在 ROS 下使用 RealSense 相机,需要安装两个主要组件:librealsense2 和 RealSense - ROS(包名 realsense2 - camera)。其中,librealsense2 是驱动相机的基础库,而 realsense2 - camera 是一个为了让 librealsense2 能够在 ROS 环境中工作的封装 wrapper。为了确保兼容性,安装时需要注意 librealsense2 与 RealSense - ROS 的版本要相对应,例如 librealsense2 的版本 V2.50.0 应该与 RealSense - ROS 的版本 V2.3.2 相匹配。官方安装教程可参考:https://github.com/IntelRealSense/librealsense/blob/master/doc/installation_jetson.md。

librealsense github 仓库:https://github.com/IntelRealSense/librealsense.git。

realsense - ros github 仓库:https://github.com/IntelRealSense/realsense - ros.git。

(1)安装 librealsense2。

以 Jetson TX2 作为硬件平台,在 Ubuntu 18.04 系统下,介绍安装 librealsense2 的步骤。

安装依赖项:

```
$ sudo apt -get update
$ sudo apt - get install git cmake libssl - dev freeglut3 - dev
libusb -1.0 -0 -dev
$ pkg -config libgtk -3 -dev unzip -y
```

安装完成后下载 librealsense 源码,并解压:

```
$ wget https://github.com/IntelRealSense/librealsense/archive/master.zip
$ unzip ./master.zip -d.
$ cd ./librealsense-master
```

复制 udev 文件：

```
$ sudo cp config/99-realsense-libusb.rules /etc/udev/rules.d/
$ sudo udevadm control --reload-rules && sudo udevadm trigger
```

开始编译：

```
$ mkdir build && cd build
$ cmake ../ -DFORCE_LIBUVC=true -DCMAKE_BUILD_TYPE=release
    #如果安装了CUDA可以添加-DBUILD_WITH_CUDA=true
    $ make -j2
$ sudo make install
```

编译完成后，重新连接相机，运行 realsense-viewer 来确认安装结果，如果能获取到 frame metadata 说明安装成功。

(2)安装 librealsense-ros。

创建工作空间目录：

```
$ mkdir -p ~/catkin_ws/src
$ cd ~/catkin_ws/src/
```

获取源码并编译：

```
$ git clone https://github.com/IntelRealSense/realsense-ros.git
$ cd realsense-ros/
$ git checkout `git tag | sort -V | grep -P "^2.\d+\.\d+" | tail -1`
$ cd ..
$ catkin_init_workspace
$ cd ..
$ catkin_make clean
$ catkin_make -DCATKIN_ENABLE_TESTING=False -DCMAKE_BUILD_TYPE=Release
$ catkin_make install
```

source 对应脚本：

```
$ echo "source ~/catkin_ws/devel/setup.bash" >> ~/.bashrc
$ source ~/.bashrc
```

运行 launch 文件测试是否正常：

```
$ roslaunch realsense2_camera rs_camera.launch
```

出现“RealSense Node Is Up!”就说明节点启动成功了，节点会发布以下 Topic，可以利用 rostopic list 查看现有的 Topic，或者利用 Rviz 或者 rqt_image_view 等工具订阅这些 Topic，就可以显示数据。使用 rqt_image_view 订阅 image_raw 话题，可以看到通过这个 Topic 就订阅了 RealSense 发布的数据，可以用来进行后续的处理。

```
/camera/color/camera_info
/camera/color/image_raw
/camera/depth/camera_info
/camera/depth/image_rect_raw
/camera/extrinsics/depth_to_color
/camera/extrinsics/depth_to_infra1
/camera/extrinsics/depth_to_infra2
/camera/infra1/camera_info
/camera/infra1/image_rect_raw
/camera/infra2/camera_info
/camera/infra2/image_rect_raw
/camera/gyro/imu_info
/camera/gyro/sample
/camera/accel/imu_info
/camera/accel/sample
```

3.4.5 ROS 下的激光雷达的驱动

1. 激光雷达简介

实验使用单线 TOF(time of flight)近距离机械式激光雷达 N10，它能够对周围 360°环境进行二维扫描探测。激光雷达内部使用无线供电和光通信，测量重频为 4.5 kHz。设计探测精度达到 ±3 cm，最大量程为 12 m，主要应用于室内服务机器人、AGV、清扫消杀机器人、无人机等精确定位和避障的应用场合。

N10 采用如图 3.49 所示的 TOF 测距原理，通过测量调制激光的发射、返回时间差来测量物体与传感器的相对距离。激光发射器发出调制脉冲激光，内部定时器开始从 t_1 时刻计算时间，当激光照射到目标物体后，部分能量返回，当雷达接收到返回的激光信号时，在 t_2 时刻停止内部定时器计时，光速为 C，激光雷达到达物体的距离 D 为

$$D = C \times (t_2 - t_1)/2$$

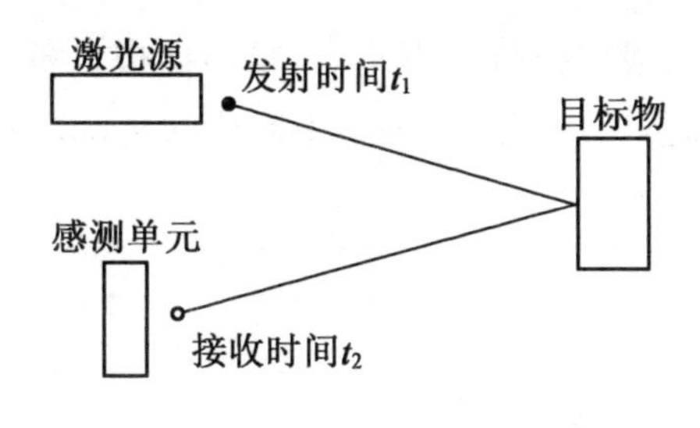

图 3.49　TOF 测距原理

经过激光雷达内嵌的信号处理单元的实时解算得到探测物体的距离值,结合高精度自适应角度测量模块输出的角度信息,可以得到量程内周围 360°环境的二维平面信息。如图 3.50 所示,此激光雷达定义了极坐标系,定义 N10 的结构中心点为极点,定义顺时针为正,三角标识处为 0°。

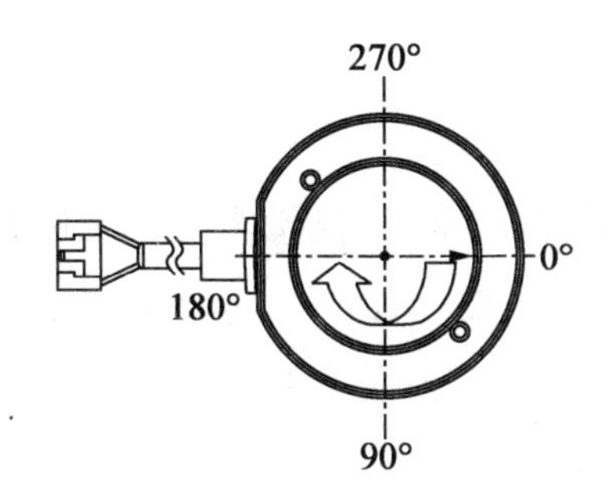

图 3.50　ROS 中 N10 角度及坐标系

2. 驱动。

(1)安装 libpcap - dev,运行以下命令。

```
$ sudo apt -get install libpcap -dev
```

检查串口设备连接和读写权限设置,在/dev 目录下查看是否有对应的 USB 设备连接,同时给予该设备读写权限:

```
$ ls /dev/ | grep ttyU
$ sudo chmod 777 /dev/ttyUSB0
```

如需更改设备端口名,可打开终端输入:

```
$ ll /dev
```

查看设备的端口号,一般为 ttyUSB *,此处需要对端口名进行修改,否则每次插拔设备之后都要重新为设备添加权限,并且端口号也会经常发生变化,程序里的端口号也需要进行修改,非常不方便。这里通过创建串口别名将其串口名重映射为 tec_lidar(非必须)。具体操作如下。

找到实验提供的雷达软件包中的 tec_udev. sh 文件,并将其拷贝至 ubuntu 的主目录中。为此文件添加可执行权限并执行如下指令，重新插拔设备，即可看到更改后的设备名为“tec_lidar”。将 lslidar_x10_serial. launch 中对应的 serial_port 的值改为雷达的串口名，为 tec_lidar。

```
$ sudo chmod 777 tec_udev.sh
$ sudo ./tec_udev.sh
```

(2)建立工作空间，构建编译环境。

```
$ mkdir -p ~/catkin_ws/src
```

(3)雷达驱动下载和解压，将获取到的 LSLIDAR_N10_v1.0.0_210827_ROS. tar. gz 复制到新建立的工作空间 catkin_ws/src 下，使用以下命令解压缩即可。

```
$ tar -xvf LSLIDAR_N10_v1.0.0_210827_ROS.tar.gz
```

(4)编译。

```
$ cd ~/catkin_ws
$ catkin_make
```

(5)打开 lslidar_x10_driver/launch 下的启动雷达的文件 lslidar_x10_serial. launch。

```
$ source ~/catkin_ws/devel/setup.bash
$ roslaunch lslidar_x10_driver lslidar_x10_serial.launch
```

(6)雷达数据查看。

在 ROS 中雷达数据的展示形式可以是文本形式，也可以是点云图像形式。当运行 lslidar_x10_serial. launch 启动雷达后，/lslidar_x10_driver_node 节点便会在 ros 中发布一个/scan 话题。执行以下命令，查看/scan 话题发布者：

```
$ rostopic info /scan
```

可以通过执行 rostopic echo /scan 命令直接进行雷达数据的查看。/scan 话题中的消息类型是 LaserScan。使用以下命令查看 ROS 中 sensor_msgs/LaserScan 消息类型的定义：

```
$ rosmsg show sensor_msgs/LaserScan
```

sensor_msgs/LaserScan 主要包括以下内容。

std_msgs/Header 消息，包含消息的元数据信息，例如发布时间和消息序列号等。

angle_min：可检测范围的起始角度。

angle_max：可检测范围的终止角度，与 angle_min 组成激光雷达的可检测范围。

angle_increment：相邻数据帧之间的角度步长。

time_increment：采集到相邻数据帧之间的时间步长，当传感器处于相对运动状态时，进行补偿使用。

scan_time：采集一帧数据所需要的时间。

range_min：最近可检测深度的阈值。

range_max：最远可检测深度的阈值。

ranges:一帧深度数据的存储数组。

除了直接通过话题查看文本形式的雷达数据,也可以通过 rviz 来查看雷达的点云图像。直接在终端输入 rviz 执行。打开 rviz 后,先将 Fixed Frame 后面对应的值修改为 lslidar_x10_serial. launch 中 frame_id 对应的 value 值 laser。同时点击“Add”按键,在弹出的窗口中点击 By topic 选中/scan 话题下的 LaserScan 并点击“OK”,完成添加 LaserScan 操作。成功添加 LaserScan 后,便可以在 Rviz 中看到这样的雷达点云图像。

(7)参数设置。

在/src/lsn10_ros/launch/lsn10. launch 文件可以设置对应串口设备名、topic 话题等。读取并解析激光雷达发出的数据,再打印到相应窗口上。

(8)屏蔽雷达角度。

可根据实际需要选择屏蔽雷达角度。将下列代码复制粘贴在 lslidar_x10_serial. launch 中:

```
<! - - M10 N10 雷达参数 - - >
<param name ="lslidar_x10_driver_node/truncated_mode" value ="
0"/>
<! - -0:不屏蔽角度 1:屏蔽角度 - - >
<rosparam param ="lslidar_x10_driver_node/disable_min" >[120]
</rosparam >
<! - -角度左值 - - >
<rosparam param ="lslidar_x10_driver_node/disable_max" >[240]
</rosparam >
<! - -角度右值 - - >
```

在 lslidar_x10_serial. launch 中,雷达多角度屏蔽共由 3 个参数组成,truncated_mode 及 disable_min 和 disable_max。其中,truncated_mode 为一个开关,truncated_mode 为 0 时默认不屏蔽角度,当它为 1 时开启雷达的多角度屏蔽,disable_min 和 disable_max 中可以填入一组或者多组角度,假如这里填入三组数据:disable_min = [40,90,320] disable_max = [50,120,360] 表示雷达扫描时屏蔽 40° ~50°、90° ~120°、320° ~360°的区间。多角度屏蔽时,以雷达正前方为 0°方向,扫描角度顺时针增加,具体如图 3.48 中的 N10 角度及坐标系。

(9)雷达数据在 ROS 中的应用。

当/lslidar_x10_driver_node 节点通过话题发布 N10 雷达的数据之后,就可以通过订阅它发出的/scan 话题在不同的功能中获取使用雷达的数据。比如建图、导航避障、雷达跟随等。在 python 中订阅/scan 话题的示例:

```
self.scanSubscriber = rospy.Subscriber('/scan', LaserScan,
self.registerScan)
```

话题名默认情况下为/scan,但也可以通过手动修改 lslidar_x10_serial. launch 中的 scan_topic 的值来修改启动后发布的雷达话题名称：

```
<param name="scan_topic" value="scan"/>
```

3.5 实验——冰壶机器人底盘移动的闭环控制

移动机器人的研究主要集中在实现精确定位、导航和路径规划等方面,但在实际应用中,机器人能否准确按照既定方案行驶的能力更为重要。四轮差速移动机器人在直线运动或转向过程中容易受到不稳定路面等因素的影响而出现滑移现象。为了减少滑移影响,提高机器人运动的控制精度,可以在机器人上搭载惯性测量单元 IMU 来实现对机器人差速运动指令的闭环控制。

在冰壶机器人系统中,实验测试采用 scout mini 加装高精度陀螺仪,由于只能给 scout mini 发送速度与角速度两个指令,并且 scout mini 处于开环状态下在冰面的运动轨迹不可控,实验尝试使用陀螺仪的反馈信息对冰壶机器人的运动进行闭环控制。

实现对 scout mini 运动轨迹闭环控制的实验步骤如下。

(1)整合 scout mini 与陀螺仪官网下的功能包,配置好新建功能包的环境。

(2)控制 scout mini 电机转动。运行官方 launch 文件,读取控制 scout mini 的话题,给话题发送消息。

(3)同时启动 scout mini roslaunch 文件,运行陀螺仪发布话题的节点,从而生成 scout mini与陀螺仪的节点、话题,为下一步的调用与控制做准备。

(4)读取陀螺仪数据。创建一个新的节点,订阅陀螺仪发布的话题,其中包括了陀螺仪测量到的角度、角速度、角加速度等信息,再将读取到的四元数的角度信息转变为欧拉角,显示出来,打印。

(5)闭环控制。在回调函数内给 scout mini 发送控制指令,其中速度为预设的速度,角速度为通过对陀螺仪读取到的数据进行 PID 处理后的控制量。

将陀螺仪能够提供的实时角度信号引入控制系统中,设计出基于 scout mini 航向角的运动控制方案。陀螺仪读取 scout mini 的角速度和角度信息,陀螺仪航向角闭环控制,来使 scout mini 小车保持直线行走。系统中的定量为设置的角度,实验的控制系统框图如图 3.51 所示。

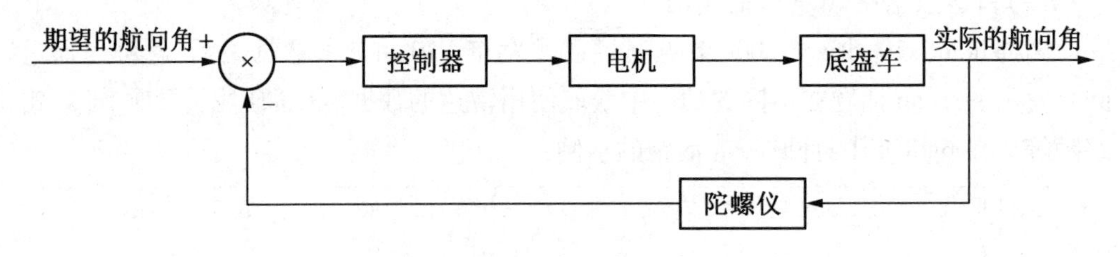

图 3.51 控制系统框图

订阅陀螺仪发布的话题:

```
import rospy
from sensor_msgs.msg import Imu

def doMsg(msg):
    rospy.loginfo("订阅的数据 Imu_data:",msg.data)

if __name__ = ="__main__":
    # 创建节点
    rospy.init_node("Imu_sub")
    Imu_sub = rospy.Subscriber("/CartImu",Imu,queue_size =10)
# 创建 Subscriber
    rospy.spin()
```

订阅陀螺的仪数据,将四元数转欧拉角,读取数据:

```
import rospy
import math
from sensor_msgs.msg import Imu
from geometry_msgs.msg import Pose, Quaternion,PoseWithCovar-ian-
ceStamped
import PyKDL
# 四元数转欧拉角
def quat_to_angle(quat):
    rot = PyKDL.Rotation.Quaternion(quat.x, quat.y, quat.z,
quat.w)
    return map(normalize_angle,rot.GetRPY())
    def normalize_angle(angle):
    res = angle
    while res > math.pi:
        res - = 2.0 * math.pi
    while res < -math.pi:
        res + = 2.0 * math.pi
    return res

def callback(data):
    #rpy
```

```
print(quat_to_angle(data.orientation))
    #回调函数收到的参数.data 是通信的数据,默认通过这样的 def call-
back(data) 取出 data.data 数据
# 获取角度(方向)
def getangle(orientation):
    x = orientation.x
    y = orientation.y
    z = orientation.z
    w = orientation.w
    f =2 * (w * y - z * z)

    r = math.atan2(2 * (w * x + y * z),1 - 2 * (x * x + y * y))
    p = 0
    if( -1 < = f < =1):
      p = math.asin(f)
    y = math.atan2(2 * (w * z + x * y),1 - 2 * (z * z + y * y))

    angleR = r * 180 / math.pi
    angleP = p * 180 / math.pi
    angleY = y * 180 / math.pi

    return {"angleR":angleR,"angleP":angleP,"angleY":angleY}
```

第 4 章　冰壶机器人的图像处理实践

4.1　视觉抓取简介

机器视觉是使用计算机来模拟人的视觉功能，同时从客观事物的图像中提取信息进行处理，并加以理解，用于实际检测、测量和控制等场景。如实现机械臂抓取桌面上的水杯，需要相机观察的场景中有水杯，通过图像处理算法，将物体与周围的环境分割开来，计算出物体的位置和姿态，估计出夹爪对于该物体的抓取方式。将夹爪抓取的最终位置和姿态作为目标，规划出一个可行的末端执行路径，分解为机械臂各关节的执行路径，于是重复出与人的手臂执行动作类似的移动抓取动作。在冰壶机器人系统中，同样可尝试使用眼睛（相机）和手（机械臂 + 夹爪）配合完成冰壶机器人的抓取、放置和投壶等工作。视觉抓取的关键技术包括如下。

（1）手眼标定。

确定眼睛与手之间的关系。物体识别是通过眼睛去识别，识别的结果是相对眼睛的位置，并不能作为机器人直接抓取的位置，需要通过手眼标定来确定眼睛和手的相对位置关系，从而把物体相对相机的位置关系转换为物体相对机械臂的位置，从而完成抓取。

（2）物体识别。

通过机器视觉来准确地识别视觉传感器视野范围内的目标物体，转换成机械臂的抓取坐标。识别的精度和准确性影响整个系统的抓取能力。

（3）位姿估计。

位姿估计指测量机器人相机坐标系与物体坐标系间的平移与旋转变换关系，包括 3 个位置（translational）和 3 个旋转角（rotational）共 6 个位姿量。位姿估计是完成抓取任务的基础，位姿估计的结果为机械臂运动规划提供有效的目标信息；位姿估计与用到的末端工具有关，需解决如何去伸夹爪，如何去抓取物体。

（4）运动规划。

机械臂运动规划是完成抓取任务的关键，其准确性与快速性对抓取操作的鲁棒性有着决定性的影响。

4.2　手眼标定

手眼标定是实现机械臂精准抓取操作的关键步骤之一。通过手眼标定能够求解机器人坐标系和相机坐标系之间的转换关系,从而实现机械臂对环境中的物体进行准确定位和操作。

4.2.1　手眼标定简介

手眼标定根据相机安装位置,主要包括眼在手外(eye-to-hand)和眼在手上(eye-in-hand)两种类型,分别如图4.1(a)、(b)所示。

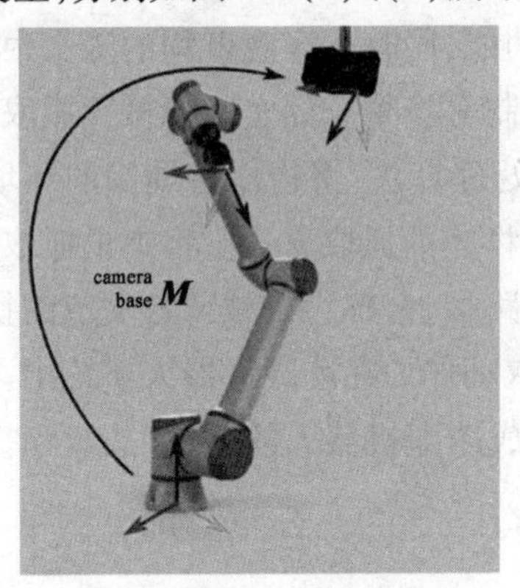

(a)眼在手外(eye-to-hand)

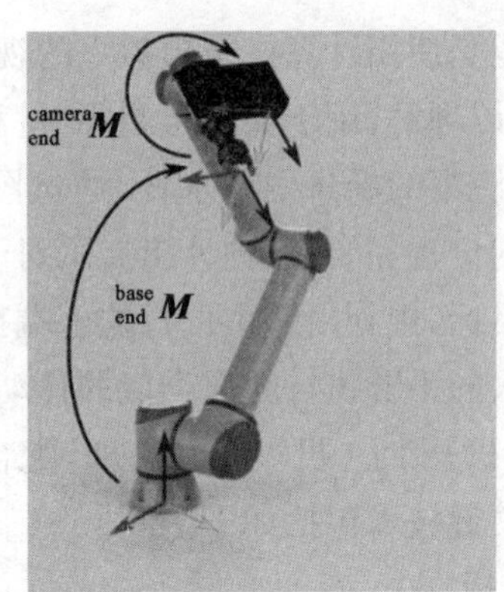

(b)眼在手上(eye-in-hand)

图4.1　相机的两种安装位置

眼在手外:相机固定在机械臂以外的地方,通常安装在工作环境的固定位置,例如墙壁或支架上。主要标定相机和机器人基坐标系之间的转换矩阵。这种标定方式的优点是相机视野相对固定,便于监控整个工作区域,适用于需要大范围监控或多机械臂协同工作的场景。

眼在手上:相机固定在机械臂末端,随着机械臂的运动而移动。主要标定相机和机械臂末端执行器之间的转换矩阵。这种标定方式的优点是相机可以灵活调整视角,更加适合细节操作和复杂环境下的物体识别与抓取,适用于需要高精度定位和操作的场景,如精密装配和动态抓取任务。

在手眼标定中,各坐标系表示如下:机械臂基底坐标系—base; 机械臂末端坐标系—end; 相机坐标系—camera;标定板坐标系—board。$^{base}_{end}\boldsymbol{R}$ 表示机械臂末端坐标系(点)到机械臂基底坐标系(点)的旋转矩阵,3×3矩阵。$^{base}_{end}\boldsymbol{T}$ 表示机械臂末端坐标系(点)到机械臂基底坐标系(点)的平移矩阵,3×1矩阵。$^{base}_{end}\boldsymbol{M}=\begin{bmatrix} ^{base}_{end}\boldsymbol{R} & ^{base}_{end}\boldsymbol{T} \\ \boldsymbol{0} & 1 \end{bmatrix}$表示机械臂末端坐标系到

机械臂基底坐标系的变换矩阵,4×4 矩阵。同样,以上也是机械臂末端坐标系到基底坐标系下的描述。其中,${}^{\text{base}}_{\text{end}}\boldsymbol{R} = {}^{\text{end}}_{\text{base}}\boldsymbol{R}^{-1}$,${}^{\text{base}}_{\text{end}}\boldsymbol{M} = {}^{\text{end}}_{\text{base}}\boldsymbol{M}^{-1}$,由于$\boldsymbol{R}$是正交矩阵,正交矩阵的逆等于正交矩阵的转置,也可写为${}^{\text{base}}_{\text{end}}\boldsymbol{R} = {}^{\text{end}}_{\text{base}}\boldsymbol{R}^{\text{T}}$。

4.2.2 坐标系变换运算规则

(1)假设两个坐标系 A、B,坐标系 B 中的点 $\boldsymbol{b}$ 是由坐标系 A 中的点 $\boldsymbol{a}$ 转换来的,则点 $\boldsymbol{a}$ 和点 $\boldsymbol{b}$ 之间有

$$\boldsymbol{a} = {}^{A}_{B}\boldsymbol{R} \times \boldsymbol{b} + {}^{A}_{B}\boldsymbol{T} \tag{4.1}$$

$$\boldsymbol{b} = {}^{B}_{A}\boldsymbol{R} \times \boldsymbol{a} + {}^{B}_{A}\boldsymbol{T} \tag{4.2}$$

可得 $\boldsymbol{a} = {}^{B}_{A}\boldsymbol{R}^{-1}(\boldsymbol{b} - {}^{B}_{A}\boldsymbol{T})$,即${}^{A}_{B}\boldsymbol{T} = -{}^{B}_{A}\boldsymbol{R}^{-1}\,{}^{B}_{A}\boldsymbol{T}$。

(2)假设三个坐标系 A、B、C,已知${}^{A}_{B}\boldsymbol{R}$、${}^{A}_{B}\boldsymbol{T}$、${}^{B}_{C}\boldsymbol{R}$、${}^{B}_{C}\boldsymbol{R}$,对于旋转矩阵 $\boldsymbol{R}$,有

$${}^{A}_{C}\boldsymbol{R} = {}^{A}_{B}\boldsymbol{R} \times {}^{B}_{C}\boldsymbol{R} \tag{4.3}$$

对于平移矩阵 $\boldsymbol{T}$,有

$${}^{A}_{C}\boldsymbol{T} = {}^{A}_{B}\boldsymbol{T} + {}^{A}_{B}\boldsymbol{R}\,{}^{B}_{C}\boldsymbol{T} \tag{4.4}$$

如果 n 个坐标系,则

$${}^{1}_{n}\boldsymbol{R} = {}^{1}_{2}\boldsymbol{R}\,{}^{2}_{3}\boldsymbol{R}\cdots{}^{n-1}_{n}\boldsymbol{R} \tag{4.5}$$

$${}^{1}_{n}\boldsymbol{T} = {}^{1}_{2}\boldsymbol{T} + {}^{1}_{2}\boldsymbol{R}\,{}^{2}_{3}\boldsymbol{T} + {}^{1}_{2}\boldsymbol{R}\,{}^{2}_{3}\boldsymbol{R}\,{}^{3}_{4}\boldsymbol{T} + \cdots + {}^{1}_{2}\boldsymbol{R}\,{}^{2}_{3}\boldsymbol{R}\cdots{}^{n-2}_{n-1}\boldsymbol{R}\,{}^{n-1}_{n}\boldsymbol{T} \tag{4.6}$$

(3)齐次坐标系下的坐标变换。

已知坐标系 A 下的点 $\boldsymbol{a} = (x_a, y_a, z_a)^{\text{T}}$,则点 $\boldsymbol{a}$ 的齐次坐标系可写成 $\boldsymbol{a} = (x_a, y_a, z_a, 1)^{\text{T}}$。已知齐次坐标系下一点 $\boldsymbol{p} = (a, b, c, d)^{\text{T}}$,则点 $\boldsymbol{p}$ 的真实三维坐标为 $p = \left(\frac{a}{d}, \frac{b}{d}, \frac{c}{d}\right)^{\text{T}}$。齐次坐标系下的变换矩阵${}^{A}_{B}\boldsymbol{M} = \begin{bmatrix} {}^{A}_{B}\boldsymbol{R} & {}^{A}_{B}\boldsymbol{T} \\ \boldsymbol{0} & 1 \end{bmatrix}$,也有${}^{A}_{B}\boldsymbol{M} = {}^{B}_{A}\boldsymbol{M}^{-1}$。已知 $\boldsymbol{a}$、$\boldsymbol{b}$、$\boldsymbol{c}$ 分别为坐标系 A、B、C 下的齐次坐标,则有 $\boldsymbol{a} = {}^{A}_{B}\boldsymbol{M} \times \boldsymbol{b}$,$\boldsymbol{b} = {}^{B}_{C}\boldsymbol{M} \times \boldsymbol{c}$,可得 $\boldsymbol{a} = {}^{A}_{B}\boldsymbol{M} \times {}^{B}_{C}\boldsymbol{M} \times \boldsymbol{c}$。

4.2.3 手眼标定公式推导

1. 眼在手外

实验中把标定板固定在机械臂末端,移动机械臂末端,调节机械臂的姿态,使用相机拍摄不同机械臂姿态下的标定板图片 n 张($n > 10$)。目标是求解机械臂基底坐标系到相机坐标系的变换矩阵${}^{\text{camera}}_{\text{base}}\boldsymbol{M}$。

对于每张图片,可知

$${}^{\text{camera}}_{\text{base}}\boldsymbol{M} = {}^{\text{camera}}_{\text{board}}\boldsymbol{M} \times {}^{\text{board}}_{\text{end}}\boldsymbol{M} \times {}^{\text{end}}_{\text{base}}\boldsymbol{M} \tag{4.7}$$

式中,${}^{\text{camera}}_{\text{board}}\boldsymbol{M}$ 是标定板坐标系到相机坐标系的变换矩阵,使用相机拍摄标定板图片,通过相机的内参和畸变可求解出;${}^{\text{end}}_{\text{base}}\boldsymbol{M}$ 是机械臂基底坐标系到机械臂末端坐标系的变换矩阵,使用机械臂会返回 x、y、z 的值,可由机械臂末端位姿参数直接求得;${}^{\text{board}}_{\text{end}}\boldsymbol{M}$ 是标定板坐标系和机械臂末端坐标系的变换矩阵,为未知量。

由于标定板固定在机械臂末端，所以对每组图片，该转换矩阵都相同。拍摄多张图片，联立方程，变形得

$$ {}^{\text{board}}_{\text{end}}\boldsymbol{M} = {}^{\text{camera}}_{\text{board}}\boldsymbol{M}^{-1} \times {}^{\text{camera}}_{\text{base}}\boldsymbol{M} \times {}^{\text{end}}_{\text{base}}\boldsymbol{M}^{-1} \tag{4.8} $$

两个不同机械臂姿态下转换矩阵有如下关系：

$$ {}^{\text{camera}}_{\text{board}}\boldsymbol{M}_1^{-1} \times {}^{\text{camera}}_{\text{base}}\boldsymbol{M} \times {}^{\text{end}}_{\text{base}}\boldsymbol{M}_1^{-1} = {}^{\text{camera}}_{\text{board}}\boldsymbol{M}_2^{-1} \times {}^{\text{camera}}_{\text{base}}\boldsymbol{M} \times {}^{\text{end}}_{\text{base}}\boldsymbol{M}_2^{-1} \tag{4.9} $$

可得如下 $n-1$ 个方程：

$$ \underbrace{{}^{\text{camera}}_{\text{board}}\boldsymbol{M}_2 \times {}^{\text{camera}}_{\text{board}}\boldsymbol{M}_1^{-1}}_{A} \times {}^{\text{camera}}_{\text{base}}\boldsymbol{M} = {}^{\text{camera}}_{\text{base}}\boldsymbol{M} \times \underbrace{{}^{\text{end}}_{\text{base}}\boldsymbol{M}_2^{-1} \times {}^{\text{end}}_{\text{base}}\boldsymbol{M}_1}_{B} \tag{4.10} $$

$$ {}^{\text{camera}}_{\text{board}}\boldsymbol{M}_n \times {}^{\text{camera}}_{\text{board}}\boldsymbol{M}_{n-1}^{-1} \times {}^{\text{camera}}_{\text{base}}\boldsymbol{M} = {}^{\text{camera}}_{\text{base}}\boldsymbol{M} \times {}^{\text{end}}_{\text{base}}\boldsymbol{M}_n^{-1} \times {}^{\text{end}}_{\text{base}}\boldsymbol{M}_n \tag{4.11} $$

2. 眼在手上

将相机固定在机械臂末端，实验中把标定板放到固定位置不动（机械臂以外的位置），移动机械臂末端，从不同角度拍摄 $n(n>10)$ 张标定板图片，求解机械臂末端到相机坐标系的变换矩阵 ${}^{\text{camera}}_{\text{end}}\boldsymbol{M}$。

对于每张图片，有

$$ {}^{\text{camera}}_{\text{end}}\boldsymbol{M} = {}^{\text{camera}}_{\text{board}}\boldsymbol{M} \times {}^{\text{board}}_{\text{base}}\boldsymbol{M} \times {}^{\text{base}}_{\text{end}}\boldsymbol{M} \tag{4.12} $$

式中，${}^{\text{camera}}_{\text{board}}\boldsymbol{M}$ 为标定板坐标系到相机坐标系的变换矩阵，使用相机拍摄标定板图片，通过相机的内参和畸变可求解出；${}^{\text{base}}_{\text{end}}\boldsymbol{M}$ 由机械臂末端位姿参数求得；${}^{\text{board}}_{\text{base}}\boldsymbol{M}$ 为未知量。

由于标定板固定在机械臂末端，全过程固定在一个位置不动，所以对每组图片，该转换矩阵都相同。变形得

$$ {}^{\text{board}}_{\text{base}}\boldsymbol{M} = {}^{\text{camera}}_{\text{board}}\boldsymbol{M}^{-1} \times {}^{\text{camera}}_{\text{end}}\boldsymbol{M} \times {}^{\text{base}}_{\text{end}}\boldsymbol{M}^{-1} \tag{4.13} $$

两个不同机械臂姿态下的转换矩阵有如下关系：

$$ {}^{\text{camera}}_{\text{board}}\boldsymbol{M}_1^{-1} \times {}^{\text{camera}}_{\text{end}}\boldsymbol{M} \times {}^{\text{base}}_{\text{end}}\boldsymbol{M}_1^{-1} = {}^{\text{camera}}_{\text{board}}\boldsymbol{M}_2^{-1} \times {}^{\text{camera}}_{\text{end}}\boldsymbol{M} \times {}^{\text{base}}_{\text{end}}\boldsymbol{M}_2^{-1} \tag{4.14} $$

可得如下 $n-1$ 个方程：

$$ \underbrace{{}^{\text{camera}}_{\text{board}}\boldsymbol{M}_2 \times {}^{\text{camera}}_{\text{board}}\boldsymbol{M}_1^{-1}}_{A} \times {}^{\text{camera}}_{\text{end}}\boldsymbol{M} = {}^{\text{camera}}_{\text{end}}\boldsymbol{M} \times \underbrace{{}^{\text{base}}_{\text{end}}\boldsymbol{M}_2^{-1} \times {}^{\text{base}}_{\text{end}}\boldsymbol{M}_1}_{B} \tag{4.15} $$

$$ {}^{\text{camera}}_{\text{board}}\boldsymbol{M}_n \times {}^{\text{camera}}_{\text{board}}\boldsymbol{M}_{n-1}^{-1} \times {}^{\text{camera}}_{\text{end}}\boldsymbol{M} = {}^{\text{camera}}_{\text{end}}\boldsymbol{M} \times {}^{\text{base}}_{\text{end}}\boldsymbol{M}_n^{-1} \times {}^{\text{base}}_{\text{end}}\boldsymbol{M}_{n-1} \tag{4.16} $$

无论是眼在手外，还是眼在手上，都可以得到一个经典的方程组 $AX=XB$，这个方程组里有 $n-1$ 个方程，n 是拍摄的图片数量，其中 $\boldsymbol{X}$ 为待求的转换矩阵，里面有 6 个线性无关的变量，其中 3 个为旋转自由度，3 个为平移自由度。

4.2.4 OpenCV 下的手眼标定

采用 OpenCV 4.1.0 以上版本可完成手眼标定，OpenCV 中的手眼标定函数如图 4.2 所示，通过给出正确的 4 个输入量，得到要使用的输出。gripper 为机械臂末端坐标系（end），base 为基底坐标系，target 为标定板坐标系（board），cam 为相机坐标系。

```
§ calibrateHandEye()

void cv::calibrateHandEye ( InputArrayOfArrays          R_gripper2base,
                            InputArrayOfArrays          t_gripper2base,
                            InputArrayOfArrays          R_target2cam,
                            InputArrayOfArrays          t_target2cam,
                            OutputArray                 R_cam2gripper,
                            OutputArray                 t_cam2gripper,
                            HandEyeCalibrationMethod    method = CALIB_HAND_EYE_TSAI
                          )
Python:
    R_cam2gripper,
    t_cam2gripper   = cv.calibrateHandEye( R_gripper2base, t_gripper2base, R_target2cam, t_target2cam[, R_cam2gripper[, t_cam2gripper[, method]]] )
```

图 4.2　OpenCV 中的手眼标定函数

图 4.2 中，R_gripper2base、t_gripper2base 是机械臂夹爪相对于机械臂基底坐标系的旋转矩阵与平移向量，需要通过机械臂运动控制器或示教器读取相关参数转换计算得到；R_target2cam、t_target2cam 是标定板相对于双目相机的齐次矩阵，在进行相机标定时可以求取得到（calibrateCamera()得到），也可以通过 solvePnP()单独求取相机外参数获得；R_cam2gripper、t_cam2gripper 是求解的手眼矩阵分解得到的旋转矩阵与平移矩阵。

图 4.3 所示为 OpenCV 的实现方法，Tsai 两步法的速度最快。

Enumerator	
CALIB_HAND_EYE_TSAI Python: cv.CALIB_HAND_EYE_TSAI	A New Technique for Fully Autonomous and Efficient 3D Robotics Hand/Eye Calibration .
CALIB_HAND_EYE_PARK Python: cv.CALIB_HAND_EYE_PARK	Robot Sensor Calibration: Solving AX = XB on the Euclidean Group .
CALIB_HAND_EYE_HORAUD Python: cv.CALIB_HAND_EYE_HORAUD	Hand-eye Calibration .
CALIB_HAND_EYE_ANDREFF Python: cv.CALIB_HAND_EYE_ANDREFF	On-line Hand-Eye Calibration .
CALIB_HAND_EYE_DANIILIDIS Python: cv.CALIB_HAND_EYE_DANIILIDIS	Hand-Eye Calibration Using Dual Quaternions .

图 4.3　OpenCV 的实现方法

（1）眼在手上。

推导中的方程组，其中一个为

$$ {}^{\text{camera}}_{\text{board}}\boldsymbol{M}_i \times {}^{\text{camera}}_{\text{board}}\boldsymbol{M}_{i-1}^{-1} \times {}^{\text{camera}}_{\text{end}}\boldsymbol{M} = {}^{\text{camera}}_{\text{end}}\boldsymbol{M} \times {}^{\text{base}}_{\text{end}}\boldsymbol{M}_i^{-1} \times {}^{\text{base}}_{\text{end}}\boldsymbol{M}_{i-1} \tag{4.17} $$

对其分别求逆运算得

$$ {}^{\text{base}}_{\text{end}}\boldsymbol{M}_{i-1}^{-1} \times {}^{\text{base}}_{\text{end}}\boldsymbol{M}_i \times {}^{\text{end}}_{\text{camera}}\boldsymbol{M} = {}^{\text{end}}_{\text{camera}}\boldsymbol{M} \times {}^{\text{camera}}_{\text{board}}\boldsymbol{M}_{i-1} \times {}^{\text{camera}}_{\text{board}}\boldsymbol{M}_i^{-1} \tag{4.18} $$

对应输入量和输出量为

$$ \begin{cases} \text{R\_gripper2base}: {}^{\text{base}}_{\text{end}}\boldsymbol{R}, & \text{t\_gripper2base}: {}^{\text{base}}_{\text{end}}\boldsymbol{T} \\ \text{R\_target2cam}: {}^{\text{cam}}_{\text{board}}\boldsymbol{R}, & \text{t\_target2cam}: {}^{\text{cam}}_{\text{board}}\boldsymbol{T} \\ \text{R\_cam2gripper}: {}^{\text{end}}_{\text{cam}}\boldsymbol{R}, & \text{t\_cam2gripper}: {}^{\text{end}}_{\text{cam}}\boldsymbol{T} \end{cases} \tag{4.19} $$

同理，眼在手外也可列出是如上的对应关系。

（2）对于机械臂的每个位姿，通常会返回 6 个参数：θ_x、θ_y、θ_z、t_x、t_y、t_z，此参数为机械臂末端在基底坐标系下的位姿的表示，即

$$ {}^{\text{base}}_{\text{end}}\boldsymbol{R}=\boldsymbol{R}_z\boldsymbol{R}_y\boldsymbol{R}_x,\quad {}^{\text{base}}_{\text{end}}\boldsymbol{T}=(t_x,t_y,t_z)^{\mathrm{T}} \tag{4.20} $$

(3)相机坐标系到标定板坐标系的求解,使用 OpenCV 中 solvePnP 函数,solvePnP 用来求解 2D-3D 的位姿对应关系,图片是 2D,标定板坐标系是 3D,利用 solvePnP 函数可得到图片(相机坐标系)与标定板坐标系的变换关系。OpenCV 中 PnP 的求解函数如图 4.4 所示。

objectPoints:标定板坐标系,由标定板中真实坐标生成,一般以左上角顶点建立,至少选取 3 个点。

imagePoints:图片识别到的角点坐标,与 objectPoints 中的值一一对应。

cameraMatrix:相机内参。

distCoeffs:相机畸变。

rvec:标定板坐标系到相机坐标系的旋转向量,可用 cv::Rodrigues()变为旋转矩阵。

tvec:标定板坐标系到相机坐标系的旋转矩阵。

即可得到${}^{\text{camera}}_{\text{board}}\boldsymbol{R}$、${}^{\text{camera}}_{\text{board}}\boldsymbol{T}$。

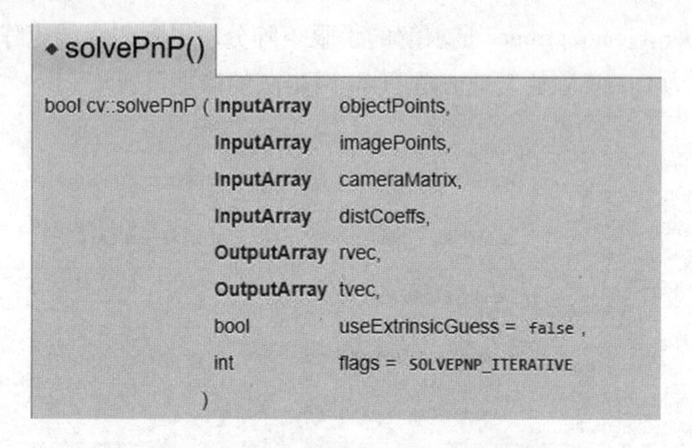

图 4.4 OpenCV 中 PNP 的求解函数

(4)注意事项。

对于使用 RGB-D 相机的机械臂抓取方案,抓取时,点云坐标系不是手眼标定的相机坐标系,应使用厂商提供的 RGB 相机到点云坐标系的变换矩阵,变换相机坐标系到实际点云坐标系用于抓取。

4.2.5 ROS 下 easy_handeye 标定

在前一节中介绍了如何使用 OpenCV 进行手眼标定。这种方法需要自己编写程序来实现标定过程。而在 ROS 环境下,提供了一些开源工具包,如 easy_handeye,使得手眼标定过程更加便捷和自动化。本节将介绍如何在 ROS 环境下使用 easy_handeye 功能包进行手眼标定。

机械臂轨迹规划需要手眼协作,具体来说,需要对机械臂和相机的坐标系进行计算,以实现物品抓取。通过手眼标定得到位置关系后,可以将相机坐标系下识别到的物体转换至机械臂坐标系下,便于机械臂的操作。easy_handeye 通过将摄像头和机械臂的节点打开,识别标定板在机械臂末端坐标系下的坐标和摄像头中识别的标定板相对于摄像头的坐标。通过识别多组坐标,求解手眼转换矩阵。ROS中提供了开源的手眼标定功能包easy_handeye(TF/VISP Hand - Eye Calibration),可以完成眼在手上与眼在手外两种场景的外参标定。

参考资料:https://github.com/IFL - CAMP/easy_handeye,系统环境:Ubuntu 18.04,ROS Melodic,RealSense D435i。

1. 安装标定包

安装aruco包并编译:

```
$ cd ~/catkin_ws/src
$ git clone -b melodic-devel https://github.com/pal-robotics/aruco_ros.git
$ cd..
$ catkin_make
```

ArUco是一种类似二维码的定位标记辅助工具,应用场景如物体位姿估计和对物体进行定位。通过在环境中部署markers,可以辅助机器人进行定位,弥补单一传感器的缺陷,纠正误差。在手眼标定easy_handeye程序中,需要使用ArUco进行手眼标定,识别标定板的中心坐标和角度。下载ArUco标定码:https://chev.me/arucogen/,Dictionary:Original ArUco;Marker ID:自选定;Marker size:100 mm。

生成的ArUco markers如图4.5所示,标定码需要固定在机器人工作空间内的平面上。标定过程中保持marker不动,同时marker要处于平整的桌面。

ArUco markers generator!

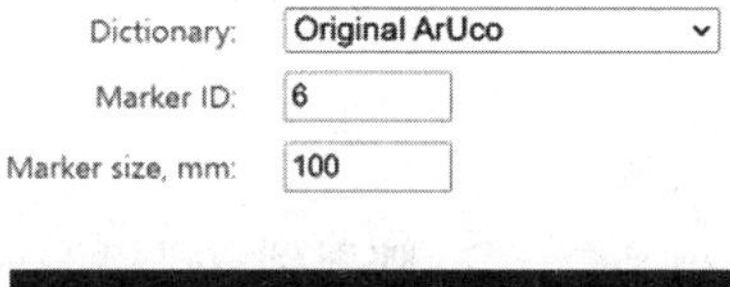

图4.5　生成的ArUco markers

easy_handeye 的安装：

```
$ cd ~/catkin_ws/src
$ git clone https://github.com/IFL-CAMP/easy_handeye
$ cd..
$ catkin_make
```

2. launch 文件的修改

easy_handeye 中有参考例程，基于此 launch 文件进行修改，位置：easy_handeye/docs/example_launch/ur5e_realsense_calibration.launch，把 ur5e_realsense_calibration.launch 文件复制到 easy_handeye/easy_handeye/launch/文件下，修改 launch 文件，hand_eye_calibration.launch 如下：

```
<launch>
    <!-- launch name 标定板的尺寸和名称 -->
    <arg name="namespace_prefix" default="easy_handeye" />
    <!-- 修改这两个 arg 的 default 为实际使用的 id 和尺寸 -->
    <arg name="marker_size" doc="Size of the ArUco marker
used, in meters" value="0.1"/>
    <arg name="marker_id" doc="The ID of the ArUco marker used"
value="6"/>

    <!-- start ArUco 连接到相机的节点上 -->
    <node name="aruco_tracker" pkg="aruco_ros" type=
"single">
    <!-- remap 代表映射关系 -->
        <!-- /camera_info 映射到自己摄像头 rgb 节点的 camera_
info的 topic -->
        <remap from="/camera_info" to="/camera/color/
camera_info" />
        <!-- /image 映射到自己摄像头 rgb 节点的 image_raw(raw 类
型的图像输出 topic) -->
        <remap from="/image" to="/camera/color/image_raw"
/>
        <param name="image_is_rectified" value="true"/>
       <param name="marker_size" value="$(arg marker_
size)"/>
```

```
        <param name ="marker_id" value =" $(arg marker_id)"/>
        <! - - reference_frame 和 camera_frame - - >
        <param name ="reference_frame" value ="camera_color_
optical_frame"/>
        <param name ="camera_frame" value ="camera_color_
optical_frame"/>
        <param name ="marker_frame" value ="camera_marker" />
    </node>
    <! - - start easy_handeye 启动手眼标定包将手眼连接起来 - - >
    <include file =" $(find easy_handeye)/launch/calibrate.
launch" >
        <arg name ="move_group" value ="arm" />
        <arg name ="namespace_prefix" value =" $(arg namespace_
prefix)" />
        <arg name ="eye_on_hand" value ="true" />
        <! - - 眼在手上:value = true;眼在手外:value = false - - >
        <! - - value 与上面 camera_frame 一致 - - >
        <arg name ="tracking_base_frame" value ="camera_color_
optical_frame" />
        <! - - 这里不用更改,填 camera_marker 就可以 - - >
        <arg name ="tracking_marker_frame" value ="camera_
marker" />
        <! - - robot_base_frame 代表机械臂的基座对应的 frame -
- >
        <arg name ="robot_base_frame" value ="j2n6s300_link_
base" />
        <! - - robot_effector_frame 代表与相机位置相对固定的关节
所对应的 frame - - >
        <arg name ="robot_effector_frame" value ="j2n6s300_
link_6" />
        <arg name ="freehand_robot_movement" value ="false" />
        <arg name ="robot_velocity_scaling" value ="0.5" />
        <arg name ="robot_acceleration_scaling" value ="0.2" />
    </include>

    </launch>
```

如后续出现提示出现 Failed to fetch current robot state，则可在机械臂启动的 launch 程序中加入：

```
<node name ="joint_state_publisher" pkg ="joint_state_
publisher" type ="joint_state_publisher" >
</node >
```

终端运行指令：

```
$ sudo apt update
$ sudo apt install ros - <your_ros_version > - joint - state -
publisher
```

3. 开始标定

(1)执行以下命令，启动 launch 文件，会打开如下的 3 个界面。

```
$ cd ~/catkin_ws/
$ source devel/setup.bash
$ roslaunch kinova_bringup kinova_robot.launch kinova_
$ robotType: =j2n6s300 use_urdf: =true
$ roslaunch j2n6s300_moveit_config j2n6s300_demo.launch
$ roslaunch realsense2_camera rs_camera.launch
$ roslaunch easy_handeye hand_eye_calibration.launch
```

执行指令后，用户将进入图 4.6 所示的 rviz 仿真器界面，该界面详尽展示了机械臂的即时位姿。此外，用户还将看到一个功能。

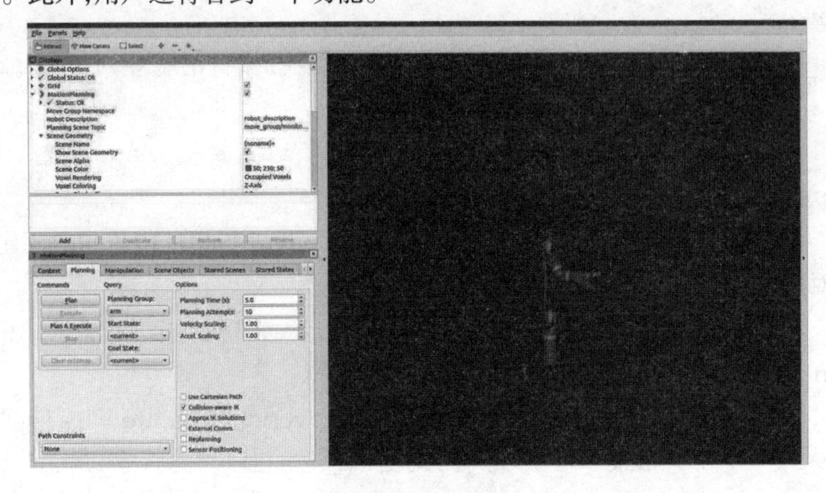

图 4.6 rviz 界面

丰富的 rqt 界面，如图 4.7 所示，它能够自动调整机械臂的位姿并采集图像，为 easy_hand_on 标定过程提供了便捷和直观的操作界面。

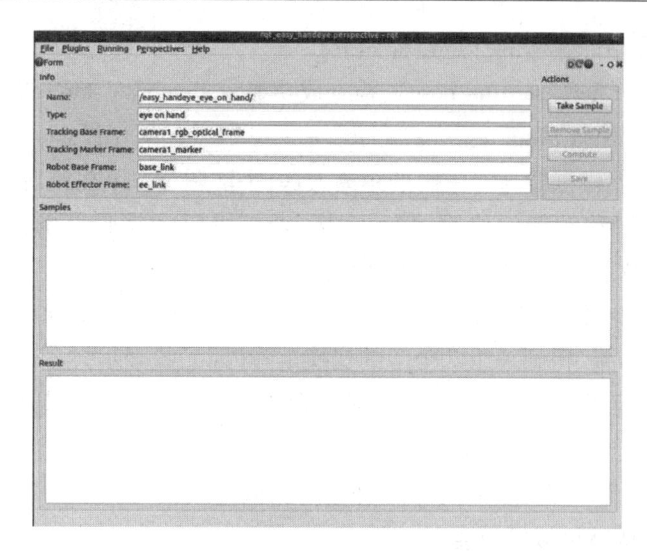

图 4.7　标定界面和机器人自主移动界面

打开如图 4.8 所示的 image_view 界面，选择/aruco_ros/tracker/result 话题，即可在 rviz 界面看到图像，以便观察跟踪程序是否跟踪到二维码：

```
$ rqt_image_view
```

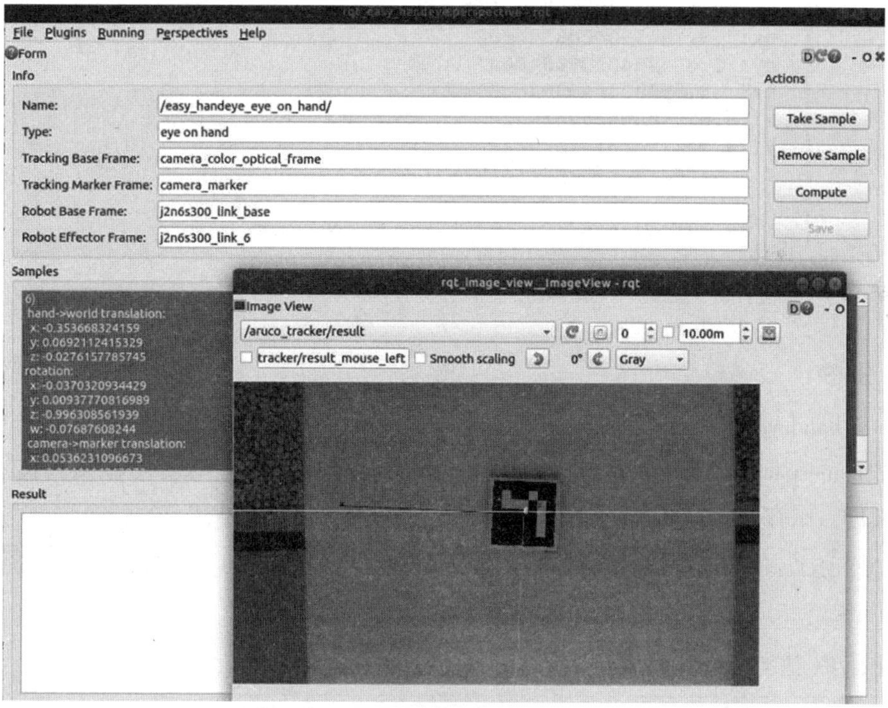

图 4.8　image_view 界面

(2)标定步骤。

手动调整机械臂的位置，调整一次，采样一次，采样 17 次后，点击“Compute”，得到外参,即坐标转换关系。具体的标定过程如下。

步骤1:点击“Check starting pose”,检查成功显示Ready to start:click to next pose。

步骤2:点击“Next pose” - - >“Plan” - - >“Execute”,若can not calibrate in current position,则可能机械臂与二维码的距离太远,手动调节一下机械臂即可。

步骤3:机械臂移动新的位置,移动完毕,若二维码在视野范围,即可再点击“Take sample”,若二维码丢失,则这个点作废,回到步骤2。

步骤4:重复步骤2和步骤3,直到移动完17个点,点击“Compute”, Result对话框即可出现标定好的结果,得到一组7个解的变换矩阵(四元数表示)。

步骤5:在标定界面中Save,会将结果保存为一个yaml文件,路径为 ~/. ros/easy_handeye。

注意事项:界面3每次点击完都需要等待机械臂反馈;如果image_view没有检测到ArUco marker,请调整机械臂位姿。

参考的标定结果如图4.9所示,结果为平移向量+四元数模式:(x y z qx qy qz qw)。

```
eye_on_hand: true
robot_effector_frame: j2n6s300_link_6
tracking_base_frame: camera_color_optical_frame
transformation:
  qw: 0.002187469938640925
  qx: -0.7561990000644063
  qy: 0.6542643399004846
  qz: -0.009821446504602404
  x: 0.0894688428081462
  y: 0.04279833141670279
  z: -0.04232324826877279
```

图4.9　参考的标定结果

4. 发布tf

easy_handeye功能包提供了publish. launch文件,可以将标定好的tf发布出去。注意修改namespace_prefix参数与标定的launch文件中的保持一致,才能找到标定好的yaml文件。眼在手上(eye_on_hand)参数设为true:

```
$ roslaunch easy_handeye publish.launch eye_on_hand: = true
namespace_prefix: = easy_handeye
```

查看tf(基坐标系到相机坐标系):

```
$ rosrun tf tf_echo /base /rgb_camera_link
```

通过查看当前的tf变换,查看具体的frame名称,查看tf变换命令:

```
$ rosrun rqt_tf_tree rqt_tf_tree
```

在实际应用中可在机器人launch文件中发布标定信息:

```
<include file =" $(find easy_handeye)/ launch/ publish.
launch">
    <arg name ="namespace_prefix" default ="easy_handeye" />
    <arg name ="eye_on_hand" value ="true" />
</include>
```

或直接添加 static_transform_publisher 节点,实时(100 Hz)发布位置转换关系。将变换矩阵按照以下格式写成 static_transform_publisher. launch 文件。其中,args 的值分别对应 x、y、z、qx、qy、qz、qw、frame_id、child_frame_id、period_in_ms。也可以直接在 kinova 机械臂启动文件中加入 static_transform_publisher:

```
<launch>
<node pkg ="tf" type ="static_transform_publisher" name ="link1
_broadcaster" args ="1 0 0 0 0 0 1 link1_parent link1 100" />
</launch>
```

直接通过 easy_handeye 提供的 launch 文件发布 tf 关系:

```
$ cd ~/.ros/easy_handeye
$ cp easy_handeye_eye_on_hand.yaml
easy_handeye_eye_on_hand.yaml #复制一份作为默认加载文件
$ cd ~/catkin_ws/
$ source deve/setup.bash
$ roslaunch easy_handeye publish.launch eye_on_hand:=true
```

4.3　物体识别

在物体识别的研究与实践中,机器视觉系统扮演着至关重要的角色,其主要目标是模拟人类视觉系统的功能,以识别、定位并分类现实世界中的物体。此过程可大致分为两个关键阶段:图像采集与图像处理。首先,在图像采集阶段,系统通过各类相机和传感器捕捉到外部世界的视觉信息,例如,通过深度相机 RealSense D435i 来获取物体的三维空间信息,为后续的图像处理提供原始数据。随后,在图像处理阶段,通过一系列高级算法对捕获的图像数据进行深入分析。这些算法包括但不限于图像增强、几何变换和特征检测,旨在提取图像中的有用信息以实现对物体的有效识别和分类。

这两个阶段的紧密结合构成了机器视觉中物体识别的理论和实践基础,不仅使得机器能够“看到”并“理解”其视野中的物体,而且还为进一步的应用,如自动化检测、机器人导航以及智能监控等,提供了可能。通过这种方式,机器视觉系统在模拟人眼的基础上,利用计算机视觉技术的强大处理能力,为理解复杂的视觉世界提供了一种高效、可靠的手段。

4.3.1 图像采集

(1)以深度相机 RealSense D435i 为例,获取图像中坐标的三维真实距离。

初始化:

```
import pyrealsense2 as rs
import numpy as np
import cv2
import json

pipeline = rs.pipeline() #定义流程 pipeline
config = rs.config() #定义配置 config
config.enable_stream(rs.stream.depth, 640, 480, rs.format.z16,
30) #配置 depth 流
config.enable_stream(rs.stream.color, 640, 480, rs.format.
bgr8, 30) #配置 color 流
profile = pipeline.start(config) #流程开始
align_to = rs.stream.color #与 color 流对齐
align = rs.align(align_to)
```

获取对齐的图像与相机内参:

```
def get_aligned_images():
    frames = pipeline.wait_for_frames() #等待获取图像帧
    aligned_frames = align.process(frames) #获取对齐帧
    aligned_depth_frame = aligned_frames.get_depth_frame()
#获取对齐帧中的 depth 帧
    color_frame = aligned_frames.get_color_frame() #获取对齐帧
中的 color 帧

    ############### 相机参数的获取 #######################
    intr = color_frame.profile.as_video_stream_profile().
intrinsics #获取相机内参
    depth_intrin = aligned_depth_frame.profile.as_video_stream_
profile().intrinsics #获取深度参数(像素坐标系转相机坐标系会用到)
```

```
    camera_parameters = {'fx': intr.fx, 'fy': intr.fy,
        'ppx': intr.ppx, 'ppy': intr.ppy,
        'height': intr.height, 'width': intr.width,
        'depth_scale': profile.get_device().first_depth_sensor
().get_depth_scale()
        }
    # 保存内参到本地
    with open('./intrinsics.json', 'w') as fp:
        json.dump(camera_parameters, fp)
    ##########################################################
    depth_image = np.asanyarray(aligned_depth_frame.get_data
()) #深度图(默认16位)
    depth_image_8bit = cv2.convertScaleAbs(depth_image, alpha
=0.03) #深度图(8位)
    depth_image_3d = np.dstack((depth_image_8bit,depth_image_
8bit,depth_image_8bit)) #3通道深度图
    color_image = np.asanyarray(color_frame.get_data())
# RGB图

    #返回相机内参、深度参数、彩色图、深度图、齐帧中的depth帧
    return intr, depth_intrin, color_image, depth_image,
aligned_depth_frame
```

获取像素真实距离及相机坐标系下坐标:

```
if __name__ == "__main__":
    while 1:
    intr, depth_intrin, rgb, depth, aligned_depth_frame = get_
aligned_images() #获取对齐的图像与相机内参
    # 定义需要得到真实三维信息的像素点(x, y),本例程以中心点为例
    x = 320
    y = 240
    dis = aligned_depth_frame.get_distance(x, y) #(x, y)点的真实
深度值
    camera_coordinate = rs.rs2_deproject_pixel_to_point
(depth_intrin, [x, y], dis)
```

```
    #(x, y)点在相机坐标系下的真实值,为一个三维向量,其中 camera_
coordinate[2]仍为 dis,camera_coordinate[0]和 camera_
coordinate[1]为相机坐标系下的 xy 真实距离
    print(camera_coordinate)

    cv2.imshow('RGB image',rgb) #显示彩色图

    key = cv2.waitKey(1)
    # Press esc or 'q' to close the image window
    if key & 0xFF == ord('q') or key == 27:
        pipeline.stop()
        break
    cv2.destroyAllWindows()
```

(2)以深度相机 RealSense D435i 为例的图片采集,彩色图保存为 png 格式,深度图保存为 tiff 格式。

建立程序到相机之间的连通:

```
pipeline = rs.pipeline()

#Create a config 并配置要流式传输的管道
config = rs.config()
config.enable_stream(rs.stream.depth, 640, 480, rs.format.z16,
30)
config.enable_stream(rs.stream.color, 640, 480, rs.format.
bgr8, 30)

align_to = rs.stream.color
align = rs.align(align_to)
```

初始化保存路径:

```
#按照日期创建文件夹
    save_path = os.path.join(os.getcwd(), "out", time.strftime
("%Y_%m_%d_%H_%M_%S", time.localtime()))
os.mkdir(save_path)
```

建立两个 OpenCV 的窗口:

```
#保存的图片和实时的图片界面
cv2.namedWindow("live", cv2.WINDOW_AUTOSIZE)
cv2.namedWindow("save", cv2.WINDOW_AUTOSIZE)
saved_count = 0
```

以下代码使用了 pyrealsense2 库来获取 RealSense 深度相机的 RGB 图像和深度图,并将其可视化。同时,可以实时地获取相机数据并展示。用户可以按下 s 键来保存当前的 RGB 和深度图(单位为 mm),按下 q 键或 ESC 键来退出程序。保存的 RGB 图像将被保存为. png 格式,深度图将被保存为. tiff 格式:

```
import pyrealsense2 as rs
import numpy as np
import cv2
import time
import os
from imageio import imsave
    # 主循环
pipeline.start(config)
    try:
        while True:
            frames = pipeline.wait_for_frames()
            aligned_frames = align.process(frames)
            # 获取 RGB 图像
            color_frame = aligned_frames.get_color_frame()
            color_image = np.asanyarray(color_frame.get_data
())
            # 获取深度图
            aligned_depth_frame = aligned_frames.get_depth_
frame()
            depth_image = np.asanyarray(aligned_depth_frame.
get_data()).astype(np.float32) /1000.
            # 获取深度值的单位为 mm,可转化单位为 m
        # 可视化图像
            depth_image_color = depth2RGB(depth_image) # 把深度
图转换为 RGB
```

```
            cv2.imshow("live", np.hstack((color_image, depth_
image_color))) # 展示图片
            key = cv2.waitKey(30)

            # s 保存图片
            if key & 0xFF = = ord('s'):
                saved_color_image = color_image
                saved_depth_image_color = depth_image_color
    cv2.imwrite(os.path.join((save_path),"{:04d}r.png".
format(saved_count)),saved_color_image)
            # 保存 RGB 为 png 文件
             imsave(os.path.join((save_path), "{:04d}d.tiff".
format(saved_count)), depth_image)
            # 保存深度图为 tiff 文件
            saved_count + =1
             cv2.imshow("save", np.hstack((saved_color_image,
saved_depth_image_color)))

            # q 退出
            if key & 0xFF = = ord('q') or key = = 27:
                cv2.destroyAllWindows()
                break
    finally:
        pipeline.stop()
if __name__ = = '__main__':
    run()
```

将深度图转至三通道 8 位灰度图：

```
def depth2Gray(im_depth):
    #16 位转 8 位
    x_max = np.max(im_depth)
    x_min = np.min(im_depth)
    if x_max = = x_min:
        print('图像渲染出错...')
        raise EOFError
```

```
    k = 255 /(x_max - x_min)
    b = 255 - k * x_max
    ret = (im_depth * k + b).astype(np.uint8)
    return ret
```

将深度图转至三通道 8 位彩色图：

```
def depth2RGB(im_depth):
    im_depth = depth2Gray(im_depth)
    im_color = cv2.applyColorMap(im_depth, cv2.COLORMAP_JET)
    return im_color
```

4.3.2　图像处理

在图像数据被传送到计算机后，对图像数据的处理是机器视觉的关键所在。视觉算法主要是指对采集的图像信号的处理方法，常用的算法有图像增强、几何变换、图像特征检测等。下面介绍使用 OpenCV 进行图像处理。

1. 图像增强

图像增强是图像处理的最基本手段，是各种图像分析与处理时的预处理过程。增强图像中用户感兴趣的信息，其主要目的有两个：改善图像的视觉效果，提高图像成分的清晰度；使图像变得更有利于计算机处理。图像增强的方法一般分为空间域和变换域两大类。

空间域方法直接对图像像素的灰度进行处理。在空间域内对图像进行点运算，它是一种既简单又重要的图像处理技术，能让用户改变图像上像素点的灰度值，这样通过点运算处理将产生一幅新图像。

变换域方法是指在图像的某个变换域中对变换系数进行处理，然后通过逆变换获得增强图像。对于这个变换域的理解，可以了解一下信号的傅立叶变换，将信号转化到频域内进行观察分析。

(1) 直方图均衡化的实现。

直方图描述了图像像素点中某一个灰度值出现的概率，一幅图像的直方图是确定不变的，但不同的两幅图像的直方图可能相同。获取原图信息、resize 和灰度转换：

```
import cv2
import matplotlib.pyplot as plt

plt.rcParams['font.family'] = 'SimHei' # matplotlib 绘图库正常使用中文黑体
```

```
#读取图像信息
img0 = cv2.imread('D:/0002R.jpg')
img1 = cv2.resize(img0, dsize = None, fx = 0.5, fy = 0.5)
h, w = img1.shape[:2]
print(h, w)
img2 = cv2.cvtColor(img1, cv2.COLOR_BGR2GRAY)
cv2.namedWindow("W0")
cv2.imshow("W0", img1)
cv2.waitKey(delay = 0)
```

绘制直方图:可以看出来这幅图的像素点大多数分布在灰度级数较低和中等的灰度级别处,这幅图像整体色调是较为暗沉的(此处对灰度图画的直方图):

```
#绘制直方图
hist0 = cv2.calcHist([img2], [0], None, [256], [0, 255])
plt.plot(hist0, label = "灰度图直方图", linestyle = "--",
color = 'g')
plt.legend() #增加图例
plt.savefig("D:/cveight0.jpg") #保存直方图
plt.show()
```

直方图均衡化:直方图均衡化使用的函数 cv2.equalizeHist(),该函数输入一幅灰度图像,输出即为经过直方图均衡化后的图像:

```
img3 = cv2.equalizeHist(img2) #直方图均衡化
cv2.namedWindow("W1")
cv2.imshow("W1", img3)
cv2.waitKey(delay = 0)
```

图片的效果并没有增强,再把它的直方图画出来,和原灰度图的直方图进行对比,如图 4.10 所示。

(a)图像原图

(b)直方图均衡化

(c)局部直方图均衡化的图像

图 4.10 图像对比

```
#绘制均衡化后的直方图
#绘制直方图
hist0 = cv2.calcHist([img2], [0], None, [256], [0,255])
hist1 = cv2.calcHist([img3], [0], None, [256], [0,255])
plt.subplot(2,1,1)
plt.plot(hist0, label = "灰度图直方图", linestyle = "--",
color = 'g')
plt.legend()
plt.subplot(2,1,2)
plt.plot(hist1, label = "均衡化后的直方图", linestyle = "--",
color = 'r')
plt.legend()
plt.savefig("D:/cveight0.jpg")
plt.show()
```

(2)局部直方图均衡化。

对于有些部分出现高亮,而有些部分较暗的灰度图,如果仅使用全局的直方图均衡化,会使得某些信息丢失,显示得不清晰。使用局部直方图均衡化,图像被分成称为“tiles”的小块(在 OpenCV 中,tilesize 默认为 8×8),对这些块中的每一个进行直方图均衡化:

```
#对图像进行局部直方图均衡化
clahe = cv2.createCLAHE (clipLimit = 2.0, tileGridSize = (10,
10)) #对图像进行分割,10 * 10
img4 = clahe.apply(img2) #进行直方图均衡化
cv2.namedWindow("W2")
cv2.imshow("W2", img4)
cv2.waitKey(delay = 0)
```

均衡化后的直方图对比如图 4.11 所示,与前面的全局直方图均衡化对比,明显的变化是某一些像素点数比较少的亮度级别消失了,图像更加清晰。

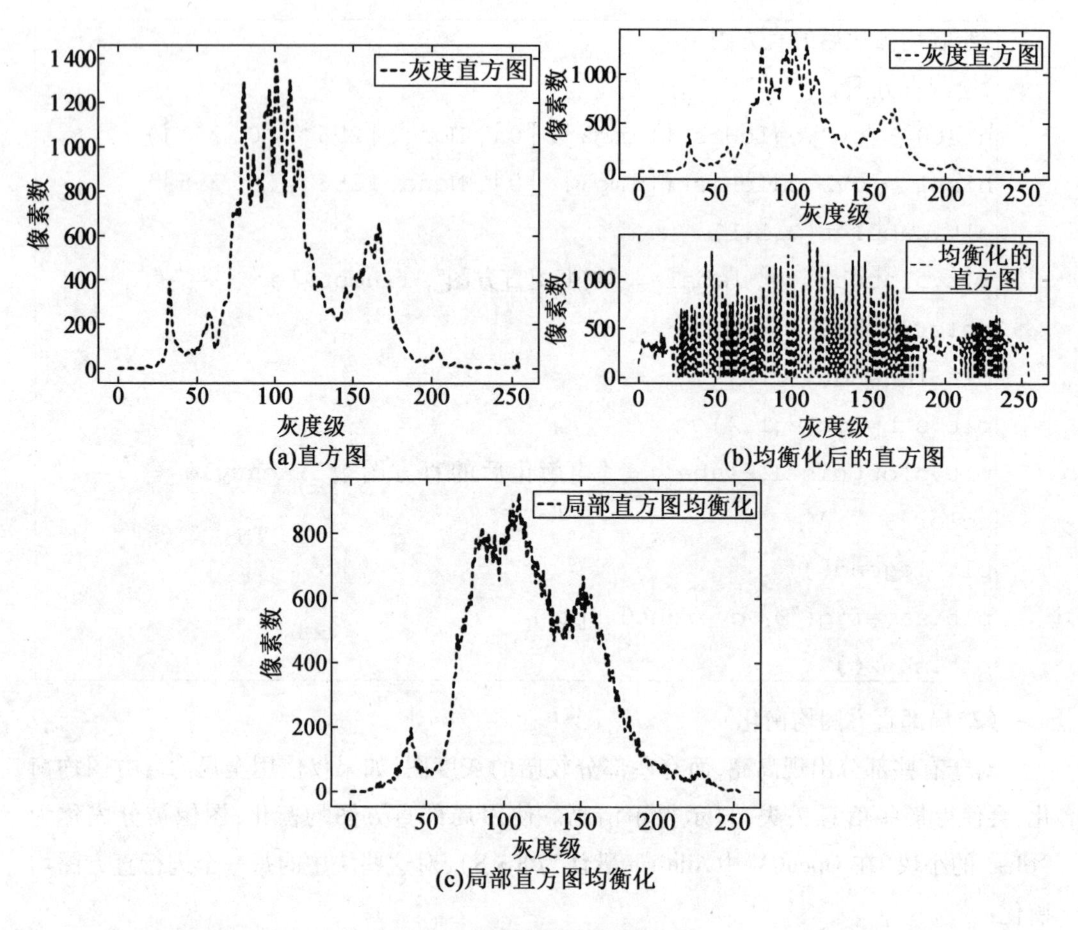

图 4.11 均衡化后的直方图对比

2. 几何变换

图像的几何变换主要包括:缩放、旋转、仿射变换和透视变换。

(1)图像的缩放:尺度变换。

在 OpenCV 中缩放函数 cv2.resize,可按照倍数进行缩放,或者是直接将图像的大小变成指定的。变换之后,图片中缺少的像素要进行填充,要使用插值来实现。插值算法即填充/去掉图像中的像素,使得图像在变换大小后原有的特征得以保留:

```
import cv2
import numpy as np


img = cv2.imread(r"D:/0002r.jpg")
# 按照倍数缩放
res1 = cv2.resize(img,(0,0),fx = 1.3,fy = 1.3,interpolation =
cv2.INTER_CUBIC)
```

```
# 按照大小进行变化
res2 = cv2.resize(img,(500,500),interpolation = cv2.INTER_AREA)
cv2.imshow("out1",res1)
cv2.imshow("out2",res2)
cv2.waitKey(0)
```

(2)图像的旋转。

图像的旋转是通过图像的"投影"实现的,相当于将一张图像的某个点投影到另外一个点。将原矩阵乘以一个变换矩阵得到的新矩阵就是投影完成之后的矩阵,是要得到的图像。具体的矩阵是通过 cv2. getRotationMatrix2D 实现的,函数参数:旋转的角度,再将此矩阵当作 cv2. warpAffine 的参数:

```
import cv2
import numpy as np

img = cv2.imread(r"D:/0002r.jpg")

# 旋转90°
row,col,ch = img.shape
M = cv2.getRotationMatrix2D(((col/2),(row/2)),90,1)
# 参数分别是中心点,角度,缩放尺度
res1 = cv2.warpAffine(img,M,(row,col))
cv2.imshow("out1",res1)
cv2.waitKey(0)
```

(3)仿射变换和透视变换。

仿射变换是一种几何变换,它保持了图像中平行线的平行性。在进行仿射变换时,需要知道三对点的坐标,即变换前后各点对应的位置。透视变换又称为投影映射,是一种更为广泛的变换,它可以改变图像中直线的平行性。要进行透视变换,需要四对点的坐标,这些点标定了变换前后的对应关系。透视变换能够模拟相机视角的变化,适用于图像校正和视觉效果的创建。下面创建 np. float32 矩阵来保存这两种方法所需的矩阵和坐标点:

```
import cv2
import numpy as np

img = cv2.imread(r"D:/0002r.jpg")
```

```
# 通过三个点的相对位置来确定整个图像
row,col,ch = img.shape

pts1 = np.float32([[0,0],[0,col],[row,0]])
pts2 = np.float32([[0,0],[100,col],[row,50]])
M1 = cv2.getAffineTransform(pts1,pts2)
res1 = cv2.warpAffine(img,M1,(row,col))

pts3 = np.float32([[0,0],[0,col],[row,0],[row,col]])
pts4 = np.float32([[10,10],[10,col - 10],[row - 10,10],[row -
10,col -10]])
M2 = cv2.getPerspectiveTransform(pts3,pts4)

res2 = cv2.warpPerspective(img,M2,(row,col))

cv2.imshow("out1",res1)
cv2.imshow("out2",res2)
cv2.waitKey(0)
```

3. 图像特征检测

对图片进行基础处理后,需进一步对图像的特征进行分析。

(1)滤波器。

滤波器可以理解为一种数据处理方式,应用在图像处理方面就是在尽量保留图像细节特征的条件下,抑制目标图像的噪声,处理效果的好坏直接影响后续图像处理和分析的有效性和可靠性。消除图像中的噪声也被称为图像平滑化和滤波操作。常用的线性滤波方式有均值滤波和高斯滤波。

①均值滤波。

均值滤波的主要方法为邻域平均法,即用一片图像区域的各个像素的均值来代替原图像中各个像素的值。一般要在图像上对目标像素给出一个卷积核,再通过卷积运算用全体像素的平均值代替原像素的值。

均值滤波本身存在固有缺陷,即它不能很好地保护图像细节,在图像去噪的同时,也破坏了图像的细节部分。应用均值滤波的代码如下:

```
import cv2
import numpy

img = cv2.imread("test.jpg")
```

```
blur = cv2.blur(img,(5,5)) #(5,5)表示卷积核的大小,卷积核越大,处理后的图片越模糊

cv2.imshow("original",img)
cv2.imshow("blur",blur)

cv2.waitKey()
cv2.destroyAllWindows()
```

②高斯滤波。

高斯滤波器是一种根据高斯函数的形状选择权值的线性平滑滤波器。高斯滤波是对整幅图像进行加权平均的过程,每个像素点的值都由其本身和邻域其他像素的值经过加权平均后得到。

采用高斯模糊技术生成的图像,其视觉效果就类似通过一个半透明屏幕观察图像,可增强图像在不同比例下的图像效果。图像的高斯滤波过程就是图像与正态分布的卷积。正态分布又被称为高斯分布,对抑制高斯噪声非常有效。应用高斯滤波的代码如下:

```
import cv2
import numpy

img = cv2.imread("test.jpg")

blur = cv2.GaussianBlur(img,(5,5),0) #第3个参数表示高斯核函数在x轴方向的标准偏差

cv2.imshow("original",img)
cv2.imshow("blur",blur)

cv2.waitKey()
cv2.destroyAllWindows()
```

(2)边缘检测。

边缘在人类视觉和计算机视觉中的作用巨大,仅凭一个剪影就能识别出不同的物体。OpenCV 中的边缘检测步骤一般如下。

①滤波。

边缘检测算法主要基于图像强度的一阶和二阶导数,但导数通常对噪声很敏感,因此,需要通过滤波改善边缘检测器的性能,常用高斯滤波。

②增强。

增强边缘的基础是确定图像各点邻域强度的变化值。增强算法可以将图像灰度点邻近强度值有显著变化的点凸显出来。图像各点邻域强度的变化值通过计算梯度幅值来确定。

③检测。

通过增强的图像,往往邻域有很多点的梯度值比较大。在特定应用中,这些点并不是要找的边缘点,所以应该采用某种方法对这些点进行取舍。常用的方法是通过阈值化方法来检测。

如通过索贝尔算子进行边缘检测,可以先对图片进行高斯滤波,然后将图片转换成灰度图像,最后创建水平边缘和垂直边缘,并使用或运算符将它们组合起来。对应的代码如下:

```
import cv2
import numpy

img = cv2.imread("test.jpg")
blur = cv2.GaussianBlur(img,(5,5),0)
gray = cv2.cvtColor(blur,cv2.COLOR_BGR2GRAY)

# 进行垂直边缘提取
kernel = numpy.array([[ -1,0,0],[ -2,0,2],[ -1,0,1]],dtype =
numpy.float32)
edge_v = cv2.filter2D(gray, -1,kernel)

# 进行水平边缘提取
edge_h = cv2.filter2D(gray, -1,kernel.T)
Bitwise_Or = cv2.bitwise_or(edge_h,edge_v)

# 显示原图
cv2.imshow("original",img)
# 显示高斯滤波后的图
cv2.imshow("blur",blur)
# 显示灰度图
cv2.imshow("gray",gray)
# 显示边缘检测图片
```

```
cv2.imshow('edge',Bitwise_Or)
cv2.waitKey()
cv2.destroyALLWindows()
```

canny 边缘检测代码如下：

```
import cv2
import numpy

img = cv2.imread("test.jpg")
canny_img = cv2.Canny(img,100,200)
cv2.imshow("img",img)
cv2.imshow("canny_img",canny_img)
cv2.waitKey()
cv2.destroyAllWindows()
```

(3)角点检测。

角点就是轮廓中的拐角位置,角点检测用 cornerHarris( )函数,该函数需要四个参数:第一个参数为要检测的图像,数据类型为 float32 的灰度格式图像;第二个参数为角点检测中方框移动的领域大小;第三个参数为使用索贝尔算子进行检测的窗口大小,这个参数定义了角点检测的敏感度,其值必须是 3～31 之间的奇数;第四个参数为 Harris 角点检测中的自由参数。进行角点检测,运行程序后可看到测试图片中角点被标成了红色,示例代码如下:

```
import cv2
import numpy

img = cv2.imread("test.jpg")

gray = cv2.cvtColor(img,cv2.COLOR_BGR2GRAY)
gray = numpy.float32(gray)

# 输入图像必须是 float32 类型的灰度格式图像
dst = cv2.cornerHarris(gray,2,5,0.04)
print(gray.shape)
print(dst.shape)

threshold = 0.01 * dst.max()
```

```
for x in range(0,dst.shape[0]):
    for y in range(0,dst.shape[1]):
        if dst [x][y] > threshold:
            img [x][y] = [0,0,255]

cv2.imshow('dst',img)
cv2.waitKey()
cv2.destroyAllWindows()
```

(4)直线检测。

使用 HoughLinesP 函数进行直线检测,对应代码如下:

```
import cv2
import numpy

img = cv2.imread("test.jpg")
cv2.imshow('original',img)
edges = cv2.Canny(img,50,150)
lines = cv2.HoughLinesP(edges,1,numpy.pi/180,100,
minLineLength = 60,maxLineGap = 5)

for line in lines:
    x1,y1,x2,y2 = Line[0]
    cv2.line(img,(x1,y1),(x2,y2),(0,0,255),2)
cv2.imshow("line_detect",img)
cv2.waitKey()
cv2.destroyAllWindows()
```

4.4 位姿估计

在计算机视觉中,物体的姿态是指物体相对于相机的相对方向和位置,即定义了物体的位置(translation)和朝向(rotation)。6D 位姿估计是估计从物体坐标系 O 到相机坐标系 C 的刚性转换,包括 3D 旋转 $\boldsymbol{R}$ 和 3D 平移 $\boldsymbol{T}$。其中,$\boldsymbol{T}$ 决定物体在图片中的位置和比例,$\boldsymbol{R}$ 根据物体的 3D 形状和表面纹理信息影响物体外观。

可通过物体相对于相机移动,或相机相对于物体移动来改变位姿。这二者对于改变位姿是等价的,因为它们之间的关系是相对的。位姿估计问题通常被称为“Perspective -

n - Point” 问题,或计算机视觉中的 PnP 问题。PnP 问题的目标是找到一个物体的位姿,需要具备两个条件:已经校准的相机;物体上的 n 个 3D 点的位置(locations)和这些 3D 点在图像中相应的 2D 投影。在数学上描述相机的运动,一个 3D 刚体(rigid object) 仅有两种类型的相对于相机的运动。

(1)平移运动(translation)。

平移运动是指相机从当前的位置坐标(X,Y,Z)移动到新的坐标位置(X',Y',Z')。平移运动有 3 个自由度——各沿着 X、Y、Z 三个轴的方向。平移运动可以用向量 $\boldsymbol{t}=(X'-X,Y'-Y,Z'-Z)$来描述。

(2)旋转运动(rotation)。

旋转运动是指将相机绕着 X、Y、Z 轴旋转,旋转运动也有 3 个自由度。可使用欧拉角(横摇 roll, 纵摇 pitch, 偏航 yaw)描述, 使用3×3 的旋转矩阵描述,或者使用旋转方向和角度(direction of rotation and angle)。因此,3D 物体的位姿估计其实就是指寻找描述平移和旋转的 6 个参数。

位姿估计的应用包括 AR 元宇宙的沉浸式互动,视觉引导和在线学习,移动应用程序和娱乐,姿态的实时跟踪也可以作为视觉闭环控制。从视觉的角度,可感知和理解人与物体的交互;从机器人学的角度,可提取姿势轨迹以进行模仿学习。

4.5　实验——基于识别冰壶深度信息的机械臂抓取

1. 实验内容

冰壶机器人自主抓取冰壶,实验采用在 kinova 机械臂上加装 D435i 相机,利用深度相机识别冰壶并提取冰壶的深度特征来实现机械臂抓取冰壶。深度值即是深度图中相机到物体的距离。

2. 实验步骤

(1)机械臂初始化,相机获取视频流,深度图与彩色图对齐。

(2)使用深度信息先将相机调节到与地面平行。

(3)提取把手点集合,从冰壶把手点集合中提取角度和位置信息。

(4)将位置和角度信息处理为机械臂旋转和平移的相对量。

(5)机械臂对冰壶进行抓取。

冰壶机器人抓取方案流程图如图 4.12 所示。

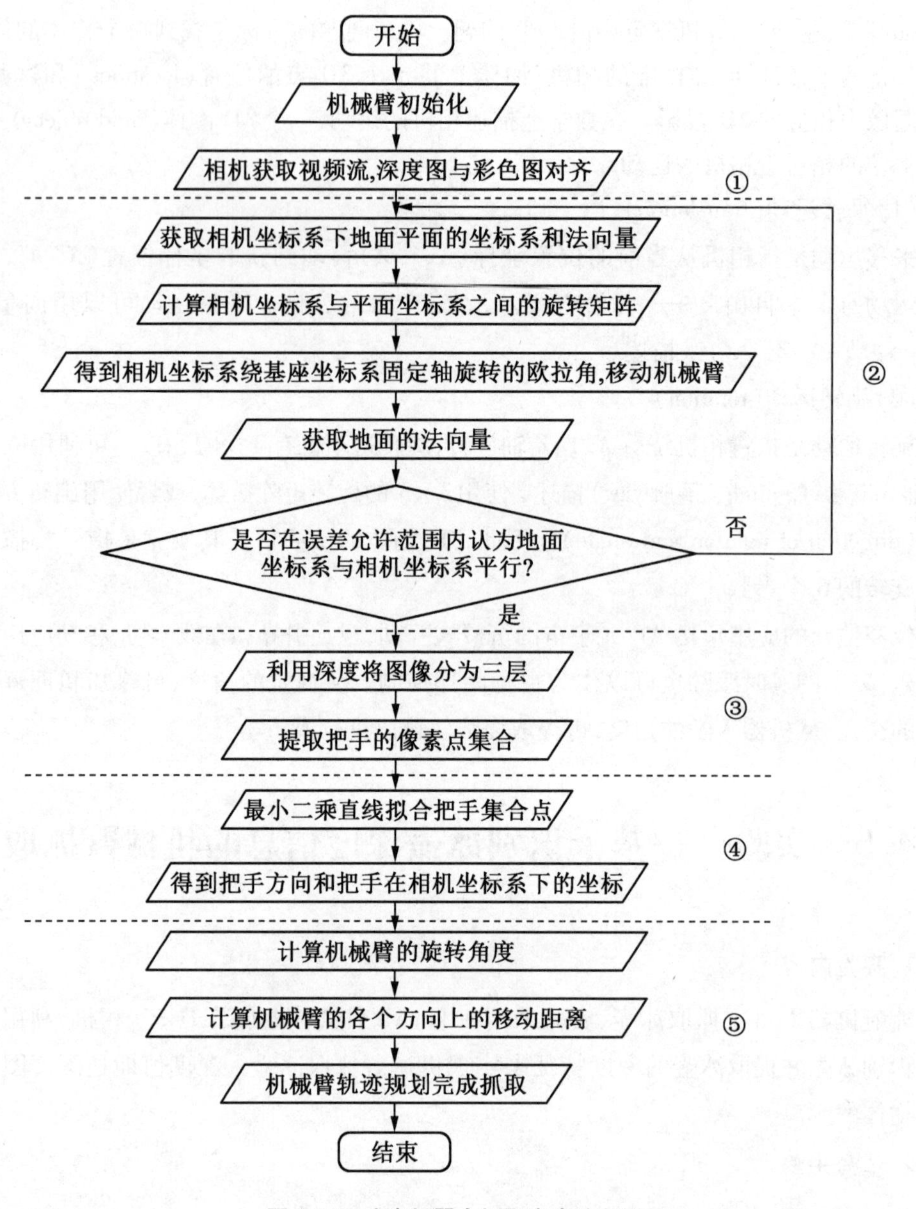

图 4.12 冰壶机器人抓取方案流程图

3. 实现抓取的操作过程

(1)初始化机械臂位置并进行相机设置。

机械臂初始化到相机坐标系与基座坐标系的 Z 轴方向相反,且冰壶可包含在相机视野内的位置:

```
#init_position
    args_go.pose_value =[ -0.0996, -0.5545,0.11665,179.3, -1.8,
0.2]#### test1  -0.065303
```

```
        pose_mq, pose_mdeg, pose_mrad = unitParser(args_go.
unit, args_go.pose_value, args_go.relative)
    poses = [float(n) for n in pose_mq]
    result = cartesian_pose_client(poses[:3], poses[3:])
    while(wait):
        print("wait")
    wait = 1
    args_go.relative = True
#init_finger
    finger_turn, finger_meter, finger_percent = unitParser_
finger(args_finger.unit, args_finger.finger_value, args_
finger.relative)
    positions_temp1 = [max(0.0, n) for n in finger_turn]
    positions_temp2 = [min(n, finger_maxTurn) for n in
positions_temp1]
    positions = [float(n) for n in positions_temp2]
    result = gripper_client(positions)
```

以上代码包含了两个部分，分别是 init_position 和 init_finger，具体如下。

init_position 部分：args_go. pose_value 是一个包含机械臂的位置和姿态信息的列表，包括 x、y、z 坐标和三个旋转角度。这里的值是一个测试值，可以根据实际情况进行修改。unitParser 函数用于将位置和姿态信息从不同的单位转换为机械臂控制所需的单位。poses 是一个包含机械臂位置和姿态信息的列表，用于发送给机械臂控制器。cartesian_pose_client 函数用于向机械臂控制器发送位置和姿态信息，并等待机械臂到达目标位置。wait 是一个标志变量，用于控制程序等待机械臂到达目标位置后再执行下一步操作。

init_finger 部分：args_finger. finger_value 是一个包含夹爪的开合程度信息的列表，这里的值是一个测试值，可以根据实际情况进行修改。unitParser_finger 函数用于将夹爪开合程度信息从不同的单位转换为机械臂控制所需的单位。positions_temp1 和 positions_temp2 是用于限制夹爪开合程度的变量，确保夹爪不会超过最大开合程度。positions 是一个包含夹爪开合程度信息的列表，用于发送给机械臂控制器。gripper_client 函数用于向机械臂控制器发送夹爪开合程度信息，并等待夹爪到达目标位置。finger_maxTurn 是一个常量，表示夹爪的最大开合程度。

以下获取深度相机的图像，并将深度图和彩色图对齐。其中，相机内参和深度缩放因子保存到文件 intrinsics. json 中，深度图转换为 8 位图像和 3 通道图像，彩色图转换为 numpy 数组。参考如下：

```
pipeline = rs.pipeline()# 创建 pipeline 对象,用于管理相机的数据流
config = rs.config()# 创建 config 对象,用于配置相机的参数
# 打开深度流,设置分辨率为 640x480,格式为 z16,帧率为 30 帧/秒
config.enable_stream(rs.stream.depth, 640, 480, rs.format.z16,
30)
# 打开彩色流,设置分辨率为 640x480,格式为 bgr8,帧率为 30 帧/秒
config.enable_stream(rs.stream.color, 640, 480, rs.format.
bgr8, 30)

profile = pipeline.start(config) # 开始流式传输,获取相机的配置
文件
align_to = rs.stream.color # 创建对齐对象,将深度图对齐到彩色图
align = rs.align(align_to) # 创建对齐器,用于将深度图和彩色图对齐
# 定义一个函数,用于获取对齐后的图像
def get_aligned_images():
    frames = pipeline.wait_for_frames() # 等待一对连贯的框架:深度
和颜色,等待两个并行帧
    aligned_frames = align.process(frames) # 获取对齐帧集
    #分别获取对齐后的深度帧和彩色帧
    aligned_depth_frame = aligned_frames.get_depth_frame()
    color_frame = aligned_frames.get_color_frame()
    #分别获取彩色帧和深度帧的相机内参 intrinsics
    intr = color_frame.profile.as_video_stream_profile().in-
trinsics
    depth_intrin = aligned_depth_frame.profile.as_video_
stream_profile().intrinsics
    # 将相机内参和深度缩放因子保存到字典 camera_parameters 中
    camera_parameters = {'fx': intr.fx,'fy': intr.fy,
                         'ppx': intr.ppx,'ppy': intr.ppy,
                         'height': intr.height, 'width': intr.width,
                         'depth_scale': profile.get_device().first
_depth_sensor().get_depth_scale()
                         }
    # 将相机内参和深度缩放因子保存到文件 intrinsics.json 中
```

```
    with open('./intrinsics.json', 'w') as fp:
        json.dump(camera_parameters, fp)
    # 将深度帧的数据转换为 numpy 数组
    depth_image = np.asanyarray(aligned_depth_frame.get_data())
    # 将深度图转换为 8 位图像
    depth_image_8bit = cv2.convertScaleAbs(depth_image, alpha=0.03)
    # 将 8 位深度图转换为 3 通道图像
    depth_image_3d = np.dstack((depth_image_8bit,depth_image_8bit,depth_image_8bit))
    # 将彩色帧的数据转换为 numpy 数组
    color_image = np.asanyarray(color_frame.get_data())

    return intr, depth_intrin, color_image, depth_image, aligned_depth_frame
```

初始化机械臂,机械臂初始化位置如图 4.13 所示。

图 4.13　机械臂初始化位置

(2)根据地面坐标系调节机械臂末端相机与地面一致。

因机械臂安装位置和搭载机械臂的小车位置不与地面平行,需要将相机调节至与地面水平的位置。调节方法为:获取图像左上、右上、左下、右下四角坐标,求取平面法向量及其坐标系在相机坐标系下的方向。使用每个角取四个点计算平均以获取相机视野下四角在相机坐标系下的坐标位置,得到该平面的法向量作为 Z 轴,及该平面内相互垂直的两个向量作为 X、Y 轴,符合右手坐标系。求解两个坐标系 $\boldsymbol{R}_C^W$ 之间的旋转矩阵,求解相机坐标系按基座坐标系的固定轴进行三次旋转的欧拉角,调节相机至水平位置。获取相机位置调节后图像四角(也就是地面)的深度值,进行判断:如果满足四点对应的地面位置的深度相差不超过 0.01 m,则认为相机调节完成。

以下代码定义了两个类:point 和 plane。point 类表示三维空间中的一个点,包含 x、y、z 坐标和一个名称 name。plane 类表示三维空间中的一个平面,包含三个点 A、B、C 和一个名称 name。plane 类中有两个方法:isplane 和 normal。isplane 方法用于判断三个点是否能够构成一个平面,如果不能则输出 1。normal 方法用于计算该平面的法向量,其中 $\boldsymbol{AB}$ 和 $\boldsymbol{AC}$ 表示向量,通过叉乘公式计算出法向量 $\boldsymbol{n}$:

```
import math
class point(object):
    """docstring for point"""
    def __init__(self,x,y,z,name):
        self.x = x
        self.y = y
        self.z = z
        self.name = name
class plane(object):
    """docstring for plane"""
    def __init__(self, A,B,C,name):
        self.points =[A,B,C]
        self.points_name =[A.name,B.name,C.name]
        self.name = name
        self.n =[]
        def isplane(self):
        coors =[[],[],[]]
        for _point in self.points:
            coors[0].append(_point.x)
            coors[1].append(_point.y)
            coors[2].append(_point.z)
        for coor in coors:
            if coor[0] = =coor[1] and coor[1] = =coor[2]:
                print(1)
                #return print('Points:', * self.points_name,'
cannot form a plane')
    def normal(self):
        self.isplane()
        A,B,C =self.points
        AB =[B.x -A.x,B.y -A.y,B.z -A.z]
```

```
        AC =[C.x - A.x,C.y - A.y,C.z - A.z]
        B1,B2,B3 = AB
        C1,C2,C3 = AC
        #self.n =[B2 * C3 - C2 * B3,B3 * C1 - C3 * B1,B1 * C2 - C1 * B2]
#已知该平面的两个向量,求该平面的法向量的叉乘公式
        n =[B2 * C3 - C2 * B3,B3 * C1 - C3 * B1,B1 * C2 - C1 * B2]
        print("self.n:",n)
        return n
```

通过以下代码定义了一个名为 compute_ABC 的函数,该函数接受两个参数 depth_intrin 和 aligned_depth_frame。函数中使用了 rs. rs2_deproject_pixel_to_point 函数将像素点转换为三维点,并计算出了三个点 A、B、C,这三个点分别代表深度图左上角、右上角和右下角处的三维点。其中,A、B、C 分别是 point 类的实例对象,包含 x、y、z 坐标和一个名称 name。最后,函数返回了这三个点 A、B、C:

```
def compute_ABC(depth_intrin,aligned_depth_frame):
    left_top_1 = rs.rs2_deproject_pixel_to_point(depth_
intrin, [1, 1], aligned_depth_frame.get_distance(1, 1)) # 像素点
变成三维点
    left_top_2 = rs.rs2_deproject_pixel_to_point(depth_
intrin, [1, 5], aligned_depth_frame.get_distance(1, 5))
    left_top_3 = rs.rs2_deproject_pixel_to_point(depth_
intrin, [5, 5], aligned_depth_frame.get_distance(5, 5))
    print("left_top_1:",left_top_1)
    A = point((left_top_1[0] + left_top_2[0] + left_top_3[0])/3,
(left_top_1[1] + left_top_2[1] + left_top_3[1])/3,(left_top_1
[2] + left_top_2[2] + left_top_3[2])/3,'A')
    right_top_1 = rs.rs2_deproject_pixel_to_point(depth_
intrin, [639, 1], aligned_depth_frame.get_distance(639, 1))
    right_top_2 = rs.rs2_deproject_pixel_to_point(depth_
intrin, [639, 5], aligned_depth_frame.get_distance(639, 5))
    right_top_3 = rs.rs2_deproject_pixel_to_point(depth_
intrin, [636, 1], aligned_depth_frame.get_distance(636, 1))
    B = point((right_top_1[0] + right_top_2[0] + right_top_3
[0])/3,(right_top_1[1] + right_top_2[1] + right_top_3[1])/3,
(right_top_1[2] + right_top_2[2] + right_top_3[2])/3,'B')
```

```
    right_below_1 = rs.rs2_deproject_pixel_to_point(depth_
intrin, [639, 479], aligned_depth_frame.get_distance(639,
479))
    right_below_2 = rs.rs2_deproject_pixel_to_point(depth_
intrin, [639, 476], aligned_depth_frame.get_distance(639,
476))
    right_below_3 = rs.rs2_deproject_pixel_to_point(depth_
intrin, [636, 479], aligned_depth_frame.get_distance(636,
479))
    C = point((right_below_1[0] + right_below_2[0] + right_
below_3[0]) / 3,(right_below_1[1] + right_below_2[1] + right_
below_3[1]) / 3,(right_below_1[2] + right_below_2[2] + right_
below_3[2]) / 3,'C')
    return A,B,C
```

(3)遍历像素点深度,进行分层,提取属于把手的像素点。

以 n 个像素为间隔,获取每个像素对应的图像深度,即在相机坐标系下,像素点对应位置的 Z 轴方向值。首先,获取相机位置调节后图像四角(也就是地面)的深度值 d_{ground}。根据冰壶的特性,冰壶共高为 h_1,冰壶平面距离地面的高度为 h_2,把手上平面距离冰壶平面的距离为 h_3。根据深度进行分析,提取深度范围在($d_{ground} - h \pm 0.01$)m 的像素坐标作为把手集合 D 内的点。

使用以下代码定义名为 list_handel 的列表,包含两个空列表。接着调用 compute_dis 函数计算出三个点的距离,并使用两个嵌套的循环遍历深度图中的所有像素点。如果当前像素点的深度值在 dis_3 -0.01 和 dis_3 +0.01 之间,则将该像素点的横坐标和纵坐标分别添加到 list_handel 列表的第一个和第二个子列表中,并将计数器 count0 加 1。最后,代码输出 count0 的值:

```
list_handel = [[],[]]
    dis_1,dis_2,dis_3 = compute_dis(aligned_depth_frame)
    for i in range(1,640,2):
        for j in range(1,480,2):
            if dis_3 - 0.01 < aligned_depth_frame.get_distance(i,
j) < dis_3 + 0.01:
                list_handel[0].append(i)
                list_handel[1].append((480 - j))
                count0 = count0 + 1
    print(count0)
```

再定义 compute_dis 的函数，该函数接受一个参数 aligned_depth_frame，表示对齐后的深度帧。函数中使用 aligned_depth_frame. get_distance 函数获取深度帧中指定像素点的深度值，并计算出了四个角和四个边上各两个像素点的深度值的平均值 dis_1。接着，将 dis_1 减去 0.05 得到 dis_2，再将 dis_2 减去 0.035 得到 dis_3。最后，函数输出 dis_1 的值，并返回 dis_1、dis_2、dis_3 三个值，代码如下：

```
def compute_dis(aligned_depth_frame):
    dis_1 =(aligned_depth_frame.get_distance(1,1) + aligned_
depth_frame.get_distance(1,5) + aligned_depth_frame.get_dis-
tance(5,5) + aligned_depth_frame.get_distance(5,1) + aligned_
depth_frame.get_distance(639,1) + aligned_depth_frame.get_
distance(636,1) + aligned_depth_frame.get_distance(639,5) + a-
ligned_depth_frame.get_distance(636,5) + aligned_depth_frame.
get_distance(639,479) + aligned_depth_frame.get_distance(639,
476) + aligned_depth_frame.get_distance(636,479) + aligned_
depth_frame.get_distance(636,476) + aligned_depth_frame.get_
distance(1,479) + aligned_depth_frame.get_distance(1,476) + a-
ligned_depth_frame.get_distance(5,479) + aligned_depth_frame.
get_distance(5,476))/16

    print("dis_1:",dis_1)
    dis_2 =dis_1 -0.05
    dis_3 =dis_2 -0.035
    return dis_1,dis_2,dis_3
```

(4)对把手像素点集合进行最小二乘拟合，得到把手方向及计算把手位置。

机械臂需要对相机把手进行抓取，抓取时需要确定机械手与把手中心的相对位置和把手的方向。由于相机坐标系的 Y 轴方向向下，在将像素点(u,v)加入到把手集合 D 前对坐标进行处理，$(u,H-V)$，其中图像大小为(W,H)。在本步骤中使用最小二乘法对提取的像素坐标点的集合进行拟合，计算把手的斜率 k_{handle}。

以下使用 scipy. optimize. curve_fit 函数对 list_handel 列表中的数据进行二次函数拟合，并输出拟合后的参数 popt 和 pcov。使用 np. arange 函数生成从 1 到 639，步长为 2 的等差数列，并使用 Fun 函数和拟合后的参数 popt 计算出对应的纵坐标值 y1。然后计算出 list_handel 列表中横坐标和纵坐标的平均值 average_x 和 average_y，并使用 rs. rs2_deproject_pixel_to_point 函数将平均值转换为三维坐标 dx、dy、dz。最后，代码输出 dx、dy、dz 的值。其中，rs. rs2_deproject_pixel_to_point 函数是 Intel RealSense SDK 中的一个函数，用于将深度图中的像素点转换为三维坐标。该函数接受三个参数：深度图的内参矩阵 intrin、像素点的坐标 $[x, y]$和该像素点的深度值 depth，并返回该像素点对应的三维坐标 $[x, y, z]$。

```
from scipy.optimize import curve_fit
# scipy.optimize 中有 curve_fit 方法可以拟合自定义的曲线,如指数函数
拟合、幂指函数拟合和多项式拟合
#plt.scatter(list_handel[0],list_handel[1])
#plt.axis([0, 640, 0, 480])
np_x = np.array(list_handel[0])
np_y = np.array(list_handel[1])
popt, pcov = curve_fit(Fun, np_x, np_y) # 拟合
x = list(np.arange(1, 640, 2))
y1 = [Fun(i, popt[0], popt[1]) for i in x]
#plt.plot(x, y1, 'r')
#plt.show()
average_x = int(np.mean(np_x))
average_y = int(np.mean(np_y))
print("average_x,average_y:",average_x,average_y)
    dx,dy,dz = rs.rs2_deproject_pixel_to_point(depth_intrin,
[average_x, 480 - average_y], aligned_depth_frame.get_distance
(average_x, 480 - average_y))
print(dx,dy,dz)

#cv2.imshow('RGB image',rgb)
finally:
pipeline.stop()
#cv2.destroyAllWindows()
```

(5)根据把手的坐标位置和方向进行抓取。

首先,将把手的斜率转换为角度 θ_{handle}:

$$\theta_{\text{handle}} = \arctan k_{\text{handle}}$$

机械臂抓取冰壶后,最终的把手偏移方向设为 θ_{final},根据最终位置调节机械手的旋转角度 $\Delta\theta$,以逆时针旋转为正,分为 θ_{handle} 值大于 0 和 θ_{handle} 值小于 0 两种情况,旋转如下:

$$\Delta\theta = \begin{cases} 90° - \theta_{\text{final}} - \theta_{\text{handle}}, & \theta_{\text{handle}} > 0 \\ -90° - \theta_{\text{final}} - \theta_{\text{handle}}, & \theta_{\text{handle}} < 0 \end{cases}$$

抓取时需要明确相机与机械臂手指末端的相对位置,记为(x_c^f, y_c^f, z_c^f)。根据相机坐标系下把手集合中心点的坐标(x_c^h, y_c^h, z_c^h)计算需要移动的位置:

$$(x_f^h, y_f^h, z_f^h) = (x_c^h, y_c^h, z_c^h) - (x_c^f, y_c^f, z_c^f)$$

将各个轴相对移动的任务发送给机械臂,机械臂进行轨迹规划,先进行平移,再进行绕 Z 轴的旋转,完成抓取的任务。

以下代码,首先使用 math. atan 函数计算出拟合后的二次函数的斜率 popt[0]对应的角度 theta,并将其转换为角度制 deg_theta。根据 theta 的正负值分别计算出机械臂需要旋转的角度 deg_move,并将机械臂的目标位姿 args_go. pose_value 设置为[0.05 - dx, dy - 0.1, - dz + 0.20, 0, 0, - deg_theta]。然后使用 getcurrentCartesianCommand 函数获取当前机械臂的位姿,并将其转换为弧度制和角度制。使用 cartesian_pose_client 函数将机械臂移动到目标位姿,并在移动完成前一直等待。最后,将 wait 变量设置为 1,以便下一次移动机械臂时重新等待移动完成:

```
theta = math.atan(popt[0])
    deg_theta = theta/math.pi * 180
    print("theta:",theta)
    #time.sleep(100)
    if theta >0:
        args_go.pose_value = [0.05 - dx,dy - 0.1, - dz +0.20,0,0,
 - deg_theta] # 可根据实际修改参数
        deg_move =40 - deg_theta
        getcurrentCartesianCommand(prefix)
            pose_mq, pose_mdeg, pose_mrad = unitParser(args_go.
unit, args_go.pose_value, args_go.relative)
        poses = [float(n) for n in pose_mq]
        result = cartesian_pose_client(poses[:3], poses[3:])
        while(wait):
            print("wait")
        wait = 1
    else:
        args_go.pose_value = [0.05 - dx,dy - 0.1, - dz +0.20,0,0,
 - deg_theta]
        deg_move = -140 - deg_theta
        getcurrentCartesianCommand(prefix)
            pose_mq, pose_mdeg, pose_mrad = unitParser(args_go.
unit, args_go.pose_value, args_go.relative)
        poses = [float(n) for n in pose_mq]
        result = cartesian_pose_client(poses[:3], poses[3:])
        while(wait):
            print("wait")
        wait = 1
```

第5章　冰壶的目标检测与跟踪实践

通过介绍目标检测与跟踪技术,基于冰壶运动的数据集,训练目标检测网络,并在边缘计算机平台上实现摄像头标定、目标跟踪和运动轨迹可视化。

5.1　目标检测技术

目标检测是一种基于目标几何和统计特征的图像分割,将目标的分割和识别结合,其准确性和实时性是整个系统的重要指标。YOLO 为一种新的目标检测方法,该方法的特点是实现快速检测的同时,还能达到较高的准确率。YOLO 系列是 one - stage 且是基于深度学习的回归方法,YOLO 最初创造者维护了 YOLOv1、YOLOv2、YOLOv3,YOLOv4 是对于 YOLOv3 的一个改进。源码位置为 https://github. com/pjreddie/darknet,发布作者的相关原理分析文章(https://pjreddie. com/, https://arxiv. org/ abs/2004. 10934)。Glenn Jocher 使用 Pytorch 框架推出了 YOLOv5,源码位置为 https://github. com/ultralytics/yolov5。YOLOv5 基于 Pytorch 框架,扩展性更强;源码使用 python,代码更加便于修改,适合使用需求;代码量更小,适合阅读和借鉴学习,具有更加优秀的性能表现,识别准确率高、速度快。

YOLOv5 官方发布的代码中,检测网络共有四个版本,依次为 YOLOv5s、YOLOv5m、YOLOv5l、YOLOv5x。YOLOv5 的不同版本对比如图 5.1 所示,与 EfficientDet 的性能对比如图 5.2 所示,YOLOv5s 是深度和特征图宽度均最小的网络,另外三种可以认为是在其基础上进行了加深、加宽。YOLOv5 各个版本在 COCO 数据集中的性能见表 5.1。

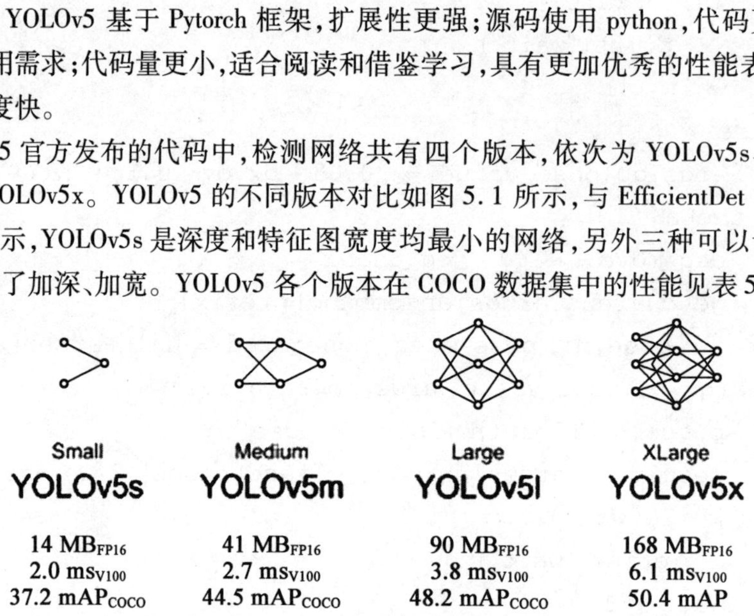

Small	Medium	Large	XLarge
YOLOv5s	YOLOv5m	YOLOv5l	YOLOv5x
14 MB_{FP16}	41 MB_{FP16}	90 MB_{FP16}	168 MB_{FP16}
2.0 ms_{V100}	2.7 ms_{V100}	3.8 ms_{V100}	6.1 ms_{V100}
37.2 mAP_{COCO}	44.5 mAP_{COCO}	48.2 mAP_{COCO}	50.4 mAP

图 5.1　YOLOv5 的不同版本对比

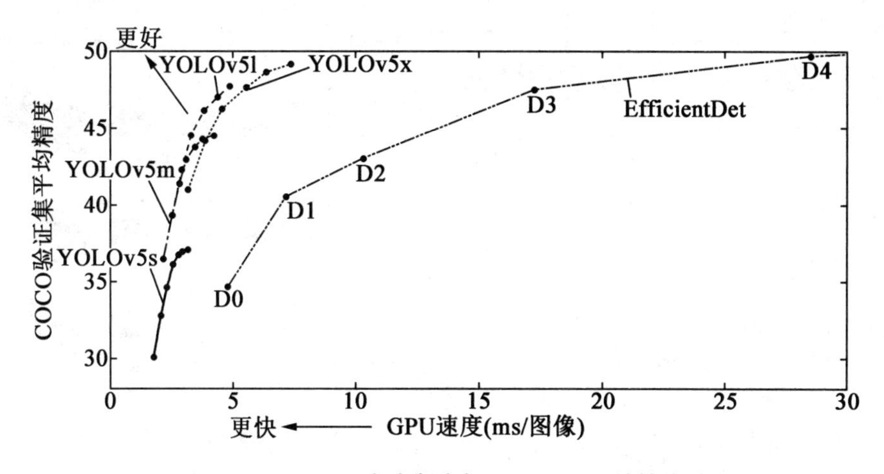

图 5.2　YOLOv5 各个版本与 EfficientDet 的性能对比

表 5.1　YOLOv5 各个版本在 COCO 数据集中的性能

模型	大小/像素	验证集 mAP (0.5:0.95)	测试集 mAP (0.5:0.95)	验证集 mAP (0.5)	V100 速度 /ms	参数 /百万	FLOPs(640) /B
YOLOv5a	640	36.7	36.7	55.4	2.0	7.3	17.0
YOLOv5m	640	44.5	44.5	63.1	2.7	21.4	51.3
YOLv5l	640	48.2	48.2	66.9	3.8	47.0	115.4
YOLOv5s6	1 280	50.5	50.5	67.7	8.4	35.9	52.4
YOLOv5/6	1 280	53.4	53.4	71.1	12.3	77.2	117.7
YOLOv5x6	1 280	54.4	54.4	72.0	22.4	141.8	222.9
YOLOv5x6TTA	1 280	55.0	55.0	72.0	70.8	—	—

YOLOv5s 模型 140 FPS 的推理速度非常惊艳。实验推荐使用 YOLOv5s 算法进行目标检测。YOLOv5s 整体网络结构分为四个部分，分别是：输入端、backbone 主干网络、neck 连接结构、prediction head 输出层。YOLOv5s 网络结构如图 5.3 所示。

输入端：输入 608 × 608 的图像，进行三种数据增强，自适应图片缩放、色彩空间调整、Mosaic 马赛克增强，还支持“自适应锚框计算”。

backbone 主干网络：用于提取图像特征；v4 和 v5 版本都使用 CSPDarknet53 作为主干网络，新思路是使用了 focus 结构。

neck 连接结构：用于连接 backbone 主干网络和 prediction head 输出层。YOLOv5 的 neck 部分采用了 PANet 结构，neck 主要用于生成特征金字塔。特征金字塔会增强模型对于不同缩放尺度对象的检测，从而能够识别不同大小和尺度的同一物体。v4 和 v5 版本都使用 PAN 结构作为 neck 来聚合特征，这里还加入了 CSP 结构。

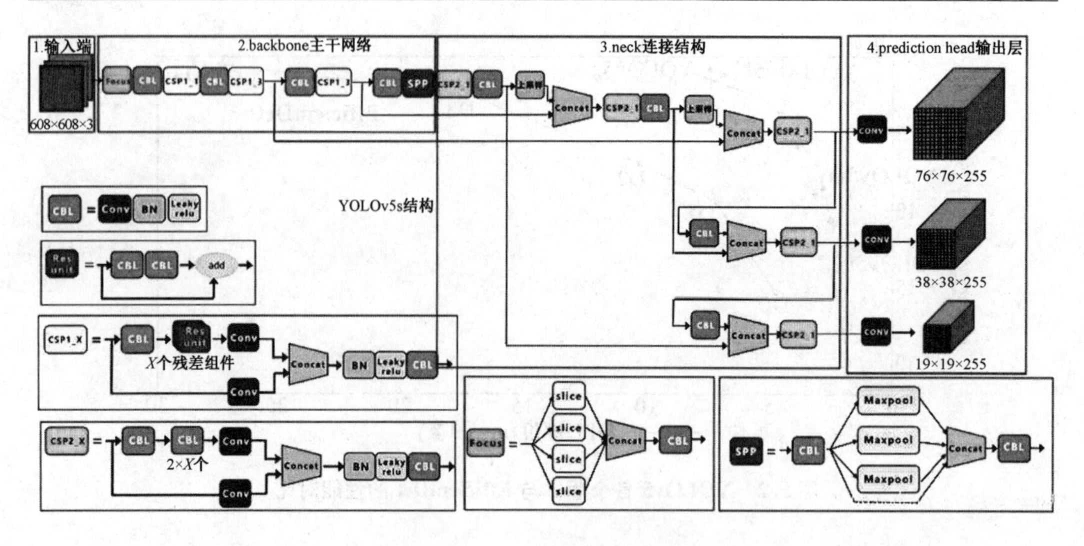

图 5.3 YOLOv5s 网络结构

prediction head 输出层:用来完成目标检测结果的输出,在 YOLOv5 中,模型的 head 部分与之前的 v3 和 v4 版本保持了一定的相似性。输出层的锚框机制与 YOLOv5 相同,主要改进的是训练时的损失函数 GIOU_Loss,以及预测框筛选的 DIOU_nms。YOLOv5 目标检测效果如图 5.4 所示。

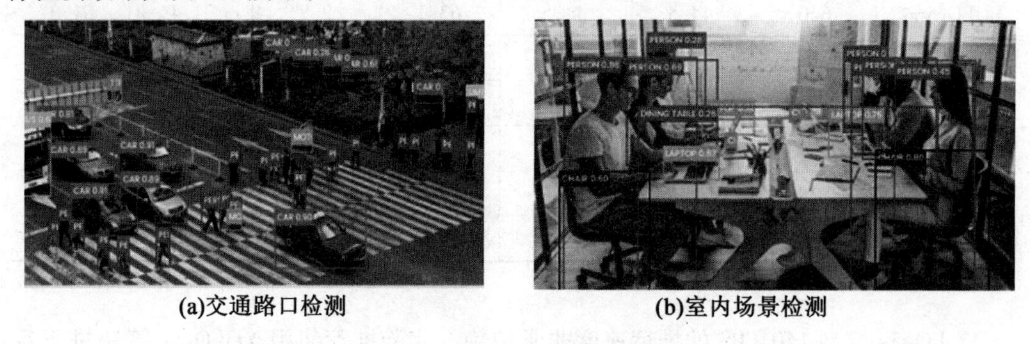

(a)交通路口检测　　(b)室内场景检测

图 5.4 YOLOv5 目标检测效果

5.2 目标跟踪技术

在智能感知系统中,目标跟踪算法要对运动的目标进行跟踪,对它们的位置、速度等信息做出预测。多目标跟踪不仅涉及各个目标的持续跟踪,还涉及不同目标之间的身份识别、自遮挡和互遮挡的处理,以及跟踪和检测结果的数据关联等。

SORT 算法是一种简单的、在线实时多目标跟踪算法,它以“每个检测”与“现有目标的所有预测边框”之间的交并比 IOU 作为前后帧之间目标关系的度量指标。使用卡尔曼滤波器预测当前位置,通过匈牙利算法关联预测框和目标。检测框可以用 Faster RCMV、SSD、YOLO 等目标检测模型,检测目标位置,生成检测框。预测框使用卡尔曼滤波器预测。

实际的使用中需要提取和预测的图像中检测目标的位置信息,位置信息可以由检测算法直接获得。利用卡尔曼滤波的主要目标是从截止到当前的 $k-1$ 帧图像及第 k 帧的检测结果中提取信息,估计第 k 帧中目标的较精确位置。

5.2.1　卡尔曼滤波器(Kalman filter)

卡尔曼滤波最早由数学家卡尔曼于 1960 年提出,其能解决的主要问题为:从多个不确定的数据中提取相对精确的数据。卡尔曼滤波是最优估计问题的算法,估计问题的处理需要对变量的值有一个连续的估计,会得到一个连续值。常用在导航系统、计算机视觉系统及信号处理中。

卡尔曼滤波利用线性系统状态方程,通过系统输入输出观测数据,对系统状态进行最优估计。卡尔曼提出的递推最优估计理论采用状态空间描述法,能处理多维和非平稳的随机过程。

例如:图 5.5 中给出线性状态空间表示来描述汽车动力学(vehicle dynamics),u_k 是控制量,比如通过踩油门加速,y_k 是观测值,x_k 是状态,矩阵 $\boldsymbol{A}$ 是状态转移矩阵,矩阵 $\boldsymbol{B}$ 是控制矩阵,矩阵 $\boldsymbol{C}$ 是观测矩阵,w_k、v_k 是噪声,假设噪声 v 和 w 都符合正态分布。

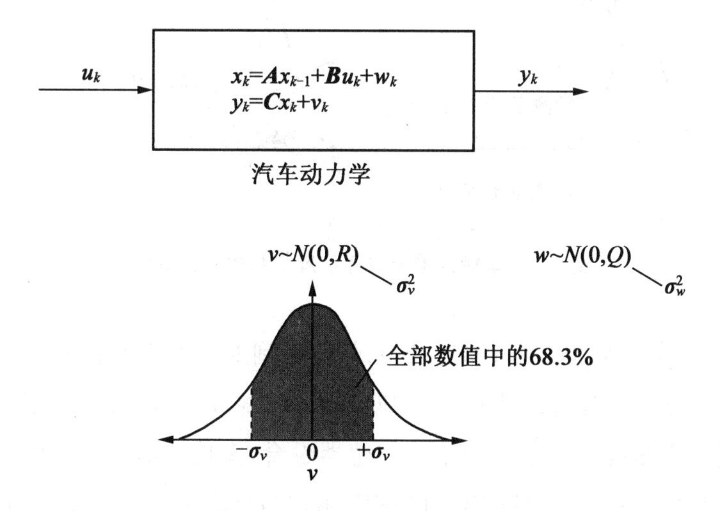

图 5.5　线性状态空间描述

卡尔曼滤波器能够结合观测值和预测值求出车辆位置的最优估计,如图 5.6 所示。

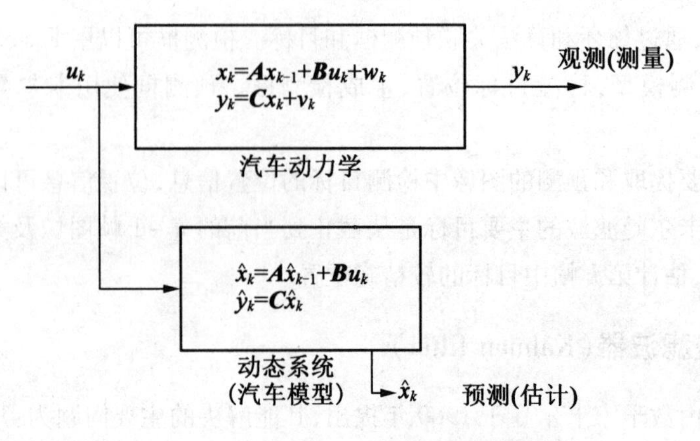

图5.6　车辆位置的最优估计

图5.7中,横坐标为车辆位置,纵坐标为概率密度函数。开始时,初始的状态估计,x_{k-1}有均值和方差。在k时刻,x_k为动态系统(汽车模型)中预测的状态估计(predicted state estimate)的估计值,还有观测值。这两个值都有均值和方差,都有不确定性,通过把两者加权求和得到最优估计(optimal state estimate)。

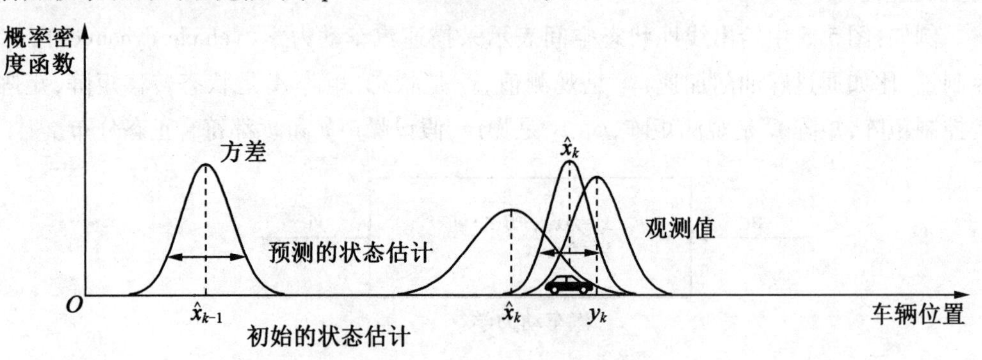

图5.7　车辆位置与概率密度函数的关系变化

通过卡尔曼增益结合观测值和估计值,最终得到如图5.8中prediction和update的两部分公式。求出卡尔曼增益以后,就可以得到k时刻最优的状态估计值和k时刻最优的协方差估计。卡尔曼滤波也适用于多传感器融合,多传感器融合下的最优估计如图5.9所示,对车辆的位置估计通过GPS和IMU,可以结合这两个变量与predicted来求出最优估计。

卡尔曼滤波器：$\hat{x}_k = \underbrace{A\hat{x}_{k-1} + Bu_k}_{\hat{x}_k^-:\text{先验估计}} + K_k(y_k - C(A\hat{x}_{k-1} + Bu_k))$

$$\hat{x}_k = \underbrace{\hat{x}_k^-}_{\text{predict}} + \underbrace{K_k(y_k - C\hat{x}_k^-)}_{\text{update}}$$

predict
$\hat{x}_k = A\hat{x}_{k-1} + Bu_k$ $P_k^- = AP_{k-1}A^{\mathrm{T}} + Q$

update
$K_k = \dfrac{P_k^- C^{\mathrm{T}}}{CP_k^- C^{\mathrm{T}} + R}$　卡尔曼增益 K_k $\hat{x}_k = \hat{x}_k^- + K_k(y_k - C\hat{x}_k^-)$　k 时刻最优状态估计 $P_k = (I - K_k C)P_k^-$　协方差估计 P_k

图5.8　利用递推求最优估计

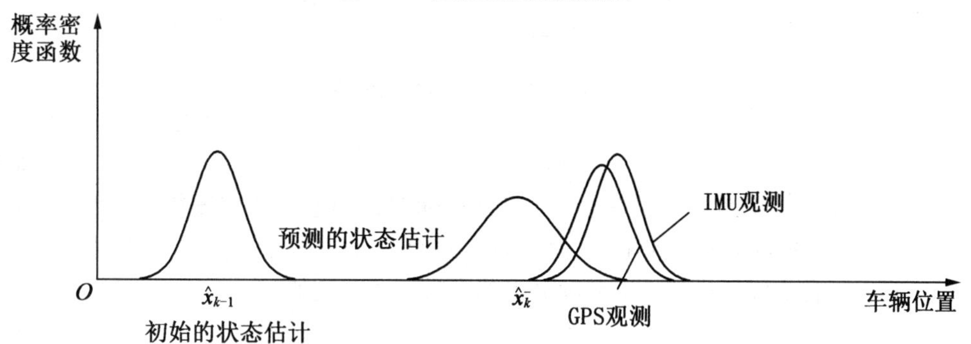

图5.9　多传感器融合下的最优估计

在多目标跟踪时，一般忽略控制量 u 输入。

time update：

$$\bar{\hat{x}}_k = A\,\hat{x}_{k-1} \tag{5.1}$$

$$\bar{P}_k = AP_{k-1}A^{\mathrm{T}} + Q \tag{5.2}$$

measurement update：

$$K_k = \bar{P}_k H^{\mathrm{T}}(H\bar{P}_k H^{\mathrm{T}} + R)^{-1} \tag{5.3}$$

$$\hat{x}_k = \bar{\hat{x}}_k + K_k(z_k - H\,\hat{x}_k^-) \tag{5.4}$$

$$P_k = (I - K_k H)\bar{P}_k \tag{5.5}$$

卡尔曼滤波器所做的大部分工作可以简化为传播和更新高斯函数以及更新它们的协方差。卡尔曼滤波的周期如图5.10所示，首先，滤波器从提供的状态转换（如运动模型）预测下一个状态；然后，如果适用，则噪声测量信息被纳入校正阶段，循环往复。

在实际冰壶的跟踪中，需要提取和预测的信息为：图像中检测目标的位置信息和速度信息，其中位置信息可以由检测算法直接获得，而速度信息可以通过帧间的差分等方式计算得到。利用卡尔曼滤波的主要目标是从截止到当前的 $k-1$ 帧图像及第 k 帧的检测结果中提取信息，估计第 k 帧中目标的较精确位置。其具体的步骤如下。

首先,利用历史数据建立模型估计下一时刻的状态值和误差协方差值,如式(5.6)、式(5.7)所示。

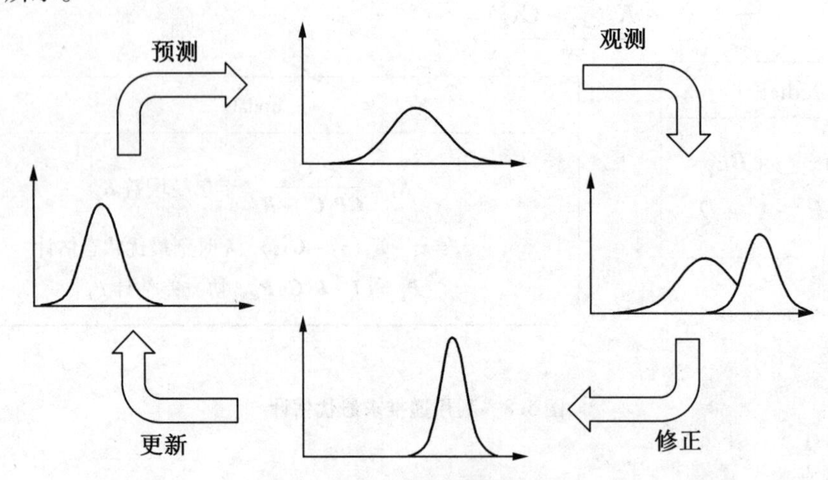

图 5.10　卡尔曼滤波器的周期

$$\hat{x}_k = A_{k,k-1}x_{k-1} \tag{5.6}$$

式中,x_{k-1}表示 $k-1$ 时刻目标的最优值,包含目标的运动速度和位置要素;$A_{k,k-1}$表示从 $k-1$ 时刻到 k 时刻目标的传递函数,为了简化问题,本任务中 A 均设定为匀速运动情况的传递函数;$\hat{x}_k$表示根据建立的模型预测出的 k 时刻的预测值。

$$\boldsymbol{P}_{\bar{k}} = \boldsymbol{A}\boldsymbol{P}_{k-1}\boldsymbol{A}^{\mathrm{T}} + Q \tag{5.7}$$

式中,$\boldsymbol{P}_{\bar{k}}$表示预测 k 时刻的误差协方差矩阵;Q 表示噪声的预测值,一般为一个正态分布。

随后,计算 k 时刻的卡尔曼增益:

$$\boldsymbol{H}_k = \frac{\boldsymbol{P}_{\bar{k}}\boldsymbol{H}^{\mathrm{T}}}{\boldsymbol{H}\boldsymbol{P}_{\bar{k}}\boldsymbol{H}^{\mathrm{T}} + R} \tag{5.8}$$

式中,$\boldsymbol{H}$ 表示状态量到观测量的转换矩阵,由于二者为同样的物理量,故设置为 1 即可;R 表示测量噪声的协方差,凭借经验设置为 0.2 即可。

因此,可以简化为

$$\boldsymbol{H}_k = \frac{\boldsymbol{P}_{\bar{k}}}{\boldsymbol{P}_{\bar{k}} + R} \tag{5.9}$$

最后,利用计算得到的卡尔曼增益推得当前 k 时刻的最优预测状态值和误差协方差矩阵:

$$\boldsymbol{X}_k = \hat{x}_k + \boldsymbol{H}_k(\boldsymbol{Z}_k - \hat{x}_k) \tag{5.10}$$

式中,$\boldsymbol{Z}_k$表示 k 时刻在图像中检测到的目标的状态值(位置、速度信息)为

$$\boldsymbol{P}_k = (1 - \boldsymbol{H}_k)\boldsymbol{P}_{\bar{k}} \tag{5.11}$$

将式(5.6)、式(5.7)、式(5.9)、式(5.10)、式(5.11)结合起来,可以反复推导出各个时刻的目标运动状态预测值。

综上所述,卡尔曼滤波完成了对图像中检测到的目标的位置和速度信息的最优估计预测。而将卡尔曼滤波融入跟踪算法,主要是考虑到卡尔曼滤波结合了当前检测到的目

标的位置和速度信息以及先前帧的位置和速度信息，这一过程起到的预测作用将相邻帧间同一目标的联系更加紧密，这在目标匹配过程中会更显著的体现。

5.2.2 匈牙利算法(Hungarian algorithm)

匈牙利算法主要解决的是数据关联问题中的带权二分图的最优匹配问题。图5.11以冰壶实际测试得到的两帧图片为例，解释匈牙利算法匹配的具体步骤。

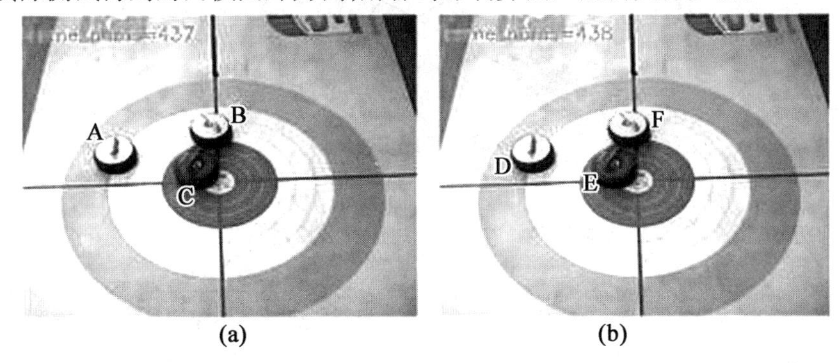

图5.11　实际测试中相邻两帧图像

(1)定义成本矩阵。

观察到相邻的两帧图像之间均检测到3个目标物体。分别将两侧检测到的目标之间检测框的交并比(IOU)作为权值添加在两两目标之间，定义成本矩阵如图5.12所示。

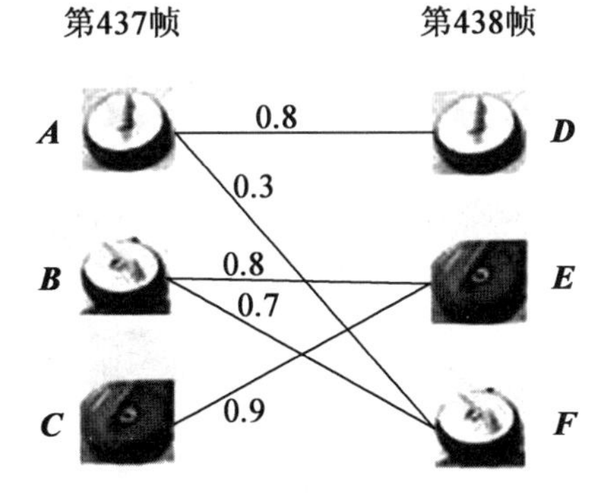

图5.12　定义成本矩阵

(2)目标权重赋值。

分别对每个目标进行赋值，将左侧目标的权重赋值为相连的边的最大权重，右边目标权重初始化赋值为0。定义权重矩阵如图5.13所示。

(3)进行匹配。

匹配原则是左侧目标只与边的权重相同的边进行匹配，若找不到边匹配，则对此条路径的左边目标的权重减去 d，右边所有目标权重加上 d。此处 d 中参数设置为0.1。完整匹配过程如图5.14所示。

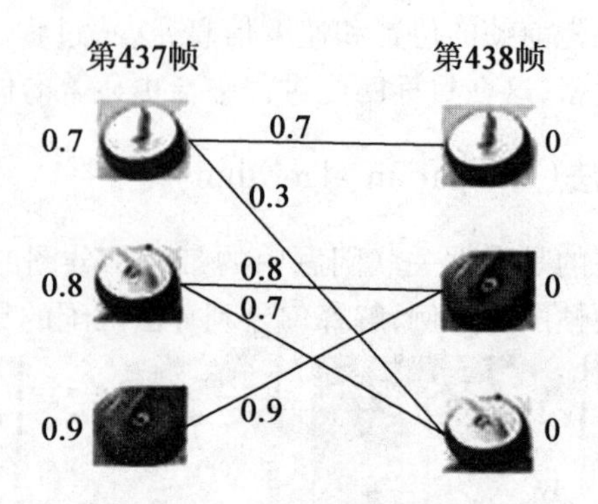

图 5.13 定义权重矩阵

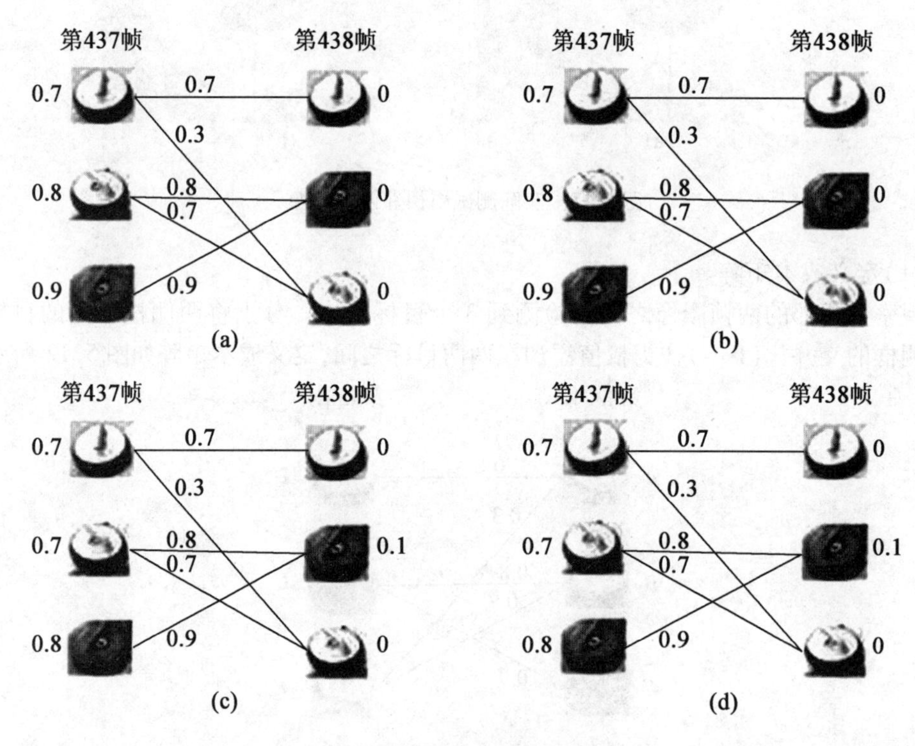

图 5.14 完整匹配流程

最终完成匹配,发现4个目标均成功匹配。两帧之间检测到的目标匹配意味着这两个目标为同一物体,应对其赋予相同的身份信息(ID)。

5.2.3 跟踪算法流程

跟踪算法流程图如图 5.15 所示。

(1)处理 YOLOv5 网络的输出结果,得到检测目标的位置信息,并差分计算其速度信息。

(2)将其利用卡尔曼滤波手段,得出检测目标在当前帧的状态信息的最佳估计值。

(3)将前后帧之间目标检测框的交并比(IOU)作为成本矩阵进行匈牙利匹配。

(4)依据匹配的结果为各个帧内的目标赋予身份信息(ID)。

(5)不同帧之间的相同 ID 物体即表示同一物体,可以据此结果进行轨迹的绘制。

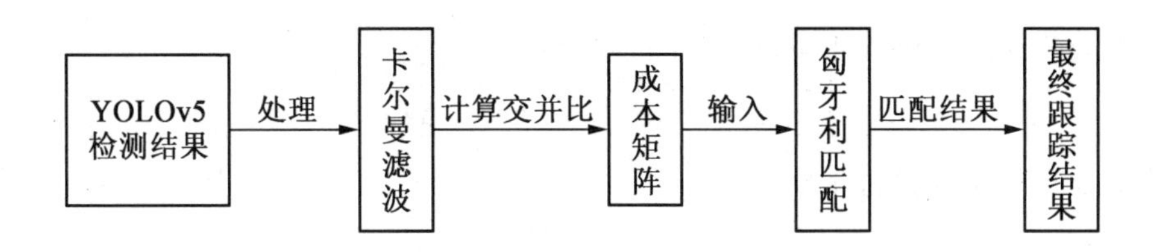

图 5.15　跟踪算法流程图

实现多目标跟踪是在每一帧中定位每个目标,并绘制它们的轨迹。

输入:视频序列。

输出:每个目标的轨迹和唯一 ID。每个目标都用一个边界框表示。

多目标跟踪问题可以看作是数据关联问题,其目的是将视频序列中跨帧的检测关联起来。再以行人多目标跟踪为例,多目标跟踪步骤如图 5.16 所示。

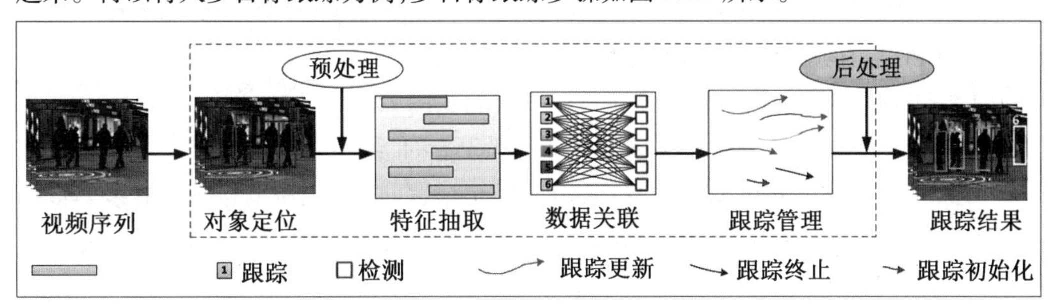

图 5.16　多目标跟踪步骤

github 地址为 https://github.com/abewley/sort,参考其内容,可以更清晰地分析源码流程。

5.3　开发环境搭建

将 YOLOv5 部署到应用平台,训练数据集(获取图片、标注图片、修改训练参数)来进行实际检测并修改代码,也可将识别结果接入到 ROS。

(1)找到合适 python 的 YOLOv5 版本。

查看 github 主页(https://github.com/ultralytics/yolov5),在 Tag 下切换 YOLOv5 版本,查看对应的 README.md 文件,例如 v6.0 版本下面需要 python≥3.6.0,v6.1 版本下

面需要 python≥3.7.0，注意电脑上的 python 版本。

此处 Ubuntu 18.04 系统的 python 3.6.9 版本选择下载 YOLOv5 v6.0 版本。

执行以下命令，下载代码：

```
$ git clone -b v6.0 https://github.com/ultralytics/yolov5.git
```

如果安装其他 python 版本，可以建立软链接：

```
$ ln -s /usr/bin/python /usr/local/下载 python 包/bin
```

验证 python 版本是否正确：

```
$ python -v
```

添加环境变量：

```
$ sudo echo "OPENBLAS_CORETYPE=ARMV8" >> ~/.bashrc
```

保存并关闭文件：

```
$ export OPENBLAS_CORETYPE=ARMV8
```

更新环境变量：

```
$ source ~/.bashrc
```

（2）CPU 版、GPU、Jeston TX2 的 Pytorch 安装。

①安装 CPU 版 torch 环境。

Pytorch 的版本选择：YOLOv5 v6.0 版本要求 Pytorch≥1.7。

Pytorch 官网（https://pytorch.org/get-started/previous-versions）中有很多 Pytorch 版本和对应的下载命令，此处选择 v1.8.0 版本，不推荐选择太高版本，参考执行命令：

```
$ Pip install torch==1.8.0+cpu torchvision==0.9.0+cpu
torchaudio==0.8.0 -f https://download.pytorch.org/whl/
torch_stable.html
```

②安装 GPU 版 torch 环境。

a. 通过 Pytorch v1.8.0 版本和显卡驱动来确定显卡驱动的 cuda 版本。

安装显卡驱动环境：如图 5.17 所示，在 Ubuntu“软件和更新”“附加驱动”中，查看显卡驱动版本，勾选并应用。

查看显卡驱动，在终端输入：

```
$ nvidia_smi
```

查看驱动显卡对应的 cuda 版本（https://docs.nvidia.com/cuda-toolkit-release-notes/index.html），cuda 工具包和相应的驱动程序版本见表 5.2。cuda 版本下载地址为 https://developer.nvidia.cn/cuda-11.1.0-download-archive?target_os=Linux&target_arch=x86_64。选择目标平台如图 5.18 所示，安装命令如图 5.19 所示，此处选择安装

CUDA 11.0.1 RC。

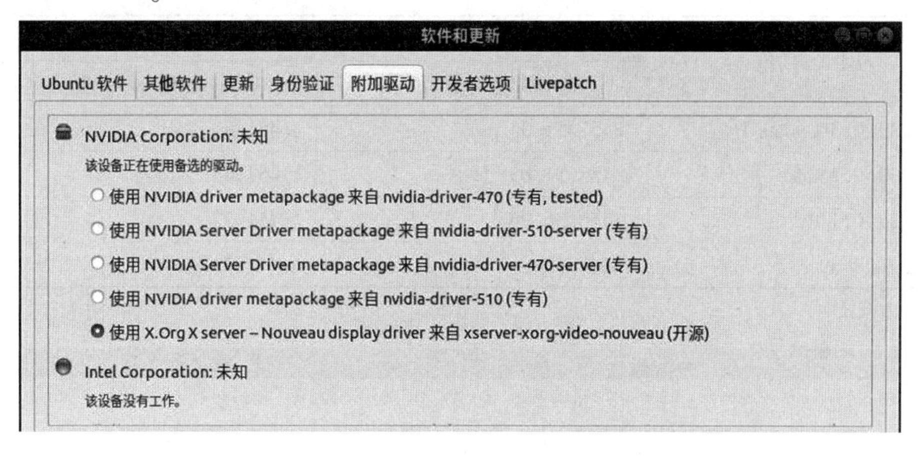

图 5.17　选择显卡驱动的版本

表 5.2　cuda 工具包和相应的驱动程序版本

cuda 工具包	工具包驱动版本	
	Linux x86_64 驱动版本	Windows x86_64 驱动版本
CUDA 11.6 Update 2	≥510.47.03	≥511.65
CUDA 11.6 Update 1	≥510.47.03	≥511.65
CUDA 11.6 GA	≥510.39.01	≥511.23
CUDA 11.5 Update 2	≥495.29.05	≥511.23
CUDA 11.5 Update 1	≥495.29.05	≥496.13
CUDA 11.5 GA	≥495.29.05	≥496.13
CUDA 11.4 Update 4	≥470.82.01	≥472.50
CUDA 11.3 Update 3	≥470.82.01	≥472.50
CUDA 11.3 Update 2	≥470.57.02	≥471.41
CUDA 11.3 Update 1	≥470.57.02	≥471.41
CUDA 11.4.0 GA	≥470.42.01	≥471.11
CUDA 11.3.1 Update 1	≥465.19.01	≥465.89
CUDA 11.3.0 GA	≥465.19.01	≥465.89
CUDA 11.2.2 Update 2	≥460.32.03	≥461.33
CUDA 11.2.1 Update 1	≥460.32.03	≥461.09
CUDA 11.2.0 GA	≥460.27.03	≥460.82
CUDA 11.1.1 Update 1	≥455.32	≥461.81
CUDA 11.1 GA	≥455.23	≥456.38

续表 5.2

cuda 工具包	工具包驱动版本	
	Linux x86_64 驱动版本	Windows x86_64 驱动版本
CUDA 11.0.3 Update 1	≥455.51.06	≥451.82
CUDA 11.0.2 GA	≥455.51.05	≥451.48
CUDA 11.0.1 RC	≥450.36.06	≥451.22
CUDA 10.2.89 RC	≥440.33	≥441.22

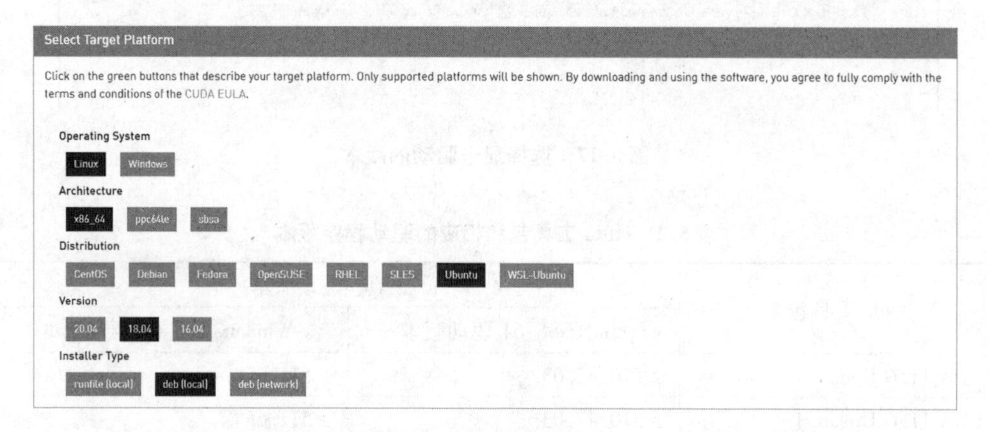

图 5.18 选择目标平台

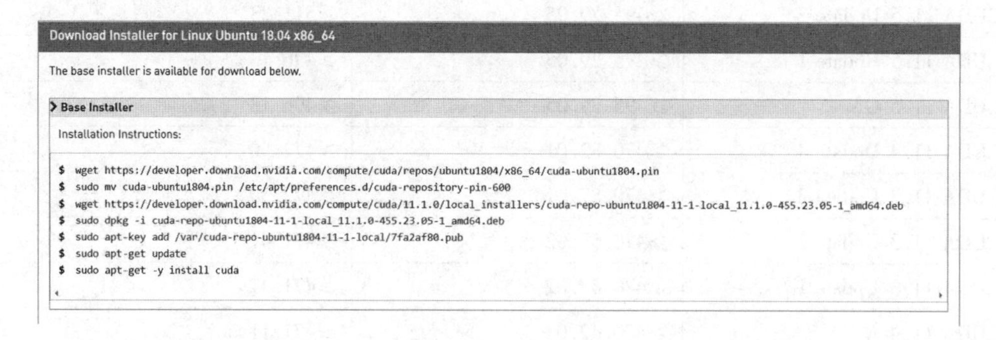

图 5.19 安装命令

运行以下命令,完成 cuda 版本的安装:

```
$ wget
https://developer.download.nvidia.com/compute/cuda/repos/
ubuntu1804/x86_64/cuda-ubuntu1804.pin
$ sudo mv cuda-ubuntu1804.pin /etc/apt/preferences.d/cuda-
repository-pin-600
```

```
$ wget
https://developer.download.nvidia.com/compute/cuda/11.1.0/
local_installers/cuda-repo-ubuntu1804-11-1-local_11.1.0
-455.23.05-1_amd64.deb
$ sudo dpkg -i cuda-repo-ubuntu1804-11-1-local_11.1.0-
455.23.05-1_amd64.deb
$ sudo apt-key add /var/cuda-repo-ubuntu1804-11-1-local/
7fa2af80.pub
$ sudo apt-get update
$ sudo apt-get -y install cuda
```

cuda 使用文档参考网址为 https://developer.nvidia.cn/cuda-toolkit-archive,需要添加环境换变量到 bashrc 文件中:

```
export PATH=/usr/local/cuda-11.1/bin${PATH:+:${PATH}}
export LD_LIBRARY_PATH=/usr/local/cuda-11.1/lib64\
    ${LD_LIBRARY_PATH:+:${LD_LIBRARY_PATH}}
```

检验 cuda 是否安装正确,在终端输入:

```
$ nvcc -V
```

b. GPU 版 Pytorch 的安装。

参考网址为 https://pytorch.org/get-started/previous-versions/,终端运行:

```
$ pip install torch==1.8.0+cu111 torchvision==0.9.0+
cu111 torchaudio==0.8.0 -f https://download.pytorch.org/
whl/torch_stable.html
```

安装成功后,终端输入 python3 / import torch / print(torch.cuda.is_available()),返回 True 即安装成功。

Jeston TX2 版 torch 环境的安装如下。

同样是通过 GPU 加速,首先使用 jtop 指令查看 Jeston 板卡的 jetpack 版本,此处是 jetpack 4.2.2 版本。

针对 Jeston 的 jetpack 版本参考网址为 https://forums.developer.nvidia.com/t/pytorch-for-jetson-version-1-10-now-available/72048。

下载对应版本的 whl 文件,再运行如下安装命令:

```
$ pip install torch-1.8.0-cp36-cp36m-linux_aarch64.whl
```

安装成功后,终端输入 python3/import torch/print(torch.cuda.is_available()),返回 True 即安装成功。从源码安装 torchvision,首先要找到 torch 版本对应的 torchvision 版本,参考网址为 https://pytorch.org/get-started/previous-versions/。

下载源码网址为 https://github.com/pytorch/vision ,此处选择 torchvision 0.9.0,下载源码:

```
$ git clone -b v0.9.0 https://github.com/pytorch/vision.git
```

进入源码目录下运行如下命令:

```
$ sudo python3 setup.py install
```

Jetson AGX Xavier 安装 torch, torchvision 如下。

安装 torch,到官网下载 torch 1.10.0。

网址为 https://forums.developer.nvidia.com/t/pytorch-for-jetsonversion-1-10-now-available/72048。

通过下面命令进行安装:

```
$ pip install torch-1.10.0-cp36-cp36m-linux_aarch64.whl
```

安装 torchvision:

这里注意一定要在官网上下载源码自行编译,pip 或 conda 命令下载的 torchvision 无法与 arm 架构下的 pytorch 相容。

到官网找到 1.10.0 版本的 torchvision(https://github.com/pytorch/vision/tags)。

先安装编译依赖:

```
$ sudo apt-get install libjpeg-dev libavcodec-dev libavformat-dev libswscale-dev
$ pip install pillow --no-cache-dir
```

解压缩到对应文件下:

```
$ python setup.py install
```

测试是否安装成功:

```
import torch
    print(torch.cuda.is_available())
    print(torch.backends.cudnn.version())
    import torchvision
    print(torchvision.__version__)
```

(3)其他依赖安装。

在 YOLOv5 源码目录下打开 requirement.txt 文件,查看需要安装的依赖包。注:列表中的 torch 和 torchvision 之前已经安装完成。建议使用 pip3 install 依次安装这些依赖,如:

```
$ pip install matplotlib==3.2.2
```

终端运行以下命令,与 requirement.txt 文件对应各版本是否符合:

```
$ pip3 list
```

(4)测试代码。

进入 YOLOv5 的源代码目录下进行测试,在 https://github.com/ultralytics/yolov5/releases 找到对应发行版本的训练模型,如 yolov5s.pt,下载后,将文件放到 yolov5 源码目录下,再修改 detect 文件。

检查 detect.py 文件,找到 parser.add_argument 这个语句所在行,注意:

- -weights 后的默认参数为模型文件所在目录;

- -source 后的默认参数为要识别的图片的路径(多个图片可以是其文件夹路径);

- -device 后的默认参数为用来识别的设备,数字表示 GPU 号,若需要 CPU 运行,则将参数改为 CPU;

- -imgsz 表示图像输入大小,yolo 会根据这个参数剪裁图片;

- -conf-thres 为识别的置信度;

- -iou-thres,这个 IOU 阈值,可以设置得小一些,防止出现重复框。

最后终端通过 cd 指令进入源码目录 ~/src/yolov5,终端运行 python3 detect.py,在源码目录下 runs 文件夹可以看到识别结果。

5.4 训练数据集

1.获取标注图片

模型的训练需要通过对大量标注好的数据集进行学习得到,本质是一种监督学习方法。需要根据实际检测目标,建立供深度学习网络训练的数据集。

随着越来越多的机器学习应用场景的出现,而现有表现比较好的监督学习需要大量的标注数据,标注数据是一项枯燥无味且花费巨大的任务,所以迁移学习受到越来越多的关注。迁移学习的主要思想是从相关领域中迁移标注数据或者知识结构、完成或改进目标领域或任务的学习效果。为了解决目标数据集有限的问题,可在实际实验的初始阶段采用大型通用数据集 VOC 2007 + VOC 2012 对模型做预训练,再将该数据集上得到的模型应用于实际的数据集,进行迁移学习。

迁移学习可很好地避免了因为数据集较小而导致的训练过拟合现象的发生,从而保证了模型的训练效果以及最终检测的准确率。YOLOv5 的特征提取网络本身就具有通用性,而在大型通用数据集(如 VOC 2007、COCO 80)中进行预训练的模型,其特征提取网络得到了很好的训练,在此基础上训练得到的模型对提取特征更为擅长,最终检测的效果通常也优于单纯用专用数据集进行训练的模型。YOLOv5 官方也提供很多基于 COCO 数据的训练好的模型,可以检测 80 多种不同的物体。在实验中,根据实际需求制作属于自己的数据集。

利用 labelImg 软件制作 VOC 格式的数据集。把采集的图像组建成原始数据集，使用软件 labelImg 对数据集进行标注，将图像中的特定位置选取作为检测对象，并且添加特定的标签存储于对应的. xml 文件当中。标注软件 labelImg 界面如图 5.20 所示，下载网址为 https://github.com/tzutalin/labelImg，安装并运行，进行标注图片。可将图像中的特定位置选取作为检测对象，并且添加特定的标签存储于对应的. xml 文件当中：

```
$ pip3 install labelImg
$ labelImg
```

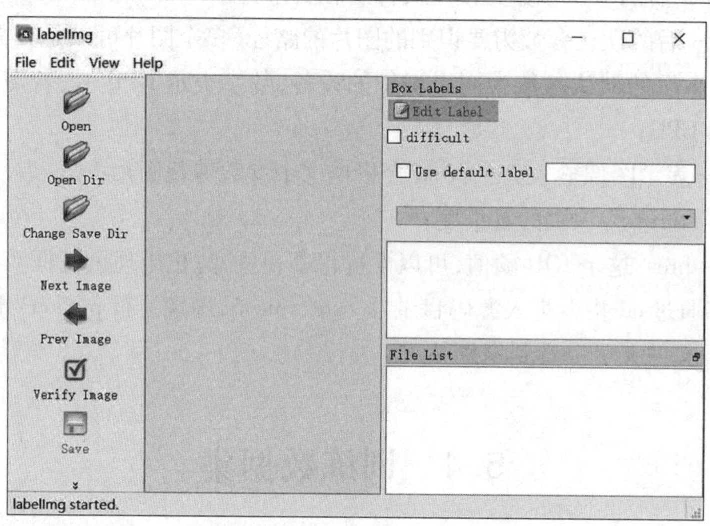

图 5.20　标注软件 labelImg 界面

labelImg 目前支持 Pascal VOC、YOLO、CreateML 三种图片的标注，数据集标注操作如图 5.21 所示。Open Dir：选择图片目录；Change Save Dir：标注后数据存储的路径；Create RectBox：创建标注框；Save：保存标注信息。

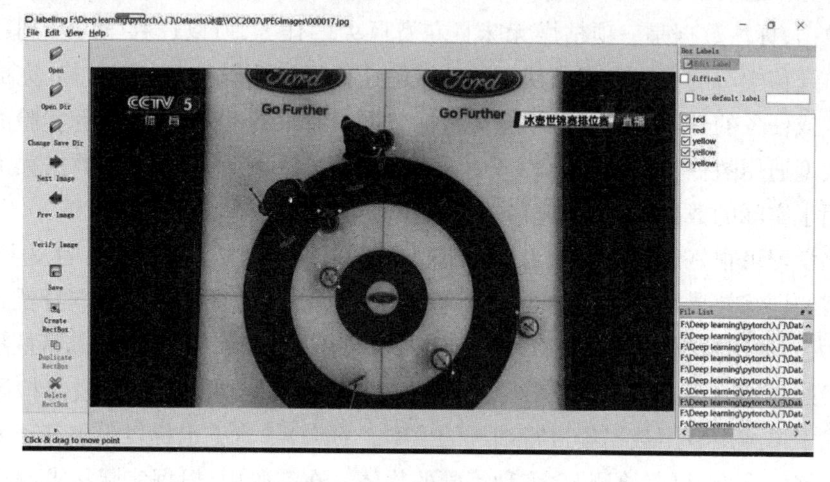

图 5.21　数据集标注操作

部分快捷键:Ctrl + U:图片加载目录;Ctrl + R:标注保存目录;Ctrl + S:保持标注信息;Ctrl + D:复制标注;Ctrl + Shift + D:删除图片;Space:标记当前图片已经验证过;W:创建标注框。

2. 选择、修改相关参数文件

(1)数据集的配置文件。

在 YOLOv5 源码目录下的 data 文件夹下新建 test. yaml 文件,仿照 coco128. yaml 文件。修改 train 为数据集的文件目录,val 与 train 相同即可,修改标签种类数量 nc 的值,names 设置为标签名称,download 删除即可。

(2)模型的权重文件参数。

在 YOLOv5 源码目录下的 models 文件夹下新建 test. yaml 文件,仿照 yolov5s. yaml 文件,只需修改标签种类数量 nc 的值。

(3)修改 train. py 文件参数。

修改 YOLOv5 源码目录下的 train. py 文件。

- -weights 为预训练模型,可以保留原有的训练权重继续训练,设置为"ROOT / yolov5s. pt";

- -cfg 为模型参数文件,设置为"ROOT / models/ test. yaml";

- -data 为数据集参数文件,设置为"ROOT / data/ test. yaml";

- -epochs 为训练步数,一般 200 ~ 400 即可;

- -batch - size 为每次训练取出的图像数量,设置值越大,训练越快,但需要较大的显存;

- -imgsz 为训练输入图片大小,YOLO 会根据这个参数压缩图片,设置值越大,效果越好,但需要较大的显存;

- -device 后的默认参数为用来训练的设备,数字表示 GPU 号,若需要 CPU 运行,则将参数改为 CPU。

3. 开始训练

YOLOv5 目录下,终端运行如下指令:

```
$ python3 train.py
```

如果出现数据集或者标签方面的错误,则需要删掉 labels. cach 文件后,重新训练。训练过程中,可以通过 tensorboard 插件实时监控训练过程和相关曲线,需要终端运行如下指令,在浏览器里访问 http://localhost:6006/:

```
$ tensorboard - -logdir = ./runs
```

4. 训练结果分析

训练完成后,在源码目录 runs/train 文件夹下出现一个新的 exp 开头的文件夹,在该文件夹下,weight 为训练生成的权重文件,包含 bese. pt 和 last. pt,即分别为最好的和最后的模型文件。通过观察得到的 results. png 来判断训练效果。

Box:YOLOv5 使用 GIOU loss 作为 bounding box 的损失,Box 推测为 GIOU 损失函数均值,值越小,方框越准确。

Objectness:推测为目标检测 loss 均值,值越小,目标检测越准。

Classification:推测为分类 loss 均值,越小分类越准确。

Precision:精度(找对的正类/所有找到的正类)。

Recall:召回率(准确率)。

mAP:用 Precision 和 Recall 作为两轴作图后围成的面积。

5.5 实验——冰壶的多目标检测与跟踪

本书实验基于冰壶运动的数据集,训练目标检测与跟踪网络,并在边缘计算机平台上实现摄像头标定、目标跟踪和运动轨迹可视化。实验中,冰壶智能感知系统包括:NVIDIA Xavier 开发板、USB 智能摄像头及支架、一台主机、Ubuntu 18.04。每个摄像头下安装一块开发板,每个开发板用来采集冰壶场地及冰壶的图像,进行检测和跟踪。每个 Xavier 会把冰壶的位置数据传送到主机上,再通过主机处理数据来可视化轨迹。

在该系统中,可以测试摄像头的布置位置及角度,最终确定使用几组设备(USB 摄像头 + 边缘计算卡)分别布置在场地的发球区、轨道中及大本营附近完成全局的检测,使其视野能够完整覆盖全部的冰壶场地。通过此智能感知系统实现对场上冰壶位置的感知,后续为决策提供信息来源。同时,对冰壶轨迹进行记录,实现轨迹可视化回放分析。

图 5.22 为实验室的冰壶场地,尺寸:长 × 宽(10 m × 1.6 m),其中包括场地标线、大本营等标识以及红黄两色冰壶若干个。场地中布置 4 个类似于二维码图案的 AprilTag 标定板来进行标定使用,标定板由 A3 尺寸(297 mm × 420 mm)的塑封纸制作而成。

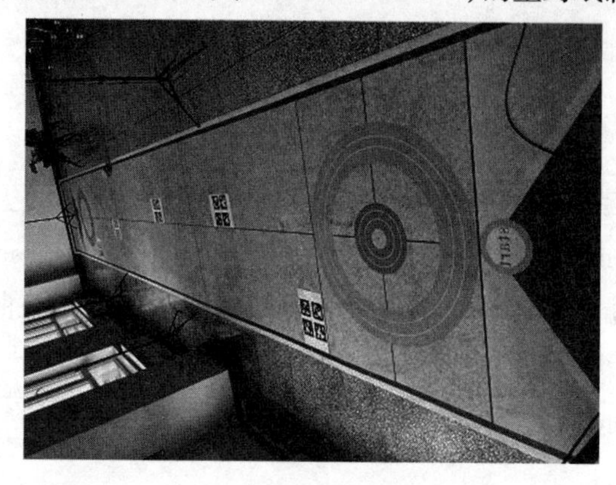

图 5.22 实验室的冰壶场地

实验内容:冰壶位置的获取、轨迹信息、坐标变换、UDP 通信、轨迹绘制。冰壶多目标检测与跟踪的实验方案如图 5.23 所示。

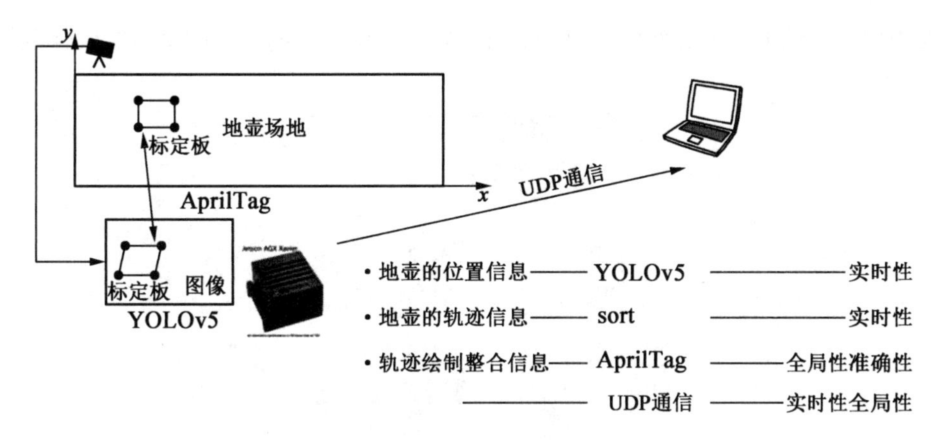

图5.23　冰壶多目标检测与跟踪的实验方案

5.5.1　位置获取

采集冰壶运动的图像,读取相机视频流,组建并标注要训练的数据集;使用YOLOv5模型去训练数据集,得到网络结构参数,最后使用训练完的模型检测冰壶的实时位置。

1. YOLOv5的TensorRT加速

针对分布式的NVIDIA Xavier开发板,YOLOv5算法可以进行TensorRT加速。

加速原理:在计算资源并不丰富的嵌入式设备上,TensorRT之所以能加速神经网络的推断,主要得益于两点。首先,TensorRT支持INT8和FP16的计算,通过在减少计算量和保持精度之间达到一个理想的trade-off,达到加速推断的目的。TensorRT对于网络结构进行了重构和优化,通过解析网络模型将网络中无用的输出层消除以减小计算。垂直整合即将目前主流神经网络的conv、BN、relu三个层融合为了一个层。水平组合是指将输入为相同张量和执行相同操作的层融合在一起。具有多个卷积和激活层的示例卷积神经网络如图5.24所示。

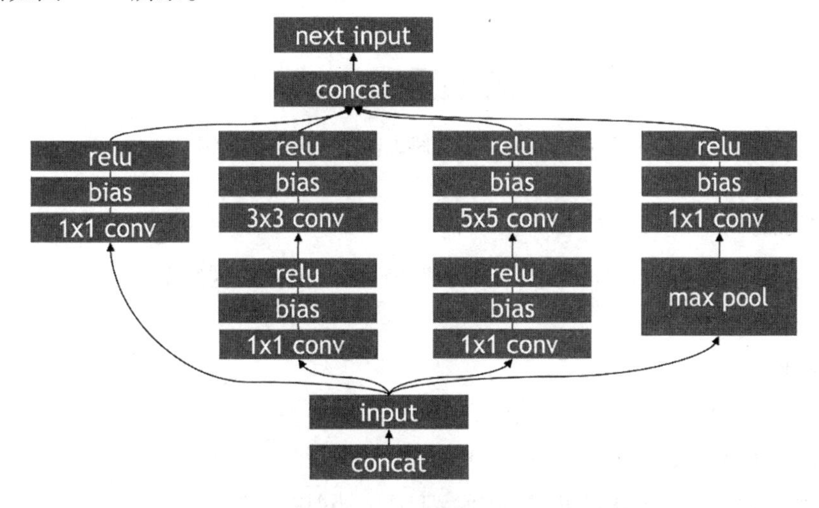

图5.24　具有多个卷积和激活层的示例卷积神经网络

卷积层与后续的偏置和激活（relu）层相结合,卷积神经网络上的垂直层融合示例如图 5.25 所示。

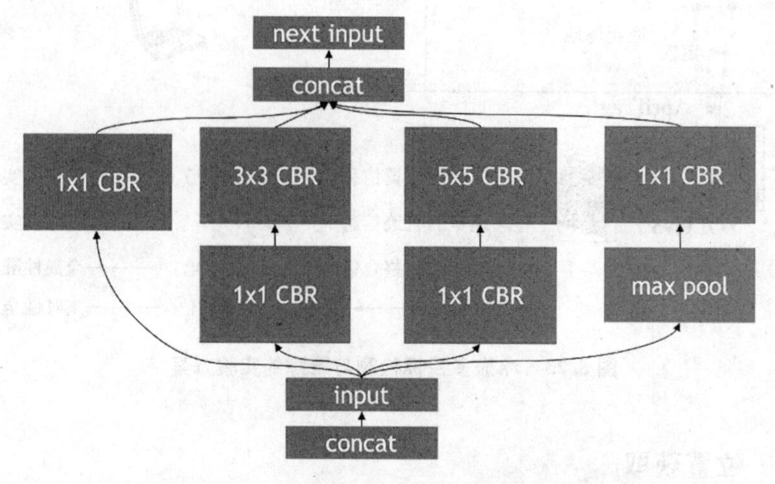

图 5.25　卷积神经网络上的垂直层融合示例

多个 1 ×1 CBR 层被水平融合,或者跨越图中共享相同输入的相似层,卷积神经网络上的水平层融合示例如图 5.26 所示。

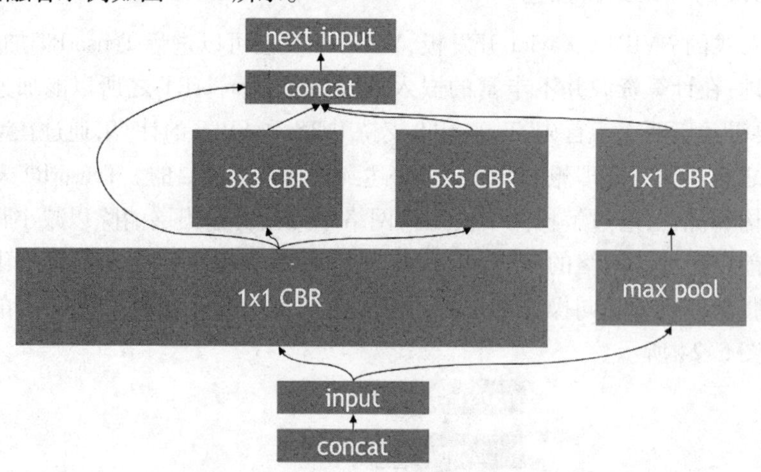

图 5.26　卷积神经网络上的水平层融合示例

2. 采集图像

基于 OpenCV 函数库,以冰壶图像采集为例,读取摄像头视频流:

```
import cv2
import time
cap = cv2.VideoCapture(1)
cap.set(cv2.CAP_PROP_FPS,30)
cap.set(cv2.CAP_PROP_FRAME_WIDTH, 640)
```

```
cap.set(cv2.CAP_PROP_FRAME_HEIGHT, 480)
cap.set(cv2.CAP_PROP_FOURCC, cv2.VideoWriter.fourcc('M', 'J',
'P', 'G'))

while True:
    start = time.time()
    ret, frame = cap.read()
    if ret:
        cv2.imshow("test", frame)
        print(time.time() - start)
    if cv2.waitKey(1) & 0xFF = = ord('q'):
        break
cap.release()
cv2.destroyAllWindows()
```

保存图片：

```
import cv2
cap = cv2.VideoCapture(0)
i = 0
while i <100:
    ret,frame = cap.read()
    i = i +1
    cv2.imshow("cap0",frame)
cv2.imwrite("cal1.jpg",frame)
cap.release()
cv2.destoryAllWindows()
```

3. 数据标注

使用场地上的摄像头拍摄图片并保存，之后使用 labelImg 进行标注，标注种类为两类，分别是 red 和 yellow。标注后的数据集进行训练集和验证集的划分，划分比例可设置为 9:1。

VOC 格式数据集的主要结构如图 5.27 所示，在 main 文件中主要由 Annotation、JPEGImage、Imagesets 三部分组成。Annotation 文件夹主要存储图片对应的标签，JPEGImage 文件夹主要存储数据集中的所有图片，Imagesets 文件夹主要存储数据集中用作训练集和验证集的划分。

```
--VOC2007
  --Annotation
      --train
      --val
  --JPEGImage
      --train
      --val
  --Imagesets
```

图 5.27　VOC 格式数据集的主要结构

Ubuntu 下，在 labelImg 目录下使用终端输入以下命令打开 labelImg 软件：

```
$ python3 labelImg.py
```

修改默认的 xml 文件保存路径，使用快捷键 Ctrl + R 改为自己想存储的位置，一般是新建一个 Annotation 文件来存储 xml 文件，如图 5.28 所示。注：路径一定不能包含中文，否则无法保存。

图 5.28　新建 Annotation 文件来存储 xml 文件

在 labelImg 文件中，修改源码文件 data/predefined_classes. txt 来修改类别，将默认类别换成需要的类别信息，例如图 5.29 中的 red、yellow。使用“Open”按钮来打开需要标注的图片文件夹 JPEGImage，选择“Open”，然后打开了需要标注的图片。

图 5.29　修改类别信息

如图 5.30 和图 5.31 中的操作，使用“Create \nRectBox”按钮或者 Ctrl + N 来对图片中需要标注的软件进行画框，画完框，松开鼠标左键，会弹出选择类别信息的框，选择要标注的类别，然后点击“OK”。

以上标注成功，然后等一张图片的所有目标都标注成功以后，点击“Save”保存按钮，此时就在 Annotations 文件下生成了一个对应图片名的 xml 文件，里面保存了标注信息。注：以下是标记过很多张之后生成的 xml 文件的结果。对于单张标记好的图片，打开 xml 文件，可看到标记信息如图 5.32 所示。等待一张图片标注完毕后，点击“Next Image”或者快捷键 D 进入下一张图片进行标注。

图5.30　标注画框

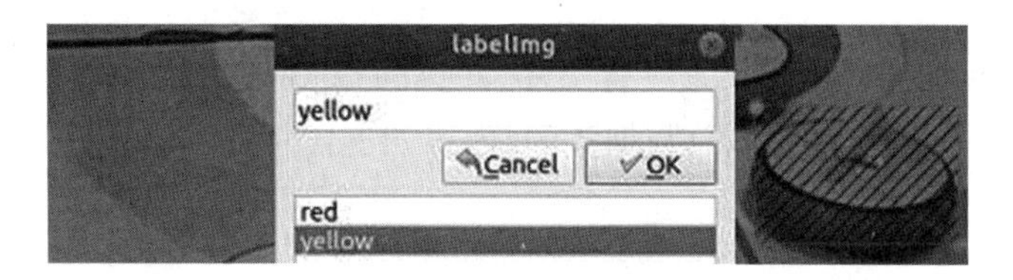

图5.31　选择类别信息

图5.32　标记后生成的 xml 文件

4. 数据集制作

(1)数据集结构。

安装 requirements 中的环境,按照第二种建立数据集,官网提供了数据集的 tree,也就是图5.33的目录结构。

```
$ pip install -r requirements.txt
```

coco	Folder	--
annotations	Folder	--
images	Folder	--
train2017	Folder	--
val2017	Folder	--
labels	Folder	--
train2017	Folder	--
val2017	Folder	--

(a)

```
mytrain
├── mycoco
│   ├── images
│   │   ├── train
│   │   └── val
│   └── labels
│       ├── train
│       └── val
└── yolov5
```

(b)

图5.33　目录结构

(2)训练数据集制作。

首先,建立一个自己的数据文件夹 mycoco,mycoco 数据文件夹的目录结构如图 5.34 所示。

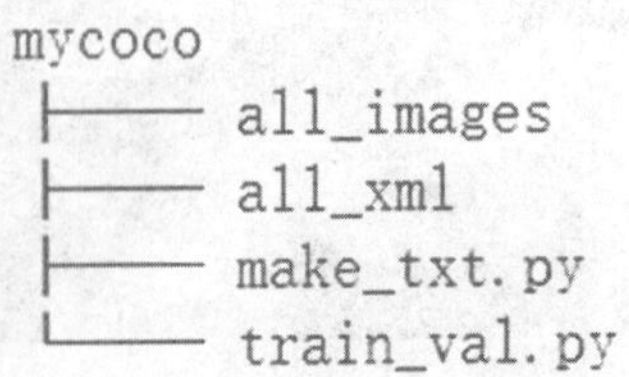

图 5.34 mycoco 数据文件夹的目录结构

其中,all_images 文件夹下放置所有图片,all_xml 文件夹下放置所有与之对应的 xml 文件,make_txt.py 文件是用来划分数据集的,内容如下:

```
import os
import random
trainval_percent = 0.1
train_percent = 0.9
xmlfilepath = 'all_images'
txtsavepath = 'ImageSets'
total_xml = os.listdir(xmlfilepath)
num = len(total_xml)
list = range(num)
tv = int(num * trainval_percent)
tr = int(tv * train_percent)
trainval = random.sample(list, tv) #从所有 list 中返回 tv 个的项目
train = random.sample(trainval, tr)
if not os.path.exists('ImageSets/'):
    os.makedirs('ImageSets/')
ftrainval = open('ImageSets/trainval.txt', 'w')
ftest = open('ImageSets/test.txt', 'w')
ftrain = open('ImageSets/train.txt', 'w')
fval = open('ImageSets/val.txt', 'w')
for i in list:
    name = total_xml[i][:-4] + '\n'
    if i in trainval:
        ftrainval.write(name)
```

```
        if i in train:
            ftest.write(name)
        else:
            fval.write(name)
    else:
        ftrain.write(name)
ftrainval.close()
ftrain.close()
fval.close()
ftest.close()
```

划分后的数据分布结构如图 5.35 所示。

图 5.35　划分后的数据分布结构

python make_txt. py 运行结果,生成四个只包含图片名称的 txt 文件,生成的 txt 文件如图 5.36 所示。

图 5.36　生成的 txt 文件

运行 train_val. py,该文件一方面将 all_xml 中 xml 文件转为 txt 文件存于 all_labels 文件夹中,另一方面生成训练所需数据存放架构(如数据直接是 txt 的标签的话,将标签转化的功能注释掉即可)。代码如下:

```
import xml.etree.ElementTree as ET
import pickle
import os
import shutil
from os import listdir, getcwd
from os.path import join
sets = ['train', 'trainval']
```

```
classes = ['yellow','red']
def convert(size, box):
    dw = 1. /size[0]
    dh = 1. /size[1]
    x = (box[0] + box[1]) /2.0
    y = (box[2] + box[3]) /2.0
    w = box[1] - box[0]
    h = box[3] - box[2]
    x = x * dw
    w = w * dw
    y = y * dh
    h = h * dh
    return (x, y, w, h)
def convert_annotation(image_id):
    in_file = open('all_xml/% s.xml' % (image_id))
    out_file = open('all_labels/% s.txt' % (image_id), 'w')
    tree = ET.parse(in_file)
    root = tree.getroot()
    size = root.find('size')
    w = int(size.find('width').text)
    h = int(size.find('height').text)
    for obj in root.iter('object'):
        difficult = obj.find('difficult').text
        cls = obj.find('name').text
        if cls not in classes or int(difficult) = = 1:
            continue
        cls_id = classes.index(cls)
        xmlbox = obj.find('bndbox')
        b = (float(xmlbox.find('xmin').text),float(xmlbox.find
('xmax').text), float(xmlbox.find('ymin').text), float(xmlbox.
find('ymax').text))
        bb = convert((w, h), b)
        out_file.write(str(cls_id) + "" + "".join([str(a) for a
in bb]) + '\n')
wd = getcwd()
```

```
print(wd)
for image_set in sets:
    if not os.path.exists('all_labels/'):
        os.makedirs('all_labels/')
    image_ids = open('ImageSets/% s.txt' % (image_set)).read
().strip().split()
    image_list_file = open('images_% s.txt' % (image_set), 'w')
    labels_list_file=open('labels_% s.txt'% (image_set),'w')
    for image_id in image_ids:
        image_list_file.write('% s.jpg \n' % (image_id))
        labels_list_file.write('% s.txt \n'% (image_id))
        convert_annotation(image_id) #如果标签已经是 txt 格式,将此
行注释掉,所有的 txt 存放到 all_labels 文件夹
    image_list_file.close()
    labels_list_file.close()

def copy_file(new_path,path_txt,search_path):#参数 1:存放新文件
的位置 参数 2:为上一步建立好的 train,val 训练数据的路径 txt 文件 参数 3:
为搜索的文件位置
    if not os.path.exists(new_path):
        os.makedirs(new_path)
    with open(path_txt, 'r') as lines:
        filenames_to_copy = set(line.rstrip() for line in
lines)
        # print('filenames_to_copy:',filenames_to_copy)
        # print(len(filenames_to_copy))
    for root, _, filenames in os.walk(search_path):
        # print('root',root)
        # print(_)
        # print(filenames)
        for filename in filenames:
            if filename in filenames_to_copy:
                shutil.copy(os.path.join(root, filename), new_
path)
```

```
#按照划分好的训练文件的路径搜索目标,并将其复制到 yolo 格式下的新路径
copy_file('./images/train/','./images_train.txt','./all_images')
copy_file('./images/val/','./images_trainval.txt','./all_images')
copy_file('./labels/train/','./labels_train.txt','./all_labels')
copy_file('./labels/val/','./labels_trainval.txt','./all_labels')
```

该目录终端下运行:

```
$ python train_val.py
```

mytrain 文件夹的目录结构,如图 5.37 所示。

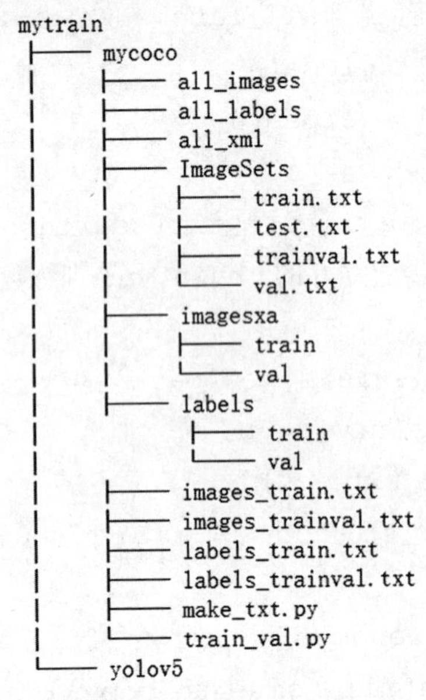

图 5.37　mytrain 文件夹的目录结构

通过以上操作完成了数据库的创建,图 5.38 将制作好的 mycoco 文件夹与下载好的 yolov5 文件夹放在同一级文件夹中。

图 5.38　将 mycoco 文件夹与 yolov5 文件夹放在同一级文件夹中

接着按照如图5.39所示的yolov5 - master/ data/ coco128. yaml文件，制作mycoco. yaml文件（与coco128. yaml文件同目录）。

```
*mycoco.yaml
# COCO 2017 dataset http://cocodataset.org - first 128 training images
# Train command: python train.py --data coco128.yaml
# Default dataset location is next to /yolov5:
#   /parent_folder
#     /coco128
#     /yolov5


# download command/URL (optional)
download: https://github.com/ultralytics/yolov5/releases/download/v1.0/coco128.zip

# train and val data as 1) directory: path/images/, 2) file: path/images.txt, or 3) list: [path1/images/, path2/images/]
#train: ../mycoco/images/train/  # 128 images
#val: ../mycoco/images/val/  # 128 images

# number of classes
#nc: 2

# class names
#names: [ 'red','yellow' ]
train: ../mycoco/images/train/   # 128 images
val: ../mycoco/images/val/  # 128 images

# number of classes
nc: 2

# class names
names: ['red','yellow']
```

图5.39　制作mycoco. yaml文件

5. 冰壶检测训练

打开train. py文件，更改相应的参数（预训练模型，训练的数据集），这里使用yolov5s. pt为预训练模型，更改yolov5s. yaml文件中的类别数为2类，修改训练参数如图5.40所示。训练后可以看到在runs/ train/ exp/ weights下生成了训练好的权重文件best. pt和last. pt。用训练好的权重文件进行测试，打开detect. py文件，修改权重文件路径和输入测试文件，然后运行python detect. py，runs/ detect/ exp下可查看测试效果。

```
if __name__ == '__main__':
    parser = argparse.ArgumentParser()
    parser.add_argument('--weights', type=str, default='yolov5s.pt', help='initial weights path')
    parser.add_argument('--cfg', type=str, default='', help='model.yaml path')
    parser.add_argument('--data', type=str, default='data/mycoco.yaml', help='data.yaml path')
    parser.add_argument('--hyp', type=str, default='data/hyp.scratch.yaml', help='hyperparameters path')
    parser.add_argument('--epochs', type=int, default=50)
    parser.add_argument('--batch-size', type=int, default=16, help='total batch size for all GPUs')
    parser.add_argument('--img-size', nargs='+', type=int, default=[640, 640], help='[train, test] image sizes')
    parser.add_argument('--rect', action='store_true', help='rectangular training')
    parser.add_argument('--resume', nargs='?', const=True, default=False, help='resume most recent training')
    parser.add_argument('--nosave', action='store_true', help='only save final checkpoint')
    parser.add_argument('--notest', action='store_true', help='only test final epoch')
    parser.add_argument('--noautoanchor', action='store_true', help='disable autoanchor check')
    parser.add_argument('--evolve', action='store_true', help='evolve hyperparameters')
    parser.add_argument('--bucket', type=str, default='', help='gsutil bucket')
    parser.add_argument('--cache-images', action='store_true', help='cache images for faster training')
    parser.add_argument('--image-weights', action='store_true', help='use weighted image selection for training')
    parser.add_argument('--device', default='', help='cuda device, i.e. 0 or 0,1,2,3 or cpu')
    parser.add_argument('--multi-scale', action='store_true', help='vary img-size +/- 50%%')
    parser.add_argument('--single-cls', action='store_true', help='train multi-class data as single-class')
    parser.add_argument('--adam', action='store_true', help='use torch.optim.Adam() optimizer')
    parser.add_argument('--sync-bn', action='store_true', help='use SyncBatchNorm, only available in DDP mode')
```

图5.40　修改训练参数

设置YOLOv5参数：使用yolov5s. pt作为检测权重文件；训练epoches可设置为100；设置训练使用的提供数据集信息的文件mycoco. yaml，修改训练集和验证集的路径为标注后划分数据集时保存的路径，修改数据集中目标的种类个数及种类内容。

参考 yolov5. yaml 配置文件中内容,如图 5.41 所示,nc 修改为需要的类别数。

```
# parameters
nc: 2  # number of classes
depth_multiple: 0.33  # model depth multiple
width_multiple: 0.50  # layer channel multiple

# anchors
anchors:
  - [10,13, 16,30, 33,23]  # P3/8
  - [30,61, 62,45, 59,119]  # P4/16
  - [116,90, 156,198, 373,326]  # P5/32

# YOLOv5 backbone
backbone:
  # [from, number, module, args]
  [[-1, 1, Focus, [64, 3]],  # 0-P1/2
   [-1, 1, Conv, [128, 3, 2]],  # 1-P2/4
   [-1, 3, C3, [128]],
   [-1, 1, Conv, [256, 3, 2]],  # 3-P3/8
   [-1, 9, C3, [256]],
   [-1, 1, Conv, [512, 3, 2]],  # 5-P4/16
   [-1, 9, C3, [512]],
   [-1, 1, Conv, [1024, 3, 2]],  # 7-P5/32
   [-1, 1, SPP, [1024, [5, 9, 13]]],
   [-1, 3, C3, [1024, False]],  # 9
  ]

# YOLOv5 head
head:
  [[-1, 1, Conv, [512, 1, 1]],
   [-1, 1, nn.Upsample, [None, 2, 'nearest']],
   [[-1, 6], 1, Concat, [1]],  # cat backbone P4
   [-1, 3, C3, [512, False]],  # 13
```

图 5.41　yolov5. yaml 文件

开始训练如图 5.42 所示,完成训练后,查看训练结果,如果损失收敛,且准确率逐渐收敛到较高的值,则说明训练结果良好。训练过程中的权重文件分别为准确率最高的 best. pt 和最后一次训练得到的 last. pt。

```
autoanchor: Analyzing anchors... anchors/target = 5.95, Best Possible Recall (BPR) = 1.0000
Image sizes 640 train, 640 test
Using 8 dataloader workers
Logging results to runs/train/exp24
Starting training for 50 epochs...

     Epoch   gpu_mem       box       obj       cls     total    labels  img_size
      0/49     2.14G    0.1094   0.03684   0.07268    0.2189        47       640
               Class    Images    Labels         P         R    mAP@.5  mAP@.5:.95: 100%|
                 all       148       321    0.0416     0.126    0.0257   0.00603

     Epoch   gpu_mem       box       obj       cls     total    labels  img_size
      1/49     3.18G   0.07601   0.04276   0.05482    0.1736        30       640: 100%|
               Class    Images    Labels         P         R    mAP@.5  mAP@.5:.95: 100%|
                 all       148       321     0.657     0.299     0.224    0.0824

     Epoch   gpu_mem       box       obj       cls     total    labels  img_size
      2/49     3.18G   0.06055   0.03912   0.04554    0.1452        59       640:  23%|
```

图 5.42　开始训练

5.5.2　轨迹获取

检测的结果作为跟踪的输入,获取冰壶轨迹使用 sort 算法,可以利用冰壶的运动特征进行两帧之间的数据关联。每个类别下一个跟踪器,获得连续视频帧下的同一物体的 ID 和轨迹序列。sort 算法为简单的在线的实时跟踪算法。跟踪算法的输入是检测的结果,即坐标位置与置信度。使用 sort 算法来获取冰壶轨迹如图 5.43 所示。

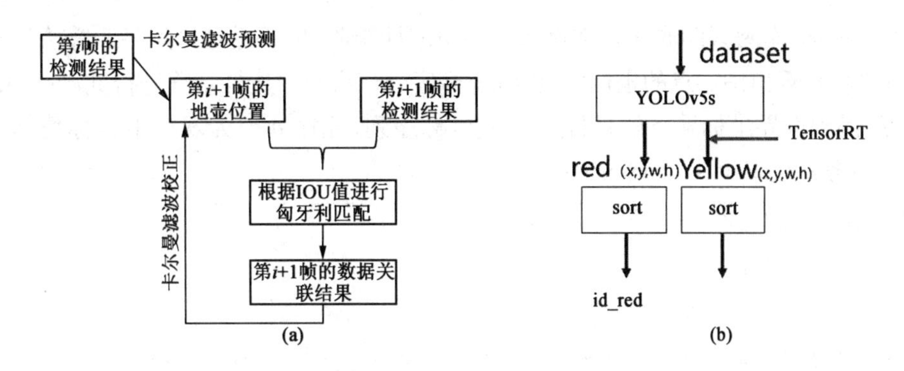

图 5.43　使用 sort 算法来获取冰壶轨迹

第 k 帧和第 $k+1$ 帧进行数据关联方法。

(1)根据第 k 帧的冰壶位置做出下一帧取(即第 $k+1$ 帧)的卡尔曼滤波预测,得到预测的 $k+1$ 时刻的位置。

(2)对第 $k+1$ 帧进行检测,以获第 $k+1$ 帧的观测位置。

(3)由于多目标跟踪,所以检测到的输入不只有一个,以预测框和检测框之间的 IOU 损失值作为代价矩阵的值,需要将预测和观测之间进行匈牙利匹配,得到 IOU 损失最小的结果,即完成第 k 帧的预测结果和第 $k+1$ 帧的观测之间的匹配。

(4)利用第 k 帧的预测结果和第 $k+1$ 帧的观测结果进行卡尔曼滤波更新。帧与帧之间彼此关联,每一帧依次类推进行下去得到目标的轨迹。

5.5.3　坐标转换

采用 AprilTag 进行相机标定,把冰壶在像素坐标系下的位置信息转换成世界坐标系下的位置信息。实验使用基于 AprilTag 标定的多摄像头联合方案,定位精度较高,能够真实反映多个冰壶全场的运动轨迹。将图像坐标系中的运动轨迹转换到世界坐标系下,才能得到冰壶的真实运动轨迹。使用相机标定得到的单应性矩阵能够将图像坐标系中检测到的冰壶运动轨迹转换到世界坐标系中,也能够解决多摄像头之间的协同问题。通过把不同拍摄区间的摄像头转换到统一的坐标系下,实现了冰壶全场轨迹显示的效果。AprilTag 标定和坐标转换分别如图 5.44 和图 5.45 所示。

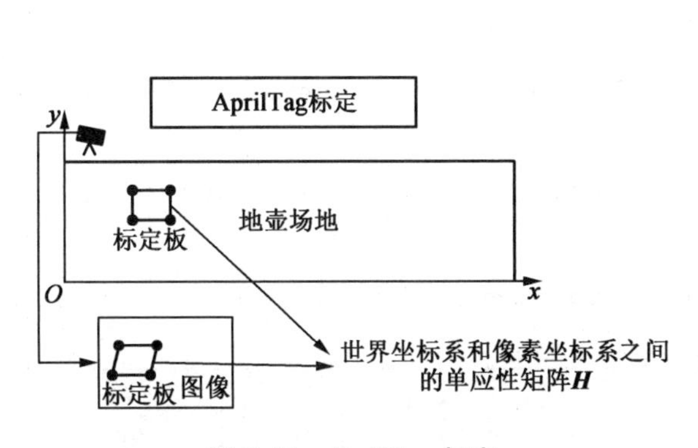

图 5.44　AprilTag 标定

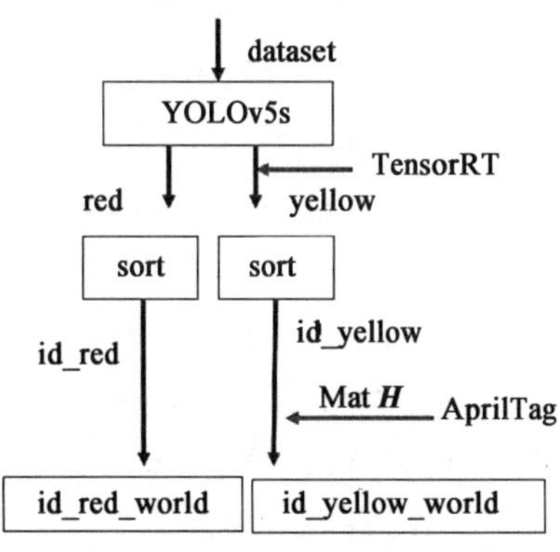

图 5.45　坐标转换

采用 pandas 库函数读取、csv 文件来得到单应性矩阵，以及经过检测跟踪算法后得到的矩形框坐标计算出中心点的坐标序列，将坐标序列依次与单应性矩阵进行 np.matmul() 矩阵运算，得到世界坐标系下的目标中心的坐标序列，此序列即为现实中目标物体的运动轨迹。参考 get_corners_coordinates.py：

```
#! /usr/bin/env python
# coding: UTF-8
# import apriltag    # for linux
import pupil_apriltags as apriltag    # for windows
import cv2
import numpy as np
import sys

def get_corners_coordinate(img, family='tag36h11'):
    '''
    读取图片,返回对应检测出的角点的坐标值用于后序求单应性矩阵 H

    :return:
    '''
    gray = cv2.cvtColor(img, cv2.COLOR_BGR2GRAY)
    src_points = []
    # 创建一个 apriltag 检测器
    at_detector = apriltag.Detector(families=family)
    # at_detector = apriltag.Detector(families='tag36h11
tag25h9')  #for windows
    # 进行 apriltag 检测,得到检测到的 apriltag 的列表
    tags = at_detector.detect(gray)
    print("%d apriltags have been detected." % len(tags))
    for tag in tags:
        cv2.circle(img, tuple(tag.corners[0].astype(int)), 4,
(255, 0, 0), 2)  # left-top
        cv2.circle(img, tuple(tag.corners[1].astype(int)), 4,
(0, 255, 0), 2)  # right-top
        cv2.circle(img, tuple(tag.corners[2].astype(int)), 4,
(0, 0, 255), 2)  # right-bottom
```

```
        cv2.circle(img, tuple(tag.corners[3].astype(int)), 4,
(255, 255, 0), 2)  # left - bottom
        cv2.imshow("apriltag_test", img)
        cv2.waitKey()
        for i in range(4):
            #将一张图片的四个角点依次添加进 dst_points
            src_points.append(tag.corners[i])

        print("family:", tag.tag_family)
        print("id:", tag.tag_id)
        print("conners:", tag.corners)
        print("homography:", tag.homography)
    cv2.imshow("apriltag_test", img)
    cv2.waitKey()
    return src_points

if __name__ == '__main__':
    cap = cv2.VideoCapture(0)
    at_detector = apriltag.Detector(families='tag36h11')
    while cap.isOpened():
        ret, frame = cap.read()
        if ret == True:
            gray = cv2.cvtColor(frame,cv2.COLOR_BGR2GRAY)
            tags = at_detector.detect(gray)
            print("% d apriltags have been detected." % len
(tags))
            for tag in tags:
                cv2.circle(frame, tuple(tag.corners[0].astype
(int)), 4, (255, 0, 0), 2)  # left - top
                cv2.circle(frame, tuple(tag.corners[1].astype
(int)), 4, (255, 0, 0), 2)  # right - top
                cv2.circle(frame, tuple(tag.corners[2].astype
(int)), 4, (255, 0, 0), 2)  # right - bottom
                cv2.circle(frame, tuple(tag.corners[3].astype
(int)), 4, (255, 0, 0), 2)  # left - bottom
```

```
        cv2.imshow('apriltag_detect', frame)
        if cv2.waitKey(1) & 0xFF == ord('q'):
            break
        else:
            break
    # 释放所有摄像头
    cap.release()
    # 删除窗口
    cv2.destroyAllWindows()
```

参考 get_tibH1.py:

```
import cv2
import numpy as np
from get_corners_coordinates import get_corners_coordinate
import cv2
import numpy
import pandas as pd
import numpy as np

def get_homography(src_points, dst_points):
    # 将输入的点集转换成 numpy.float32 格式
    src_points = np.float32(src_points).reshape(-1,1,2)
    dst_points = np.float32(dst_points).reshape(-1,1,2)
    H, mask = cv2.findHomography(src_points, dst_points, cv2.
RANSAC, 5.0)
    return H

if __name__ == '__main__':
    img = cv2.imread('cal1.jpg')        #读取图片
    src_points = get_corners_coordinate(img)     #获取图像坐标
    dst_points_id0 = [[149.3,143.0],[137.3,142.9],[137.3,
130.9],[149.3,131.0]]
    dst_points_id1 = [[134.4,143.0],[122.3,142.9],[122.3,
130.9],[134.4,131.0]]
    dst_points_id2 = [[149.4,157.9],[137.5,157.9],[137.3,
145.8],[149.3,145.8]]
```

```
    dst_points_id3 = [[134.4,157.9],[122.5,157.9],[122.3,
145.9],[134.4,146.0]]
    dst_points = [[149.3,143.0],[137.3,142.9],[137.3,130.9],
[149.3,131.0],
                [134.4,143.0],[122.3,142.9],[122.3,130.9],
[134.4,131.0],
                [149.4,157.9],[137.5,157.9],[137.3,145.8],
[149.3,145.8],
                [134.4,157.9],[122.5,157.9],[122.3,145.9],
[134.4,146.0]]

    H = get_homography(src_points, dst_points)
    print(type(H))
    #a = np.array([[199.17982483],[134.08668518],[1]])

    #A = np.dot(H,a)
    #print(A)

    H_pd = pd.DataFrame(H)
    #print(H_pd)
    H_pd.to_csv('./tibH1.csv',index=False, header=False)
    print('H is saved in.csv')
```

基于 AprilTag 的坐标转换对于检测结果执行如下操作,将像素坐标转化为世界坐标:

```
for j, (output, conf) in enumerate(zip(outputs[i], confs)):
bboxes = output[0:4]
id = output[4]
cls = output[5]

bbox_left = output[0] # left-up-x
bbox_top = output[1] # left-up-y
bbox_w = output[2] - output[0] # w
bbox_h = output[3] - output[1] # h
H0 = get_xy("tibH1.csv")
x_world, y_world = get_world_xy(bbox_left, bbox_top, H0) # left
-up
```

```
print(x_world, y_world)
draw.point((x_world, y_world), fill =(255, 255, 0))
```

其中,get_xy ( )和 get_world _xy ( )函数的定义如下:

```
def get_xy(xy_path):
#将坐标点的集合文件.csv读取,并转换成numpy数组进行返回
xy_csv = open(xy_path, encoding ='utf -8')
xy_data = pd.read_csv(xy_csv, header =None)
print('loaded data from CSV!')
xy_numpy = xy_data.to_numpy()
return xy_numpy
def get_world_xy(x,y,homography):
'''
功能:通过单应性矩阵将图像坐标x、y转换成世界坐标x_world、y_world
'''
xy_src = np.float32([[x], [y], [1]])
xy_world = np.matmul(homography, xy_src)
x_world = xy_world[0] /xy_world[2]
y_world = xy_world[1] /xy_world[2]
return x_world, y_world
```

5.5.4 轨迹绘制

轨迹绘制需要保证实时性,为决策提供数据信息。将实际的冰壶场地按照比例在计算机中以二维平面的形式重现出来。实际测试场地尺寸数据见表5.3。

表5.3 实际测试场地尺寸数据

场地尺寸 /(cm × cm)	大本营圆心位置坐标	大本营外圆半径(外)/cm	大本营外圆半径(内)/cm	大本营内圆半径/cm	中程分界线位置/cm
510.6 × 161	(450.2,80.5)	60.4	42.2	21	224

可通过 python 自带的图像处理库 PIL 等比例地绘制场地并添加对应的颜色使之更加直观,绘制轨迹的背景板如图5.46所示,其基本符合实际场地的情况。将绘制好的场地图保存为.png文件作为后序绘制轨迹的背景板。

将目标检测结果输入到多目标跟踪算法后,会为检测到的各个目标赋予身份认证(ID),此过程实际上为检测到的目标位置提供了时间上的关联信息。相同ID目标的坐标统计后,可绘制出这个ID目标完整的运动轨迹。在实际系统验证的过程中,利用搭建

的跟踪算法输出结果绘制轨迹的流程如图 5.47 所示。

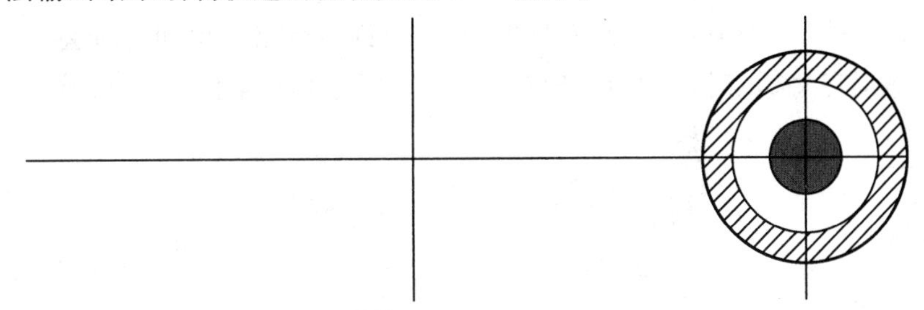

图 5.46　绘制轨迹的背景板

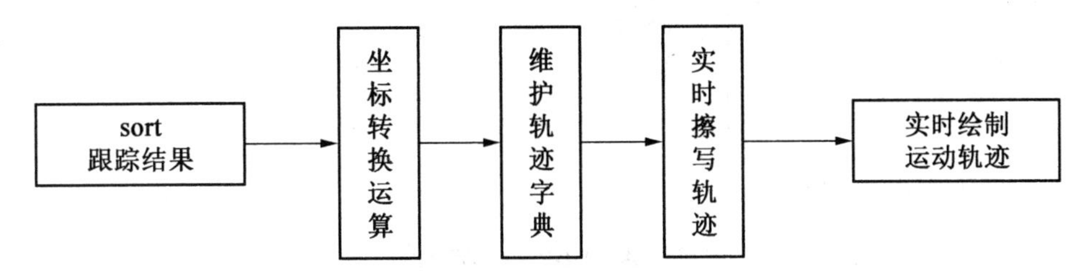

图 5.47　绘制轨迹的流程

绘制轨迹有以下环节。

①考虑到 sort 算法的输出格式为一个列表,其中每一个子列表内元素为当前帧中的某一目标框的左上角、右下角的两点在图像坐标系中的坐标以及身份信息(ID)。因此,需要将其转换为目标中心在世界坐标系中的坐标。利用检测框左上角、右下角两点坐标计算中心点的图像坐标,再通过 pandas 库读取不同摄像头对应的单应性矩阵,二者进行矩阵运算,得到目标中心点在世界坐标系下的坐标。

②在程序中建立一个存储轨迹信息的字典(dict),该字典的具体格式为:键(key)中存储目标的身份信息(字符串形式),值(value)中以一个列表存储该 ID 下的坐标序列。每次 sort 算法产生新一帧的跟踪结果时,若字典的键(key)中不存在当前目标的身份信息,则新建一个键值存储,若字典的键(key)中已经存在当前目标的身份信息,则在对应的值(value)列表中添加(list.append)新的坐标。通过这样的算法维护不同目标的轨迹信息,达到实时更新的效果。

③通过 matplotlib 库中的 animation、pyplot 等方法,在每一帧的运算中依次绘制字典中不断更新维护的多个目标,通过 while 循环中对图像的擦除与更新达到动态绘制轨迹的效果。

5.5.5　UDP 通信

实验中,每个 Xavier 会把冰壶的位置数据传送到主机上,在主机上处理数据,实现可视化轨迹。每个 Xavier 作为发送端,主机作为接收端,它们之间的通信采用 UDP 通信协议。

采用UDP通信,是无连接的,可减少发送数据之前的时延。UDP支持一对一、一对多、多对一和多对多的交互通信;没有拥塞控制,允许在网络发生拥塞时丢失一些数据,但却不允许数据有太多的时延。UDP正好符合这种要求。UDP通信示意图如图5.48所示。

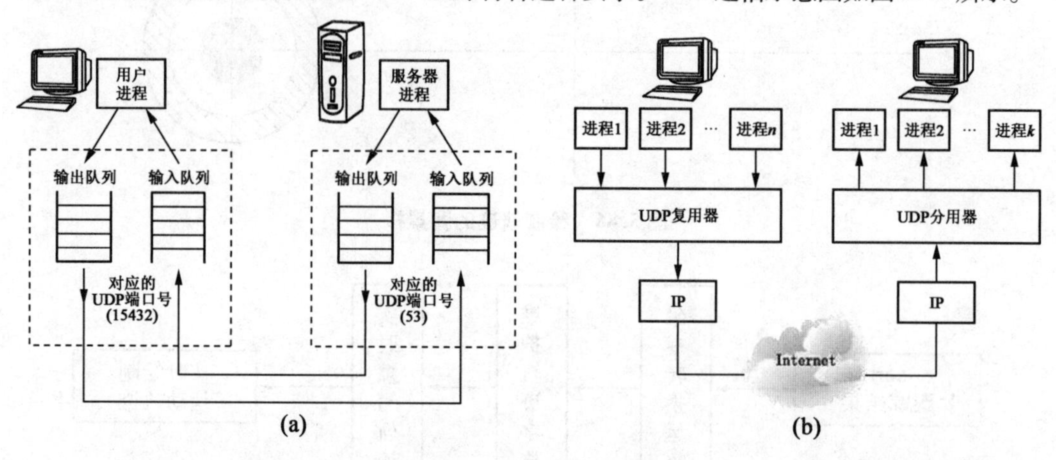

图5.48 UDP通信示意图

当传输层从IP层收到UDP数据报时,就根据首部中的目的端口,把UDP数据报通过相应的端口上交最后的终点——应用进程。图5.49为UDP基于端口的分用,在UDP首部前两个字段当中,是源端口和目的端口,从接收端来讲,当接收端从UDP报文中拆解出两个端口号之后,会根据端口号标识的内容,发送给上一层的应用程序,从而实现了端口的分用。图5.50所示为UDP基于端口的复用,复用是分用的相反过程,应用程序把数据交付下来之后,其中的端口号就标明了是哪一个应用进程。

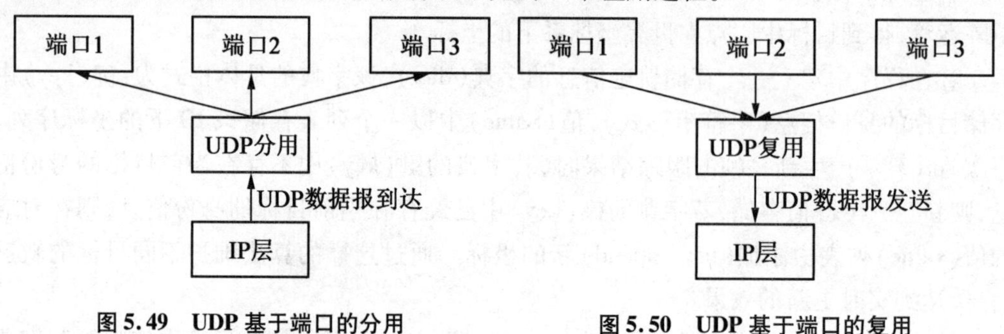

图5.49 UDP基于端口的分用　　图5.50 UDP基于端口的复用

NVIDIA Xavier开发板绑定主机的端口和地址,向主机发送冰壶的种类和轨迹。主机设置五个端口,接收NVIDIA Xavier开发板发来的信息,NVIDIA Xavier开发板与主机之间的UDP通信示意图如图5.51所示。全场信息的融合如图5.52所示。

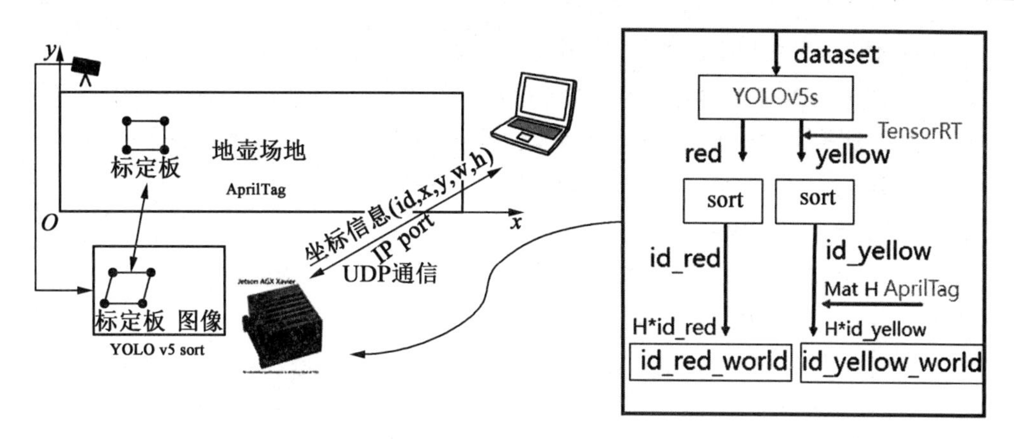

图 5.51　NVIDIA Xavier 开发板与主机之间的 UDP 通信示意图

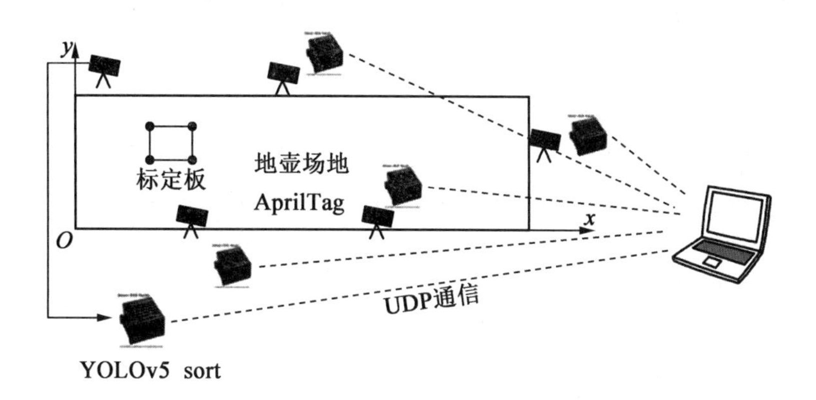

图 5.52　全场信息的融合

下面是接收和发送端的程序 demo，可供参考，接收端 server. py：

```
import numpy as np
import json
#导入 socket 库
import socket
#建立 IPv4,UDP 的 socket
s = socket.socket(socket.AF_INET, socket.SOCK_DGRAM)
#绑定端口:
s.bind(('127.0.0.4', 9900))
#不需要开启 listen,直接接收所有的数据
print('Bind UDP on 9990')
while True:
```

```
    #接收来自客户端的数据,使用 recvfrom
    data, addr = s.recvfrom(1024)
    print('Received from % s:% s.' % addr)
    data = np.fromstring(data)#,np.uint8)
    #data = data.decode('utf - 8')
    #data_json = json.loads(data)
    #data.reshape( -1,5)
    print(data)
    #s.sendto(b'hello, % s!' % data, addr)
    s.sendto(data,addr)
```

发送端 client. py:

```
import socket
import numpy as np
s = socket.socket(socket.AF_INET, socket.SOCK_DGRAM)
data = np.array([[640.8,2,3,1,2],[4,5,6,4,5],[7,8,9,8,9]])
data = data.tostring()
s.sendto(data, ('127.0.0.4', 9900))
#print(s.recvfrom(1024)[0].decode('utf - 8'))
s.close()
```

UDP 通信中,分别在终端输入命令,并打开 server 和 client,就可以在客户端输入要发送的数据:

```
$ python client.py
$ python server.py
```

第6章　冰壶机器人的深度学习实践

深度学习技术的发展促进了机器人的智能化发展，并广泛应用于机器人感知、决策、控制等相关领域。在机器人完成的众多任务中，抓取物体是机器人最基础且最重要的能力。本章介绍基于深度学习的机器人抓取技术，尝试使用深度学习方法来解决对物体的目标识别及定位、操作姿态分析和预测抓取姿态等问题，再结合实际的冰壶运动场景，实现基于深度学习的冰壶机器人抓取。

6.1　抓取检测系统简介

机器人抓取系统由抓取检测系统、抓取规划系统和控制系统组成。其中，抓取检测系统是关键的切入点。抓取检测系统需要完成如下的三个任务，即物体定位、物体位姿估计和抓取姿态估计。本节主要对这三个任务领域的一些常用方法进行介绍，进一步了解如何在给定原始图像数据的情况下，检测目标并进行位姿估计，根据目标物体的位姿来计算机器人抓取时夹爪的姿态。

6.1.1　物体定位

物体定位包含无分类的对象定位、目标检测和目标实例分割。无分类的对象定位只输出目标对象的潜在区域，而不知道它们的类别，即只定位不识别。目标检测提供目标对象及其类别的边界框。目标实例分割进一步提供了目标对象像素级或点云级区域及其类别。

1. 无分类的对象定位

基于2D图像无分类的对象定位如图6.1所示，如果物体的外部轮廓已知，则可以采用拟合形状基元法。先提取出图像所有封闭的轮廓，再用拟合方法得到潜在可能是目标的物体，如果存在多个候选，则可以使用模板匹配去除干扰，常用RANSAC、Hough Voting等。如果物体轮廓是未知的，可以采用显著性检测方法，显著性区域可以是任意形状。2D显著性区域检测的目的是定位和分割出给定图像中最符合视觉显著性的区域，可以依据一些经验，例如颜色对比、形状先验来得到显著性区域。

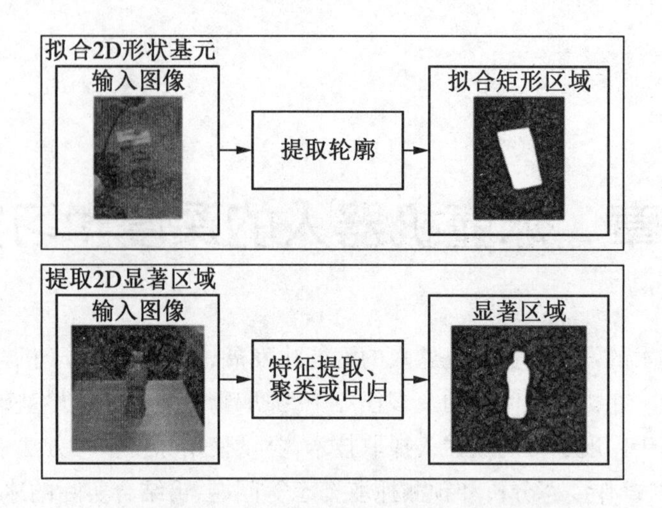

图 6.1　基于 2D 图像无分类的对象定位

基于 3D 点云无分类的对象定位如图 6.2 所示,与 2D 类似,只是维度上升到了三维。针对有形状的物体(如球体、圆柱体、长方体等),将这些基本的形状作为三维基元,通过各种方法拟合来定位。而基于 3D 显著性区域检测方法,需要从完整的物体点云中提取显著性图谱作为特征。

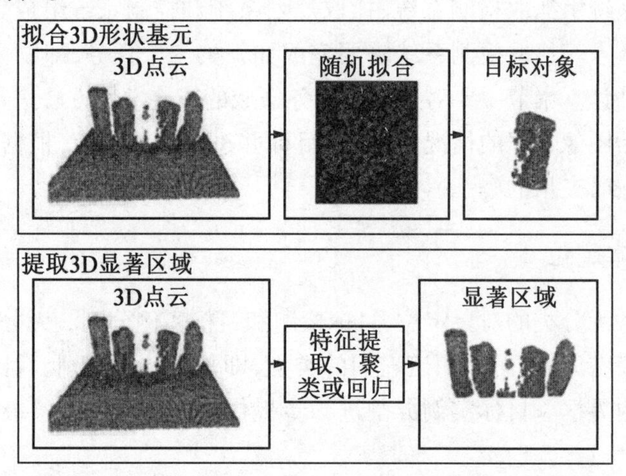

图 6.2　基于 3D 点云无分类的对象定位

2. 目标检测

目标检测任务是检测某一类物体的实例,可以将其视为定位任务和分类任务。基于 2D 图像的目标检测如图 6.3 所示,有两种主流的算法。第一种是基于区域候选的方法,通过使用滑动窗口策略获得候选矩形框,然后针对每个矩形框进行分类识别。为了在不同观测距离处检测不同的目标,一般会使用多个不同大小和宽高比的窗口。而矩形框中的特征,常使用 SIFT、FAST、SURF 和 ORB 等。这种两阶段的深度学习方法有 R－CNN、

Fast R－CNN、Faster R－CNN。另一种是使用回归的方法，采用端到端的深度学习，进行神经网络训练，直接预测物体的边界框和对应的类别概率，典型的方法如前面介绍的YOLO算法、SSD、FCOS、CornerNet、CenterNet等。

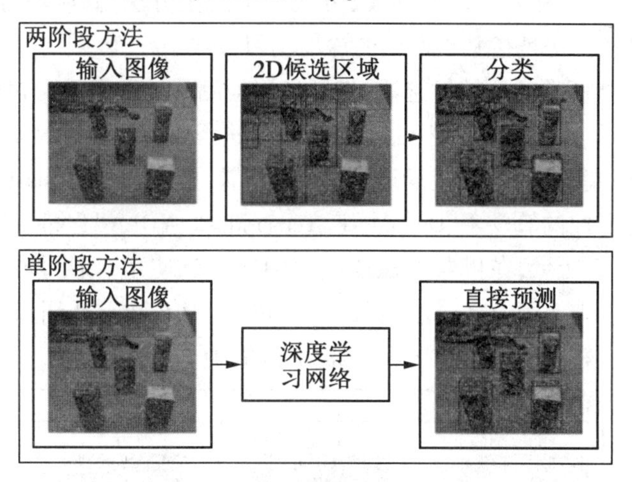

图6.3　基于2D图像的目标检测

基于3D点云的目标检测目的是找到目标物体的完整3D包围盒，也就是找到一个立方体刚好能够容纳目标物体，如图6.4所示。基于区域候选的方法，使用3D区域候选，通过人工设计的3D特征，例如Spin Images、3D Shape Context、FPFH、CVFH、SHOT等，训练诸如SVM之类的分类器完成3D检测任务，代表方法为Sliding Shapes。随着深度学习的发展，可以直接通过网络预测物体的3D包围盒及其类别概率，其中比较有代表性的是VoxelNet。VoxelNet将输入点云划分成3D Voxels，并且将每个Voxel内的点云用统一特征表示，再用卷积层和候选生成层得到最终的3D包围盒。基于3D点云的目标检测可以给出目标物体的大致位置，用于抓取避障。

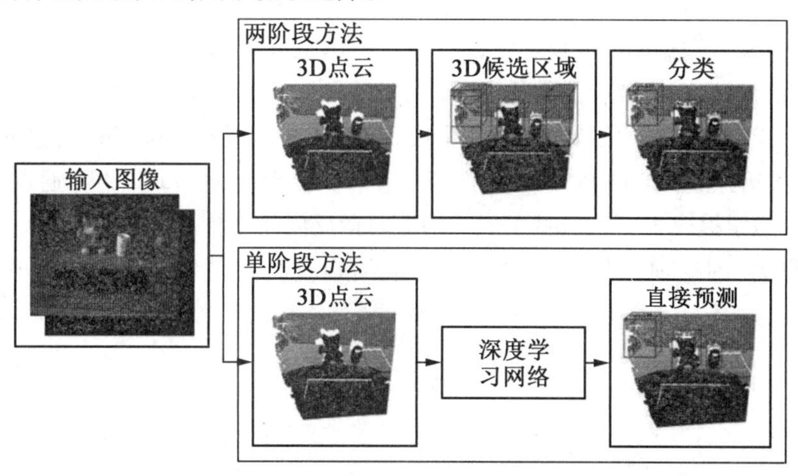

图6.4　基于3D点云的目标检测

3. 目标实例分割

目标实例分割是指检测某一类的像素级或点云级实例对象,与对象检测和语义分割任务密切相关。存在两种方法,即两阶段方法和单阶段方法,两阶段方法是指基于区域候选的方法,单阶段方法是指基于回归的深度学习方法。

一种是基于2D图像的区域候选法,借助目标检测的结果生成的包围盒或候选区域,在其内部计算物体的mask区域,然后使用CNN来进行候选区域的特征提取与识别分类。另一种是直接使用端到端的深度学习方法进行分割,预测分割的mask和存在物体的得分,其中比较有代表性的算法有DeepMask、TensorMask、YOLACT等。基于2D图像的目标实例分割如图6.5所示,在机器人抓取应用中被广泛使用,如果场景中同一个类别的物体只有一个实例,则使用语义分割也可以。当输入为RGB-D图像时,通过结合RGB的分割结果与深度信息,可以快速生成目标物体的3D点云。

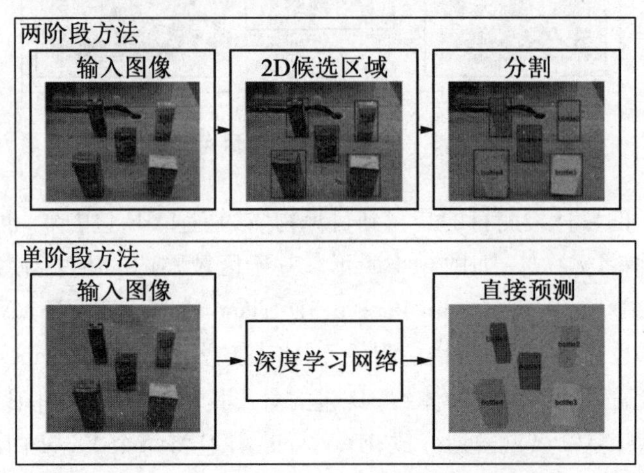

图6.5 基于2D图像的目标实例分割

基于3D点云数据的区域候选法,在点云目标检测的基础上,对包围盒区域进行前后景分割来得到目标物体的点云。基于3D点云的目标实例分割如图6.6所示,比较经典的算法有GSPN和3D-SIS,GSPN首先生成3D候选区域,利用PointNet对这些区域进行3D物体的实例分割。通过PointNet进行3D物体的实例分割。3D-SIS通过一系列2D卷积为每个像素提取2D特征,将生成的特征向量反向投影到3D网格中的关联体素,2D和3D特征学习的这种组合具有更高的精度,可以进行更精确的目标检测和目标实例分割。

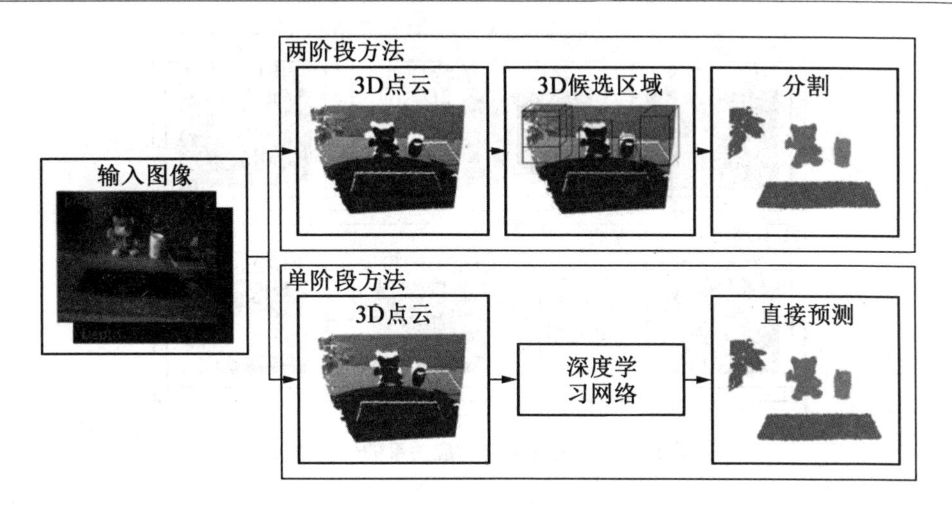

图 6.6　基于 3D 点云的目标实例分割

6.1.2　物体位姿估计

物体 6D 位姿是原始物体由所在世界坐标系到相机坐标系的旋转和平移变换，即

$$T_c = R_{cm}T_m + t_{cm} \tag{6.1}$$

式中，T_m 代表物体在世界坐标系下的 3D 点；T_c 代表相机坐标系下物体的 3D 点；R_{cm}代表原始物体由所在世界坐标系到相机坐标系的旋转；t_{cm}代表由物体所在的世界坐标系到相机坐标系的平移。

在平面抓取中，目标对象被约束在 2D 工作空间中并且没有堆积，对象 6D 位姿可以表示为 2D 位置和平面内旋转角度，这种情况相对简单，基于匹配 2D 特征点或 2D 轮廓曲线可以很好地解决。在其他 2D 平面抓取和 6DOF 抓取场景中，需要得到 6D 物体姿态信息，这有助于机器人了解目标物体的位置和朝向。6D 物体位姿估计分为基于对应的方法、基于模板的方法和基于投票的方法，具体如下。

1. 基于对应的方法

当 2D 图像作为输入时，目标 6D 位姿估计的核心在于寻找输入数据与已知完整 3D 模型之间的匹配关系。2D 图片基于对应关系的位姿估计如图 6.7 所示，当基于 RGB 图像解决这个问题时，需要找到现有 3D 模型的 2D 像素和 3D 点之间的对应关系，然后通过 Perspective－n－Point(PnP)算法计算出位姿信息。当要从深度图中提取的 3D 点云来进行位姿估计时，要找到观察到的局部视图点云和完整 3D 模型之间的 3D 点的对应关系，此时可以通过最小二乘法预测对象 6D 姿态。

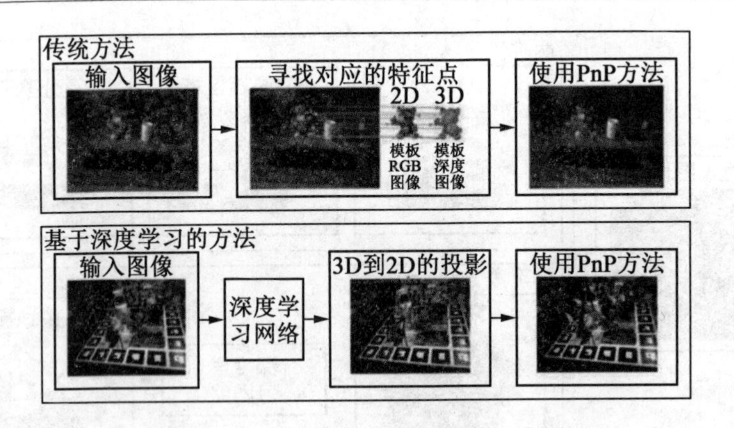

图 6.7 2D 图片基于对应关系的位姿估计

3D 点云基于对应关系的位姿估计如图 6.8 所示，当 3D 点云输入时，基于对应的方法，主要针对纹理丰富的目标物体，首先将需要计算位姿的目标物体的 3D 模型投影到 N 个角度，得到 N 张 2D 模板图像，记录这些模板图上 2D 像素和真实 3D 点的对应关系。当单视角相机采集到 RGB 图像后，通过特征提取（SIFT、FAST、ORB 等）寻找特征点与模板图片之间的对应关系。通过这种方式，可以得到当前相机采集图像的 2D 像素点与 3D 点的对应关系。最后使用 PnP 算法即可恢复当前视角下图像的位姿。除了使用显示特征的传统算法外，也出现了许多基于深度学习来隐式预测 3D 点在 2D 图像上的投影，进而使用 PnP 算法计算位姿的方法。基于 3D 点云的方法与 2D 图像类似，只是使用了三维的特征来进行两片点云之间的对应。在特征选择方面也分为传统特征提取（如 Spin Images、3D Shape Context 等）和深度学习特征提取（3D Match、3D Feat - Net 等）方法。

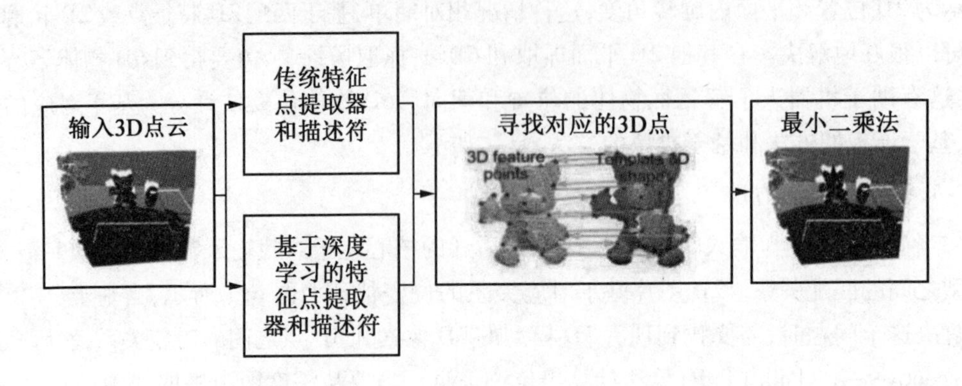

图 6.8 3D 点云基于对应关系的位姿估计

2. 基于模板的方法

基于 2D 模板的 6D 物体姿态估计方法的流程图如图 6.9 所示，当 2D 图像作为输入时，基于模板的对象 6D 姿态估计是从已有的对象 6D 姿态模板库中找到最相似的模板的方法。在 2D 情况下，模板可以是来自已知 3D 模型的投影 2D 图像，模板内的对象在相机坐标中具有相应的对象 6D 姿态。因此,6D 物体姿态估计问题转化为图像检索问题。在 3D 情况下,模板可以是目标对象的完整点云。需要找到将局部点云与模板对齐的最佳 6D 姿态,因此,对象 6D 姿态估计成为一个部分到整体的粗配准问题。

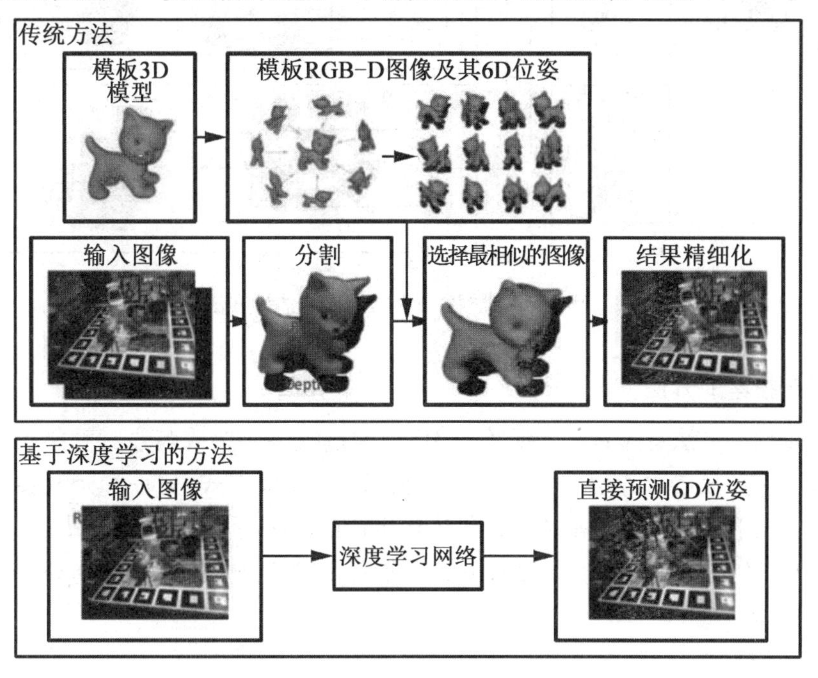

图 6.9　基于 2D 模板的 6D 物体姿态估计方法的流程图

LineMode 方法是基于 2D 图像的代表,通过比较观测 RGB 图像和模板 RGB 图像的梯度信息,寻找到最相似的模板图像,以该模板对应的位姿作为观测图像对应的位姿,该方法还可以结合深度图的法向量来提高精度。而在模板匹配的过程中,除了显式寻找最相似的模板图像外,也有方法隐式地寻找最相似的模板,代表性方法是 AAE。该方法将模板图像编码形成码书,输入图像转换为一个编码和码书进行比较,寻找到最相似的模板。当然,也可以通过深度学习方法直接从图像中预测目标物体的位姿信息。该方法可看作是从带有标签的模板图像中寻找和当前输入图像最接近的图像并且输出其对应的 6D 位姿标签的过程。

基于 3D 模板的 6D 物体姿态估计方法的流程图如图 6.10 所示,当以 3D 点云为输入数据时,传统的点云部分配准方法将采集到的部分点云与完整点云模板进行对齐匹配,在噪声较大的情况下具有很好的鲁棒性,但是算法计算过程耗时较长。在这方面,一些基于深度学习的方法也可以有效地完成部分配准任务。这些方法使用一对点云,从 3D 深度学习网络中提取具有代表性和判别性的特征,通过回归的方式确定对点云之间的 6D 变换,进而计算目标物体的 6D 位姿。

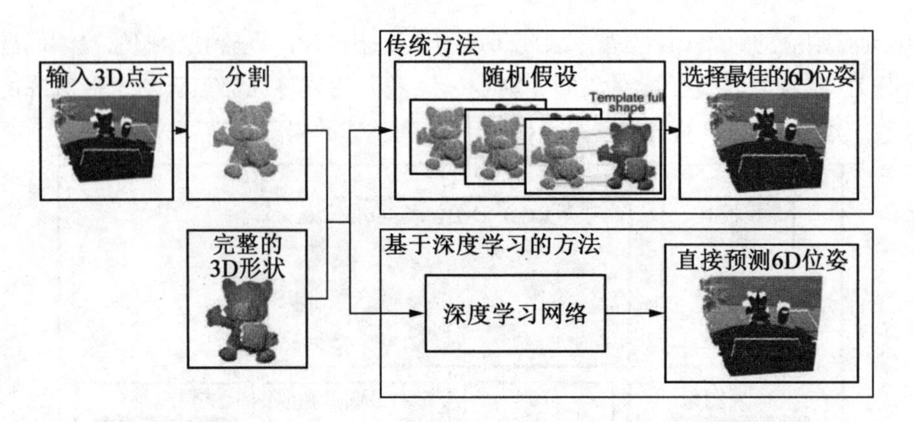

图 6.10 基于 3D 模板的 6D 物体姿态估计方法的流程图

3. 基于投票的方法

基于投票的方法意味着每个像素或 3D 点通过提供一票或多票对对象 6D 姿态估计做出贡献。按照投票方式可分为两种:一种是间接投票方式,另一种是直接投票方式。间接投票方式意味着每个像素或 3D 点对某些特征点进行投票,从而提供 2D - 3D 对应关系或 3D - 3D 对应关系。直接投票方式是指每个像素或 3D 点对某个 6D 对象坐标或姿势进行投票。

(1)间接投票。

间接投票可以看作是基于对应的投票。基于间接投票的物体姿态估计方法的流程图如图 6.11 所示,在 2D 情况下,对 2D 特征点进行投票,可以实现 2D - 3D 对应。在 3D 情况下,对 3D 特征点进行投票,可以实现观察到的局部点云和规范的完整点云之间的 3D - 3D 对应关系。此类方法大多使用深度学习,因为它具有强大的特征表示能力,可以预测出更好的投票结果。

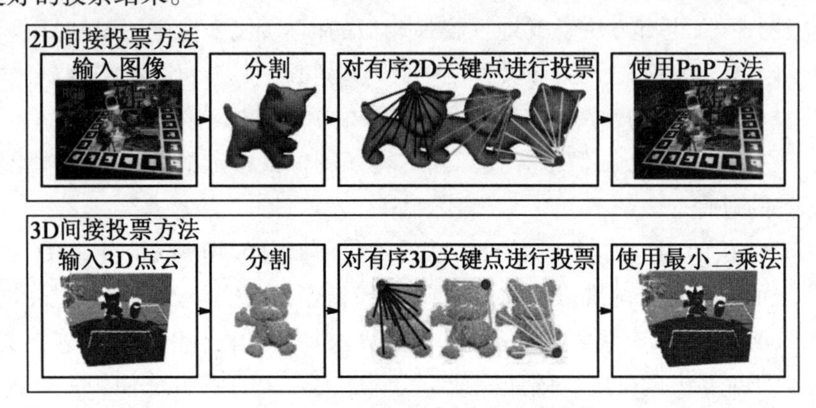

图 6.11 基于间接投票的物体姿态估计方法的流程图

(2)直接投票。

直接投票方法,通过生成大量位姿预测,再进行选择和优化,可以得到最终的位姿。

基于直接投票的 6D 物体姿态估计方法的流程图如图 6.12 所示，在 2D 情况下，这种方法主要用于计算有遮挡物体的姿态。对于这些对象，图像中的局部证据限制 6D 位姿的可能性，因此可通过局部区域中每个像素投票方式预测位姿。

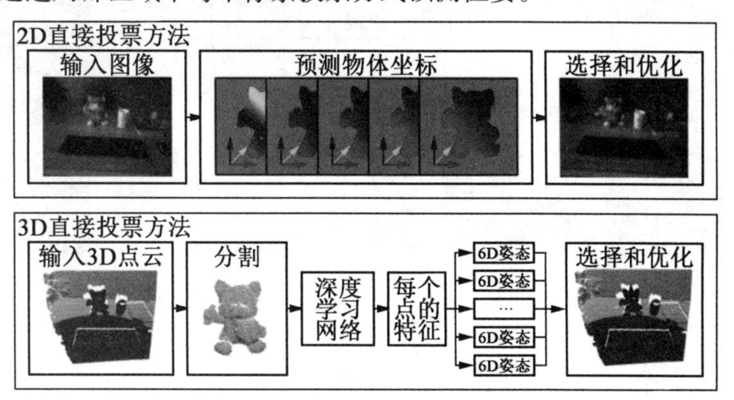

图 6.12　基于直接投票的 6D 物体姿态估计方法的流程图

6.1.3　抓取姿态估计

抓取姿态估计是指估计相机坐标系中的机器人夹爪的 6D 位姿。抓取可分为 2D 平面抓取和 6DOF 抓取。对于 2D 平面抓取，受到一个方向的约束，6D 抓手姿势可以简化为 3D 表示，其中包括 2D 平面内位置和旋转角度，因为高度和沿其他轴的旋转是固定的。对于 6DOF 抓取，夹爪可以从各个角度抓取物体，因而机器人夹爪 6D 位姿对于抓取至关重要。

1.2D 平面抓取

2D 平面抓取估计常用的方法是估计抓取接触点。在 2D 平面抓取中，抓取接触点可以唯一定义夹爪的抓取姿势，这在 6DOF 抓取中是不存在的。这种方法首先对候选抓取接触点进行采样，然后使用分析方法或基于深度学习的方法来评估抓取成功的可能性，属于分类方法。机器人抓取的经验是基于某些先验知识（例如对象几何学、物理模型或力分析）已知的前提下执行的。抓取数据库通常涵盖的对象数量有限，经验在处理未知对象时会遇到困难。

使用深度学习的方法来评估候选抓取接触点的抓取质量，如 Dex - Net 2.0 首先在输入数据中生成多个抓取候选，然后通过神经网络评估每个抓取候选的鲁棒性，最后输出鲁棒性最好的抓取位姿。输入的数据可以是点云或 RGB - D 图像。Dex - Net 2.0 首先在深度图中采样垂直于桌面的候选抓取位姿，然后通过一个抓取质量卷积网络（grasp quality convolutional neural network，GQCNN）对每个候选位姿评分，最后对候选位姿排序得到抓取质量最高的抓取。该方法将以抓取点为中心的旋转图像块送入网络进行评分，将抓取角度与图像特征耦合在一起，提高了网络性能。Dex - Net 2.0 抓取检测流程图如图 6.13 所示。具体参考 http://berkeleyautomation.github.io/dex-net。

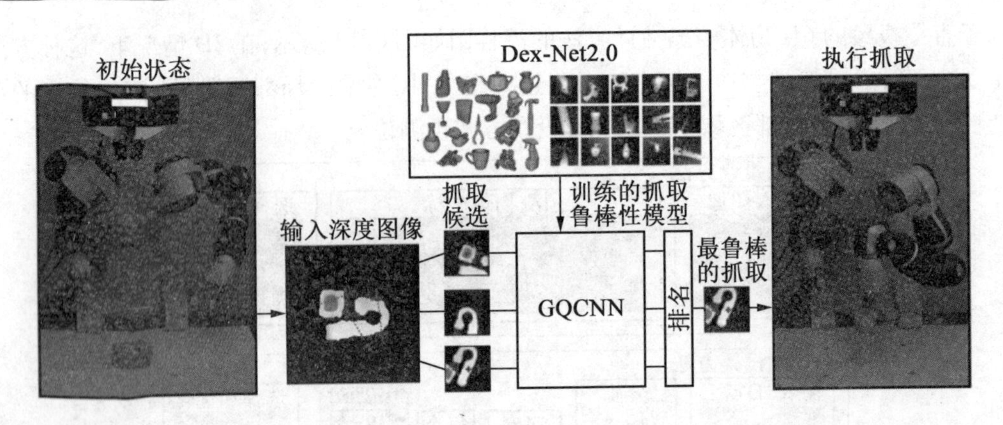

图 6.13 Dex - Net 2.0 抓取检测流程图

西安交通大学的 Zhang 等人开发了一种基于 RGB 图像的平面抓取位姿预测方法，此方法利用矩形框来定位目标对象。该团队采用了 Faster R - CNN 目标检测网络构建了一个端到端的抓取检测系统。具体步骤包括首先使用 ResNet - 50 作为主干网络从 RGB 图像中提取特征，接着在网络的每个网格位置放置六个锚框，用作抓取框优化的参考。随后，网络会调整这些锚框，计算出锚框到最终抓取框的缩放比例、旋转角度，以及抓取框的置信度。这一基于锚框的全卷积网络用于抓取检测的框架被详细展示在图 6.14 中。此外，该研究还引入了一种基于预测框与网格距离及角度差异的评估方法，最终在康奈尔抓取数据集上实现了 97.74% 和 96.61% 的高精度。

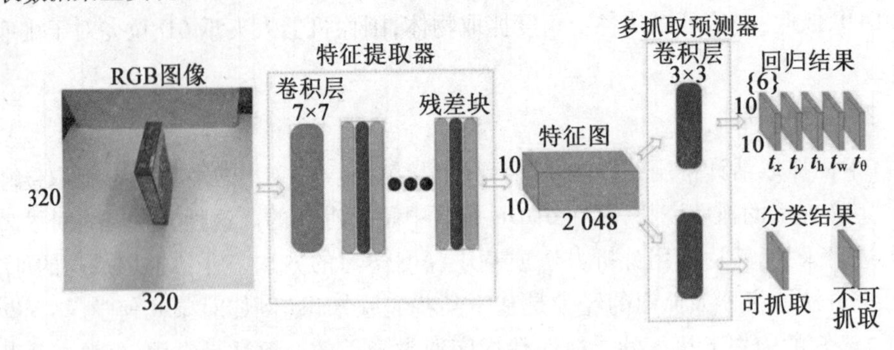

图 6.14 基于锚框的全卷积抓取检测网络

中国科学技术大学的 Yu 等人使用四个级联的卷积神经网络来获取精准的平面抓取位姿。首先使用第一级网络定位待抓取的物体，然后通过第二级网络获取大量的候选抓取框，第三级网络以每个候选抓取框作为输入，输出对应的抓取置信度，第四级网络以置信度最高的抓取框为输入，输出机械手上每个手指的精确位置，多层级联卷积神经网络如图 6.15 所示。这种多级网络串联的形式使网络按照定义的多个预测目标进行逐级优化，提高了学习效率。

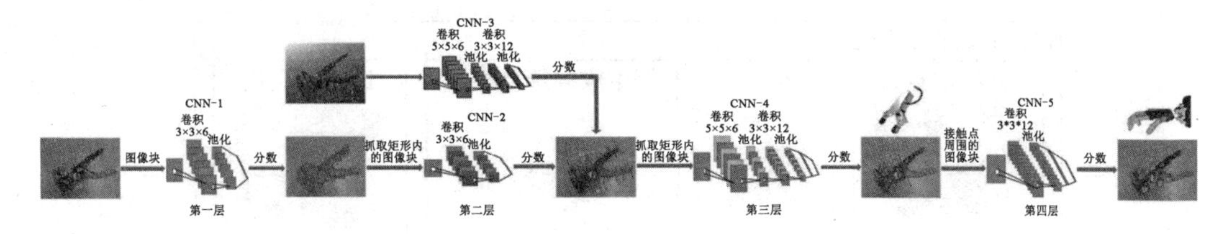

图6.15　多层级联卷积神经网络

另一个使用广泛的是生成式抓取卷积神经网络(generative grasping convolutional neural network,GGCNN),该网络预测每个像素的抓取质量和姿态。将生成候选抓取与评估鲁棒性合并在一起,直接使用神经网络对输入数据进行端到端处理,具有更高的计算效率。基于图像语义分割的思想,提出了GGCNN,对图像中的每个像素点预测抓取框,生成式抓取卷积神经网络GGCNN如图6.16所示。GGCNN采用编码器-解码器结构,首先对输入的深度图提取特征,然后逐层解码为三个表示抓取质量、抓取角度和抓取宽度的特征图,每个特征图与输入图像的尺寸相同。轻量化的网络规模使GGCNN在几毫秒内就可以处理一帧图像。

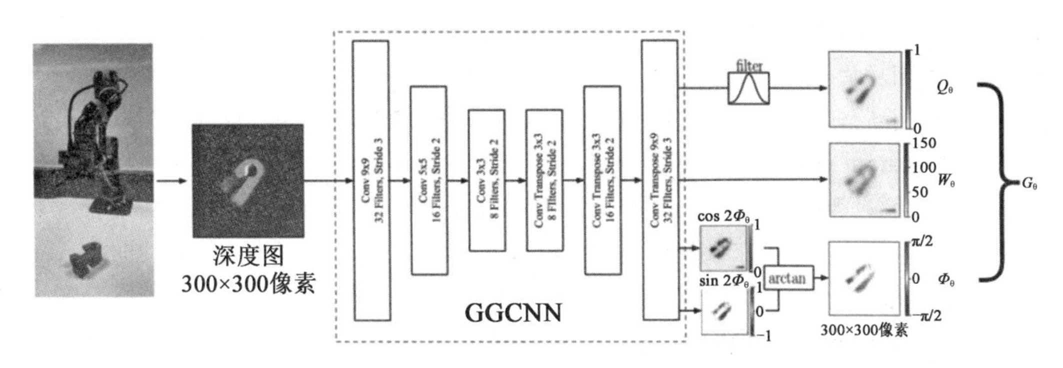

图6.16　生成式抓取卷积神经网络GGCNN

2.6DOF抓取

6DOF抓取方法可分为基于局部点云的抓取和基于完整形状的抓取。基于完整形状的抓取是当3D模型存在时,可以根据估计物体6D位姿,进而得到抓取位姿,这种方法需要进行实例分割及被抓取物体的模型与已知模型完全一致;当3D模型不存在时,可以重建得到完整物体的Mesh,再估计抓取位姿。基于局部点云的抓取,没有相似抓取库,可直接或间接估计抓取位姿,具有一定的泛化性能。但基于局部点云的抓取,需要对物体进行精确分割,否则会影响候选位姿生成。生成的抓取结果不固定,不能保证总能得到很好的效果。基于局部点云的6DOF抓取方法的典型功能流程图如图6.17所示。

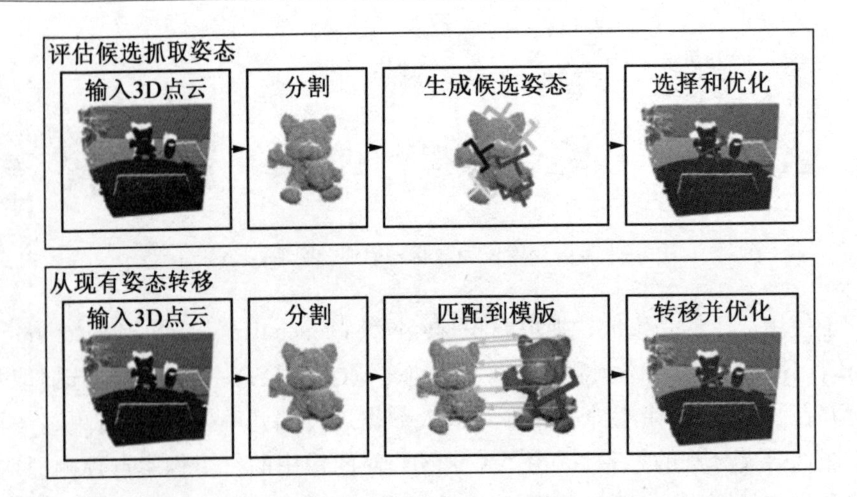

图 6.17　基于局部点云的 6DOF 抓取方法的典型功能流程图

6DOF 抓取用于更加通用的场景，神经网络一般以点云为输入来预测抓取位姿的六个自由度（三维位置和三维姿态）以及机械手的张开宽度。相比于平面抓取，6DOF 抓取空间中绝大多数的抓取位姿都不满足稳定性条件，正负样本比例极不均衡，导致神经网络的训练更加复杂。

为了预测高精度的 6DOF 抓取位姿，A. ten Pas 等人提出基于部分点云的抓取位姿计算方法 GPD（grasp pose detection）。该方法首先对点云体素化以实现压缩和去噪等预处理，然后获得感兴趣区域（region of interest，ROI），这个 ROI 可以包含多个物体，或者是物体位置的近似估计。之后在 ROI 区域均匀随机采样 N 个抓取点，以该点所在的曲面法向作为候选抓取的朝向，并通过旋转和平移这些抓取点来增加候选抓取的数量，用于寻找满足力闭合抓取的机械手 6DOF 位姿。最后，每个抓取候选经过一个四层的 CNN 分类器进行评估，CNN 的输入为物体几何信息的多视角编码表示，即将体素化的点云信息分别投影到机器人手参考坐标系 X、Y、Z 轴的正交平面上，对于每一个投影方向，均能得到观测点的平均高度图、遮挡点的平均高度图以及表面法向的平均图，经过 CNN 分类后，输出为此抓取候选是否为有效抓取。具体内容参考 https://github.com/atenpas/gpd。

上海交通大学的 Fang 等人提出的端到端的 6DOF 抓取位姿检测网络，抛弃了 ROI 区域提取与抓取质量评估的检测方案，直接使用端到端的卷积神经网络对点云进行处理，输出多个抓取位姿和置信度。该网络首先对场景的点云提取特征并采样抓取点，然后通过多个串联的卷积层预测抓取位姿的接近向量，最后分别使用两个卷积网络预测其他抓取配置参数和抓取鲁棒性。基于点云的 6DOF 抓取检测网络如图 6.18 所示，该网络在作者构建的GraspNet - 1 Billion数据集进行训练，最终在多物体堆叠场景取得了较好的抓取效果。具体参考 https://github.com/graspnet/graspnet - baseline。

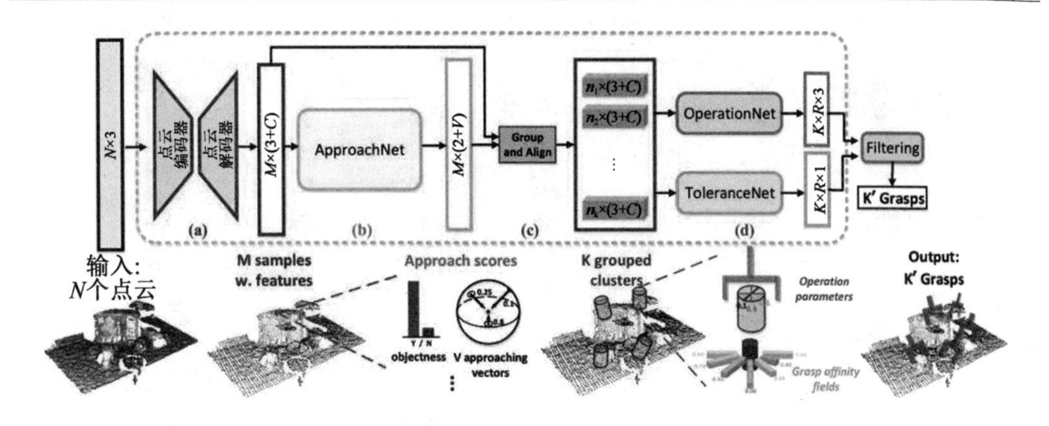

图6.18 基于点云的6DOF抓取检测网络

6.2 机器人抓取数据集

深度学习是通过构建多隐层的模型和海量训练数据集(可为无标签数据)来学习更有用的特征,从而最终提升分类或预测的准确性。其中,“深度模型”是手段,“特征学习”是目的。研究人员不断尝试使用更好的提取特征的方式及更利于学习的数据集来建立泛化性能更好的抓取检测算法,从而提高机器人在非结构化场景中与人和物体的交互能力。

深度学习技术的成功很大程度上取决于大规模标注训练数据集的出现,如图像分类领域的ImageNet、目标检测领域的COCO和VOC等。在抓取检测领域,为了充分发挥深度学习技术的优势,多个数据集被相继构建。现有的抓取数据集根据其数据来源及标注方式,一般可分为以下的五类。

(1)真实图像,人工标注。

这类数据集采用相机采集真实场景的图像,并采用人工的方式标注抓取位姿。由于人工拍摄图像及标注比较耗时,这类数据集规模通常较小,且因为人的主观性与抽象的抓取位姿不完全统一,人工标注的抓取位姿一般不够精确。其中使用最广泛的是康奈尔抓取数据集,该数据集包含由Kinect V1相机拍摄的280个可抓取的1 035个匹配的RGB-D图像与点云,每个图像由人工标注了多个可抓取和矩形框作为正样本,以及多个不可抓取的矩形框作为负样本,以便于网络的训练。康奈尔数据集的部分样本及抓取标签如图6.19所示。具体参考http://pr.cs.cornell.edu/grasping/rect_data/data.php。

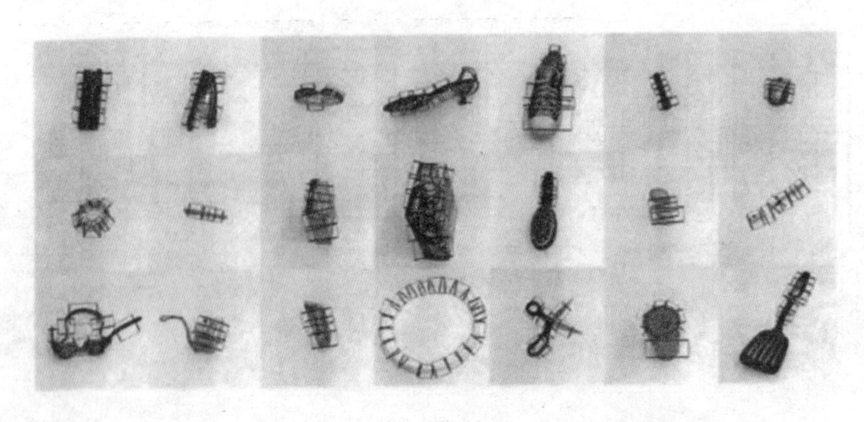

图 6.19 康奈尔数据集的部分样本及抓取标签

(2)真实图像,真实机械臂自监督收集标签。

这类数据集采用真实相机采集图像,在图像上采样多个抓取位姿,驱动真实机械臂逐个进行抓取尝试,将成功抓取的位姿记录为正样本标签来收集抓取标签。由于这种方案更加耗时且采集的标签较少,因此对这类数据集的研究较少。卡耐基梅隆大学的研究人员使用 Baxter 双臂机器人在 700 h 内收集了包含 150 个物体的 5 万个标签的抓取数据集。该数据集中每张 RGB-D 图像只包含一个抓取标签,巨大的正负样本不均衡使得网络难以训练。

(3)仿真图像,仿真机械臂自监督收集标签。

这类数据集在仿真环境中使用3D 物体模型构建抓取场景,使用仿真相机渲染 RGB-D 图像和点云,然后使用仿真机械臂进行抓取采样。与上一类数据集相比,在仿真环境中渲染图像和收集抓取标签的效率更高,从而可以构建更大的数据集。使用最广泛的是法国里昂大学的 Depierre 等人在 2018 年提出的 Jacquard 抓取数据集。该数据集对 ShapeNet 模型库的 11 619 个 3D 物体模型生成了共 54 485 张 RGB-D 图像,并使用立体视觉算法生成了带有噪声的深度图。尽管样本较多,但每个场景只包含一个物体,使得基于该数据集学习的抓取网络无法应对多物体堆叠场景。

(4)仿真图像,解析计算标签。

由于人工标注和机械臂采样抓取都存在效率较低的问题,因此,近年来,基于稳定性条件计算抓取标签的方案被广泛使用。这类数据集首先在3D 物体表面采样稠密的六自由度抓取位姿,然后将多个 3D 模型堆叠组成抓取场景,通过碰撞检测等方法筛选出可以稳定抓取的标签。目前使用最广泛的数据集为加州大学的 Mahler 等人在 2017 年提出的 Dex-Net 2.0数据集。该数据集包含采集自 1 500 个 3D 物体模型的 670 万个仿真深度图,每张图像包含一个以图像中心为抓取点的平面抓取标签。Dex-Net 2.0 数据集生成过程如图 6.20 所示。

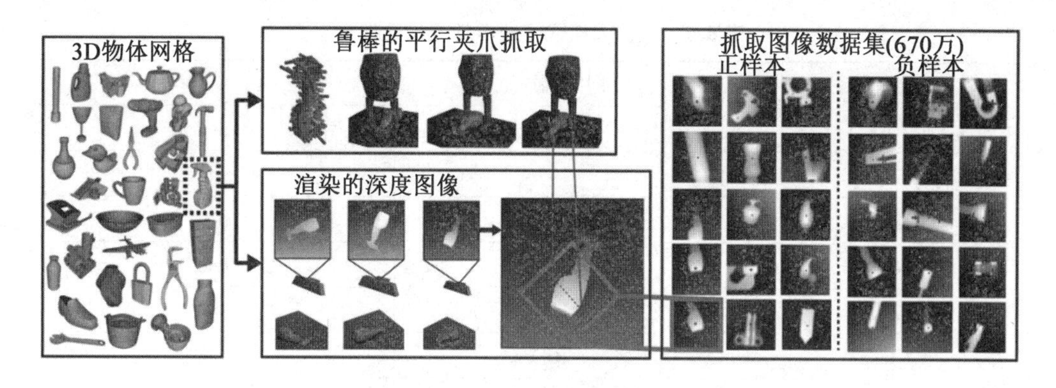

图 6.20　Dex - Net 2.0 数据集生成过程

(5)真实图像,解析计算标签。

仿真图像与真实图像间的差异使在仿真环境中学习的网络无法在现实世界中达到同样的性能。为了解决该问题,最新的方案首先获取真实的物体 3D 模型并计算物体表面稠密的六自由度抓取位姿,然后使用相机在真实的物体场景中采集图像,并手动标注场景中每个物体的位姿,接着通过碰撞检测算法筛选出可以稳定抓取的标签。代表性的数据集为上海交通大学的 Fang 等人在 2020 年提出的 GraspNet - 1 Billion 数据集,包含采集自 88 个物体的 97 000 张 RGB - D 图像和约 12 亿个六自由度抓取标签,且每个场景都由多个物体组成。该数据集的主要数据和标签如图 6.21 所示。

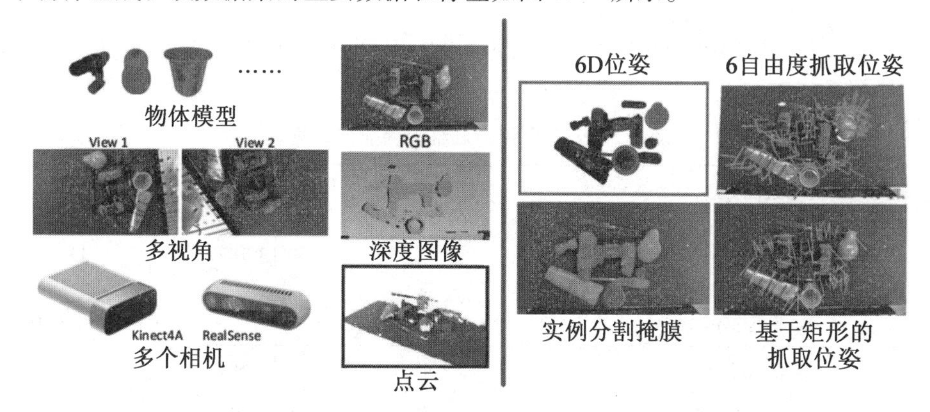

图 6.21　GraspNet - 1 Billion 数据集的主要数据和标签

近年来,针对基于深度学习的机器人抓取领域的研究文献,列举出常用的数据集见表 6.1,供读者参考。

表 6.1 机器人抓取领域中常用的数据集

数据集	使用的次数	仿真(sim)/实际(real)
YCB	29	real
3DNET	15	sim
BigBIRD	12	real
KIT	12	real
ShapeNet	11	sim
Grasp	10	sim
EGAD!	2	sim/real
Cornell	2	real
Dex - Net	2	real
PSB	1	sim
ModelNet	1	sim
ObjectNet3D	1	sim
ContactDB	1	sim
Procedural	1	sim
Custom	11	real/sim

在机器人 2D 平面抓取的相关文献中,现阶段公开可用的二维平面抓取数据集见表 6.2。

表 6.2 公开可用的二维平面抓取数据集

数据集	对象数量	RGB - D 图像数量	抓取次数
Stanford Grasping	10	13 747	13 747
Cornell Grasping	240	885	8 019
CMU dataset	>150	50 567	—
Dex - Net 2.0	>150	6.7M(仅深度图)	6.7M
Jacquard	11 619	54 485	1.1M

6.3 卷积神经网络

卷积神经网络(convolutional neural networks,CNN)是一类强大的、为处理图像数据而设计的神经网络。在机器人抓取姿态估计任务中,采用 CNN 能够获取比其他方法更准确的姿态。CNN 作为前馈网络,主要通过卷积核提取图像数据的特征,这些被提取到的特征常用于回归、分类等任务。

卷积神经网络主要由数据输入层(input layer),卷积层(conv layer),relu 激活层(relu layer),池化层(pooling layer),全连接层(FC layer)组成,每层输出的尺寸及作用见表6.3。其中,$W_1 \times H_1 \times 3$ 对应原始图像或经过预处理的像素值矩阵,3 对应图像的 RGB 通道;K 表示卷积层中卷积核的个数;$W_2 \times H_2$ 为池化后特征图的尺度,在全局池化中的尺度对应 1×1;$W_2 \times H_2 \times K$ 是将多维特征压缩到一维之后的大小;C 对应的是图像类别的个数。

表6.3　卷积神经网络结构

层次结构	输出尺寸	作用
输入层	$W_1 \times H_1 \times 3$	卷积网络的原始输入,可以是原始或预处理后的像素矩阵
卷积层	$W_1 \times H_1 \times K$	参数共享、局部连接,利用平移不变形从全局特征图提取局部特征
relu 激活层	$W_1 \times H_1 \times K$	将卷积层的输出结果进行非线性映射
池化层	$W_2 \times H_2 \times K$	进一步筛选特征,可以有效减少后续网络层次所需的参数数量
全连接层	$(W_2 \times H_2 \times K) \times C$	将多维特征展平为一维特征向量,对应学习目标(如类别或值)

1. 输入层

卷积网络的输入可以是原始或预处理后的像素矩阵。对原始图像数据进行预处理,其中包括如下。

(1)去均值。

对数据中每个独立特征减去平均值,从几何上可以理解为在每个维度上都将数据云的中心迁移到原点。在 Numpy 中,该操作可以通过代码 X -= np.mean(X, axis=0)实现。而对于图像,更常用的是对所有像素都减去一个值,可以用 X -= np.mean(X)实现,也可以在三个颜色通道上分别操作。

(2)归一化。

归一化指将数据的所有维度都归一化,使其数值范围都近似相等。有两种常用方法可以实现归一化:第一种是先对数据做零中心化(zero-centered)处理,然后每个维度都除以其标准差,实现代码为 X /= np.std(X, axis=0);第二种方法是对每个维度都做归一化,使得每个维度的最大和最小值分别是 1 和 -1。此预处理操作只有在不同的输入特征有不同的数值范围(或计量单位)时才有意义。在图像处理中,由于像素的数值范围几乎是一致的(都在 0~255 之间),所以进行这个额外的预处理步骤并不是很必要。

使用去均值和归一化的数据预处理流程如图 6.22 所示，图 6.22(a)所示为原始的二维输入数据。图 6.22(b)所示为在每个维度上都减去平均值后得到零中心化数据，现在数据云是以原点为中心的。图 6.22(c)所示为每个维度都除以其标准差来调整其数值范围。尺寸线指出了数据各维度的数值范围，在中间的零中心化数据的数值范围不同，但在右边归一化数据中，数值范围相同。

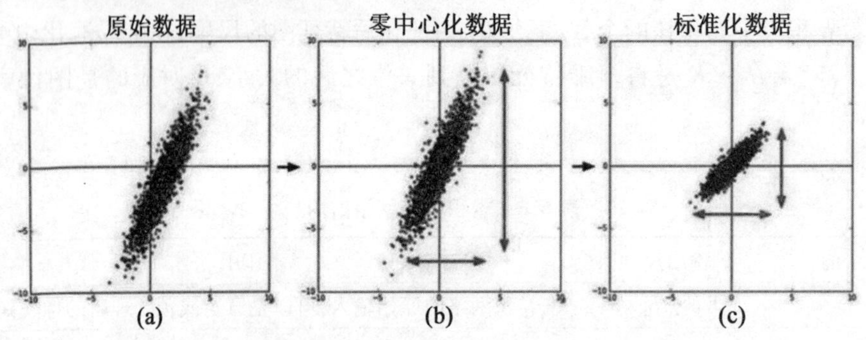

图 6.22 使用去均值和归一化的数据预处理流程

(3)降维/白化。

降维，特别是通过主成分分析(PCA)进行的降维，是数据预处理的一种形式，它旨在减少数据集中的特征数量，同时尽可能保留重要信息。白化则是对数据的每个特征轴进行幅度归一化的过程，目的是让所有特征具有相同的方差。使用 PCA 和白化进行数据预处理的流程可以通过图 6.23 来示意。在图 6.23(a)中，我们看到的是原始的二维数据。图 6.23(b)展示了经过 PCA 处理后的数据，这一步骤包括将数据零中心化，并将其投影到数据的协方差矩阵对应的主轴上，实现了数据的去相关处理(即将协方差矩阵转化为对角矩阵)。图 6.23(c)进一步展示了白化处理后的数据，其中每个维度都通过其对应的特征值进行了尺度调整，使得数据的协方差矩阵转变为单位矩阵。从几何角度来看，这一过程在不同方向上对数据进行拉伸或压缩，使得数据点分布转变为近似正态分布。

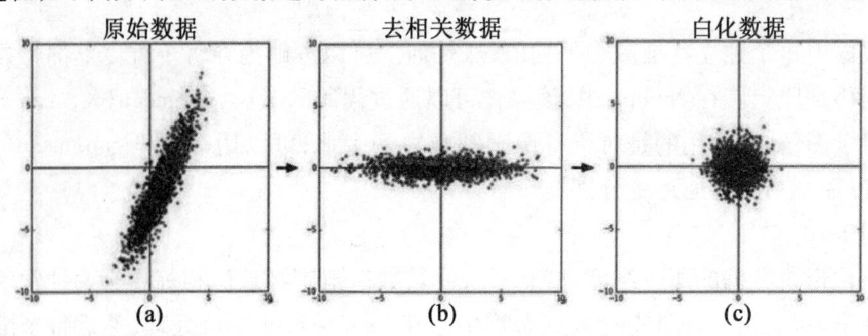

图 6.23 使用 PCA/白化的数据预处理流程

2. 卷积层

在对数字图像处理的过程中，通常可以将数字图像表示为二维或者高维的离散矩阵,每个离散的点表示为图像中某个位置的像素值。卷积操作就是通过设计较小的离散矩阵(卷积核 kernel)对图像中某个区域的像素值进行处理,处理时会遍历图像中的每个像素值,处理方式就是直接通过卷积核中的值与像素值相乘然后求和,处理后得到的便是一次卷积后的图像特征。其中,卷积核是可以训练的参数,并且通过卷积核卷积后的特征会送入下一层卷积层继续进行处理。

设输入图像为 X,卷积核为 k,可以定义卷积操作为

$$Y(t) = \sum_{a=-\infty}^{\infty} X(a)k(t-a) \tag{6.2}$$

式中,t 决定了卷积的时刻。

此外,CNN 模型会通过约束 kernel 的尺寸来控制模型的参数量以提高模型的计算效率。设卷积核的大小为(m,n),那么输入图像在像素点(i,j)处的卷积运算为

$$Y(i,j) = \sum_{m}\sum_{n} X(i-m,j-n)k(m,n) \tag{6.3}$$

kernel 的大小通常为 3 ×3,在图像上滑动以处理全部像素区域,输出为每个像素区域的卷积特征,卷积层运算图例如图 6.24 所示。此外,还可以通过改变 kernel 的步长来调整卷积前后的特征图大小,当步长为 1(padding = 1)时,前后的大小不变。而且,通过在卷积前对图像设定合适的边界填充还可以控制卷积前后的边界大小。因此,通过调整这些 kernel 参数,能够实现特征提取、降维、尺寸缩放等目的。

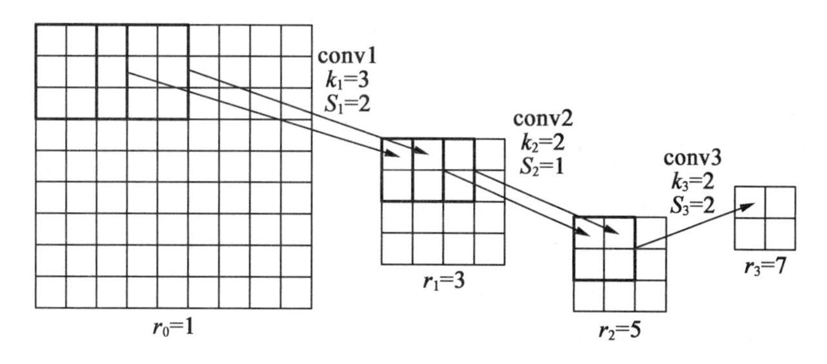

图 6.24　卷积层运算图例

卷积层还包括稀疏特征与共享信息的特点。通过信息共享的方式不但可以降低模型对硬件平台资源利用率,提升模型的应用效率,还可以加强特征关联性,使得特征信息更为丰富。此外,kernel 的参数值还能够通过调整不同的特征权值来增大有用信息的权重并抑制冗余信息,从而达到稀疏特征与降低维度的目的。

综上所述,卷积的特性包括:具有局部感知机制、权值共享、卷积核的通道数 channel 与输入特征矩阵的 channel 相同、卷积后输出特征矩阵 channel 与卷积核个数相同。卷积层中需要用到卷积核与图像特征矩阵进行点乘运算,利用卷积核与对应特征感受野进行滑窗式运算时,需要设定卷积核对应的大小、步长、个数及填充方式。卷积层的参数作用及设置见表 6.4。

表 6.4 卷积层的参数作用及设置

参数名	作用	常见设置
卷积核大小 kernel size	定义卷积的感受野	如设置为 3,通过堆叠 3×3 的卷积核来达到更大的感受野
卷积步长 stride	定义卷积核在卷积过程中的步长	如设置为 1,表示滑动距离为 1,可以覆盖所有相邻位置特征的组合,当设置更大值时,相当于对特征组合的降采样
填充方式 padding	在卷积核尺寸不能完美匹配输入的图像矩阵时,需要借助一定的填充策略让总面积和输入的图像匹配	如设置为 SAME,表示对不足卷积核大小的边界位置进行某种填充以保证卷积输出维度与输入维度一致;如设置为 VALID,则对不足卷积尺寸的部分进行丢弃,输出维度无法保证与输入维度一致
输入通道数	指定卷积操作时卷积核的深度	默认与输入的特征矩阵通道数(深度)一致,在某些压缩模型中,可能会采用通道分离卷积
输出通道数	指定卷积核的个数	若设置为输入通道数一样的大小,可以保持输入输出维度的一致性;若采用比输入通道数更小的值,则可以减少整体网络的参数量

3. 激活层

由于池化和卷积操作都是线性运算,只能够学习到输入、输出数据的线性映射关系,多层网络通常是高度非线性的,而对非线性数据的拟合、特征表达能力有局限性。因此,为了在不大幅度增加模型数据量的基础上提升模型的非线性处理能力,通常会在卷积层内增加激活函数,让模型可以更快和更好地学习。在 CNN 模型中,常用的激活函数有 Sigmoid、Tanh、relu 及 Prelu 等,它们的函数图像如图 6.25 所示。

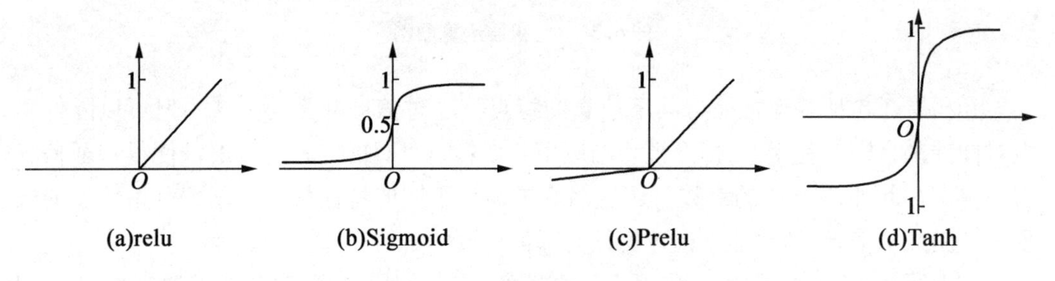

图 6.25 常用激活函数图像

Sigmoid、Tanh、relu 及 Prelu 的数学表达式,分别为

$$\mathrm{Sigmoid}(x)=\frac{1}{1+\mathrm{e}^{-1}} \tag{6.4}$$

$$\mathrm{Tanh}(x)=\frac{e^{x}-e^{-x}}{e^{x}+e^{-x}} \tag{6.5}$$

$$\mathrm{relu}(x)=\max(0,x) \tag{6.6}$$

$$\mathrm{Prelu}(x)=\max(ax,x) \tag{6.7}$$

Tanh 与 Sigmoid 函数的设计思路基于生物神经系统进行信号传递的过程，传递包括对原点的梯度进行保持，以及对过小、过大的梯度进行抑制的特点。但是，这两种激活函数在对过大、过小梯度进行抑制时，会使梯度趋于 0，从而产生梯度无法更新并影响网络收敛速度的问题，以及增大模型计算量的问题。因此，为了解决这些问题，relu 函数通过将大于 0 处的梯度值表述为 1，处理了数据量的问题，并加快了 CNN 模型的推理及梯度反向传播的速度。但是负区间的 0 梯度还是会导致梯度消失的问题，Prelu 激活函数通过为小于 0 的负区间加入一个较小的斜率参数，能够使网络模型在负值时依然能够梯度优化，并且该参数可在反向传播的过程中通过学习获得。

4. 池化层

在 CNN 模型中，通常采用池化层来降低模型的大小，池化层对图像处理的方式类似于卷积中的 kernel 遍历操作。由于 CNN 模型中的卷积层只能够对特征进行提取，而不能够实现特征的压缩，因此，为了防止由于层数加深使得模型数据量呈指数增加的问题，可以通过不用训练的核参数和较大的步长来降低模型的特征尺寸，进而达到减少数据量的目的。池化核和卷积核类似，同样采用可以滑动的窗口对特征图进行处理，处理时一般将滑动窗口内相应的统计量作为池化层的输出。不同于卷积核的计算方法，池化核主要通过统计的方式计算窗口内的极大值和均值。卷积层和池化层的区别见表 6.5。

表 6.5　卷积层和池化层的区别

特性	卷积层	池化层
结构	零填充时输出维度不变，而通道数改变	通常特征维度会降低，通道数不变
稳定性	输入特征发生细微改变时，输出结果会改变	感受野内细微变化不影响结果输出
作用	感受野内提取局部关联特征	感受野内提取泛化特征，降低维度
参数量	与卷积核尺寸、卷积核个数相关	没有额外参数

池化层的核心作用包括降低特征维度和提升特征不变性，即能够最大限度保留图像的原有特征。在 CNN 模型中常常使用的下采样方法，还能够更进一步与距离较远的特征进行关联来扩大模型的感受野，对加强特征的空间、尺度、结构不变性十分有效。池化层按照操作类型通常分为最大池化（max pooling）、平均池化（average pooling）、求和池化（sum pooling），分别提取感受野内最大、平均、总和的特征值作为输出。在计算机视觉领域中，最常使用的池化方法是最大池化。

5. 全连接层

全连接层(fully connected layer,FC layer)在整个卷积神经网络中起到“分类器”的作用。在实际中,也可以不使用全连接层。FC 层一般位于整个卷积神经网络的最后,负责将卷积输出的二维特征图转化成一维的一个向量,由此实现了端到端的学习过程(端到端即输入一张图像或一段语音,输出一个向量)。FC 层的每一个节点都与上一层的所有节点相连,因而称为全连接层。由于全连接的特性,因此一般情况下,FC 层的参数也是最多的,可占整个网络参数的 80% 左右。

卷积层的作用只是提取特征,但很多物体可能都有同一类特征,如猫、狗等都有鼻子、眼睛等。因此,只用局部特征是不足以进行类别判定,这时就需要使用组合特征进行判别,所以 FC 层就是组合特征和分类判别功能。FC 层将前层(卷积层、池化层等)计算得到的特征空间映射到样本标记空间,简单地说,就是将特征表示整合成一个值。其优点在于减少特征位置对分类结果的影响,提高了整个网络的鲁棒性。

6. 损失函数与优化器的定义

在模型训练前,需要定义模型所使用的损失函数和优化器,这两部分的选择直接影响着模型最终的收敛效果。

(1)损失函数。

损失函数是为了用来评估模型预测结果与标签的误差,并通过反向传播算法计算出神经网络在各个节点超参数的梯度,来实现利用梯度更新并指引模型参数往期待的方向学习,使网络达到收敛。损失函数的设计需要满足任务要求并符合相应应用场景下的评价指标。在 torch.nn 中常用的损失函数如下。

nn.L1Loss:绝对值损失函数,取预测值和真实值的绝对误差的平均数,常用于稀疏性正则化,计算公式为

$$\mathrm{loss}(x,y) = \frac{1}{N}\sum_{i=1}^{N} |x - y| \tag{6.8}$$

nn.MSELoss:均方误差损失函数,预测值和真实值之间的平方和的平均数,常用于回归问题,计算公式为

$$\mathrm{loss}(x,y) = \frac{1}{N}\sum_{i=1}^{N} |x - y|^2 \tag{6.9}$$

nn.NLLLoss:最大似然损失函数,常用于自然语言处理中的序列标注问题。

nn.BCELoss:二分类交叉熵损失函数,常用于二分类问题。

nn.CrossEntropyLoss:交叉熵损失函数,常用于分类问题,在使用 nn.CrossEntropyLoss()内部会自动加上 Sofrmax 层。nn.CrossEntropyLoss()的计算公式为

$$\mathrm{loss}(x,\mathrm{class}) = -\log \frac{\exp(x(\mathrm{class}))}{\sum_i \exp(x(i))} = -x(\mathrm{class}) + \log\left(\sum_i \exp(x(i))\right) \tag{6.10}$$

(2)优化器。

神经网络的学习目的就是寻找合适的参数,使得损失函数的值尽可能小。解决这个问题的过程称为最优化,而解决这个问题使用的算法称为优化器,即用来更新和计算影响模型训练和模型输出的网络参数,使其逼近或达到最优值,使得模型最优化 loss。优化器具体可分为:梯度下降法(gradient descent)、动量优化法(momentum)和自适应学习率优化算法。

优化器可以理解为一种利用梯度下降算法自动求解所需参数的工具包。在 PyTorch 中提供了 torch. optim 方法来优化模型。torch. optim 工具包中存在着各种梯度下降的改进算法,比如 SGD、momentum、RMSProp 和 Adam 等。这些算法都是以传统的梯度下降算法为基础,提出的改进算法可以更快更准确地求解最佳模型参数。先建立优化器对象:

optimizer = torch. optim. SGD(model. parameters(), lr = 0. 01, momentum = 0. 9),当想要指定每层学习速率时:

```
optim.SGD([
                {'params': model.base.parameters()},
                 {'params': model.classifier.parameters(), 'lr':
1e -3} #学习率 1e -3,动量 0.9
            ], lr =1e -2, momentum =0.9) #除了特别设置参数,默认都使
用学习率 1e -2,动量 0.9
```

使用优化器的步骤及具体示例如下。

①先定义一个优化器。

②对优化器的参数进行清零 optim. zero_grad()。

③调用损失函数的 backward,反向传播,求出每一个节点的梯度情况 result_lose. backward()。

④优化器. step 对每个参数进行调优 optim. step()。

```
for input, target in dataset:
    optimizer.zero_grad() #先要将之前的梯度清零,才反向传播计算新的
梯度
    output = model(input)
    loss = loss_fn(output, target)
    loss.backward()
    optimizer.step() #参数进行一次更新
```

6.4　基于深度学习的抓取检测网络

为了使机器人能够成功对物体进行抓取,需要进行机器人手眼标定、抓取姿态估计、抓取姿态转换、运动规划以及抓取执行等几个步骤。其中,机器人抓取姿态估计能够借助视觉信息帮助机器人感知物体的空间位置,是机器人抓取的先决条件。针对机器人抓取位姿估计,本节介绍 GGCNN 基于抓取点的姿态估计模型(图 6.26),它可以通过深度信息直接预测出待抓取物体的密集抓取姿态以及对于每个抓取点的抓取质量。首先,通过深度相机获取物体的 RGB 和深度信息,并进行配准、深度空洞修复等预处理。再通过抓取姿态估计网络提取图像的特征并将其转化为图像空间下的抓取位姿。最后,通过手眼标定获得的旋转矩阵将图像空间的抓取位姿转化到机器人空间下。

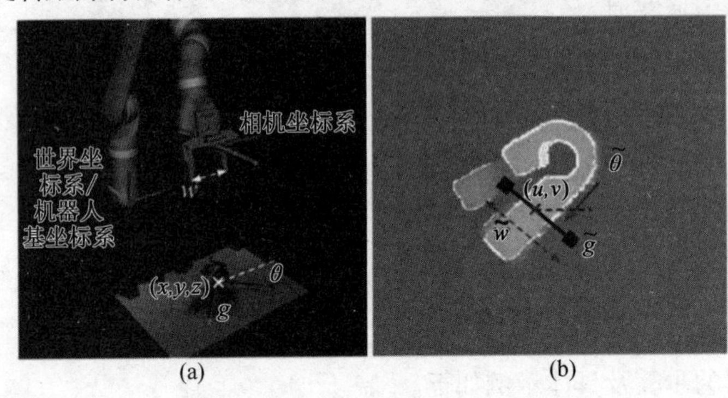

图 6.26　GGCNN 的抓取点示意图

在机器人空间下的抓取点定义为

$$g=(q,p,\theta,w) \tag{6.11}$$

式中,q 为抓取成功的概率,即抓取质量;p 为机器人空间下机械臂抓手的中心位置,$p=(x,y,z)$;θ 为抓手相对于 z 轴的偏移角度;w 为抓手的张开宽度。

相应地,在图像(深度图)空间下的抓取点定义为

$$g^i=(q,s^i,\theta^i,w^i) \tag{6.12}$$

式中,q 和机器人空间下的定义一致,表示每个点的抓取成功率;s^i 为机械臂抓手对应到图像坐标系下的中心位置;θ^i、w^i 为图像空间下抓手的偏移角度和张开宽度。

图像空间和机器人空间下的抓取位姿可以通过手眼标定的旋转矩阵进行转换:

$$g=t_{RC}(t_{CI}(g^i)) \tag{6.13}$$

式中,t_{RC} 可以将相机空间转换到机器人空间下;t_{CI} 可以将图像空间转换到相机空间下,这两个旋转矩阵基于相机的内参以及相机与机器人的手眼标定结果。

不同于采用候选抓取点的方法,GGCNN 直接对深度图的每个像素点生成抓取姿态,生成和深度图一样大小的三通道抓取姿态图,在图像中的定义如下:

$$G^i = (Q^i, \theta^i, W^i), \quad G^i \in R^{3 \times H \times W} \tag{6.14}$$

式中，Q^i、θ^i 和 W^i 都 $\in R^{H \times W}$，分别对应抓取质量、抓取角度、抓取宽度。

针对抓取质量，描述了深度图中每个像素点的抓取质量，抓取质量的值限制在[0，1]，越接近 1，代表抓取质量越高。在确定最高抓取质量后，可以通过如下定义，获得图像空间下的最优抓取点：

$$g^{(i)*} = \max_{Q^i} G^i \tag{6.15}$$

最后，通过式(6.13)可以将 $g^{(i)*}$ 转化为 g，即可获得机器人空间下的最优抓取位姿。

GGCNN 的网络结构如图 6.27 所示，首先输入 300×300 的深度图，经过卷积 L1、L2，最大池化；再卷积 L3、L4，最大池化；空洞卷积 L5、L6；反卷积 L7、L8。两个最大池化都会把输入的特征图尺寸缩小，后面通过两个反卷积，再把尺寸逐渐扩大，使得输出图像与输入图像尺寸相同。输出抓取质量、抓取角度、抓取宽度，最终生成图像空间下的物体最优抓取姿态。

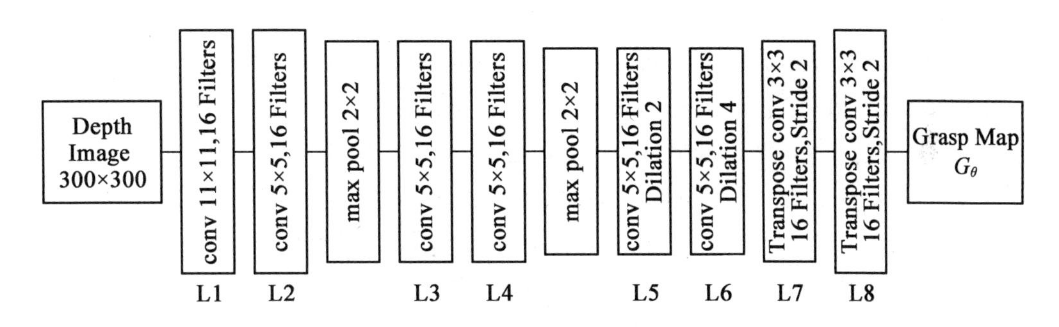

图 6.27　GGCNN 的网络结构

GGCNN 伪代码如下，包括一个 PyTorch 模型的初始化函数和前向传播函数，以及计算损失的函数。在初始化函数中，如果 filter_sizes 或 dilations 为 None，则分别赋予默认值。定义了四个卷积层，分别对应输出的四个值：位置、cos 值、sin 值和宽度。在前向传播函数中，输入数据 x 经过模型的卷积层和激活函数后，得到四个输出值 pos_output、cos_output、sin_output 和 width_output。在计算损失的函数中，分别计算了四个输出值与真实值之间的均方误差损失，并返回了损失值、损失值列表和预测值。其中，lossValue、lossesValue 和 predValue 分别表示损失值、损失值列表和预测值的具体数值。

```
Algorithm GG-CNN2
1.function init():
2.    if (filter_sizes is None) then
3.      Assign default values to filter_sizes
4.    endif
5.    if (dilations is None) then
6.       dilations←[2, 4]
```

```
7.    endif
8.    self.features← nn.Sequential()
9.    Initialize convolutional outputs using filter_sizes[3]
for pos_output, cos_output, sin_output, and width_output
10.    for (m in self.modules()) do
11.     if (isinstance(m, (nn.Conv2d, nn.ConvTranspose2d))) then
12.      nn.init.xavier_uniform_(m.weight)
13.     endif
14.    endfor
15.function forward(self, x):
16.     Compute and return outputs using self.pos_output(x),
self.cos_output(x), self.sin_output(x), and self.width_output
(x)
17.function compute_loss(self, pos_pred, cos_pred, sin_pred,
width_pred, y_pos, y_cos, y_sin, y_width):
18.    p_loss ← F.mse_loss(pos_pred, y_pos)
19.    cos_loss ← F.mse_loss(cos_pred, y_cos)
20.    sin_loss ← F.mse_loss(sin_pred, y_sin)
21.    width_loss ← F.mse_loss(width_pred, y_width)
22.    Compile and return loss dictionary
```

数据集的获取，下载并提取 Cornell 抓取数据集（http://pr. cs. cornell. edu/grasping/rect_data/data. php）。通过运行“python -m utils. dataset_processing. generate_cornell_depth <数据集路径>”将 PCD 文件转换成深度图。

```
parser = argparse.ArgumentParser(description='Generate depth images from Cornell PCD files.')
parser.add_argument('path', type=str, help='Path to Cornell Grasping Dataset')
args = parser.parse_args()
pcds = glob.glob(os.path.join(args.path, '*', 'pcd*[0-9].txt'))
pcds.sort()
for pcd in pcds:
    di = DepthImage.from_pcd(pcd, (480, 640))
    di.inpaint()
    of_name = pcd.replace('.txt', 'd.tiff')
    print(of_name)
    imsave(of_name, di.img.astype(np.float32))
```

模型的训练:在Cornell抓取数据集上使用深度图进行训练的GGCNN预训练模型。train_ggcnn如下,主要包括了数据加载、训练、验证和保存模型等步骤。首先使用argparse模块解析命令行参数,然后根据参数创建数据集和数据加载器。接着使用一个for循环迭代训练多个epoch,在每个epoch中分别进行训练和验证,并记录损失值和IOU值。如果当前的IOU值比之前的最佳IOU值更好,则保存模型。其中,tb表示TensorBoard对象,用于记录训练过程中的损失值和IOU值。IOUvalue、Lossvalue和best_iou分别表示IOU值、损失值和最佳IOU值的具体数值。

```
Algorithm: train_ggcnn
1.args ← parse_args()
2.if args.vis then
    2.1 cv2.namedWindow("Display Window")
3.if not os.path.exists(save_folder) then
    3.1 os.makedirs(save_folder)
4.Dataset ← get_dataset()
5.train_dataset ← Dataset(args.train_data)
6.train_data ← torch.utils.data.DataLoader(train_dataset,
batch_size=args.batch_size, shuffle=True)
7.val_dataset ← Dataset(args.val_data)
8.val_data ← torch.utils.data.DataLoader(val_dataset, batch_
size=args.batch_size, shuffle=False)
9.for epoch in range(args.epochs) do
    9.1 train_results ← train(train_data)
    9.2 tb.add_scalar('loss/train_loss', train_results
['loss'], epoch)
    9.3 for (n, l in train_results['losses'].items()) do
        tb.add_scalar('train_loss/' + n, l, epoch)
    9.4 test_results ← validate(val_data)
    9.5 tb.add_scalar('loss/IOU', test_results['IOU'], epoch)
    9.6 tb.add_scalar('loss/val_loss', test_results['loss'], ep-
och)
    9.7 for (n, l in test_results['losses'].items()) do
        tb.add_scalar('val_loss/' + n, l, epoch)
    9.8 iou ← test_results['correct'] /(test_results['correct']
+ test_results['failed'])
```

```
    9.9 if iou > best_iou or epoch = = 0 or (epoch % 10) = =
0 then
        9.9.1 torch.save(net, os.path.join(save_folder,'model_
epoch_' + str(epoch) + '.pt'))
        9.9.2 torch.save(net.state_dict(), os.path.join(save_
folder,'model_state_epoch_' + str(epoch) + '.pt'))
        9.9.3 best_iou ← iou
```

6.5　实验——基于深度学习的冰壶机器人抓取

基于 GGCNN 的机械臂抓取流程图如图 6.28 所示。

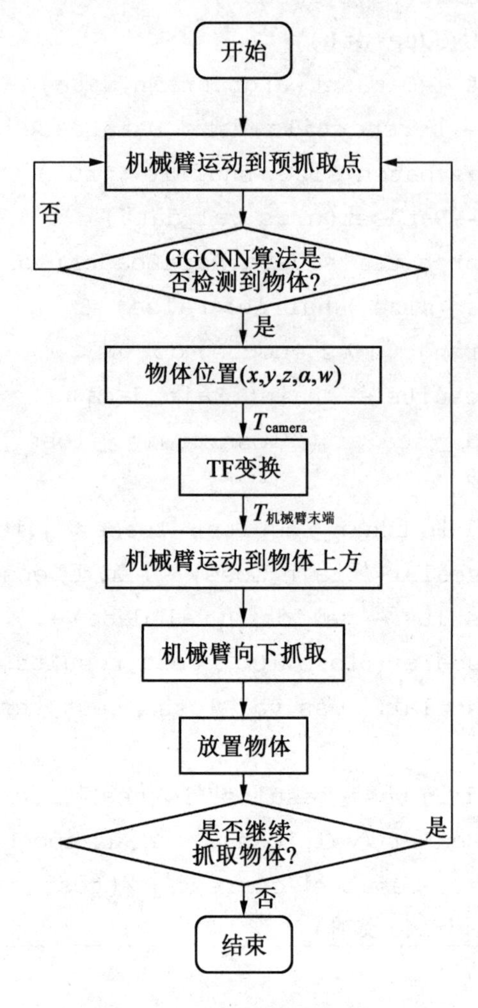

图 6.28　机械臂抓取流程图

分别启动机械臂、相机和抓取检测的节点。

(1)启动机械臂。

```
$ roslaunch kinova_bringup kinova_robot.launch kinova_robot-
Type:=j2n6s300 use_urdf:=true
$ roslaunch j2n6s300_moveit_config j2n6s300_demo.launch
```

(2)启动相机。

```
$ roslaunch realsense2_camera rs_aligned_depth.launch
```

(3)启动 GGCNN 环境。

通过 run_ggcnn.py 得到物体在相机坐标系下的抓取姿态(xyz、抓取角度、抓取宽度)。需进一步转换成机械臂的姿态,控制机械臂运动到指定姿态:

```
$ conda activate ggcnn
$ rosrun ggcnn_kinova_grasping run_ggcnn.py
```

运行 run_ggcnn.py 得到物体在相机坐标系下的抓取姿态,订阅图像的节点,得到传入的图片:

```
depth_sub = rospy.Subscriber('/camera/aligned_depth_to_color/
image_raw', Image, depth_callback, queue_size=1)
```

进入 depth_callback 函数,使用 OpenCV 进行图像处理。ROS 图像信息转化为 OpenCV 格式:

```
depth = bridge.imgmsg_to_cv2(depth_message)
```

对深度图 640×480 进行裁剪和缩放,使其大小为 300×300:

```
    crop_size =300 # 定义了裁剪后的图像大小为 300×300
    depth_crop = cv2.resize(depth[(480 - crop_size) //2:(480 -
crop_size) //2 + crop_size,
        (640 - crop_size) //2:(640 - crop_size) //2 + crop_
size], (300, 300))
```

深度图中,每个像素点都有深度值,出现 nan 值(无效值)就用 0 代替:

```
    depth_crop = depth_crop.copy()
    depth_nan = np.isnan(depth_crop).copy()
    depth_crop[depth_nan] = 0
```

对深度图进行修复,填补 nan 值:

```
# 使用 TimeIt 上下文管理器,计时 inpainting 的运行时间
with TimeIt('Inpaint'):
    depth_crop = cv2.copyMakeBorder(depth_crop, 1, 1, 1, 1, cv2.
BORDER_DEFAULT)
```

```
# 创建一个掩码,用于标记深度图中的 nan 值,这里使用了 numpy 的 astype()
函数将布尔数组转换为 uint8 类型的掩码
    mask = (depth_crop = = 0).astype(np.uint8)
# 计算深度图的最大值,以便后续将其缩放到 -1 到 1 的范围内
    depth_scale = np.abs(depth_crop).max()
    depth_crop = depth_crop.astype(np.float32) /depth_scale
# 使用 OpenCV 的 inpaint() 函数对深度图进行修复,这里使用了 cv2.IN-
PAINT_NS 参数,表示使用基于 Navier - Stokes 方程的修复算法
    depth_crop = cv2.inpaint(depth_crop, mask, 1, cv2.INPAINT_
NS)
# 去除边框,将深度图恢复到原始大小
    depth_crop = depth_crop[1: -1, 1: -1]
# 将深度图恢复到原始值域
    depth_crop = depth_crop * depth_scale
```

计算机器人夹爪中间部分的深度值,以便进行碰撞检测:

```
    with TimeIt('Calculate Depth'):
# 从深度图中提取夹爪中间部分的像素值,并将其展平为一维数组,这里使用了
numpy 的 flatten() 函数
    depth_center = depth_crop[100:141, 130:171].flatten()
    depth_center.sort()
# 取深度值数组的前 10 个值的平均值,并将其乘以 1000,得到深度值的单位为毫
米。这里假设前 10 个值是夹爪中间部分的深度值,并取平均值作为最终的深度值
    depth_center = depth_center[:10].mean() * 1000.0
```

将深度图输入到神经网络中进行推理,并得到预测的点云:

```
with TimeIt('Inference'):
# 对深度图进行预处理,首先,将深度图减去其均值,然后使用 numpy 的 clip()
函数将其缩放到 -1 到 1 的范围内
    depth_crop = np.clip((depth_crop - depth_crop.mean()),
-1, 1)
# 使用 TensorFlow 的 predict()函数对深度图进行推理。这里使用了 Ten-
sorFlow 的 Graph 和 Session 对象,以便在同一个上下文中多次调用 pre-
dict()函数
    with graph.as_default():
        pred_out = model.predict(depth_crop.reshape((1, 300,
300, 1)))
```

```
# 从预测输出中提取点云,并使用 numpy 的 squeeze()函数将其从形状为 (1,
300, 300, 3) 的数组中压缩为形状为 (300, 300, 3) 的数组
    points_out = pred_out[0].squeeze()
# 将点云中对应深度图中 nan 值的点的坐标设置为 (0, 0, 0),这里使用了之前
计算的 depth_nan 数组,它包含了深度图中的 nan 值的位置
        points_out[depth_nan] = 0
```

根据预测输出计算角度图和宽度值:

```
with TimeIt('Trig'):
# 从预测输出中提取余弦值和正弦值,并使用 numpy 的 squeeze() 函数将它们
从形状为 (1, 300, 300, 1) 的数组中压缩为形状为 (300, 300) 的数组
    cos_out = pred_out[1].squeeze()
    sin_out = pred_out[2].squeeze()
# 使用 numpy 的 arctan2() 函数计算角度值,并将其除以 2.0,这里假设预测输
出的前两个通道分别为余弦值和正弦值,根据三角函数的定义,可以使用
arctan2() 函数计算出角度值
    ang_out = np.arctan2(sin_out, cos_out) /2.0
# 从预测输出中提取宽度值,并将其乘以 150.0,得到宽度值的单位为毫米。这里
假设预测输出的第四个通道为宽度值,并将其缩放到 0 到 150 的范围内
    width_out = pred_out[3].squeeze() * 150.0 # Scaled 0 -150:0
-1
```

对点云和角度图进行高斯滤波:

```
with TimeIt('Filter'):
#使用 scipy 的 ndimage 模块中的 gaussian_filter() 函数对点云和角度
图进行高斯滤波,这里将滤波器的标准差分别设置为 5.0、2.0
    points_out = ndimage.filters.gaussian_filter(points_out,
5.0)  #3.0
    ang_out = ndimage.filters.gaussian_filter(ang_out, 2.0)
```

判断机器人的高度是否大于 0.34(参考),建议摄像头距离物体大于 0.34,距离越高,视野越大,50 ~ 60 cm 较为理想。GGCNN 的核心函数为 peak_local_max(图像中极大值的坐标),找到当前图像的最大值,即要抓取的点。GGCNN 无法识别特定物体的抓取姿态,输入图像,通过函数 peak_local_max 去分析局部的最大值,会生成局部最大值的物体的抓取姿态,而不是任意物体。

根据点云和角度图计算机器人的最佳姿态:

```
with TimeIt('Control'):
    maxes = None
```

```
ALWAYS_MAX = False #初始化变量 ALWAYS_MAX 为 False
#判断机器人的高度是否大于 0.34 或 ALWAYS_MAX 是否为 True,如果是,
则跟踪全局最大值
if ROBOT_Z > 0.34 or ALWAYS_MAX:
#使用 numpy 的 unravel_index() 函数找到点云中的最大值,并将其转换为点
云中的像素坐标
max_pixel = np.array(np.unravel_index(np.argmax(points_
out), points_out.shape))
prev_mp = max_pixel.astype(np.int)
else:
#使用 scipy 的 peak_local_max() 函数找到点云中的局部最大值,这里
将最小距离设置为 10,绝对阈值设置为 0.1,最大峰数设置为 3
maxes = peak_local_max(points_out, min_distance = 10,
threshold_abs = 0.1, num_peaks = 3)
#判断是否找到了局部最大值。如果没有找到,则直接返回
    if maxes.shape[0] = = 0:
      return
#选择距离 prev_mp 最近的局部最大值,并将其转换为点云中的像素坐标
    max_pixel = maxes[np.argmin(np.linalg.norm(maxes -
prev_mp, axis =1))]
#计算新的 prev_mp,将 max_pixel 的权重设置为 0.25,将旧的 prev_mp
的权重设置为 0.75
    prev_mp = (max_pixel * 0.25 + prev_mp * 0.75).astype
(np.int)
#从角度图中获取最佳姿态的角度值
ang = ang_out[max_pixel[0], max_pixel[1]]
#从宽度图中获取最佳姿态的宽度值
    width = width_out[max_pixel[0], max_pixel[1]]
```

裁剪后的坐标会发生变化,再进行反裁剪。将最佳姿态的像素坐标转换为未裁剪/调整大小的图像坐标,并计算该点的深度:

```
#将 max_pixel 从裁剪后的图像坐标转换为未裁剪/调整大小的图像坐标,这里
假设裁剪后的图像大小为 300x300,未裁剪/调整大小的图像大小为 480x640
max_pixel = ((np.array(max_pixel) /300.0 * crop_size) +
np.array(
```

```
        [(480 - crop_size) //2, (640 - crop_size) //2]))
    max_pixel = np.round(max_pixel).astype(np.int)
#从深度图中获取最佳姿态点的深度值
    point_depth = depth[max_pixel[0], max_pixel[1]]
```

根据相机内参将最佳姿态点的像素坐标和深度转换为相机坐标系下的坐标:

```
    x = (max_pixel[1] - cx) /(fx) * point_depth
    y = (max_pixel[0] - cy) /(fy) * point_depth
    z = point_depth
```

把图像传输到ROS节点中,作为话题进行发布,供其他节点使用,发布图片。以下代码的作用是在图像上绘制抓取标记,并将结果发布出去以进行可视化:

```
with TimeIt('Draw'):
    grasp_img = np.zeros((300, 300, 3), dtype=np.uint8)
    #将最佳姿态点的像素标记为红色
    grasp_img[:, :, 2] = (points_out * 255.0)
    #创建一个旋转矩形,其中包含最佳姿态点和抓取宽度
    rect = ((prev_mp[1], prev_mp[0]), (width, 10), -ang/3.14 *
180)

    #计算旋转矩形的四个顶点坐标
    box = cv2.boxPoints(rect) # cv2.boxPoints(rect) for OpenCV
3.x
    #将顶点坐标转换为整数类型
    box = np.int0(box)
    #在图像上绘制旋转矩形
    cv2.drawContours(grasp_img,[box], -1,(0,255,0),1, cv2.LINE
_AA)

    #创建一个副本,用于绘制圆形标记
    grasp_img_plain = grasp_img.copy()
    #计算圆形标记的像素坐标
    rr, cc = circle(prev_mp[0], prev_mp[1], 5)
    #将圆形标记的像素标记为绿色
    grasp_img[rr, cc, 0] = 0
    grasp_img[rr, cc, 1] = 255
```

```
    grasp_img[rr, cc, 2] = 0

    with TimeIt('Publish'):
    #将图像转换为 ROS 消息格式
    grasp_img = bridge.cv2_to_imgmsg(grasp_img,'bgr8')
    #将图像消息的头信息设置为深度图的头信息
    grasp_img.header = depth_message.header

    #将图像消息发布到 grasp_pub 话题上
    grasp_pub.publish(grasp_img)
    #将副本图像转换为 ROS 消息格式
     grasp_img_plain = bridge.cv2_to_imgmsg(grasp_img_
plain,'bgr8')

    #将副本图像消息的头信息设置为深度图的头信息
    grasp_img_plain.header = depth_message.header
    #将副本图像消息发布到 grasp_plain_pub 话题上
    grasp_plain_pub.publish(grasp_img_plain)
    #将深度图的裁剪版本发布到 depth_pub 话题上
    depth_pub.publish(bridge.cv2_to_imgmsg(depth_crop))
    #将角度图发布到 ang_pub 话题上
    ang_pub.publish(bridge.cv2_to_imgmsg(ang_out))
    #创建一个 Float32MultiArray 类型的消息
    cmd_msg = Float32MultiArray()
    #将最佳姿态点的相机坐标系下的坐标、角度、抓取宽度和深度中心添加到消
息中
    cmd_msg.data = [x, y, z, ang, width, depth_center]
    # 将消息发布到 cmd_pub 话题上
    cmd_pub.publish(cmd_msg)
```

(4)建立坐标系的连接。

通过手眼标定可以得到机械臂终端和相机的位置关系的 tf 值,ROS 可以通过 tf 的坐标系管理所有的坐标值,只要把坐标系连接起来,就可以得到任何两个坐标系的位置关系。相机坐标系下物体的坐标值把识别结果作为 tf 发布,将机械臂与相机坐标关系连接起来后,就可得到物体在机械臂坐标系下的位置,通过 Moveit 或直接控制机械臂运动到这个点。获取两个坐标系的 tf 关系,指令如下:

```
$ rosrun tf tf_echo /camera_link /j2n6s300_link_base
$ rosrun rqt_tf_tree rqt_tf_tree
```

机械臂终端和相机的位置关系，参考如下。发布静态的坐标系变换，使用 tf 包中的 static_transform_publisher 节点来发布一个从 robot_effector_frame 到 tracking_base_frame 的坐标系变换(根据实际修改)。

节点的名称为 hand_control_broadcaster。节点的参数 args 包含了变换的具体数值，分别为平移和旋转部分。其中，前三个数值表示平移向量的 x、y、z 分量；后四个数值表示旋转矩阵的四元数，分别为 x、y、z、w；最后一个参数 100 表示发布频率为 100 Hz。

$(arg robot_effector_frame) 和 $(arg tracking_base_frame) 是 ROS 的参数，分别表示机器人执行器坐标系和跟踪基准坐标系的名称。这些参数可以在 launch 文件中定义或在命令行中传递。通过发布这个静态的坐标系变换，可以将机器人执行器坐标系和跟踪基准坐标系对齐，从而实现精确的控制和跟踪：

```
<! -- for static tf -- >
<node pkg ="tf" type ="static_transform_publisher" name ="hand_
control_broadcaster"
     args =" 0. 0474541657828  0. 0761442976253  - 0. 12  -
0.57789808277 -0.424957189085 -0.551966327281 0.425180393391
$(arg robot_effector_frame) $(arg tracking_base_frame) 100"
/>
< /launch >
```

启动两个节点，分别为 tf_broadcaster 和 tf_listener。tf_broadcaster 节点的作用是发布坐标系变换，可以通过 ROS 的 tf 包来实现。具体来说，它会不断地发布机器人的坐标系变换，以便其他节点可以获取机器人的位置和姿态信息。tf_listener 节点的作用是监听坐标系变换，并根据变换来计算机器人的位置和姿态信息。具体来说，它会订阅 tf 包中的 /tf 和 /tf_static 话题，从中获取坐标系变换，并使用 tf. TransformListener 类来计算机器人的位置和姿态信息。通过启动这两个节点，可以实现机器人的位置和姿态信息的获取与发布，从而实现精确的控制和跟踪：

```
< launch >
    < node pkg ="grasp_demo" type ="tf_broadcter" name = "tf_
broadcter"/>
    < node pkg ="grasp_demo" type ="tf_listener.py" name = "tf_
listener"/>
< /launch >
```

将机器人末端执行器和某个物体之间的相对位置、姿态信息发布到指定主题上，以便其他节点可以获取这些信息并进行相应的处理。以下为编写一个 ROS 节点，订阅了一个 tf 变换，将变换的位置和姿态发布到/objection_position_pose 主题上，实现了以下功能。

初始化 ROS 节点，命名为 tf_listener，并设置为匿名节点。

创建一个 TransformListener 对象，用于订阅 tf 变换。

循环执行以下操作。

尝试获取/j2n6s300_link_base 到/object 的 tf 变换。

如果获取成功，将变换的位置和姿态发布到/objection_position_pose 主题上。

如果获取失败，继续循环等待。

在发布位置和姿态的函数中，创建一个 Pose 消息对象，设置其位置和姿态，并将其发布到/objection_position_pose 主题上：

```
import rospy
import tf
from geometry_msgs.msg import Pose

def object_position_pose(t, o):
     pub = rospy.Publisher('/objection_position_pose', Pose,
queue_size=10)
    p = Pose()
    p.position.x = t[0]
    p.position.y = t[1]
    p.position.z = t[2]
    p.orientation.x = o[0]
    p.orientation.y = o[1]
    p.orientation.z = o[2]
    p.orientation.w = o[3]
    pub.publish(p)

if __name__ =='__main__':
    #初始化 ROS 节点,节点名称为 tf_listener,anonymous=True 表示节
点名称自动添加随机数
    rospy.init_node('tf_listener', anonymous=True)
    listener = tf.TransformListener()
    rate = rospy.Rate(10.0)
```

```
    while not rospy.is_shutdown():
        try:
            # 尝试获取/j2n6s300_link_base 到/object 的 tf 变换
            (trans, rot) = listener.lookupTransform('/j2n6s300
_link_base', '/object', rospy.Time(0))
            print("trans:")
            print(trans)
            print("rot:")
            print(rot)
            object_position_pose(trans, rot)
        except (tf.LookupException, tf.ConnectivityException,
tf.ExtrapolationException):
            continue
        rate.sleep()
```

(5)生成物体在机械臂下的位置。

以下定义了一个 ROS 服务,用于生成物体在机器人基座坐标系下的位置,具体代码如下:

```
import rospy
import numpy as np
import math
from tf_transform.srv import objtobaselink, objtobaselinkRe-
sponse
# 定义一个函数,用于将物体坐标系下的点转换到机器人基座坐标系下
def tf_transform(req):
# 定义相机坐标系到工具坐标系的变换矩阵
tool_h_cam = np.array([[ -0.0130, -0.9998, 0.0178, 0.0682],
                       [0.9999, -0.0132, -0.0081, -0.0340],
                       [0.0084, 0.0177, 0.9998, -0.1470],
                       [0.0, 0.0, 0.0, 1.0]
                       ])
# 将物体坐标系下的点转换为相机坐标系下的点
cam_h_obj = np.array([[req.marker_x], [req.marker_y], [req.
marker_z], [1]])
```

```
#定义机器人姿态角
r_x = np.array([[1, 0, 0],
                [0, math.cos(req.robot_roll), -math.sin(req.
robot_roll)],
                [0, math.sin(req.robot_roll), math.cos(req.ro-
bot_roll)]
                ])
r_y = np.array([[math.cos(req.robot_pitch), 0, math.sin(req.
robot_pitch)],
                [0, 1, 0],
                [-math.sin(req.robot_pitch), 0, math.cos(req.
robot_pitch)]
                ])
r_z = np.array([[math.cos(req.robot_yaw), -math.sin(req.ro-
bot_yaw), 0],
                [math.sin(req.robot_yaw), math.cos(req.robot_
yaw), 0],
                [0, 0, 1]
                ])#计算机器人姿态矩阵
r = np.dot(r_z, np.dot(r_y, r_x))
#定义工具坐标系到机器人基座坐标系的变换矩阵
base_h_tool = np.array([[r[0, 0], r[0, 1], r[0, 2], req.robot_x],
                        [r[1, 0], r[1, 1], r[1, 2], req.robot_y],
                        [r[2, 0], r[2, 1], r[2, 2], req.robot_z],
                        [0, 0, 0, 1]
                        ])
#将物体坐标系下的点转换为机器人基座坐标系下的点
base_h_obj = np.dot(np.dot(base_h_tool, tool_h_cam), cam_h_
obj)
print(base_h_obj)
return objtobaselinkResponse(base_h_obj[0, 0], base_h_obj[1,
0], base_h_obj[2, 0])

#定义一个函数,用于创建服务并等待请求
def obj_to_base_server():
```

```
    rospy.init_node('objtoBaseServer')
    # 创建一个名为 objtobaselink 的服务,服务类型为 objtobaselink,回
调函数为 tf_transform
    s = rospy.Service('objtobaselink', objtobaselink, tf_trans-
form)
    rospy.spin()

if __name__ == "__main__":
    obj_to_base_server()
```

实验还可尝试使用 YOLOv5 检测目标冰壶,识别到目标区域后,再使用 GGCNN 检测目标区域,计算出目标冰壶的抓取点在相机坐标系下的三维坐标,机械臂末端执行器运动到目标位置,并完成目标抓取。可将训练好的权重文件 yolov5.pt 放在 launch 文件中:

```
$ roslaunch yolov5_ros yolo_v5.launch
```

yolo_v5.launch 如下,启动 yolov5 目标检测算法和 ROS 节点:

```
<?xml version="1.0" encoding="utf-8"?>
<launch>
  <!-- Load Parameter -->
  <param name="yolov5_path"  value="$(find yolov5_ros)/
yolov5"/>
  <param name="use_cpu"  value="true" />
  <!-- Start yolov5 and ros wrapper -->
  <node pkg="yolov5_ros" type="yolo_v5.py" name="yolov5_ros"
output="screen" >
  <param name="weight_path"  value="$(find yolov5_ros)/
weights/yolov5s.pt"/>
  <param name="image_topic"  value="/camera/color/image_raw"
/>
  <param name="pub_topic"  value="/yolov5/BoundingBoxes" />
  <param name="camera_frame"  value="camera_color_frame"/>
  <param name="conf"  value="0.6" />
  </node>
</launch>
```

节点参数如下。

(1)订阅相机的话题 image_topic。

(2)权重文件的路径 weights_path。

(3)带有检测到的边框的发布主题 pub_topic。

(4)被检测对象的置信阈值 confidence。

根据以上内容,设计实现基于 YOLOv5 的机械臂抓取流程图如图 6.29 所示,尝试使用深度学习的方法,实现冰壶机器人抓取冰壶。

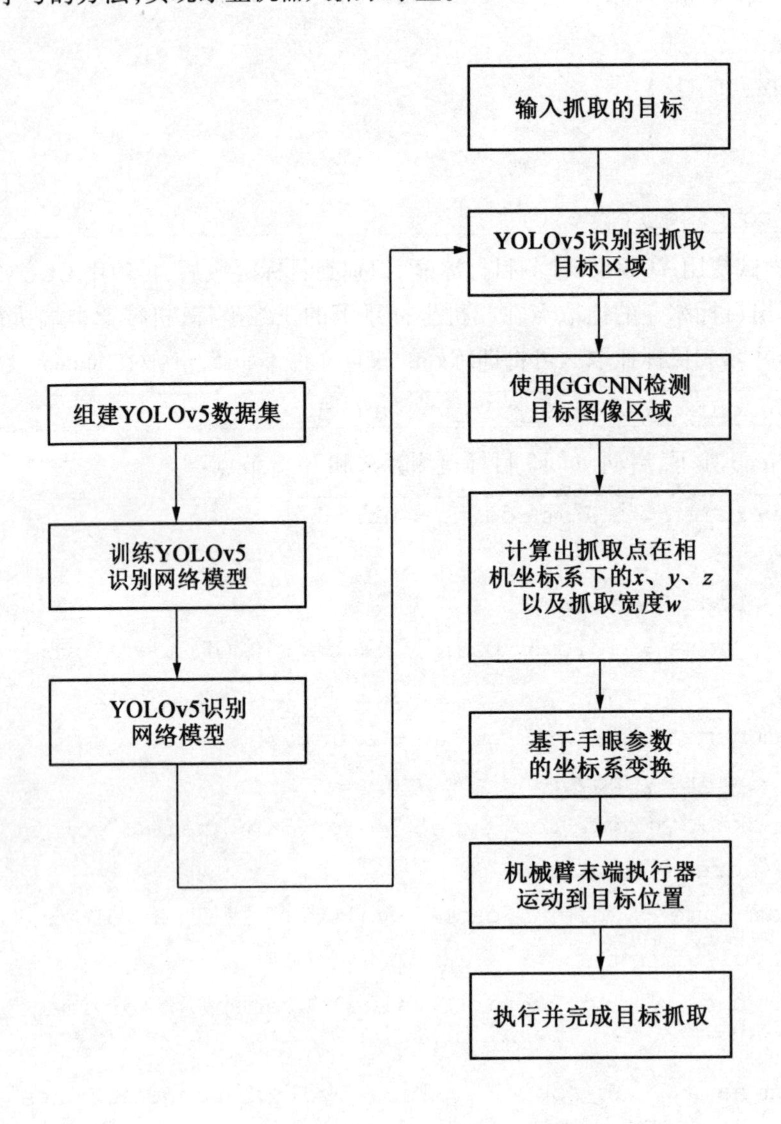

图 6.29 机械臂抓取流程图

第7章　冰壶机器人的博弈策略

在冰壶比赛中,冰壶的投掷策略占比大且复杂,投掷策略是赢得冰壶比赛的关键。数字冰壶策略,即在数字冰壶仿真环境下,根据当前的冰壶比赛状态,如冰壶在大本营附近的个数及位置分布等信息,得到下一个冰壶在发球处的动作(初速度、旋转角度、旋转方向)。因为冰壶比赛的特性,可以使用计算机在数字冰壶仿真环境上通过模拟计算生成冰壶策略,基于数字冰壶仿真环境可以实现冰壶人机对抗,再迁移到实际冰壶机器人中,可为冰壶运动员提供战术指导。

7.1　冰壶的动力学模型

1. 冰壶动力学模型的理论基础

冰壶的实际运动过程较为复杂,由于冰壶与冰面间的压力比较大,在冰壶与冰面进行相对运动时,由于摩擦力的存在,冰壶会加热冰面,从而导致部分冰面融化,形成液态的冰膜。当冰面不再因受到摩擦而产生热力效果后,形成的液态冰膜又会重新冻结。

将冰壶与未经摩擦力加热的普通冰面所形成的作用力称为干摩擦力,而冰壶与加热冰面产生的液态膜间所形成的作用力称为湿摩擦力。冰壶速度的变化会使得干湿摩擦力作用于接触面的区域随速度不同而有所差异。根据这个一特性,可以将冰壶的整个运动过程分为三个阶段,图 7.1 表示冰壶运动过程的三个阶段, ω 代表冰壶的旋转速度,箭头指向的方向为冰壶自身旋转的方向。

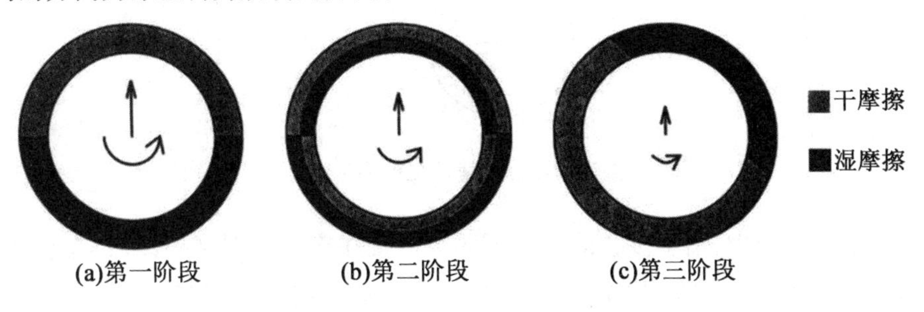

图 7.1　冰壶运动不同阶段的摩擦情况

(1)冰壶运动的第一阶段。冰壶的前向运动速度较大,前半圆环会与冰面先进行干摩擦,并加热冰面产生液态膜,而前半圆环则会因为干摩擦的效果产生干摩擦力。而且由于冰壶的速度较大,在经过圆环内部凹陷区后,液态膜还未凝固,此时,后半圆环会与液态膜接触,与冰面进行湿摩擦,从而会在后半圆环上产生湿摩擦力。

(2)冰壶运动的第二阶段。冰壶速度有所下降,相较于第一阶段的冰壶速度小很多。此时,前半圆环的外围部分会经历干摩擦,产生干摩擦力,并且动态地融化冰面,而前半圆环的内部则会与外围已经融化了的液态膜部分进行湿摩擦,产生湿摩擦力。当冰壶的后半圆环经过凹陷区重新到达此位置时,此时液态膜已经冻结凝固。冰壶的后半圆环则又会像前半圆环一样,内部先进行干摩擦,加热融化冰面,外围部分经过时则进行湿摩擦,内外部分产生不同的干湿摩擦力。

(3)冰壶运动的第三阶段。此时,冰壶的速度很小,它的干湿摩擦的形态又与前两个阶段有较大的差别。冰壶是由花岗岩石制成的,当冰壶的运动速度较为缓慢时,冰壶与液体间有黏滞力,该力会使液体加速到与冰壶的速度相同。在该阶段,冰壶的前半圆环先进行干摩擦,产生液态膜,而此液态膜又会因为黏滞力的作用始终围绕在冰壶的前半部分,同时冰壶又有自身的旋转,旋转会把冰壶前半圆环后半部分的液态膜拖拽到冰壶的外围位置,最终液态膜会附着在冰壶岩石的偏右半部分上。最后,冰壶前半圆环右半部分位置会进行湿摩擦,产生湿摩擦力,而冰壶前半圆环没有被液态膜覆盖的部分以及后半圆环都会进行干摩擦,产生干摩擦力。

由上分析可以看出,冰壶在第三阶段有相较于前两个阶段明显的差异和特征,且其干湿摩擦的分布与第一阶段的完全相反。在观看比赛或者训练的时候,经常会看到冰壶运动到最后,其轨迹会有明显的弯曲,说明第三阶段冰壶干湿摩擦的分布会提高冰壶轨迹弯曲的程度,与实际是相符的。

2. 冰壶动力学模型方程

如图 7.2 所示建立冰壶的坐标系,坐标系的原点在冰壶的重心位置,y 轴始终与冰壶的初始运动速度方向平行,取与 y 轴垂直的方向为 x 轴的方向。在实际冰壶的建模过程中,记冰壶的顺时针旋转的方向是冰壶旋转速度的正方向,逆时针为负方向。

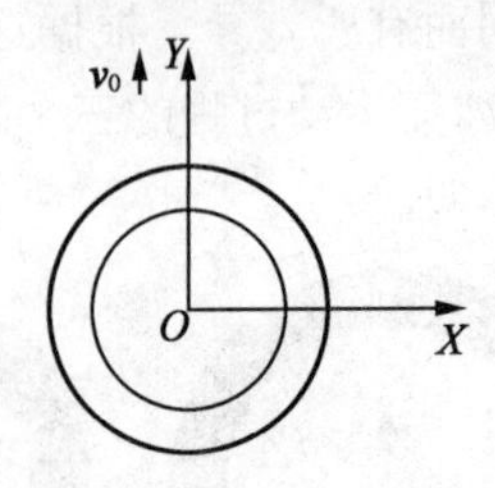

图 7.2　冰壶的坐标系

冰壶在运动过程中,由于接触的冰面不同会产生相应的干湿摩擦力,且在接触环上任意一点产生的干湿摩擦力的方向都会与该点和冰面的相对速度相反。因此,计算干湿摩擦力在接触环上任意一点的公式为

$$\Delta F_{\mathrm{w}} = Ku(\theta) \tag{7.1}$$

$$\Delta F_{\mathrm{d}} = \mu Mg \frac{\Delta\theta}{2\pi} \tag{7.2}$$

式中，F_d 为干摩擦；F_w 为湿摩擦；μ 为冰壶与冰面间的动摩擦系数；M 为冰壶的质量；K 为定值；$u(\theta)$ 为有关冰壶接触环与冰面相对速度的函数，且速度越大，湿摩擦力也越大。

冰壶所受到的干湿摩擦力在接触环上是连续的，因此可以通过积分的形式求出冰壶在整个接触环上所受到的力，为了简化计算和符合之前分析的干湿摩擦分布形式，将不会对整个冰壶的接触环进行积分，而是对冰壶所处的每一象限进行 x、y 轴方向的积分。

此外，冰壶的旋转会受到干湿摩擦力的作用，由于这些摩擦力的水平分量方向不一，它们会在冰壶上产生一个旋转力矩，导致角速度变化。将冰壶的干湿摩擦力产生的旋转力矩进行求和，即可得到总的转动力矩，再利用以下公式，便可求解出该力矩下冰壶的旋转角加速度。

$$\sum M = J\alpha \tag{7.3}$$

式中，J 为冰壶的转动惯量；α 为冰壶在 t 时刻的瞬时角加速度。

若把冰壶的初始旋转角速度设为 ω_0，即可得到冰壶任意时刻的角速度为

$$\omega(t) = \omega_0 + \int_0^t \alpha \mathrm{d}t \tag{7.4}$$

同样地，将冰壶之前算得的干湿摩擦力进行求和，求解出冰壶在任意时刻下的沿 X 轴、Y 轴的线速度，设冰壶初始时刻，沿着 X 、Y 轴方向的初速度为 v_{X0} 、v_{Y0} ，则计算公式为

$$v_X(t) = v_{X0} + \int_0^t \alpha_X \mathrm{d}t \tag{7.5}$$

$$v_Y(t) = v_{Y0} + \int_0^t \alpha_Y \mathrm{d}t \tag{7.6}$$

式中，α_X 和 α_Y 为由干湿摩擦合理计算得的沿着 X、Y 轴方向的瞬时加速度。

3. 数字冰壶运动的特点

(1)冰壶运动具有执行不确定性，由于运动员的发挥水平以及擦冰对场地带来的影响，因此冰壶的最终落点与期望落点存在偏差。

(2)状态空间和动作空间都是大范围连续空间，在 44.5 m×4.75 m 的连续空间内运动，要注意输入和输出的处理。

(3)冰壶比赛是先手发球还是后手发球对比赛的结果有较大影响，对于不同的先后手情况，可以使用不同的策略。

(4)冰壶是多局决策问题，数字冰壶线上比赛采用初赛四局决赛八局的赛制，比赛的胜负根据所有对局结束的总分来判断。可以在不同的局采用不同的策略，比如最后一局的领先一方可以采用保守策略，落后一方可以采用激进策略。

(5)由于存在时间限制，数字冰壶比赛中，基于当前比赛状态，应在有限时间内计算出下一个动作。

(6)数字冰壶具有自由防守区规则。对于前四个球的策略，要考虑自由防守区规则。

7.2 数字冰壶实验平台简介

数字冰壶实验平台实现了冰壶运动在数字空间中的呈现,使用者可以在虚拟空间中采用数字模拟器自行训练AI选手,设计各种策略实现数字空间中的冰壶的智能投掷,还可以和其他AI选手进行数字比赛对抗,深入理解强化学习、博弈论等理论并在实验中验证。

实验使用哈尔滨工业大学举办的全国大学生数字冰壶人工智能挑战赛时用的数字冰壶实验平台,此实验平台基于Unity开发,用于数字冰壶比赛,主要提供了AI对战以及投掷练习这两个功能。对战平台的AI程序名称固定为CurlingAI. exe,命令行运行方法为CurlingAI. exe --port 1234,CurlingAI. exe必须在zip包的最外层,zip包大小不能超过500 MB。收到击球命令到发出击球命令中间的时间间隔不超过1 min。

在AI对战功能中,对战平台与选手编写的AI程序采用TCP协议进行通信,消息格式在下文中给出。AI程序的通信框架在范例中写好,参赛选手需要根据接收的消息制定出决策,并调用发送接口发送给对战平台。投掷训练功能允许选手在和比赛相同的环境中测试冰壶的运动模型。

1. 数字冰壶实验平台的坐标系

数字冰壶实验平台的坐标系示意图如图7.3所示,在正面俯瞰视角下,场地左上角为原点,向下为Y轴正方向,向右为X轴正方向。系统中的长度单位为m,速度单位为m/s,角速度单位为rad/s。场地长45.72 m,宽4.75 m,远端大本营圆心坐标为(2.375,4.88),远端前掷线到远端后卫线的长度为7.56 m,Y轴分量上,投球点距离远端大本营圆心27.6 m。

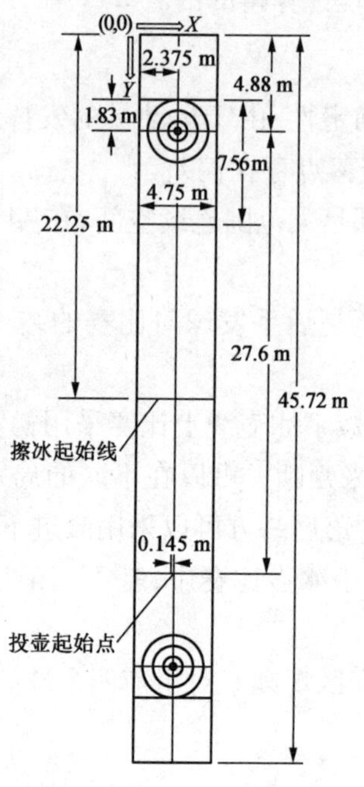

图7.3 数字冰壶实验平台的坐标系示意图

2. 数字冰壶实验平台的通信协议

数字冰壶实验平台的通信协议规约见表 7.1，AI 程序可以遵循此通信协议和数字冰壶服务器进行通信，获取得分区内的冰壶球位置，或者给出投掷指令，从而完成虚拟对战。

表 7.1 数字冰壶实验平台的通信协议规约

		AI 选手			数字冰壶实验平台	
		CONNECTKEY	1 参数	⇒		
				⇐	CONNECTNAME	1 参数
				⇐	ISREADY	
		READYOK		⇒		
		NAME	1 参数	⇒		
				⇐	NEWGAME	
每局比赛循环	每次投掷循环			⇐	POSITION	32 参数
				⇐	SETSTATE	4 参数
				⇐	GO	
		SESTSHOT	3 参数	⇒		
				⇐	MOTIONINFO	5 参数
		SWEEP	1 参数	⇒		
				⇐	SCORE	1 参数
				⇐	TOTALSCORE	2 参数
				⇐	GAMEOVER	1 参数

信息代码对应描述如下。

CONNECTKEY：AI 送手发送一个连接密钥给客户端以建立连接。连接关键字在数字冰壶实验平台右下角查看。

CONNECTNAME：参数 1 为实验平台给 AI 生成的临时选手名，Player1 表示首局先手，Player2 表示首局后手。

ISREADY：实验平台准备完毕。

READYOK：Curling AI 选手准备完毕。

NAME：参数 1 为 AI 选手名，如不发送此消息，则沿用临时选手名。

NEWGAME：开始比赛。

POSITION：16 个冰壶球的当前坐标，顺序同当前对局投掷顺序，(0,0) 坐标表示未投掷或已出界的冰壶。

SETSTATE:设置比赛状态。参数 1 为当前完成的投掷数,参数 2 为当前完成的对局数,参数 3 为总对局数,参数 4 为预备投掷者(0 为持蓝色冰壶者,1 为持红色冰壶者)。

GO:请求 Curling AI 执行动作。

BESTSHOT:给出投掷信息,参数 1 为冰壶初速度,参数 2 为冰壶投掷时的横向偏移,参数 3 为冰壶初始角速度。

MOTIONINFO:在冰壶运动至赛道中间时,向 Curling AI 发出运动状态信息。参数 1 为当前运动冰壶 X 轴坐标,参数 2 为当前运动冰壶 Y 轴坐标,参数 3 为当前运动冰壶速度 X 轴方向分量,参数 4 为当前运动冰壶速度 Y 轴方向分量,参数 5 为当前运动冰壶的旋转角速度。

SWEEP:Curling AI 决定擦冰,则发出消息,擦冰最长持续到对方前卫线。参数 1 为擦冰距离。

SCORE:参数 1 为本局比赛该选手得分。

TOTALSCORE:参数 1 为持蓝色冰壶的选手总得分,参数 2 为持红色冰壶的选手总得分。

GAMEOVER:参数 1 为胜利、失败或平局。

7.3 数字冰壶实验平台通信

1. Socket 通信

Socket 是一种抽象层,通常翻译为套接字,应用程序通过它来发送和接收数据,使用 Socket 可以将应用程序添加到网络中,与处于同一网络中的其他应用程序进行通信。Socket 通信示意图如图 7.4 所示,Socket 可以理解为是两个程序进行双向数据传输的网络通信的端点,一般由一个 IP 地址加上一个端口号来表示。每个程序都在一个端口上提供服务,而想要使用该服务的程序,则需要连接该端口。这就类似在两个程序之间搭建了一根管道,程序 A 可以通过管道向程序 B 发送数据,程序 B 可以接受管道传输来的数据,同样,程序 B 也可以发送,这个管道就相当于 Socket 的作用。

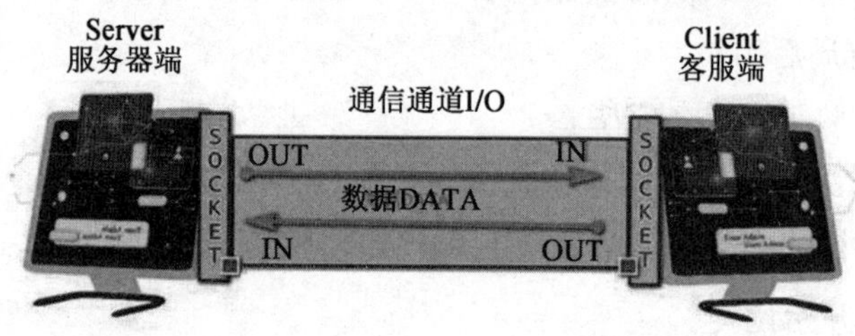

图 7.4 Socket 通信示意图

根据不同的底层协议,Socket 通信的实现是多样化的,最常用的是基于 TCP/IP 协议族的 Socket 通信,而在这个协议族当中,主要的 Socket 类型为流套接字(streamsocket)和数据报套接字(datagramsocket)。

流套接字将 TCP 协议作为其端对端协议,提供了一个可信赖的字节流服务,是有连接的通信方式。通信双方在开始时必须建立一次连接过程,建立一条通信链路。数据报套接字将 UDP 协议作为其端对端协议,提供数据打包发送服务,是无连接的通信方式。通信双方不存在一个连接过程,一次网络 I/O 以一个数据报形式进行。

在数字冰壶实验平台中,使用 TCP 协议的有连接的流套接字通信,具体步骤如下。

(1)创建 Socket,将 Socket 与地址绑定,设置 Socket 选项,双方建立连接。

(2)监听 Socket,接收、发送数据,双方按照一定的协议对 Socket 进行读写操作。

(3)关闭、释放 Socket。

2. 服务端

(1)调用 socket()函数,创建一个 Socket,该 Socket 就是主动 Socket(Active Socket)。

(2)调用 bind()函数,给第(1)步的主动 Socket 绑定一个 ip 和 port。

(3)调用 listen()函数,将主动 Socket 转成监听 Socket,开始监听实验平台的连接请求。

(4)使用 accept()函数接受连接请求,该函数从等待连接的队列中取出一个客户端连接进行处理。如果队列中暂无已完成的连接,则该函数将阻塞,直到有新的连接完成。

(5)一旦服务端通过 accept()函数获得一个已连接的 Socket(Connected Socket),就能通过这个 Socket 向客户端发送数据或从客户端读取数据。

说明:在内核中,为每个 Socket 维护两个队列:一个是已经建立了连接的队列(三次握手已经完毕),处于 established 状态;一个是还没有完全建立连接的(未完成三次握手),处于 syn_rcvd 的状态。

3. 客户端

(1)调用 socket()函数,创建一个 Socket,该 Socket 就是主 Socket(Active Socket)。

(2)当服务端调用 accept()时,实验平台可以调用 connect()向服务器发起连接请求,内核会给实验平台分配一个临时的端口,一旦握手成功,服务端的 accept()就会返回另一个 Socket。

(3)实验平台可以往已连接 Socket 读数据或者写数据。

4. 启动数字冰壶实验平台

数字冰壶实验平台器主界面如图 7.5 所示,界面的右下角会显示连接信息,每次启动服务器,信息中的具体信息就会发生变化,这些数据在后续的程序代码编写中会被使用。

图 7.5　数字冰壶实验平台主界面

5. 编写 AI 选手，实现和服务器的 socket 通信

创建 socket 连接：

```
#导入 socket 模块
import socket
#新建 socket 对象
ai_sock = socket.socket()
#服务器 IP(固定不变无须修改)
host = '192.168.0.127'
#连接端口(固定不变无须修改)
port = 7788

#创建 socket 连接
ai_sock.connect((host,port))
print("已建立 socket 连接", host, port)
```

连接到数字冰壶服务器核对密钥，在数字冰壶服务器的主界面中点击“投掷调试”按钮，即可进入如图 7.6 所示的进入调试界面。

图 7.6　选择进入调试界面

投掷调试和正式对战的流程是相同的，AI选手需要先向服务器发送连接密钥，服务器核对密钥无误后，会向AI选手发送临时选手名。正式对战时，临时选手名为player1代表首局先手，临时选手名为player2则代表首局后手。投掷调试时，临时选手名为player1。

向数字冰壶服务器发送密钥并从数字冰壶服务器接收临时选手名的范例代码如下所示，其中key的值需要根据如图7.6所示数字冰壶服务器主界面右下角显示的连接信息中CONNECTKEY的内容进行修改：

```
#根据数字冰壶服务器界面中给出的连接信息修改CONNECTKEY,注意这个数据每次启动都会改变
#key ="test2023_45bfebbe-7185-4366-851d-9018fffbb6e"
Key ="test2023_2_5d86e50a-d561-4dd5-94e1-10f2051210a8"

#通过socket对象发送消息
msg_send ='CONNECTKEY:' + key # +'\0'
ai_sock.send(msg_send.encode())

#通过socket对象接收消息
msg_recv = ai_sock.recv(1024)
print(msg_recv)
```

上方代码运行成功后，会收到类似b'CONNECTNAME Player1 \x00'的消息数据，数据开头的b说明这个数据是bytes类型。消息代码和参数是以空格分隔开的，如果有多个参数，各个参数之间也是以空格进行分隔，末尾的\x00说明是以0结尾，实际处理时需要去掉末尾的0并转换成字符串类型再进一步解析。

确认选手已准备完毕，后续过程中需要多次编码发送消息，以及多次接收消息进行解析，按照编程惯例，将这两个过程编写为函数方便调用。范例代码如下所示：

```
import time
#通过socket对象发送消息
def send_msg(sock, msg):
    print(">>>>"+ msg)
    #将消息数据从字符串类型转换为bytes类型后发送
    sock.send(msg.strip().encode())

# 通过socket对象接收消息并进行解析
def recv_msg(sock):
```

```
# 为避免 TCP 粘包问题,数字冰壶服务器发送给 AI 选手的每一条信息均以 0(数值为 0 的字节)结尾
# 这里采用了逐个字节接收后拼接的方式处理信息,多条信息之间以 0 为信息终结符
buffer = bytearray()
while true:
  #接收 1 个字节
  data = sock.recv(1)
  #接收到空数据或者信息处终结符(0)即中断循环
  if not data or data = = b'\0 ':
    time.sleep(0.1)
    break
  #将当前字节拼接到缓存中
  buffer.extend(data)
#将消息数据从 bytes 类型转换为字符串类型后,去除前后空格
msg_str = buffer.decode().strip()
print(" < < < "+ msg_str)

#用空格将消息字符串分隔为列表
msg_list = msg_str.split("")
#列表中第一项为消息代码
msg_code = msg_list[0]
#列表中后续的项为各个参数
msg_list.pop(0)
#返回消息代码和消息参数列表
return msg_code, msg_list
```

成功连接到数字冰壶服务器核对密钥后,数字冰壶服务器的界面上会显示“Player1 已连接”。在投掷调试模式中,数字冰壶服务器收到 AI 选手的连接信息后,会启动一个对手机器人,所以界面上也会显示“Player2 已连接”。点击界面上的“准备”按钮后,数字冰壶服务器会向 AI 选手发送“ISREADY”消息,AI 选手需要回复“READYOK”消息,表示已经准备完毕,并需要发送带有参数的“NAME”消息,将 AI 选手的选手名发送到数字冰壶服务器,消息代码和参数之间用空格分隔。范例代码如下:

```
#接收消息并解析
msg_code, msg_list = recv_msg(ai_sock)
#如果消息代码是"ISREADY"
If msg_code = ="ISREADY"
    #发送"READYOK"
    send_msg(ai_sock,"READYOK")
    #发送"NAME"和 AI 选手名
    send_msg(ai_sock,"NAME CurlingAI")
```

6. 开始对战/投掷调试

确定AI选手已准备好,数字冰壶服务器的界面上会显示"CurlingAI 已准备",点击"开始对局"后,服务器会向AI选手发送"NEWGAME"消息,并会跳转到开始对战/投掷调试界面。每局对战或投掷调试开始时,以及后续每个冰壶投掷完成后,都会向AI选手发送多条消息通知当前的比赛状态和冰壶球坐标。比赛状态信息的消息代码是"SETSTATE",该消息有4个参数,参数1是当前完成投掷数,参数2是当前完成对局数,参数3是总对局数,参数4是预备投壶者。接收并解析比赛状态信息的范例代码如下所示:

```
While(1):
     #接收消息并解析
    msg_code, msg_list = recv_msg(ai_sock)
    #如果消息代码是"SETSTATE"
    if msg_code = = "SETSTATE":
      print("当前完成投掷数:", msg_list[0])
    print("当前完成对局数:", msg_list[1])
    print("总对局数:", msg_list[2])
    if int(msg_list[3]) = = 0:
      print("预备投壶者:蓝壶")
    else:
      print("预备投壶者:红壶")
    break
```

通过对接收到的比赛状态消息进行解析,可以看到比赛共有4局,当前是第1局的第1次投掷,预备投壶者是蓝壶。在当前AI选手执行投掷动作时,服务器会向当前AI选手发送"GO"消息。接收到服务器发来的"GO"消息后,AI选手就可以进行投壶了。投壶消息代码为"BESTSHOT",这个消息带有3个参数,参数1是冰壶投掷时的初速度v0($0 \leqslant v0 \leqslant 6$),参数2是冰壶投掷时的横向偏移h0($-2.23 \leqslant h0 \leqslant 2.23$),参数3是冰壶投掷时的初始角速度ω0($-3.14 \leqslant \omega0 \leqslant 3.14$),消息代码和各个参数之间均用空格分隔。如下范例代码,在接收到"GO"消息后,发出带参数的"BESTSHOT"消息,投出了初速度为3、横向偏移为0、初始角速度为0的冰壶。服务器接收来自AI选手的投壶消息后,会根据参数中指定的初速度、横向偏移和初始角速度对冰壶的运动轨迹进行仿真并在界面上实时展示:

```
While(1):
    #接收消息并解析
    msg_code, msg_list = recv_msg(ai_sock)
    # 如果消息代码是"GO"
    if msg_code = ="GO":
        Print("= = = = = = = = = =第1局第1壶= = = = = = = = = =")
        #发送投壶消息:初速度为3;横向偏移为0,初始角速度为0
        send_msgs(ai_sock,"BESTSHOT 3.1 1.9 0")
    break
```

需要注意的是,数字冰壶服务器中对于场地各点的摩擦系数引入随机变量,即便是相同的参数进行投掷,每次的落点也会有少许的差别。这样就为比赛增加了一些偶然的成分,更贴近实际的冰壶比赛,也更具有趣味性。在实际对战中,AI选手从接收到"GO"消息开始,到发出"BESTSHOT"消息为止,间隔时间不能超过2 min,超过2 min就会判超时,轮到对手继续投壶,但在投掷调试时没有超时限制。

以下代码为保持投壶的初速度和初始角速度不变,改变横向偏移为0.5。对比两个壶的位置,可以看到第2壶由于有横向偏移,和第1壶相比,距离场地中线更远。其中,正的横向偏移会使得投出的冰壶向右偏移,而负的横向偏移会使得投出的冰壶向左偏移:

```
While(1):
    #接收消息并解析
    msg_code, msg_list = recv_msg(ai_sock)
    # 如果消息代码是"GO"
    if msg_code = ="GO":
        Print("= = = = = = = = = =第1局第2壶= = = = = = = = = =")
        #发送投壶消息:初速度为3;横向偏移为0.5,初始角速度为0
      send_msgs(ai_sock,"BESTSHOT 3.10 0.5 0")
    break
```

保持投壶的初速度不变,将横向偏移恢复为0,改变初始角速度为-3.14,观察冰壶球的落点变化。给定了第3壶初速度就会投出弧线球,实际可以看到第3壶偏离了场地中线。正的初始速度会投出偏转到左侧的弧线球,而负的初始角速度会投出偏转到右侧的弧线球:

```
While(1):
    #接收消息并解析
    msg_code, msg_list = recv_msg(ai_sock)
    # 如果消息代码是"GO"
    if msg_code = ="GO":
        print("= = = = = = = = =第1局第3壶= = = = = = = = =")
        #发送投壶消息:初速度为3;横向偏移为0,初始角速度为 -3.14
      send_msgs(ai_sock,"BESTSHOT 3.0 0  -3.14")
    break
```

7. 分析得分区局势

接下来介绍如何对得分区的冰壶位置信息进行解析,冰壶位置信息的消息代码是"POSITION",该消息有32个参数,分别是16个冰壶球的当前坐标,顺序与当前的对局投掷顺序相同,(0,0)坐标表示未投掷或已出界的球。接收并解析比赛状态信息和冰壶位置信息的范例代码如下所示:

```
init_x, init_y, gote_x, gote_y = [0]*8, [0]*8, [0]*8, [0]*8
While(1):
    #接收消息并解析
    msg_code, msg_list = recv_msg(ai_sock)
    # 如果消息代码是"POSITION"
    if msg_code = ="POSITION":
      for n in range(8):
        init_x[n], init_y[n] = float(msg_list[n*4]), float
(msg_list[n*4+1])
        print("先手第% d 壶坐标为(% .4f, % .4f)" % (n+1, init_x
[n], init_y[n]))
        gote_x[n], gote_y[n] = float(msg_list[n*4+2]), float
(msg_list[n*4+3])
        print("后手第% d 壶坐标为(% .4f, % .4f)" % (n+1, gote_x
[n], gote_y[n]))
    break
```

通过对接收到的消息进行解析,可以看到先手第1壶、第2壶、第3壶和第4壶有坐标。其余的壶由于已出界或未投掷,坐标都为(0,0)。对于有坐标的冰壶,如何判断它是否在大本营内?根据前面介绍的冰壶半径为0.145 m,场地远端大本营的圆心坐标为

(2.375,4.88),半径为1.830 m。根据这些参数,可以计算出冰壶距离大本营圆心的距离,进一步判断这个壶是否在大本营内。范例代码如下:

```
import math
# 与大本营中心的距离
def get_dist(x,y):
    House_x = 2.375
    House_y =4.88
    return math.sqrt((x - House_x ) * *2 + (y - House_y) * *2)
#大本营内是否有壶
def is_in_house(dist):
    House_R = 1.830
    Stone_R = 0.145
    if dist < (House_R + Stone_R)
      return 1
    else:
      return 0
for n in range(8):
    if ( init_x[n] > 0 ) and ( init_y[n] > 0 ):
      distance = get_dist ( init_x[n], init_y[n] )
      print ("先手方第% d 壶距离大本营中线% .2f 米" % (n +1, dis-
tance))
      if ( is_in_house (distance) ):
        print("壶在大本营内!")
          else:
            print("壶不在大本营内!")
```

8. 获取每局得分及整场比赛得分

重复如上所述接收消息、解析消息、发送投掷命令的过程,完成本局剩余4个壶的投掷,范例代码如下:

```
import random
#循环投掷剩余的4个壶
for n in range(4):
    while(1):
        #接收消息并解析
```

```
        msg_code, msg_list = recv_msg(ai_sock)
        #如果消息代码是"GO"
        if msg_code = ="GO":
        print("= = = = =第1 局第" + str(n +5) + "壶= = = = =")
        # 冰壶初速速度取 2.5 到 3.5 之间的随机数
        v0 = 2.5 + random.random()
        # 冰壶横向偏移取 -1 到 1 之间的随机数
        h0 = -1.0 + 2.0 * random.random()
        # 发送投壶消息:初速度为 v0;横向偏移为 h0,初始角速度为 0
        send_msg(ai_sock,"BESTSHOT" + str(v0) + " " + str(h0) +
"0")
        break
```

每局全部 8 个冰壶投掷完毕后,服务器会向 AI 选手发送“SCORE”消息,参数是该局得分。正分说明是自己得分,负分说明是对方得分。忽略比赛消息状态和冰壶球坐标信息,仅处理得分的范例代码如下:

```
while(1):
    #接收消息并解析
    msg_code, msg_list = recv_msg(ai_sock)
    #如果消息代码是"SCORE"
    if msg_code = = "SCORE":
    #从消息参数列表中获取得分
    score = int(msg_list[0])
    If score > 0:
        print("我方得" +str(score) +"分")
    elif score < 0:
        print("对方得" +str(score * -1) +"分")
    else:
        print("双方均未得分")
    break
```

此时,界面上也会给出当前的得分情况,第一局的得分情况如图 7.7 所示。点击“下一局”按钮,即会开始新的一局对局/投掷调试,初赛阶段和投掷调试模式设定为每场比赛 4 局,决赛阶段设定为每场比赛 8 局。

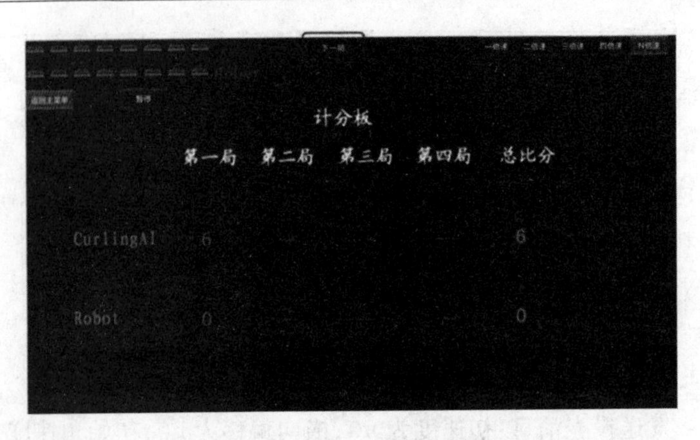

图 7.7　第一局的得分情况

运行下方代码可以在随后的三局比赛中实现随机投壶。注意每一局结束后都要在数字冰壶服务器界面中点击“下一局”按钮：

```
#循环后续3局比赛
for m in range(3):
    #循环投掷8个壶
    for n in range(8):
        while(1):
        #接收消息并解析
        msg_code, msg_list = recv_msg(ai_sock)
        #如果消息代码是"GO"
        if msg_code = ="GO":
        print("= = = = = = = = = = 第" + str(m +2) +"局第" + str(n +
1) +"壶= = = = = = = = = = =")
        # 冰壶初速速度取2.5 到3.5 之间的随机数
        v0 = 2.5 + random.random()
        # 冰壶横向偏移取 -1 到1 之间的随机数
        h0 = -1.0 + 2.0 * random.random()
        # 发送投壶消息:初速度为v0;横向偏移为h0,初始角速度为0
        send_msg(ai_sock,"BESTSHOT" + str(v0) + " " + str(h0) +
"0")
    break
```

全局对局结束后，服务器会向 AI 选手发送“TOTALSCORE”消息和“GAMEOVER”消息。“TOTALSCORE”有 2 个参数，参数 1 是执蓝壶选手总得分，参数 2 是执红壶选手总得分，“GAMEOVER”消息有 1 个参数，“WIN”代表胜利，“LOSE”代表失败，“DRAW”代表平局。

```
while(1):
    #接收消息并解析
    msg_code, msg_list = recv_msg(ai_sock)
    #如果消息代码是"GAMEOVER"
    if msg_code = ="GAMEOVER":
        score = init()
    if msg_list[0] = ="WIN":
    print("我方获胜")
    elif msg_list[0] = ="LOSE":
        print("对方获胜")
    else:
        print("双方平局")
    break
```

9. **关闭 socket 连接**

全部对局结束后，数字冰壶服务器界面上显示的计分板也给出总比分。点击“返回主菜单”按钮，即可退出投掷调试模式，此时服务器会向 AI 选手连续发送 5 条空信息。而 AI 选手在连续检测到 5 条空信息后，就应该调用 socket 对象的 close( ) 方法关闭 socket 连接。点击“返回主菜单”按钮，再运行下方代码：

```
#空消息计数器归零
retNullTime = 0
while (1):
    #接收消息并解析
    msg_code, msg_list = recv_msg(ai_sock)
    #如果接到空消息，则将计数器加一
    if msg_code = ="":
    retNullTime = retNullTime + 1
    #如果接到 5 条空消息，则关闭 socket 连接
    if retNullTime = = 5:
    #关闭 socket 连接
    ai_sock.close()
    print("已关闭 socket 连接")
    break
```

以上结合 socket 通信的流程，从 AI 选手和数字冰壶实验平台建立连接开始，介绍了

如何和数字冰壶服务器进行收发消息,最终在数字空间中完成冰壶竞赛。实际使用中,在投壶前需要对大本营状态进行分析,再结合比赛状态信息,综合考虑各种情况,制定对战策略,确定每一壶的投掷目标,最终赢得冰壶比赛。

7.4 冰壶动力学模型的仿真实现

根据对冰壶动力学模型的理解可知,改变横向偏移会对冰壶落点产生影响。下面尝试通过设定横向偏移控制投出的冰壶球撞在指定的冰壶球上。

首先,点击菜单项的"start curling server",启动数字冰壶比赛服务器。

然后,点击界面中的"投掷调试"按钮,进入投掷调试模式。

以下示例代码,根据数字冰壶服务器界面中给出的连接信息修改代码中 CONNECTKEY 相关内容,同时配合数字冰壶比赛服务器界面中的操作,可以完成以下流程。

(1)AI 选手发送带参数的"CONNECTKEY"消息连接服务器,注意要根据数字冰壶服务器界面中给出的文本修改参数。

(2)在数字冰壶比赛服务器中点击"准备"。

(3)AI 选手在接收到"ISREADY"消息后发送"READYOK"消息确认准备完毕。

(4)AI 选手发送带参数的"NAME"消息设定参赛选手名。

(5)在数字冰壶比赛服务器中点击"开始对局"。

(6)AI 选手在接收到"GO"消息后,发送带参数的"BESTSHOT"消息进行初速度为 3、横向偏移为 0.5、初始角速度为 0 的投壶。

(7)投壶结束后,解析收到的"POSITIONS"消息的参数获取得分区内冰壶的坐标。

示例代码如下:

```
import socket
import time
#服务器 IP(固定不变,无须修改)
host ='192.168.0.127'
#连接端口(固定不变,无须修改)
port = 7788
#根据数字冰壶服务器界面中给出的连接信息修改 CONNECTKEY,注意这个数据每次启动都会改变
key ="test2023_eb732338 -7d04 -475f -b043 -ee69b4356567"
#新建 socket 对象
```

```
ai_sock = socket.socket()
#创建 socket 连接
ai_sock.connect((host,port))
print("已建立 socket 连接", host, port)

#通过 socket 对象发送消息
def send_msg(sock, msg):
    print(" >>>> " + msg)
    #将消息数据从字符串类型转换为 bytes 类型后发送
    sock.send(msg.strip().encode())
#通过 socket 对象接收消息并进行解析
def recv_msg(sock):
    #为避免 TCP 粘包问题,数字冰壶服务器发送给 AI 选手的每一条信息均以 0
(数值为 0 的字节)结尾
    #这里采用了逐个字节接收后拼接的方式处理信息,多余信息之间以 0 为信息
终结符
    buffer = bytearray( )
    while True:
        #接收 1 个字节
        data = sock.recv(1)
        #接收到空数据或者信息处终结符(0)即中断循环
        if not data or data == b'\0':
          time.sleep(0.1)
          break
        #当前字节拼接到缓存中
        buffer.extend(data)
#将消息数据从 bytes 类型转换为字符串类型后,去除前后空格
msg_str = buffer.decode().strip()
print(" <<<< " + msg_str)

#用空格将消息字符串分隔为列表
    msg_list = msg_str.split("")
    #列表中第一个项为消息代码
    msg_code = msg_list[0]
    #列表中后续的项为各个参数
```

```
    msg_list.pop(0)
    #返回消息代码和消息参数列表
    return msg_code, msg_list

#通过 socket 对象发送连接密钥
send_msg(ai_socket," CONNECTKEY : " + key)
#初始化先手壶和后手壶的坐标列表
init_x, init_y, gote_x, gote_y = [0]*8, [0]*8, [0]*8, [0]*8
while(1):
    #接收消息并解析
    msg_code, msg_list = recv_msg(ai_sock)
    #如果消息代码是" ISREADY "
    if msg_code == " ISREADY "
        #发送" READYOK "
        send_msg(ai_sock," READYOK ")
        #发送"NAME"和 AI 选手名
        send_msg(ai_sock," NAME CurlingAI ")
    if msg_code == "GO":
        print("==========先手方第 1 壶==========")
        #发送投壶消息:初速度为 3,横向偏移为 0,初始角速度为 0
        send_msg(ai_sock," BESTSHOT  3.0 0 0 ")
        if msg_code == " POSITION ":
        for n in range(8):
            init_x[n], init_y[n] = float(msg_list[n*4]), float
(msg_list[n*4+1])
            gote_x[n], gote_y[n] = float(msg_list[n*4+2]),
float(msg_list[n*4+3])
        if (init_x[0]>0.0001) or (init_y[0]>0.0001):
            print("先手第 1 壶坐标为(%.4f, %.4f)" % (init_x[0],
init_y[0]))
            break
```

设定初速度为 3、横向偏移为 0.5、初始角速度为 0 的投壶结果如图 7.8 所示。

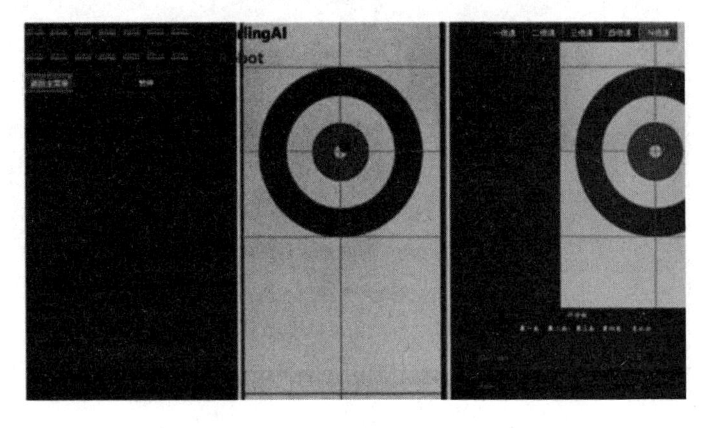

图7.8　大本营中的第1壶

将上面解析出来的第1壶的坐标代入经过推导得到的经验公式,设置第2壶的初速度和横向偏移,即可实现将第1壶击飞。范例代码如下:

```
while(1):
    #接收消息并解析
    msg_code, msg_list = recv_msg(ai_sock)
    if msg_code = =" GO "
        print("= = = = = = = = = =先手方第2 壶 = = = = = = = = = =")
        v0 = float(3.613 -0.12234 * init_y[0] +1)
        h0 = float(init_x[0] -2.375)
        #发送投壶消息:初速度为 v0,横向偏移为 h0,初始角速度为 0
        send_msg(ai_sock,"BESTSHOT " + str(v0) + " " + str(h0) +
" 0 ")
    if msg_code = ="POSITION":
            for n in range(8):
            init_x[n], init_y[n] = float(msg_list[n*4]), float
(msg_list[n*4 +1])
            gote_x[n], gote_y[n] = float(msg_list[n*4 +2]),
float(msg_list[n*4 +3])
        if (init_x[1] >0.0001) or (init_y[1] >0.0001):
            print("先手第2 壶坐标为(%.4f, %.4f)" % (init_x[1],
init_y[1]))
            break
```

投壶结果如图7.9所示,大本营中的壶是第2壶。可以看到,2个冰壶的碰撞遵守动量守恒定律,后发的壶会停留在撞击位置,而被撞的壶会被击飞。

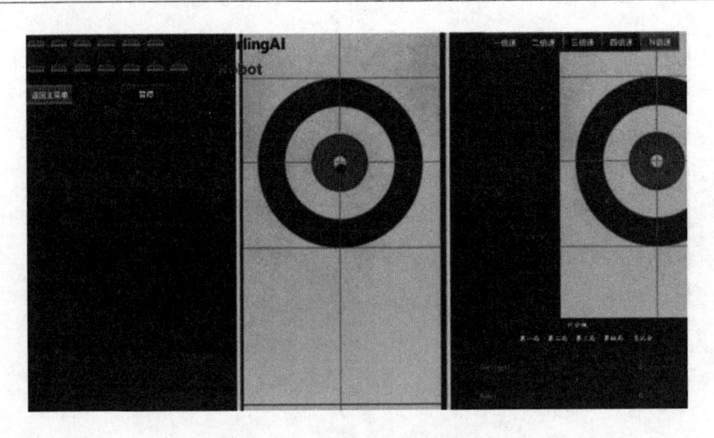

图7.9 大本营中的第2壶

还可以将上面解析出来的第3壶的坐标代入经过推导得到的经验公式,投出第3个壶停留在第2个壶下方的自由防守区内。示例代码如下:

```
while(1):
    #接收消息并解析
    msg_code, msg_list = recv_msg(ai_sock)
    if msg_code = ="GO"
        print("= = = = = = = = = =先手方第3壶= = = = = = = = = =")
        v0 = float(3.613 -0.12234 * init_y[1] -0.3)
        h0 = float(init_x[1] -2.375)
        #发送投壶消息:初速度为v0,横向偏移为h0,初始角速度为0
        send_msg(ai_sock,"BESTSHOT " + str(v0) + "" + str(h0) +
"0")
    if msg_code = ="POSITION":
            for n in range(8):
                init_x[n], init_y[n] = float(msg_list[n * 4]),
float(msg_list[n * 4 +1])
                gote_x[n], gote_y[n] = float(msg_list[n * 4 +
2]), float(msg_list[n * 4 +3])
            if (init_x[2] >0.0001) or (init_y[2] >0.0001):
                print("先手第3壶坐标为(% .4f, % .4f)" % (init_x
[2], init_y[2]))
                break
```

投壶结果如图7.10所示,可以看到,第3壶会挡住后续壶的行进路线,从而起到保护大本营内的第2壶不被撞飞的作用,这样的壶称为保护壶。有了保护壶的存在,再想撞飞得分区中的指定冰壶,就需要通过同时设置投壶的横向偏移以及初始角速度投出弧线壶,就可以精妙地绕过保护壶对指定冰壶进行准确打击。

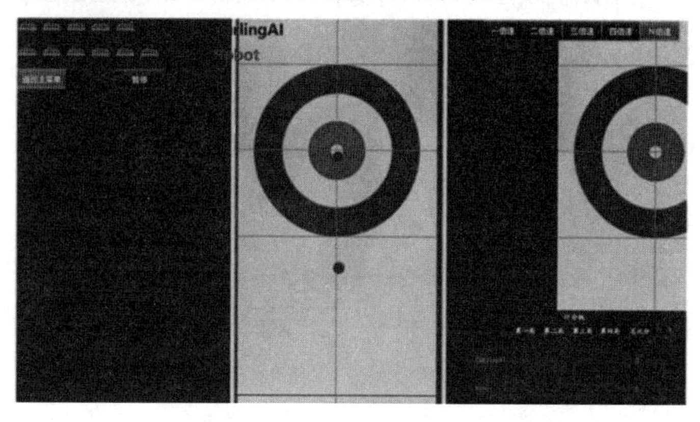

图 7.10　场上的第 2 壶和第 3 壶

补充:考虑擦冰对冰壶运动的影响

考虑到冰壶在冰粒上产生的压强很高(压强的具体数值与温度和应变率有关),而冰壶赛场的冰面上通过喷洒细小的热水滴形成了磨砂感较强的粗糙表面,有时候小冰粒还会发生断裂形成更小的冰渣和碎片,这些都会增加冰壶和冰面的摩擦力。

通过擦冰可以瞬时提高冰面的表面温度,使冰面局部熔化,并再次凝结为较为光滑的表面,从而减小摩擦阻力,提高冰壶的滑行速度,使冰壶走得更远。当冰壶前方两侧擦冰的力道不同时,可以使冰壶受到左右不对称的摩擦力,从而起到拐弯的作用。

冰壶投出后,在经过冰壶场地中线时,服务器会向当前 AI 选手发送"MOTIONINFO"消息,在参数中给出当前冰壶的坐标、速度和角速度。AI 选手接收到该消息可以根据实际情况选择是否发送"SWEEP"消息控制擦冰,这个消息的参数是擦冰距离。

在投壶后解析"MOTIONINFO"消息,并给出擦冰指令的范例代码如下所示:

```
while(1):
    #接收消息并解析
    msg_code, msg_list = recv_msg(ai_sock)
    #如果消息代码是"GO"
    if msg_code = = "GO":
        print("= = = = = = = = = =先手方第 4 壶 = = = = = = = = = =")
        #发送投壶消息:初速度为 v0,横向偏移为 h0 +0.5,初始角速度为 0
        send_msg(ai_sock,"BESTSHOT " + str(v0) + " " + str(h0 +
0.5) + " 0")
    #如果消息代码是"MOTIONINFO"
```

```
    if msg_code = = "MOTIONINFO":
    print("当前冰壶经过坐标点(% s,% s)时的 x 方向速度为% s,y 方向速度
为% s, 角速度为% s。" %
            (msg_list[0], msg_list[1], msg_list[2], msg_list
[3], msg_list[4]))
        #发送擦冰消息:擦冰距离为 20 m
        send_msg(ai_sock,"SWEEP 20.0")
    if msg_code = = "POSITION":
            for n in range(8):
        init_x[n], init_y[n] = float(msg_list[n*4]), float(msg
_list[n*4 +1])
        gote_x[n], gote_y[n] = float(msg_list[n*4 +2]), float
(msg_list[n*4 +3])
        if (init_x[3] >0.0001) or (init_y[3] >0.0001):
        print("先手第 4 壶坐标为(% .4f, % .4f)" % (init_x[3], init_y[3]))
        break
```

投壶结果如图 7.11 所示。对比第 4 壶和第 3 壶的位置可以看到,在同样的初速度下,擦冰会使冰壶走得更远。

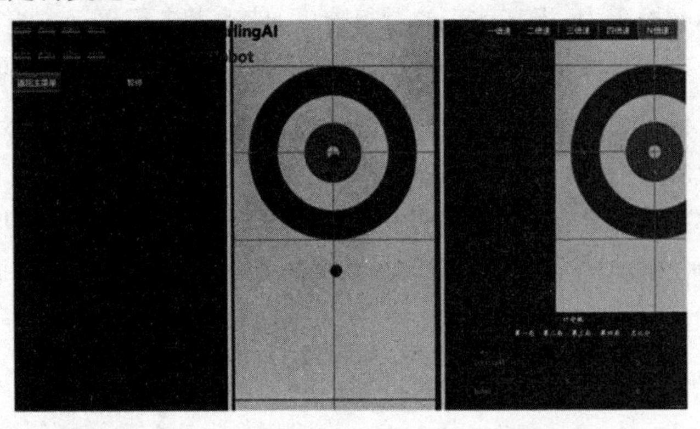

图 7.11　执行擦冰后第 4 壶的落点位置

7.5　强化学习算法应用

强化学习(reinforcement learning, RL),又称再励学习、评价学习或增强学习,是机器学习的范式和方法论之一,用于描述和解决智能体在与环境的交互过程中通过学习策略以达成回报最大化或实现特定目标的问题。

强化学习问题在信息论、博弈论、自动控制等多个领域进行了深入探讨,被用于解释有限理性条件下的平衡态、设计推荐系统和机器人交互系统。一些复杂的强化学习算法在一定程度上具备解决复杂问题的通用智能,可以在围棋和电子游戏中达到人类水平。

1. 基本概念

强化学习主要的核心思想即智能体与环境之间的交互,目标在训练前就已设定,目的就是让智能体不断地根据设计累计奖励值找到一个最优的动作策略实现目标。“试错”是强化学习的核心机制。有别于机器学习中的监督学习,强化学习缺少外部有知识的监督者所提供的案例来进行学习,也就是缺少预备知识。所谓“试错”就是智能体(agent)通过与环境(environment)交互,产生一个基于当前状态(state)下的动作(action),然后根据当前的动作产生的结果反馈一个奖励(reward),通过这样与环境进行交互获得奖赏指导的行为,最终使得智能体获得最大的奖励。

(1)智能体。智能体可以感知外界环境的状态和反馈的奖励,并进行学习和决策。智能体的决策功能是指根据外界环境的状态来做出不同的动作,而学习功能是指根据外界环境的奖励来调整策略。一个强化学习系统里可以有一个或多个智能体,不需要对智能体本身进行建模,只需要了解它在不同环境下可以做出的动作,并接受奖励信号。

(2)环境。环境是智能体外部的所有事物,智能体在环境中执行动作后都会使得自己处于不同的状态,并接受环境反馈的奖励。环境本身可以是确定性的,也可以是不确定性的。环境可能是已知的,也可能是未知的。

(3)状态。状态来自于状态空间 S,为智能体所处的状态,是一个不断变化的量,可以是离散的或连续的。

(4)动作。动作来自动作空间 A,是对智能体行为的描述,可以是离散的或连续的。

(5)状态转移概率 $p(s'|s,a)$。在智能体根据当前状态 s 做出一个动作 a 之后,环境在下一个时刻转变为状态 s' 的概率。

(6)即时奖励 $r(s,a,s')$。即时奖励是一个标量函数,即智能体根据当前状态 s 做出动作 a 之后,环境会反馈给智能体一个奖励,这个奖励也经常和下一个时刻的状态 s' 有关。

(7)策略。智能体的策略(policy)就是智能体如何根据环境状态 s 来决定下一步的动作 a,通常可以分为确定性策略(deterministic policy)和随机性策略(stochastic policy)两组。确定性策略是从状态空间到动作空间的映射函数 $\pi:S\rightarrow A$。随机性策略表示在给定环境状态时,智能体选择某个动作的概率分布。通常情况下,强化学习一般使用随机性策略。随机性策略可以有很多优点,如在学习时可以通过引入一定随机性更好地探索环境,或者使得策略更加多样性,如在围棋中,确定性策略总是在同一个位置上下棋,这样会导致自己的策略很容易被对手预测。

强化学习是边进行决策边学习,先观察、再行动、再观测的不断学习的过程,强化学习原理图如图7.12所示。每一个动作都能影响智能体将来的状态,通过一个标量的奖励信号来衡量成功,最终达到选择一系列行动来最大化未来的奖励。

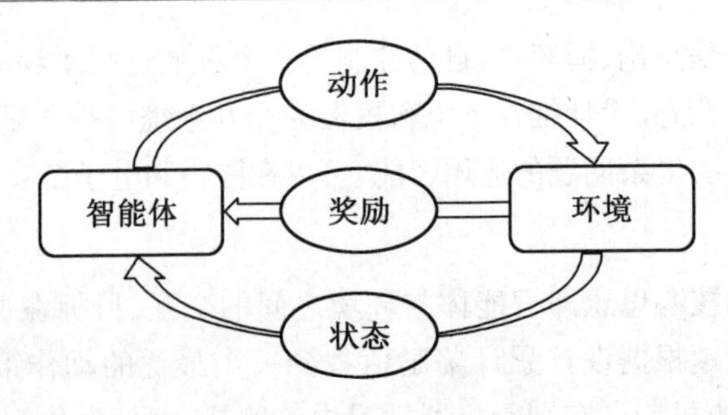

图 7.12　强化学习原理图

2. 分类

(1)强化学习主要分为 model-free 和 model-based 两大类,图 7.13 所示为强化学习的分类。

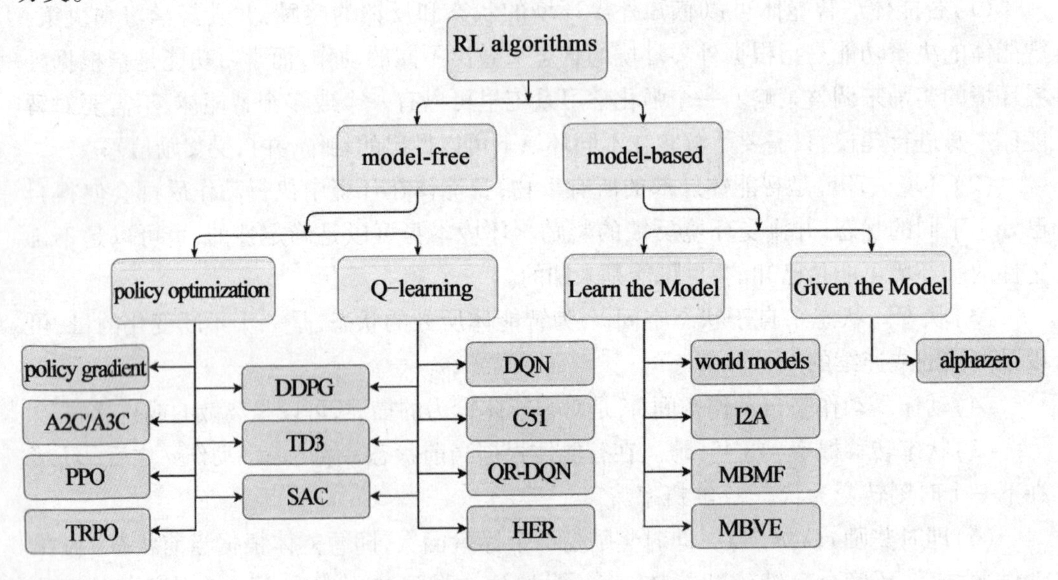

图 7.13　强化学习的分类

①model - free:智能体只依赖于环境获得信息。无模型的算法优点在于通常情况下,智能体无法获取环境的真实模型,虽然放弃了样本的概率,但无模型算法更容易实现与调整,相较于有模型算法来说,更受欢迎。常见的方法有 policy optimization 和 Q - learning。

②model - based:智能体能够访问或学习到环境的模型,该模型能够预测状态转换和奖励。基于模型的算法的优势在于,它们允许智能体通过模拟一系列的行为选择及其结果,从而做出最佳决策,这显著提高了学习过程中的样本使用效率。

(2)根据强化学习是以策略为中心还是以值函数为中心分为 value - based、policy - based 和 actor - critic(actor 根据概率做出动作,critic 根据动作给出价值,从而加速学习过程)。基于价值和策略的优化分别如图 7.14 和图 7.15 所示。

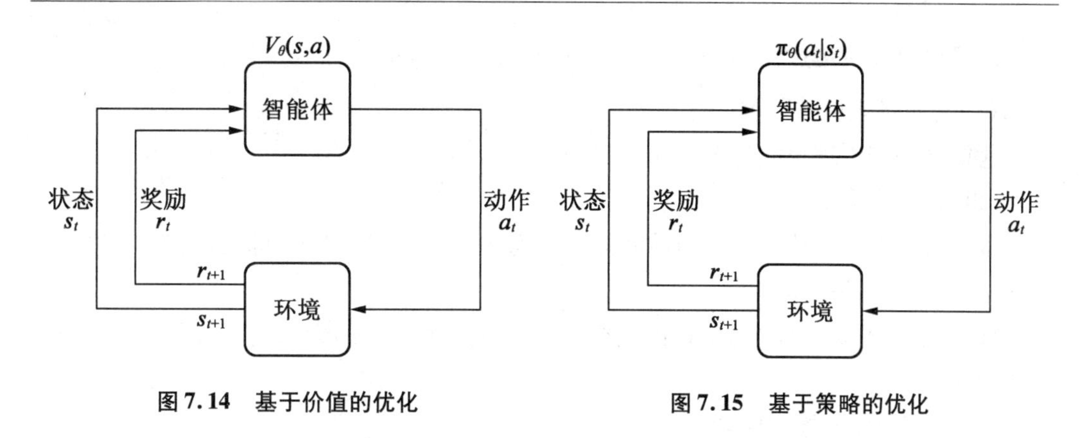

图 7.14　基于价值的优化　　　　图 7.15　基于策略的优化

①value - based:通过潜在奖励计算出动作回报期望来作为选取动作的依据。输出的是动作的价值,选择价值最高的动作。适用于非连续的动作,常见的方法有 Q - learning、DQN 和 Sarsa。

②policy - based:直接输出下一步动作的概率,根据概率来选取动作。但不一定概率最高就会选择该动作,还是会从整体进行考虑。适用于非连续和连续的动作,常见的方法有 policy gradient 和 proximal policy optimization(PPO)等。通过对策略抽样训练出一个概率分布,并增强回报值高的动作被选中的概率。两种策略转化对比见表 7.2。

表 7.2　两种策略优化对比

特性	value - based	policy - based
动作空间	离散动作空间	连续/离散动作空间
是否收敛	能够收敛到最优解	不一定收敛到最优解
策略类型	确定性策略	随机策略
更新频率	每次动作选择更新	一回合更新一次

③actor - critic:如图 7.16 所示,actor 会基于策略的概率分布做出动作,而 critic 会对做出的动作给出动作的价值,从而加速学习过程。

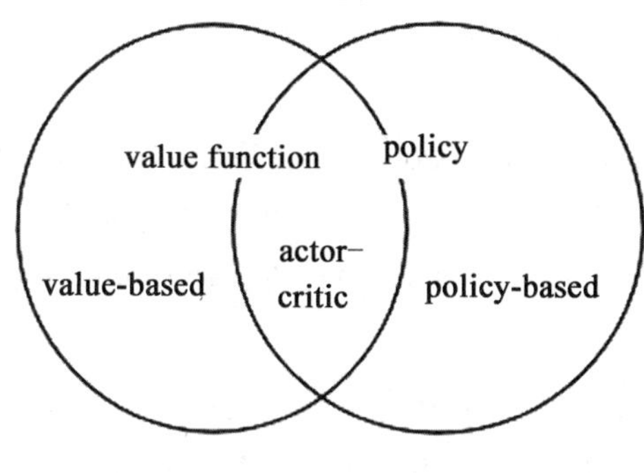

图 7.16　actor - critic

3. 马尔可夫决策过程(Markov decision process, MDP)

(1)马尔可夫决策要求。

①能够检测到理想的状态。

②可以多次尝试。

③系统的下一个状态只与当前状态信息有关,而与更早之前的状态无关,在决策过程中还与当前做的动作有关。

MDP 是在环境中模拟智能体的随机性策略与奖励的数学模型,且环境的状态具有马尔可夫性质。

(2)交互对象与模型要素。

由定义可知,MDP 包含一组交互对象,即智能体和环境。智能体是 MDP 中进行机器学习的代理,可以感知外界环境的状态进行决策、对环境做出动作并通过环境的反馈调整决策。环境是 MDP 模型中智能体外部所有事物的集合,其状态会受智能体动作的影响而改变,且上述改变可以完全或部分地被智能体感知。环境在每次决策后可能会反馈给智能体相应的奖励。

MDP 包含以下 5 个模型要素。

①状态。状态空间 $S=\{s_1,s_2,\cdots,s_\tau\}$ 是对环境的描述,在智能体做出动作后,状态会发生变化,且演变具有马尔可夫性质。MDP 所有状态的集合是状态空间。状态空间可以是离散的或连续的。

②动作。动作空间 $A=\{a_1,a_2,\cdots,a_\tau\}$ 是对智能体行为的描述,是智能体决策的结果。MDP 所有可能动作的集合是动作空间。动作空间可以是离散的或连续的。

③策略。$\pi(a|s)=p(a|s)$,MDP 的策略是按状态给出的,产生动作的条件概率分布,在强化学习的语境下属于随机性策略。

④奖励。$R=R(s_t,a_t,s_{t+1})$ 是智能体给出动作后环境对智能体的反馈,是当前时刻状态、动作和下个时刻状态的标量函数。

⑤回报。$G=\sum\limits_{t=0}^{\tau-1}R_{t+1}$ 是奖励随时间步的积累,在引入轨迹的概念后,回报也是轨迹上所有奖励的总和。

(3)MDP 组织方式。

智能体对初始环境 s_0 进行感知,按策略 π_0 实施动作 a_0,环境受动作影响进入新的状态 s_1,并反馈给智能体一个奖励 $r(s_0,a_0,s_1)$。随后,智能体基于 s_1 采取新的策略,与环境持续交互。MDP 中的奖励是需要设计的,设计方式通常取决于对应的强化学习问题。

(4)状态价值函数。

$v(s)=E(U_t|S_t=s)$,即 t 时刻的状态 s 能获得的未来回报的期望。价值函数用来衡量某一状态或状态-动作的组合对的优劣价值,累计奖励的期望。最优价值函数是所有策略下的最优累计奖励期望,即最大期望值 $v^*(s)=\max v_\pi(s)$。

4. Bellman 方程

与当前状态的价值有关的两个值:下一步的价值、当前的奖励(reward)。价值函数分解为当前的奖励和下一步的奖励两部分。π 是给定状态 s 的情况下,动作 a 的概率分布。在给定状态下,可能有两种或者多种动作分布概率。计算最终的状态价值函数 $v_{\pi}(s)$。

假设:动作空间 A、状态空间 S 均为有限集合,所以可以用求和来计算期望。

当前 s 的状态下获得到的期望值 $v_{\pi}(s)$ 为

$$v_{\pi}(s) = \sum_{a \in A} \pi(a \mid s)\left[R_s^a + \gamma \sum_{s' \in S} P_{ss'} a v_{\pi}(s')\right] \tag{7.7}$$

式中,$\pi(a|s)$ 为动作的概率分布;$\sum_{a \in A} \pi(a \mid s) R_s^a$ 为不同概率分布时,当前的奖励值;γ 为折扣因子;$P_{ss'}a$ 为概率转移矩阵,

$$P_{ss'}a = P(S_{t+1} = s' \mid S_t = s, A_t = a) \tag{7.8}$$

表示当前状态 $S_t = s$,执行 a 动作后,达到 S_{t+1} 状态的概率值。

执行完一个动作后,可以得到这样一个概率转移矩阵,概率转移矩阵包含很多种情况,对每一种情况都会计算下一步的奖励。当前状态下回报的期望值 = 当前状态下的奖励值 + 下一个状态下的可能的期望值,即

$$v_{\pi}(s) = E_{\pi}\left[R_s^a + \gamma v_{\pi}(S_{t+1}) \mid S_t = s\right] \tag{7.9}$$

Bellman 最优化方程为

$$v^*(s) = \max R_s^a + \gamma \sum_{s' \in S} P_{ss'} a v^*(s') \tag{7.10}$$

在某个状态下最优价值函数的值,就是智能体在该状态下所能获得的累积期望奖励值(cumulative expective rewards)的最大值。

5. Q - learning 算法

Q - learning 由 Watkins 提出,属于强化学习中 value - based 的算法,Q 即为 $Q(s,a)$,就是在某一时刻的 s 状态下($s \in S$),采取动作 a ($a \in A$)能够获得收益的期望,环境会根据 agent 的动作反馈相应的回报 reward ,所以算法的主要思想就是将 state 与 action 构建成一张 Q - table 来存储 Q 值,然后根据 Q 值来选取能够获得最大的收益的动作。

Q - table 是 Q - learning 的核心。它是一个表格,记录了每个状态下采取不同动作,所获取的最大长期奖励期望。因此可以知道每一步的最佳动作是什么。Q - table 的每一列代表一个动作,每一行表示一个状态,则每个格子的值就是此状态下采取此动作获得的最大长期奖励期望。有三个状态与动作的 Q - table 见表 7.3。

表 7.3 有三个状态与动作的 Q - table

Q - table	a_1	a_2	a_3
s_1	$Q(s_1,a_1)$	$Q(s_1,a_2)$	$Q(s_1,a_3)$
s_2	$Q(s_2,a_1)$	$Q(s_2,a_2)$	$Q(s_2,a_3)$
s_3	$Q(s_3,a_1)$	$Q(s_3,a_2)$	$Q(s_3,a_3)$

Q - learning 算法的简单公式推导如下。

对于强化学习，可以通过从问题中提取出智能体、环境、状态、奖励值和动作来将问题转变为一个马尔可夫决策的过程，最终目的是寻找一系列获得最大奖赏的策略：

$$\text{Goal} = \max_{\pi} E\left\{ \sum_{t=0}^{H} \gamma^{t} R[(S_t, A_t, S_{t+1}) \mid \pi] \right\} \tag{7.11}$$

上式表示累计奖励最大的策略期望，即我们所寻求的最优策略解。而 Q - learning 的最大优势是采用了时间差分法 TD，从而可以离线学习，然后再使用 Bellman 方程对马尔可夫过程寻求最优策略解。

用状态值函数 $V_{\pi}(s)$ 来评价当前状态的优劣，$V_{\pi}(s)$ 由当前状态和后续状态共同决定，对所有状态的累计奖励求取期望，得出当前状态的状态值，公式如下：

$$V_{\pi}(s) = E\{R_{t+1} + \gamma[R_{t+2} + \gamma(\cdots)] \mid S_t = s\} \tag{7.12}$$

$$V_{\pi}(s) = E[R_{t+1} + \gamma V_{\pi}(s') \mid S_t = s] \tag{7.13}$$

定义一个状态动作价值函数 $Q_{\pi}(s,a)$，通过输入状态 - 动作对来计算得到的累计期望奖励值即期望回报，公式如下：

$$Q_{\pi}(s,a) = E_{\pi}(r_{t+1} + \gamma r_{t+2} + \gamma^2 r_{t+3} + \cdots \mid A_t = a, S_t = s) \tag{7.14}$$

$$Q_{\pi}(s,a) = E_{\pi}(G_t \mid A_t = a, S_t = s) \tag{7.15}$$

$$Q_{\pi}(s,a) = E_{\pi}[R_{t+1} + \gamma Q_{\pi}(S_{t+1}, A_{t+1}) \mid A_t = a, S_t = s] \tag{7.16}$$

式中，G_t 为从 t 时刻开始的累计奖励，奖励带有折扣；γ 为折扣率，范围在 0 ~ 1 之间，当 γ 越趋近于 1，智能体就更具有长远的目光，会更重点考虑后面状态的价值，而当 γ 越趋近于 0，智能体则更倾向于考虑当前状态带来的利益。

状态值函数 $V_{\pi}(s)$ 和状态动作价值函数 $Q_{\pi}(s,a)$ 的区别：$V_{\pi}(s)$ 输入的是状态，表示根据当前状态计算之后的累积奖励期望；$Q_{\pi}(s,a)$ 输入的是状态 - 动作对，表示使用同一策略在某一状态选取某一动作后的累积奖励期望。需要注意的是，即使策略 π 在面对状态 s 时选取的动作不一定是动作 a，但也要在状态 s 下强制策略 π 选取动作 a，之后进行自由选择，这样获得的期望累积奖励才被称为 $Q_{\pi}(s,a)$。

$$Q^*(s,a) = \max_{\pi} Q^*(s,a) = \sum_{s'} P(s' \mid s,a)[R(s,a,s') + \gamma \max_{a'} Q^*(s',a')] \tag{7.17}$$

从上面的推导可见，Bellman 方程的实质就是价值动作函数的转换关系：

$$V_{\pi}(s) = \sum_{a \in A} \pi(a \mid s) Q_{\pi}(s,a) \tag{7.18}$$

$$Q_{\pi}(s,a) = R_s^a + \gamma \sum_{s' \in S} P_{ss'} a V_{\pi}(s') \tag{7.19}$$

$$V_{\pi}(s) = \sum_{a' \in A} \pi(a \mid s)[R_s^a + \gamma \sum_{s} p P_{ss'} a V_{\pi}(s')] \tag{7.20}$$

为了能够实现单步更新还需要引入时间差分法，计算方法为

$$V(s) \leftarrow V(s) + \alpha[R_{t+1} + \gamma V(s') - V(s)] \tag{7.21}$$

式中，$R_{t+1} + \gamma V(s')$ 被称为 TD 目标；δ 被称为 TD 偏差，$\delta = R_{t+1} + \gamma V(s') - V(s)$。

有了上述的推导基础，便可以对 Q 值进行更新计算，从而更新 Q - table，下面是 Q - learning 的更新公式：

$$Q(s,a) \leftarrow Q(s,a) + \alpha[\gamma + \gamma \max Q(s',a') - Q(s,a)] \tag{7.22}$$

式中，α 为学习率；γ 为奖励的折扣率。

式中定义在下一状态 s' 中选取最大的 Q 值乘上折扣率 γ 加上当前的奖励为 Q 现实，而未更新的 Q - table 中的 Q 作为 Q 估计。

下面是 Q - learning 算法伪代码。

Algorithm：Q–learning

1	Initialize $Q(s,a)$ arbitrarily
2	Repeat (for each episode):
3	Initialize s
4	Repeat (for each step of episode):
5	Choose a from s using policy derived from Q (e.g., ε-greedy)
6	Take action a,observe r, s'
7	$Q(s,a) \leftarrow Q(s,a) + \alpha\left[r + \gamma \max_{a'} Q(s',a') - Q(s,a)\right]$
8	$s \leftarrow s'$;
9	until s is terminal

在根据状态选取动作时，有多种策略可以选择。对于 Q - learning 来说，由于 Q - learning 算法一般只能运用于当动作与状态均为离散有限的情况下，所以一般对动作的选取策略是固定 90% 的概率为贪婪策略（选取 Q 值最大的动作），10% 为探索策略（随机选取动作），之所以有探索策略是防止智能体一味地选择贪婪策略从而陷入了局部最优解，还有一种动作选取策略——epsilon greedy 是随着回合数的增加，贪婪策略与探索策略相应地进行改变，这种动作选取策略将在下面进行说明。

6. DQN 算法

在现实中很多情况下，强化学习任务所面临的状态空间是连续的，存在无穷多个状态。为了解决这个问题，可以用一个函数 $Q(s,a;w)$ 来近似动作 - 价值 $Q(s,a)$，称为价值函数近似（value function approximation），用神经网络来生成这个函数 $Q(s,a;w)$，称为 Q 网络（deep Q - network），其中 w 是神经网络训练的参数。通俗来讲，就是将状态和动作当成神经网络的输入，然后经过神经网络分析后得到动作的 Q 值，这样就没必要在表格中记录 Q 值，而是直接使用神经网络生成 Q 值。还有一种形式是只输入状态值，输出所有的动作值，然后按照 Q - learning 的原则，直接选择拥有最大值的动作当作下一步要做的动作。

神经网络的训练是一个最优化问题，需要表示网络输出和标签值之间的差值，作为损失函数，目标是让损失函数最小化，手段是通过反向传播使用梯度下降的方法来更新神经网络的参数。DQN 算法中神经网络训练的具体过程如下。

①初始化网络,输入状态 s_t,输出下 s_t 所有动作的 Q 值。

②利用策略(例如 ε - greddy),选择一个动作 a_t,把 a_t 输入到环境中,获得新状态 s_{t+1}和奖励 r。

③计算 TD target:$y_t = r_t + \gamma \max_a Q(s_{t+1}, a; w)$。

④计算损失函数:$L = 1/2[y_t - Q(s, a; w)]^2$。

⑤更新 Q 参数,使得 $Q(s_t, a_t)$尽可能接近 y_t,可以把它当作回归问题,利用梯度下降做更新工作。

⑥从以上步骤我们得到一个四元组 transition:(s_t, a_t, r_t, s_{t+1}),用完之后丢弃掉。

⑦输入新的状态,重复更新工作。

基础 DQN 算法网络训练流程图如图 7.17 所示。

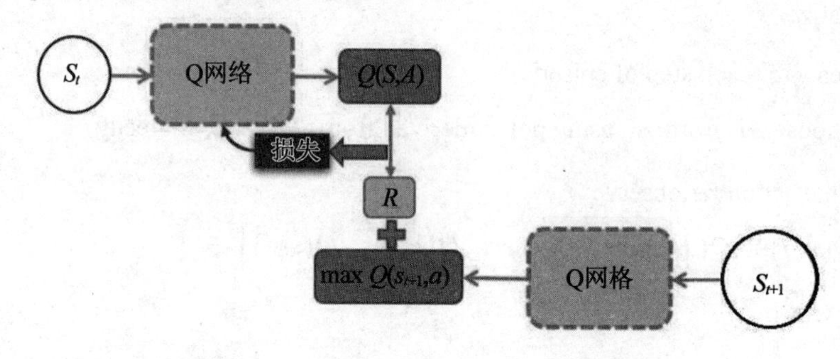

图 7.17　基础 DQN 算法网络训练流程图

(1)经验回放(experience replay)。

在理解经验回放之前,先看看原始 DQN 算法的缺点。

①用完一个 transition:(s_t, a_t, r_t, s_{t+1}) 就丢弃,会造成对经验的浪费。

②按顺序使用 transition,使得前一个 transition 和后一个 transition 相关性很强,这种相关性对学习 Q 网络是有害的。

经验回放可以克服上面两个缺点,具体如下。

①把序列打散,消除相关性,使得数据满足独立同分布,从而减小参数更新的方差,提高收敛速度。

②能够重复使用经验,数据利用率高,对于数据获取困难的情况尤其有用。

在进行强化学习的时候,往往最花时间的步骤是与环境交互,训练网络反而是比较快的,因为我们用 GPU 训练很快。用回放缓冲区可以减少与环境交互的次数,经验不需要全部来自某一个策略,一些由过去的策略所得到的经验可以再回放缓冲区被使用多次,反复地再利用。

经验回放会构建一个回放缓冲区(replay buffer),存储 n 条 transition,称为经验。某一个策略 π 与环境交互,收集很多条 transition,放入回放缓冲区,回放缓冲区中的经验

transition 可能来自不同的策略。回放缓冲区只有在它装满的时候才会把旧的数据丢掉。每次随机抽出一个 batch 大小的 transition 数据训练网络，算出多个随机梯度，用梯度的平均更新 Q 网络参数 w。

(2) 目标网络(target network)。

在训练网络的时候，动作价值估计和权重 w 有关。当权重变化时，动作价值的估计也会发生变化。在学习的过程中，动作价值试图追逐一个变化的回报，容易出现不稳定的情况。

解决办法就是引入第二个网络 $Q(s,a;w^-)$，称为目标网络。原来的网络 $Q(s,a;w)$ 称为评估网络。这两个网络的结构一样，只是参数不同，$w^- \neq w$。

两个网络的作用也不一样：评估网络 $Q(s,a;w)$ 负责控制智能体，收集经验；目标网络 $Q(s,a;w^-)$ 用于计算 TD target：$y_t = r_t + \gamma \max_a Q(s_{t+1},a;w^-)$。在更新过程中，只更新评估网络 $Q(s,a;w)$ 的权重 w，目标网络 $Q(s,a;w^-)$ 的权重 w^- 保持不变。

在更新一定次数后，再将更新过的评估网络的权重复制给目标网络，进行下一批更新，这样目标网络也能得到更新。由于在目标网络没有变化的一段时间内回报的目标值是相对固定的，因此目标网络的引入增加了学习的稳定性。

还有进一步的改进算法，称为 Double Q。该算法用原始网络 $Q(s,a;w)$，选出使 Q 值最大化的那个动作，记为 a^*。再在目标网络中使用这个 a^* 计算 TD target：$y_t = r_t + \gamma \max_a Q(s_{t+1},a;w^-)$。

引入了经验回放和目标网络的 DQN 算法流程图如图 7.18 所示。

DQN 算法伪代码如图 7.19 所示。

其中，第 1 ~3 行实现了初始化，设定目标网络的权重 θ^- 与原来的训练网络的权重 θ 相同。第 6 ~9 行是经验回放部分，将每次从环境中采样得到的四元组数据存储到回放缓冲区。第 10 ~12 行从回放缓冲区中随机采样，并计算 label 和损失函数。第 13 行实现了目标网络，每 N 步将目标网络的参数与训练网络同步一次。

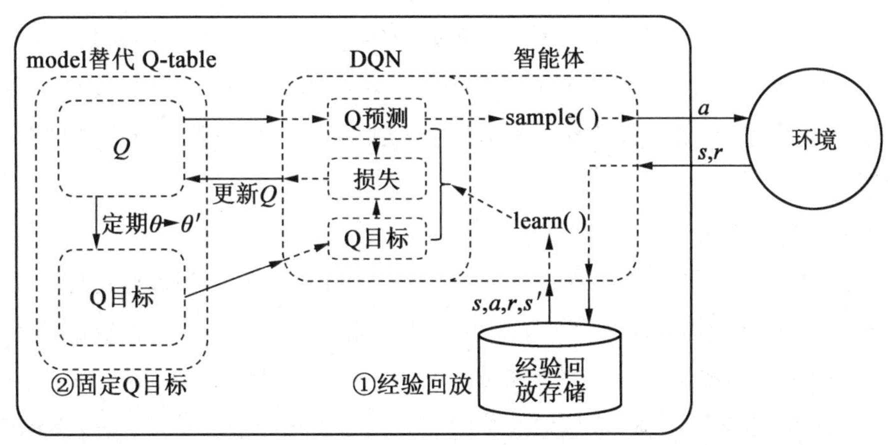

图 7.18　引入了经验回放和目标网络的 DQN 算法流程图

DQN算法伪代码	
1:	初始化一个 N 容量大小的对弈数据集 D
2:	用参数 θ 初始化一个状态动作价值函数 Q
2:	用参数 θ^- 初始化一个目标状态动作价值函数 Q^-
3:	循环执行 M 局对战：
4:	初始化对局得到初始状态 s_1，并对状态 s_1 进行预处理后得到 ϕ_1
5:	循环执行 T 次投掷动作：
6:	若随机概率小于 ε，则随机选择一个可执行动作 a_t
7:	否则选取能够最大化 $Q(\phi(s_t),a;\theta)$ 的动作 a_t
8:	执行动作 a_t，得到下一状态 s_{t+1} 与当前奖励值 r_t
9:	存储 $(\phi_t,a_t,r_t,\phi_{t+1})$ 到对弈数据集 D 内
10:	从对弈数据集 D 内随机采样
11:	$y_i=\begin{cases} r_j, 如果对局在 j+1 时结束 \\ r_j+\gamma \max_a Q^-(\phi_{j+1},a;\theta^-), 其余情况 \end{cases}$
12:	针对网络参数 θ 对 $(y_i-Q(\phi_j,a;\theta))^2$ 进行梯度下降处理
13:	每 N 个步骤使 $Q^-=Q$
14:	结束循环
15:	结束循环

图 7.19 DQN 算法伪代码

7. PPO 算法

在前面介绍了 DQN 及其相关的一系列算法，这些算法的特点是利用深度强化学习模型来拟合状态-动作价值函数，默认使用的策略一般是 ε -贪心策略，通过逐渐更新状态-动作函数的估计来完成对应的策略迭代和价值迭代的过程。本部分会介绍一个更加直接的思路来进行强化学习，也就是所谓的策略梯度(policy gradient)。这类算法会使用一个深度学习模型来根据当前智能体所处的环境状态直接生成对应的决策，策略梯度的存在让策略可以输出连续的动作，就解决了 DQN 算法只能适用离散空间的问题。同时策略网络因为可以直接输出对应的动作，在实际预测过程中就不再需要状态-动作价值函数了。

(1)原始策略梯度(vanilla policy gradient, VPG)算法。

在强化学习的过程中，决策的每一步都能获得一定的奖励。如果有这样一个算法，每当奖励为正时，智能体就让对应概率分布的概率变大；反之，则令对应的概率变小。这样就需要搭建一个预测策略的概率分布 $\pi(a|s)$ 的深度学习模型并设计一个损失函数，这个损失函数同时考虑了每一步获取的奖励和对应的策略概率分布，通过极小化损失函数来训练一个能够把奖励最大化的策略网络。

因为优化损失函数需要使用损失函数对于策略网络参数的梯度,因此这类算法被称为策略梯度算法。VPG 算法就是使用一个策略网络来拟合具体的策略概率分布$\pi(a|s)$,使得在这个概率分布下,获取的奖励尽可能多。

在策略梯度中,智能体能够控制的是每一步的动作,优化的也是策略网络的参数。假设策略梯度网络的参数为 θ,则策略优化的目标函数为

$$J(\theta)=E_{a\sim\pi(a|s;\theta)}[R(a)] \tag{7.23}$$

式中,$J(\theta)$代表在 $\pi(a|s;\theta)$策略下,采样得到对应的动作,然后根据对应的动作获取奖励。

为了能够对这个函数进行策略梯度优化,需要对这个函数求梯度。梯度求取结果为

$$\nabla J(\theta)=E_{a\sim\pi(a|s;\theta)}[\nabla_\theta \log \pi(a|s;\theta)R(a)] \tag{7.24}$$

因为该式涉及策略对数概率分布的梯度,所以对应的算法称为策略梯度算法。

在实际应用中,需要做的是构建具体的策略网络的深度学习模型,用深度学习模型做出决策,记录对应决策获得的奖励,然后根据下式计算对应的策略梯度的损失函数,反向传播得到对应的策略网络的梯度,用随机梯度优化的方法优化对应的策略网络即可。

$$L=-\frac{1}{BT}\sum_{b=1}^{B}\sum_{t=1}^{T}\log \pi(a_t|s_t;\theta)R_b(a_t) \tag{7.25}$$

(2)演员 - 评价者(actor - critic,AC)算法。

VPG 算法主要的问题来源在于策略梯度算法对于基准(对回报函数期望的估计)的估计往往存在很大的偏置。为了解决这个问题,actor - critic 算法引入了第二个深度学习模型,用这个深度学习模型来估计基准函数,以提高策略梯度算法的效率。

在 actor-critic 算法的策略梯度网络中,需要同时考虑当前的状态 s_t 和当前智能体的动作 a_t。这里的回报函数和当前状态与智能体的动作同时相关,而且还有了一个新添加的基准项,这个基准项和当前的动作 a_t 无关,仅和当前智能体所处的强化学习环境的状态 s_t 有关。

也就是说,可以在策略梯度中引入一个和策略网络参数无关的基准函数 $B(s_t)$,当回报函数 $G(a,s_t)$减去这个基准函数的时候,整个策略网络的策略梯度不会发生任何改变。

$$\nabla J(\theta)=E_{a\sim\pi(a|s;\theta)}\{\nabla_\theta \log \pi(a|s;\theta)[G(a,s_t)-B(s_t)]\} \tag{7.26}$$

其中,基准函数在这里应该设定为回报函数的期望,当回报函数大于基准函数的时候,对应的策略选择的动作就是比较好的动作,策略梯度应该增加这个动作的概率。反之,策略梯度会减少这个动作的概率。

为了实现上式中策略梯度的计算,需要有两个网络。一个网络即策略网络,这个网络与 VPG 算法中使用的策略网络类似,对应的损失函数为

$$L_{\text{actor}}=-\frac{1}{BT}\sum_{b=1}^{B}\sum_{t=1}^{T}\log \pi(a_t|s_t;\theta)[G(a,s_t)-B(s_t)] \tag{7.27}$$

另一个网络即价值网络,这个网络使用了另外一个网络来拟合对应的价值函数。假设对应的基准函数表示为 $B(s_i;\varphi)$,其中 φ 为基准函数的参数,则对应的损失函数为

$$L_{\text{critic}} = -\frac{1}{BT}\sum_{b=1}^{B}\sum_{t=1}^{T}[G(a,s_t) - B(s_t;\varphi)] \tag{7.28}$$

可以看到,第二个网络使用了 MSE 损失函数,这个函数的目标是让基准函数$B(s_t;\varphi)$的值等于回报函数$r(a_t,s_t)$的期望。第一个网络是策略网络,训练的函数$\pi(a_t,s_t;\theta)$负责“表演”,称为“演员”;第二个网络是价值网络,训练的函数$B(s_t;\varphi)$负责衡量策略函数给出的动作的好坏,称为“评价者”,这也是“演员-评价者”名字的来源。

在这两个策略梯度损失函数中,如何估计回报函数$G(a_t,s_t)$是非常重要的,因为回报函数的值的准确计算需要考虑到未来获取的折扣奖励,而未来折扣奖励的数据是很长甚至是无穷多的,无法准确计算,所以需要考虑使用深度学习模型来拟合未来的折扣奖励。

这和在 DQN 中碰到的问题类似,只是 DQN 参与估计的是 Q 函数,而这里参数估计需要用到的是基准函数。DQN 算法中可以采用单步估计或多步估计来估计 Q 函数,类似地,在优势演员-评价者(advantage actor-critic, A2C)算法中,也使用了多步估计的方法来计算回报函数,从而计算对应的优势函数。

假设使用策略梯度做了一个n步的决策,动作分别是$(a_1,a_2,\cdots,a_n)$,对应获取的奖励分别为$(r_1,r_2,\cdots,r_n)$,假设折扣因子为γ,那么可以得到对应的回报函数的估计,即

$$G(a_t,s_t) = \sum_{i=1}^{n}\gamma^{i-t}r_i + \gamma^n B(s_{n+1}) \tag{7.29}$$

由上式可知,优势函数的估计$G(a_t,s_t)-B(s_t)$和决策采样长度n有关。当长度n比较长时,回报函数$G(a_t,s_t)$的估计比较准确,但是对应优势函数的波动也比较大,这种情况称为低偏置、高方差。如果减少决策采样长度n,对应的回报函数$G(a_t,s_t)$的估计就会不准,但梯度波动也比较小,这种情况称为高偏置、低方差。实际应用时,需要根据具体情况斟酌选取。

(3)近端策略优化(proximal policy optimization,PPO)算法。

虽然 AC 算法的稳定性和收敛性与 VPG 算法相比有了很大提高,但相对来说,策略梯度的波动,以及奖励在算法运行过程中的波动还是很大的。另外,还有个问题就是策略地图对采样数据的利用效率不太高,需要考虑如何利用一定的采样数据尽量增加优化的步数,让对应的策略尽可能获得更多的奖励。

为了减少策略梯度的波动,同时尽量提高优势函数比较大的动作的概率,可以考虑在初始策略附近的一个置信区间内对策略进行优化,也就是初始的策略和优化过程中的策略尽量不要偏离过大,让这个策略对应的动作能够尽量增加正的优势函数产生的概率,减少负的优势函数产生的概率。这就是基于置信区间的策略梯度算法,包括置信区间策略优化(trust region policy optimization, TRPO)算法和近端策略优化(proximal policy optimization,PPO)算法的基本思想。

PPO 与 TRPO 旨在解决相同的问题:在策略梯度定理的步长的选取中,如何选取合适

的步长，使得更新的参数尽可能对应最好的策略，但也不至于走得太远，以至于导致性能崩溃。TRPO 和 PPO 的核心思想都是引入重要性采样，提高样本效率；同时，通过某种方式来约束新旧策略间的差异不要太大。

①广义优势估计(generalized advantage estimation，GAE)。

TRPO 和 PPO 中都是采用 GAE 的方法对优势函数进行估计，具体而言，其计算公式为

$$\hat{A}_t^{\mathrm{GAE}(\gamma,\lambda)} = \sum_{l=0}^{\infty} (\gamma\lambda)^l \delta_{t+1}^V = \sum_{l=0}^{\infty} (\gamma\lambda)^l [r_{t+1} + \gamma V(s_{t+l+1}) - V(s_{t+l})] \quad (7.30)$$

其估计 advantage 的方法与 TD(λ) 类似，从公式上可以看出，GAE 中分别考虑了状态 s_t 后续各个时刻的优势值，然后按照距离当前状态的远近加权求和，从而起到了平滑作用。为了便于理解，考虑两种极限情况。

a. $\lambda = 0$ 时，$\hat{A}_t = \delta_t = r_t + \gamma V(s_{t+1}) - V(s_t)$，优势值便是使用 TD(0) 估计的 Q 值与 V 值的差。

b. $\lambda = 1$ 时，$\hat{A}_t = \sum_{l=0}^{\infty} \gamma^l \delta_{t+1} = \sum_{l=0}^{\infty} \gamma^l r_{t+1} - V(s_{t+l})$，优势值则是使用蒙特卡洛方法估计的收益 G_t 值与 V 值的差。

可以看出，λ 作为 GAE 算法的调整因子，它越接近 1 时，方差越大，偏差越小，接近 0 时则相反。这也是 GAE 的一个优势，它允许我们根据不同的环境情况调整参数，以寻找更加合理的优势估计。实际求取 GAE 的时候，不需要在整个流程中进行平均，只需选取关联性较大的 N 步即可。

②PPO 惩罚。

TRPO 在目标函数中，另外增加了一个约束条件。在推导该式的过程中，涉及一个将 KL 散度作为惩罚项的极值问题，转化为 KL 散度作为约束条件的优化问题的过程，将 KL 散度作为惩罚项的问题。公式如下：

$$\max \hat{E}_t \left\{ \frac{\pi_\theta(a_t \mid s_t)}{\pi_{\theta_{\mathrm{old}}}(a_t \mid s_t)} \hat{A}_t - \beta \mathrm{KL}[\pi_{\theta_{\mathrm{old}}}(\cdot \mid s_t), \pi_\theta(\cdot \mid s_t)] \right\} \quad (7.31)$$

PPO1 算法用拉格朗日乘数法直接将 KL 散度的限制放入了目标函数，将有约束的优化问题转为无约束的优化问题，在迭代的过程中不断更新 KL 散度前的系数，使用几个阶段的小批量 SGD，优化 KL 惩罚目标。

为了对 β 进行动态调整，PPO1 算法还提出了自适应 KL 散度(adaptive KL divergence)的思想。具体做法是，在每个 epoch 对 KL 惩罚目标进行优化后，计算 $d = \hat{E}_t\{\mathrm{KL}[\pi_{\theta_{\mathrm{old}}}(\cdot \mid s_t), \pi_\theta(\cdot \mid s_t)]\}$：

如果 $d < \frac{\delta}{1.5}$，则 $\beta \leftarrow \frac{\beta}{2}$；

如果 $d > 1.5\delta$，则 $\beta \leftarrow 2\beta$；

否则，β 保持不变。

在这里，更新的 β 用于下一次迭代时的参数更新。

③PPO 截断。

PPO2 在限制新的策略参数与旧的策略参数的距离上，相比于 PPO1 更加直接。区别于 PPO1 使用 KL 散度的方式进行限制，PPO2 直接在目标函数上进行限制，即

$$L^{\mathrm{CLIP}}(\theta) = \hat{E}_t(\min\{r_t(\theta)\hat{A}_t, \mathrm{clip}[r_t(\theta), 1-\varepsilon, 1+\varepsilon]\hat{A}_t\}) \tag{7.32}$$

式中，$r_t(\theta)$ 称为概率比，$r_t(\theta) = \dfrac{\pi_\theta(a_t, s_t)}{\pi_{\theta_{\mathrm{old}}}(a_t, s_t)}$，易得 $r_t(\theta_{\mathrm{old}}) = 1$；$\mathrm{clip}[r_t(\theta), 1-\varepsilon, 1+\varepsilon]$ 指的是将 $r_t(\theta)$ 限制在 $[1-\varepsilon, 1+\varepsilon]$ 的范围内；ε 为超参数，表示进行截断操作的范围，一般取 $\varepsilon = 0.2$。

这样就始终保证了新旧策略的比值在[0.8, 1.2]的范围内，保证了两个策略的差距不会太大。

PPO2 中，较为精妙的一点是在剪切(clip)操作后乘了 $\hat{A}_t$（以下用 A 表示），而优势函数是有正负的。如图 7.20 所示，该图展示了 PPO 算法中剪切机制如何对策略更新进行限制。在 PPO 中，我们希望鼓励好的行为，同时防止因为过度更新而偏离原有策略太远。为达到这个目的，算法采用了一个剪切函数，该函数将概率比率限制在一个预定的区间内。

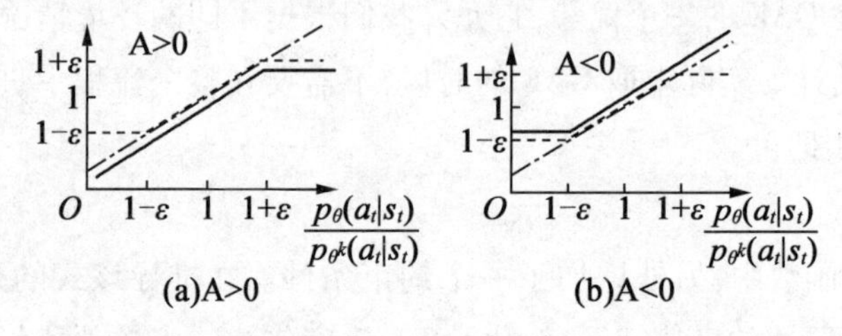

图 7.20 PPO 算法中的概率比率剪切机制

a. 优势 A>0。当动作的优势估计为正，即这个动作比当前策略平均水平要好时，我们尝试增加其发生的概率。图中实线表示了应用剪切机制后的概率比率，当比率超过 $1+\varepsilon$ 时，增益被剪切到一个最大值。点线表示原始的概率比率函数，即 $\dfrac{\pi_\theta(a_t, s_t)}{\pi_{\theta_{\mathrm{old}}}(a_t, s_t)}$，展现了没有剪切时的理论增长。

b. 优势 A<0。相反，当动作的优势估计为负时，即这个动作比当前策略平均水平要差时，我们尝试减少其发生的概率。图中实线表示了应用剪切机制后的概率比率，当比率低于 $1-\varepsilon$ 时，减少量被剪切到一个最小值。点线同样表示原始的概率比率函数，展现了没有剪切时的理论降低。

在两个子图中，水平虚线代表了剪切阈值 $1+\varepsilon$ 和 $1-\varepsilon$，即 $\mathrm{clip}[r_t(\theta), 1-\varepsilon, 1+\varepsilon]$。

这些阈值定义了更新幅度的界限,以确保策略更新既不会太保守也不会太激进,从而在探索新策略和利用旧策略之间取得平衡。

虽然 clip 操作已经很大程度上限制了新策略与旧策略之间的差距,但最终新旧策略依然有可能相差太远。不同的 PPO 算法采用了不同的技巧来避免这种情况。如果新策略和旧策略的平均 KL 散度超过了某个阈值,则停止采取更新参数的步骤。

PPO 算法伪代码如图 7.21 所示。

PPO算法伪代码	
1:	初始化策略 π_θ
2:	循环执行 N 局对战:
3:	用策略 π_θ 运行 T 次, 收集对应的状态 s_t、动作 a_t、奖励 r_t,即 $\{s_t,a_t,r_t\}$
4:	评估奖励, 即 $A_t=\sum_{t'>t}\gamma^{t'-t}r_{t'}-V_\phi(s_t)$
5:	用当前策略 π_θ 替换旧的策略 π_{old}
6:	循环执行 M 步:
7:	目标函数 $J_{\text{PPO}}(\theta)=\sum_{t=1}^{T}\frac{\pi_\theta(a_t\mid s_t)}{\pi_{\text{old}}(a_t\mid s_t)}A_t-\lambda\text{KL}(\pi_{\text{old}}\mid\pi_\theta)$
8:	针对网络参数 θ 对目标函数 $J_{\text{PPO}}(\theta)$ 使用梯度上升处理
9:	结束循环
10:	循环执行 B 步:
11:	目标函数 $L_{\text{BL}}(\phi)=-\sum_{t=1}^{T}\left[\sum_{t'>t}\gamma^{t'-t}r_{t'}-V_\phi(s_t)\right]^2$
12:	针对网络参数 ϕ 对目标函数 $J_{\text{BL}}(\phi)$ 使用梯度下降处理
13:	结束循环
14:	如果 $\text{KL}[\pi_{\text{old}}\mid\pi_\theta]>\beta_{\text{high}}\text{KL}_{\text{target}}$:
15:	$\lambda\leftarrow\alpha\lambda$
16:	如果 $\text{KL}[\pi_{\text{old}}\mid\pi_\theta]<\beta_{\text{low}}\text{KL}_{\text{target}}$:
17:	$\lambda\leftarrow\lambda/\alpha$
18:	结束循环

图 7.21　PPO 算法伪代码

其中,第 3～5 行实现了采样数据、计算优势函数(GAE 的方式)和策略初始化。第 6～9行实现了 actor 网络(策略网络)更新,参数 M 的含义为策略网络的参数个数。第 10～13 行实现了 critic 网络(价值函数网络)更新,通过 critic 网络的预测值为 $V_\varphi(s_t)$,label 为 $\sum_{t'>t}\gamma^{t'-t}r_{t'}$ 。第 14～17 行对权重进行调整。

7.6 实验——冰壶机器人的投掷策略设计

7.6.1 DQN 算法在数字冰壶中的实现

导入算法实现所需要的模块:

```
import os
import math
import numpy as np
import torch
import torch.nn as nn
import torch.nn.functional as F
from torch.autograd import variable
```

1. 网络搭建

(1)网络输入设置。

如前所述,根据场上的冰壶与营垒圆心的距离由近至远进行排序,每个冰壶包含五个信息:x 坐标、y 坐标、离营垒圆心的距离、投掷顺序、是否为有效得分壶,共80个特征作为网络输入。这种描述方式仅供参考,对于环境的描述是强化学习的重要环节,不同的环境描述会影响到算法训练模型的效率与性能:

```
#获取某一冰壶距离营垒圆心的距离
def get_dist(x, y):
    House_x = 2.375
    House_y = 4.88
    return math.sqrt((x - House_x) * *2 +(y - House_y) * *2)
#根据冰壶比赛服务器发送来的场上冰壶位置坐标列表获取得分情况并生成信息状态数组
def get_infostate(position):
    House_R = 1.830
    Stone_R = 0.145
    init = np.empty([8], dtype = float)
    gote = np.empty([8], dtype = float)
```

```
        both = np.empty([16], dtype = float)
        # 计算双方冰壶到营垒圆心的距离
        for i in range(8):
          init[i] = get_dist(position[4 * i],position[4 * i + 1])
          both[2 * i] = init[i]
          gote[i] = get_dist(position[4 * i + 2],position[4 *
i + 3])
          both[2 * i +1] = gote[i]
        # 找到距离圆心较远一方距离圆心最近的壶
        if min(init) < = min(gote):
            win = 0                       # 先手得分
            d_std = min(gote)
        else:
            win = 1                       # 后手得分
            d_std = min(init)
        infostate = []                    # 状态数组
        init_score = 0                    # 先手得分
        #16 个冰壶依次处理
        for i in range(16):
            x = position[2 * i]           # x 坐标
            y = position[2 * i + 1]       # y 坐标
            dist = both[i]                # 到营垒圆心的距离
        sn = i % 2 + 1                    # 投掷顺序
        if (dist < d_std) and (dist < (House_R + Stone_R)) and
((i% 2) = = win):
            valid = 1                     # 是有效得分壶
            # 如果是先手得分
            if win = = 0:
                init_score = init_score + 1
            # 如果是后手得分
            else:
                init_score = init_score - 1
        else:
            valid = 0                     # 不是有效得分壶
        # 仅添加有效壶
```

```
        if x! =0 or y! =0:
            infostate.append([x, y, dist, sn, valid])
    # 按 dist 升序排列
    infostate = sorted(infostate, key = lambda x:x[2])
    # 无效壶补 0
    for i in range(16 - len(infostate)):
        infostate.append([0,0,0,0,0])
    # 返回先手得分和转为一维的状态数组
    return init_score, np.array(infostate).flatten()
```

(2)网络输出设置。

DQN 算法是基于价值的强化学习算法,需要将动作离散化。数字冰壶比赛中的动作是 AI 选手投壶时给出的初速度 $v_0(0 \leqslant v_0 \leqslant 6)$、横向偏移 $h_0(-2.23 \leqslant h_0 \leqslant 2.23)$和初始角速度 $\omega_0(-3.14 \leqslant \omega_0 \leqslant 3.14)$。

投壶初始速度的取值范围是 0~6,而实际上,在得分区中没有壶的情况下,能够投出得分壶的初始速度在 2.8~3.2 之间,而初速度在 2.4~2.8 之间的壶大概率是停留在防守区。因此,考虑将初始速度在(2.4,2.7)之间以 0.1 为步长进行离散、在(2.8,3.2)之间以 0.05 为步长进行离散用于执行保护战术,另外再给出 4、5 和 6 三个速度值用于执行击飞战术。

当投壶初始速度为 3(球停在 7 区)时,能够投出得分壶的横向偏移范围大概在(-2,2)之间,因此考虑将初始速度在(-2,2)之间以 0.1 为步长进行离散,而初始角速度则以值域的十分之一为步长进行离散。

如上所述,最终将投掷动作离散化为 1 600 种不同的组合,作为网络输出:

```
# 低速:在(2.4,2.7)之间以 0.1 为步长进行离散
slow = np.arange(2.4, 2.7, 0.1)
# 中速:在(2.8,3.2)之间以 0.05 为步长进行离散
normal = np.arange(2.8, 3.2, 0.05)
# 高速
fast = np.array([4,5,6])
# 将低速、中速、高速三个数组连接起来
speed = np.concatenate((slow, normal, fast))

# 横向偏移在(-2,2)之间以 0.4 为步长进行离散
deviation = np.arange(-2, 2, 0.4)
# 角速度在(-3.14, 3.14)之间以 0.628 为步长进行离散
angspeed = np.arange(-3.14, 3.14, 0.628)
```

```
n = 0
# 初始化动作列表
action_list = np.empty([1600, 3], dtype = float)
# 遍历速度、横向偏移、角速度组合成各种动作
for i in speed:
    for j in deviation:
        for k in angspeed:
            action_list[n,] = [i, j, k]
            n += 1
print(n)
```

(3)网络结构设置。

搭建网络就要用到 pytorch 专门为神经网络设计的模块化接口 torch. nn,该接口构建于 autograd 之上,可以用来定义和运行神经网络。基于该接口定义自己的网络要用到 nn. Module 类,该类中包含网络各层的定义及 forward 方法。具体用法如下。

①需要继承 nn. Module 类,并实现 forward 方法。继承 nn. Module 类之后,在构造函数中要调用 Module 的构造函数, super(linear, self). init()。

②一般把网络中具有可学习参数的层放在构造函数__init__()中,不具有可学习参数的层(如 relu)可放在构造函数中,也可不放在构造函数中(在 forward 中使用 nn. functional 来代替)。

③只要在 nn. Module 中定义了 forward 函数,backward 函数就会被自动实现(利用 autograd)。而且一般不是用 net. forward()的方式显式调用 forward,而是用直接使用 net (input),就会自动执行 forward()。

④在 forward 中可以使用任何 variable 支持的函数,还可以使用 if、for、print、log 等 python 语法。

如下所示的范例代码搭建了一个比较简单的三层神经网络,每一层都是线性层(全连接层),实现将 80 维的输入张量映射为 256 维张量再经 relu 函数激活,继而映射为 1 024维张量再经 relu 函数激活,最终映射为 1 600 维的输出张量:

```
class Net(nn.Module):
    # 初始化网络
    def __init__(self):
        super(Net, self).__init__()
        self.fc1 = nn.Linear(80, 256)           # 定义全连接层1
        self.fc1.weight.data.normal_(0, 0.1) # 按(0, 0.1)的正态分
布初始化权重
        self.fc2 = nn.Linear(256, 1024)         # 定义全连接层2
```

```
        self.fc2.weight.data.normal_(0, 0.1)   按(0, 0.1)的正态分布初始化权重
        self.out = nn.Linear(1024, 1600)  # 定义输出层
        self.out.weight.data.normal_(0, 0.1)  # 按(0, 0.1)的正态分布初始化权重

    # 网络前向推理
    def forward(self, x):
        x = self.fc1(x)  # 输入张量经全连接层 1 传递
        x = F.relu(x)   # 经 relu 函数激活
        x = self.fc2(x)  # 经全连接层 2 传递
        x = F.relu(x)  # 经 relu 函数激活
        return self.out(x)  # 经输出层传递得到输出张量
```

2. DQN 模型搭建

模型训练超参数设置如下范例代码所示，需要注意的是，代码中将 EPSILON 设置为固定值，在实际训练中建议对其进行动态设置来达到前期重视探索、后期重视利用的目的：

```
#每次从记忆库中抽取的批次数据的大小，在 learn 函数中，每次从记忆库中抽取 BATCH_SIZE 个样本进行训练
BATCH_SIZE = 32
# 学习率，用于控制模型参数的更新速度，学习率越小，模型参数更新越慢
LR = 0.0001
# 最优选择动作的百分比，在 choose_action 函数中，有一个概率 EPSILON 用于决定是选择最优动作还是随机动作，EPSILON 越大，选择最优动作的概率越大
EPSILON = 0.7
# 奖励折扣因子，在计算目标 Q 值时，将未来奖励的折扣因子乘以目标 Q 值，GAMMA 越大，表示更加看重未来的奖励
GAMMA = 0.9
# 目标网络更新频率，在 learn 函数中，每经过 TARGET_REPLACE_ITER 个步数，将评价网络的参数复制给目标网络
TARGET_REPLACE_ITER = 500
# 记忆库大小，用于存储经验数据的记忆库的容量大小。当记忆库满了时，会覆盖最旧的经验数据
MEMORY_CAPACITY = 10000
```

DQN 模型的主要是通过记忆库存储经验数据,然后从记忆库中抽取一批数据进行学习。学习过程中,评价网络根据当前状态选择动作,目标网络用于计算目标 Q 值。通过最小化损失函数,不断更新模型参数,使得模型能够不断优化和改进。DQN 模型由一个评价网络(eval_net)和一个目标网络(target_net)组成,评价网络用于选择动作,目标网络用于计算目标 Q 值。模型的结构如下所示。

初始化评价网络和目标网络。

初始化损失值 sum_loss 和学习步数计数器 learn_step_counter。

初始化记忆库 memory 和记忆库计数器 memory_counter。

设定优化器为 Adam 优化器,学习率为 LR。

设定损失函数为均方误差(MSE)。具体如下:

```
class DQN(object):
    def __init__(self):
        self.eval_net = Net()                #初始化评价网络
        self.target_net = Net()              #初始化目标网络
        self.sum_loss = 0                    #初始化 loss 值
        self.learn_step_counter = 0          #用于目标网络更新计时
        self.memory_counter = 0              #记忆库计数
        self.memory = np.zeros((MEMORY_CAPACITY, 80 * 2 + 2))
#初始化记忆库
        #设定 torch 的优化器为 Adam

        self.optimizer = torch.optim.Adam(self.eval_net.pa-
rameters(), lr=LR)
        self.loss_func = nn.MSELoss()   #以均方误差作为 loss 值
        self.min_loss = 10000
```

定义 choose_action 函数如下,根据当前状态选择一个动作。根据 epsilon 贪心算法,有一定的概率选择最优动作(根据评价网络输出的概率最大的动作),有一定的概率选择随机动作:

```
#根据输入状态 x 返回输出动作的索引(而不是动作)
    def choose_action(self, x):
        #选最优动作
        if np.random.uniform() < EPSILON:
            x = Variable(torch.FloatTensor(x))
#将 x 转为 pytorch 变量 shape-torch.Size([80])
            actions_eval = self.eval_net(x)
```

```
# 评价网络前向推理 shape - torch.Size([1600])
            action = int(actions_eval.max(0)[1]) # 返回概率最大的
动作索引
        # 选随机动作
        else:
            action = np.random.randint(0, 1600)
# 在 0 - 1600 之间选一个随机整数
        return action
    # 存储经验数据(s 是输入状态,a 是输出动作,r 是奖励,s_是下一刻的状态)
```

定义 store_transition 函数,用于存储经验数据。将输入的状态、动作、奖励和下一个状态按水平方向叠加,并存储到记忆库中:

```
def store_transition(self, s, a, r, s_):
    transition = np.hstack((s, a, r, s_))
# 将输入元组的元素数组按水平方向进行叠加
    # 如果记忆库满了, 就覆盖老数据
    index = self.memory_counter % MEMORY_CAPACITY
    self.memory[index, :] = transition
    self.memory_counter + = 1
```

定义 learn 函数如下,用于学习经验数据。首先根据设定的更新步数 TARGET_REPLACE_ITER,每隔一定步数更新目标网络的参数,将评价网络的参数复制给目标网络。然后从记忆库中抽取一批数据(大小为 BATCH_SIZE),分别用评价网络和目标网络进行前向推理得到 Q 值,再计算 Q 值的目标值并计算损失值,最后将损失值进行反向传播并更新网络参数:

```
# 学习经验数据
    def learn(self):
        # 每隔 TARGET_REPLACE_ITER 次更新目标网络参数
        if self.learn_step_counter % TARGET_REPLACE_ITER =
= 0:
            self.target_net.load_state_dict(self.eval_net.
state_dict())
        self.learn_step_counter + = 1

        # 抽取记忆库中的批数据
        size = min(self.memory_counter, MEMORY_CAPACITY)
```

```
        sample_index = np.random.choice(size, BATCH_SIZE)
        b_memory = self.memory[sample_index, :]
# 抽取出来的数据 shape - (32, 162)
        b_s = Variable(torch.FloatTensor(b_memory[:, :80]))
# 输入数据的状态 shape - torch.Size([32, 80])
        b_a = Variable(torch.LongTensor(b_memory[:, 80:81]))
# 输入数据的动作 shape - torch.Size([32, 1])
        b_r = Variable(torch.FloatTensor(b_memory[:, 81:82]))
# 输入数据的奖励 shape - torch.Size([32, 1])
        b_s_ = Variable(torch.FloatTensor(b_memory[:, -80:]))
# 输入数据的下一个状态 shape - torch.Size([32, 80])
        # 针对做过的动作 b_a 来选 q_eval 的值
        self.eval_net.train()  # 设定当前处于训练模式
        actions_eval = self.eval_net(b_s)
# 评价网络前向推理 shape - torch.Size([32, 1600])
        q_eval = actions_eval.gather(1, b_a)
# 选取第 1 维第 b_a 个数为评估 Q 值 shape - torch.Size([32, 1])
max_next_q_values = torch.zeros(32, dtype = torch.float).
unsqueeze(dim =1) #shape - torch.Size([32, 1])
        for i in range(BATCH_SIZE):
            action_target = self.target_net(b_s_[i]).detach()
# 目标网络前向推理
shape - torch.Size([1600])
            max_next_q_values[i] = float(action_target.max(0)[0])
#返回输出张量中的最大值
        q_target = (b_r + GAMMA * max_next_q_values)
# 计算目标 Q 值 shape - torch.Size([32, 1])
        #计算 loss 值
        loss = self.loss_func(q_eval, q_target)
        loss_item = loss.item()
        if loss_item < self.min_loss:
            self.min_loss = loss_item
        self.optimizer.zero_grad()  # 梯度清零
        loss.backward()  # 将 loss 进行反向传播并计算网络参数的梯度
        self.optimizer.step()  # 优化器进行更新
        return loss_item
```

3. 模型训练/部署

为了配合强化学习算法的训练，数字冰壶实验平台提供了“无线对局”模式，该模式有如下四个特点。

(1)SETSTATE 消息的参数中的总对局数为 -1。

(2)投壶速度为 99 倍速，只需要 10 s 即可打完一局比赛。

(3)一局比赛结束后，自动开始下一局，永不停歇。

(4)无论每局比赛比分如何，新开的一局永远和第一局保持同样的先后手顺序。

下方给出的范例代码中创建了 AIRobot 类库的子类 DQNRobot，并重写了类的__init__()函数、recv_setstate()函数和 get_bestshot()函数，并新增了 get_reward()函数以获取奖励分数。根据数字冰壶服务器界面中给出的连接信息修改下方代码中的连接密钥，再运行以下代码，即可启动一个应用 DQN 算法进行投壶的 AI 选手。以下定义了一个名为 DQNRobot 的类，该类继承自 AIRobot 类。DQNRobot 类将继承 AIRobot 类的所有属性和方法，并且还可以添加自己的属性和方法。使用提供的参数(key、name、host、port 和 round_max)调用父类(AIRobot)的初始化方法，分别创建 DQN 对象(dqn_init)、(dqn_dote)来初始化先手、后手模型。检查是否存在用于初始化先手模型的模型文件(init_model_file)和后手模型的模型文件(dote_model_file)。如果存在模型文件，则打印加载模型文件的信息，并使用 torch. load()函数加载模型参数到 dqn_init 的 eval_net 和 target_net 中。设置学习起始局数为 100，设置最大训练局数为 round_max。定义日志文件名，其中包括当前日期和时间，用于记录训练数据。具体代码如下：

```
class DQNRobot(AIRobot):
def __init__(self, key, name, host, port, round_max =10000):
    super().__init__(key, name, host, port)

    #初始化 |加载先手模型
    self.dqn_init = DQN()
    self.init_model_file ='model/DQN_init.pth'
    if os.path.exists(self.init_model_file):
        print("加载模型文件 % s" % (self.init_model_file))
        net_params = torch.load(self.init_model_file)
        self.dqn_init.eval_net.load_state_dict(net_params)
        self.dqn_init.target_net.load_state_dict(net_params)

    #初始化 |加载后手模型
    self.dqn_dote = DQN()
    self.dote_model_file = 'model/DQN_dote.pth'
```

```
    if os.path.exists(self.dote_model_file):
        print("加载模型文件 % s" % (self.dote_model_file))
        net_params = torch.load(self.dote_model_file)
        self.dqn_init.eval_net.load_state_dict(net_params)
        self.dqn_init.target_net.load_state_dict(net_params)

    self.learn_start = 100  #学习起始局数
    self.round_max = round_max  #最大训练局数
    self.log_file_name ='log/DQN_log/traindata_' + time.str-
ftime("% y% m% d_% H% M% S") + '.log' #日志文件
```

定义DQNRobot类的get_reward方法的实现,根据当前比分计算奖励分数。如果奖励分数为0,则根据射击位置与目标的距离进行奖励值的调整。具体如下:

```
#根据当前比分获取奖励分数
    def get_reward(self, this_score):
        House_R = 1.830
        Stone_R = 0.145
        reward = this_score - self.last_score
        if (reward == 0):
            x = self.position[2 * self.shot_num]
            y = self.position[2 * self.shot_num +1]
            dist = self.get_dist(x, y)
            if dist < (House_R + Stone_R):
                reward = 1 - dist /(House_R + Stone_R)
        return reward
```

以下代码为一个处理投掷状态消息的方法,用于控制游戏的进行和模型的训练:

```
def recv_setstate(msg_list):
    self.shot_num = int(msg_list[0]) # 当前完成投掷数
    self.round_total = int(msg_list[2]) # 总对局数
    if self.round_num == self.round_max: # 达到最大局数则退出训练
        self.on_line = False
        return
# 第一投掷开始时将历史比分清零并选择模型和当前第一投掷
    if self.shot_num == 0:
        self.last_score = 0
```

```
        if self.player_is_init:
            self.dqn = self.dqn_init
            self.first_shot = 0
        else:
            self.dqn = self.dqn_dote
            self.first_shot = 1
this_score = 0
#根据投掷顺序更新状态、选择动作、计算奖励、保存经验
if self.shot_num == self.first_shot:  #当前选手第1壶投出前
    init_score, self.s1 = get_infostate(self.position)
    self.A = self.dqn.choose_action(self.s1)
    self.action = action_list[self.A]
    self.last_score = (1 - 2 * self.first_shot) * init_score
if self.shot_num == self.first_shot + 1:  #当前选手第1壶投出后
    init_score, s1_ = get_infostate(self.position)
    this_score = (1 - 2 * self.first_shot) * init_score
    reward = self.get_reward(this_score)
    self.dqn.store_transition(self.s1, self.A, reward, s1_)
    if self.dqn.memory_counter > self.learn_start:
    self.dqn.learn()
#同样的操作适用于当前选手的第2、3、4、5、6、7壶,以及最后的第8壶
if self.shot_num == self.first_shot +14:  #当前选手第8壶投出前
    _, self.s8 = get_infostate(self.position)   #获取当前状态
描述
    self.A = self.dqn.choose_action(self.s8)  #选择动作序号
    self.action = action_list[self.A]  #生成动作参数列表
if self.shot_num == self.first_shot +15:   #当前选手第8壶投
出后
    _, self.s8_ = get_infostate(self.position)  #获取当前得分和
状态描述
if self.shot_num == 16:
    if self.score > 0:  #获取动作奖励
        reward = 5 * self.score
    else:
```

```
        reward = 0
    self.dqn.store_transition(self.s8, self.A, reward, self.s8
_) # 保存经验数据
    if self.dqn.memory_counter > self.learn_start:  # 记忆库满了
就进行学习
        loss = self.dqn.learn()
    self.round_num + = 1
    #将本局比分和当前 loss 值写入日志文件
    log_file = open(self.log_file_name, 'a +')
    log_file.write("score " + str(self.score) +" " + str(self.
round_num) +"\n")
    if self.dqn.memory_counter > self.learn_start:
        log_file.write("loss " + str(loss) +" " + str(self.round_
num) +"\n")
    log_file.close()
    #每隔 50 局存储一次模型
    if self.round_num % 50 = = 0:
        net_params = self.dqn.eval_net.state_dict()
        if self.player_is_init:
            torch.save(net_params, self.init_model_file)
```

训练强化学习算法需要一个对手,可以在控制台中运行 AIRobot. py 脚本启动 CurlingAI 选手,尝试训练一个 DQN 模型打败这个简单逻辑的基础 AI。注意在运行脚本前需要根据数字冰壶服务器界面中给出的连接信息修改代码中的连接密钥。在数字冰壶服务器界面中,确认两个 AI 选手都已连接,点击“准备”按钮,再点击“开始对局”按钮,即可开始强化学习模型的训练。

4. 训练过程曲线的绘制

读取日志文件中的数据,绘制训练过程中的比分变化曲线和 loss 值变化曲线:

```
#导入 matplotlib 函数库
import matplotlib.pyplot as plt
#定义两个曲线的坐标数组
score_x, score_y = [], []
loss_x, loss_y = [], []
#读取日志文件
log_file = open(myrobot.log_file_name, 'r')
for line in log_file.readlines():
```

```
    var_name, var_value, round_num = line.split('')
    #存储比分曲线数据
    if var_name = ='score':
        score_x.append(int(round_num))
        score_y.append(int(var_value))
    #存储 loss 曲线数据
    if var_name = = 'loss':
        loss_x.append(int(round_num))
        loss_y.append(float(var_value))
#分两个子图以散点图的方式绘制比分曲线和 loss 值曲线
fig, axes = plt.subplots(2,1)
axes[0].scatter(np.array(score_x),np.array(score_y),s =5)
axes[1].scatter(np.array(loss_x),np.array(loss_y),s =5)
plt.show()
```

7.6.2 PPO 算法在数字冰壶中的实现

导入算法实现所需要的模块:

```
import math
import numpy as np
import torch
# PPO 算法中需要使用到队列数据结构(deque),可以使用 deque 来存储历史的
经验数据,便于进行采样和更新模型
from collections import deque
import torch.nn as nn
from torch.autograd import Variable
```

1. 网络搭建

(1)网络输入设置。

根据场上的冰壶与营垒圆心的距离由近至远进行排序,每个冰壶包含五个信息:x 坐标、y 坐标、离营垒圆心的距离、投掷顺序、是否为有效得分壶,共 80 个特征作为网络输入。

以下代码用于根据冰壶比赛服务器发送的场上冰壶位置坐标列表,计算得分情况并生成信息状态数组。

首先,定义了一个名为"get_dist"的函数,用于计算某一冰壶距离营垒圆心的距离。该函数接受两个参数 x 和 y,分别表示冰壶的 x 坐标和 y 坐标。函数中,House_x 和 House_y 分别表示营垒的圆心的 x 坐标和 y 坐标,使用 math. sqrt 函数计算出冰壶到营垒圆心的距

离,并返回该距离:

```
#获取某一冰壶距离营垒圆心的距离
def get_dist(x, y):
    House_x = 2.375
    House_y = 4.88
    return math.sqrt((x - House_x) * *2 + (y - House_y) * *2)
```

然后定义了一个名为“get_infostate”的函数,用于根据冰壶位置坐标列表计算得分情况并生成信息状态数组。该函数接受一个参数 position,表示冰壶位置坐标列表。在函数中,定义了一些变量,包括 House_R 和 Stone_R 表示营垒圆心半径和冰壶半径,以及 init、gote 和 both 分别表示先手、后手和双方冰壶到营垒圆心的距离数组:

```
#根据冰壶比赛服务器发送来的场上冰壶位置坐标列表获取得分情况并生成信息状态数组
def get_infostate(position):
    House_R = 1.830
    Stone_R = 0.145

    init = np.empty([8], dtype = float)
    gote = np.empty([8], dtype = float)
    both = np.empty([16], dtype = float)
#计算双方冰壶到营垒圆心的距离
    for i in range(8):
        init[i] = get_dist(position[4 * i], position[4 * i + 1])
        both[2 * i] = init[i]
        gote[i] = get_dist(position[4 * i + 2], position[4 * i + 3])
        both[2 * i +1] = gote[i]
```

接下来,使用一个循环计算双方冰壶到营垒圆心的距离,并将结果分别存储到 init 和 gote 数组中。同时,在 both 数组中保存双方冰壶的距离。通过比较先手和后手冰壶到营垒圆心的最小距离,确定哪一方得分,即 win 变量。如果先手的最小距离小于等于后手的最小距离,则先手得分,否则后手得分,将双方最小距离赋值给 d_std 变量。定义 infostate 数组用于存储信息状态,定义 init_score 变量用于记录先手得分,再通过一个循环遍历 16 个冰壶。获取冰壶的 x 坐标、y 坐标和到营垒圆心的距离,以及冰壶的投掷顺序(sn),判断该冰壶是否为有效得分壶。条件是距离要小于双方最小距离,且距离要小于营垒圆心半径和冰壶半径之和,且投掷顺序与得分方一致。如果是有效得分壶,则将 valid 变量赋值为 1,并根据得分方更新 init_score 变量。如果不是有效得分壶,则将 valid 变量赋值为 0。最后,将有效壶的信息添加到 infostate 数组中,并按照距离升序排序。如果冰壶的

x 坐标和 y 坐标都为0,表示该位置没有冰壶,将其视为无效壶,填充为[0,0,0,0,0]。最终,返回先手得分和转为一维的状态数组:

```
#找到距离圆心较远一方距离圆心最近的壶
if min(init) < = min(gote):
    win = 0                     #先手得分
    d_std = min(gote)
else:
    win = 1                     #后手得分
    d_std = min(init)

infostate = []                  #状态数组
init_score = 0                  #先手得分
#16 个冰壶依次处理
for i in range(16):
    x = position[2 * i]         #x 坐标
    y = position[2 * i + 1]     #y 坐标
    dist = both[i]              #到营垒圆心的距离
    sn = i % 2 + 1              #投掷顺序
    if (dist < d_std) and (dist < (House_R + Stone_R)) and ((i%
2) = = win):
        valid = 1               #是有效得分壶
        #如果是先手得分
        if win = = 0:
            init_score = init_score + 1
        #如果是后手得分
        else:
            init_score = init_score - 1
    else:
        valid = 0               #不是有效得分壶
        #仅添加有效壶
    if x! =0 or y! =0:
        infostate.append([x, y, dist, sn, valid])
#按 dist 升序排列
infostate = sorted(infostate, key = lambda x:x[2])
```

```
#无效壶补 0
for i in range(16 - len(infostate)):
    infostate.append([0,0,0,0,0])
#返回先手得分和转为一维的状态数组
return init_score, np.array(infostate).flatten()
```

(2)网络输出设置。

如下所示范例代码继承 torch. nn. Module 类,搭建了两个相同结构的四层神经网络:Actor 网络和 Critic 网络。网络每一层都是线性层(全连接层),实现将 80 维的输入张量映射为 256 维张量再经 tanh 函数激活,继而映射为 64 维张量再经 tanh 函数激活,继而映射为 10 维张量再经 tanh 函数激活,最终映射为 3 维的输出张量。

其中,Critic 的网络输出就是神经网络输出层的数据,是当前状态的估计价值。Actor 的网络输出则是以神经网络输出层的数据为均值,以 std 为标准差,经由 torch. normal( ) 函数实现正态分布近似后得到最终投掷动作。这里的标准差 std 越小,越接近均值,算法越倾向于利用,反之则越倾向于探索。范例代码中将 std 设置为固定值 1,在实际训练中,建议对其进行动态设置来达到前期重视探索、后期重视利用的目的。

在训练开始时,Actor 网络各层的权重均为随机数值,因此网络的输出也是完全随机的,有很大概率根本就不在投掷动作参数的取值范围内,因此需要对网络的输出按照相应参数的取值范围截断后再作为动作参数使用。可以预见,在训练前期,大部分的动作参数都落在了截断区间的上下限,因此 PPO 算法和 DQN 算法相比,需要更多个训练周期后才能输出合理的动作参数:

```
#创建 Actor 网络类继承自 nn.Module
class Actor(nn.Module):
    def __init__(self):
        super(Actor, self).__init__()
        self.fc1 = nn.Linear(80, 128)  # 定义全连接层 1
        self.fc2 = nn.Linear(128, 64)  # 定义全连接层 2
        self.fc3 = nn.Linear(64, 10)  # 定义全连接层 3
        self.out = nn.Linear(10, 3)  # 定义输出层
        self.out.weight.data.mul_(0.1)  # 初始化输出层权重

    def forward(self, x):
        x = self.fc1(x)  # 输入张量经全连接层 1 传递
        x = torch.tanh(x)  # 经 tanh 函数激活
        x = self.fc2(x)  # 经全连接层 2 传递
```

```
        x = torch.tanh(x)  # 经 tanh 函数激活
        x = self.fc3(x)  # 经全连接层 3 传递
        x = torch.tanh(x)  # 经 tanh 函数激活

        mu = self.out(x)   # 经输出层传递得到输出张量
        logstd = torch.zeros_like(mu)  # 生成 shape 和 mu 相同的全
0 张量
        std = torch.exp(logstd)  # 生成 shape 和 mu 相同的全 1 张量
        return mu, std, logstd
    def choose_action(self, state):
        x = torch.FloatTensor(state)  #输入状态数组转为张量 shape
-torch.Size([80])
        mu, std, _ = self.forward(x)  #网络前向推理 mu.shape -
torch.Size([3]) std.shape - torch.Size([3])
        action = torch.normal(mu, std).data.numpy()
#按照给定的均值和方差生成输出张量的近似数据
        action[0] = np.clip(action[0], 2.4, 6)
#按照[2.4, 6]的区间截取 action[0](初速度)
        action[1] = np.clip(action[1], -2, 2)
#按照[-2, 2]的区间截取 action[1](横向偏移)
        action[2] = np.clip(action[2], -3.14, 3.14)
#按照[-3.14, 3.14]的区间截取 action[2](初始角速度)
        return action

#创建 Critic 网络类继承自 nn.Module
class Critic(nn.Module):
    def __init__(self):
        super(Critic, self).__init__()
        self.fc1 = nn.Linear(80, 128)  # 定义全连接层 1
        self.fc2 = nn.Linear(128, 64)  # 定义全连接层 2
        self.fc3 = nn.Linear(64, 10)  # 定义全连接层 3
        self.out = nn.Linear(10, 1)  # 定义输出层
        self.out.weight.data.mul_(0.1)  # 初始化输出层权重
    def forward(self, x):
        x = self.fc1(x)  # 输入张量经全连接层 1 传递
```

```
        x = torch.tanh(x)  # 经 tanh 函数激活
        x = self.fc2(x)  # 经全连接层 2 传递
        x = torch.tanh(x)  # 经 tanh 函数激活
        x = self.fc3(x)  # 经全连接层 3 传递
        x = torch.tanh(x)  # 经 tanh 函数激活
        return self.out(x)  # 经输出层传递得到输出张量
```

2. 模型搭建

模型训练超参数设置：

```
BATCH_SIZE = 32                           # 批次尺寸
GAMMA = 0.9                               # 奖励折扣因子
LAMDA = 0.9                               # GAE 算法的调整因子
EPSILON = 0.1                             # 截断调整因子
#生成动态学习率
def LearningRate(x):
    lr_start = 0.0001                     # 起始学习率
    lr_end = 0.0005                       # 终止学习率
    lr_decay = 20000                      # 学习率衰减因子
# 使用指数函数计算动态学习率,根据公式和当前训练步数 x 和学习率衰减因子
lr_decay,计算出当前的学习率
    return lr_end + (lr_start - lr_end) * math.exp(-1. * x /
lr_decay)
```

以下是 PPO 算法的实现，用于训练连续动作空间的强化学习模型：

```
# 输出连续动作的概率分布,即计算连续动作的概率分布的对数概率密度
def log_density(x, mu, std, logstd):
    var = std.pow(2)
    log_density = -(x - mu).pow(2) /(2 * var) - 0.5 * math.
log(2 * math.pi) - logstd
    return log_density.sum(1, keepdim=True)
# 使用 Generalized Advantage Estimation (GAE)方法计算优势函数
def get_gae(rewards, masks, values):
    rewards = torch.Tensor(rewards)
    masks = torch.Tensor(masks)
    returns = torch.zeros_like(rewards)
    advants = torch.zeros_like(rewards)
    running_returns = 0
```

```
    previous_value = 0
    running_advants = 0
    for t in reversed(range(0, len(rewards))):
        running_returns = rewards[t] + GAMMA * running_re-
turns * masks[t]
        running_tderror = rewards[t] + GAMMA * previous_value
* masks[t] - values.data[t]
        running_advants = running_tderror + GAMMA * LAMDA *
running_advants * masks[t]
        returns[t] = running_returns
        previous_value = values.data[t]
        advants[t] = running_advants
    advants = (advants - advants.mean()) / advants.std()
    return returns, advants
# 计算替代损失函数
def surrogate_loss(actor, advants, states, old_policy, ac-
tions, index):
    mu, std, logstd = actor(torch.Tensor(states))
    new_policy = log_density(actions, mu, std, logstd)
    old_policy = old_policy[index]
    ratio = torch.exp(new_policy - old_policy)
    surrogate = ratio * advants
    return surrogate, ratio
```

训练模型

训练模型函数的输入包括 actor 和 critic 网络、memory、actor 和 critic 的优化器。函数的输出是 critic 的 loss。将 memory 转换为 numpy 数组，并将状态、动作、奖励、掩码分别存储在 states、actions、rewards、masks 中：

```
def train_model(actor, critic, memory, actor_optim, critic_optim):
    memory = np.array(memory, dtype=object)
    states = np.vstack(memory[:, 0])
    actions = list(memory[:, 1])
    rewards = list(memory[:, 2])
    masks = list(memory[:, 3])
    values = critic(torch.Tensor(states))
    loss_list = []
```

算法中的第一步,用于计算 returns、advants 和旧策略的 log 概率:

```
returns, advants = get_gae(rewards, masks, values)
mu, std, logstd = actor(torch.Tensor(states))
old_policy = log_density(torch.Tensor(np.array(actions)),
mu, std, logstd)
old_values = critic(torch.Tensor(states))
criterion = torch.nn.MSELoss()
n = len(states)
arr = np.arange(n)
```

算法中的第二步,用于更新 actor 和 critic 网络:

```
for epoch in range(10):
    np.random.shuffle(arr)
    for i in range(n //BATCH_SIZE):
        batch_index = arr[BATCH_SIZE * i: BATCH_SIZE * (i + 1)]
        batch_index = torch.LongTensor(batch_index)
        inputs = torch.Tensor(states)[batch_index]
        returns_samples = returns.unsqueeze(1)[batch_index]
        advants_samples = advants.unsqueeze(1)[batch_index]
         actions_samples = torch.Tensor(np.array(actions))
[batch_index]
        oldvalue_samples = old_values[batch_index].detach()
         loss, ratio = surrogate_loss(actor, advants_samples,
inputs,
                   old_policy.detach(), actions_samples,
                   batch_index)
        values = critic(inputs)
             clipped_values = oldvalue_samples + torch.clamp
(values - oldvalue_samples, -EPSILON, EPSILON)
        critic_loss1 = criterion(clipped_values, returns_sam-
ples)
        critic_loss2 = criterion(values, returns_samples)
        critic_loss = torch.max(critic_loss1, critic_loss2).
mean()
        clipped_ratio = torch.clamp(ratio, 1.0 - EPSILON, 1.0
+ EPSILON)
```

```
        clipped_loss = clipped_ratio * advants_samples
        actor_loss = -torch.min(loss, clipped_loss).mean()
        loss = actor_loss + critic_loss
        loss_list.append(loss)
        critic_optim.zero_grad()
        critic_loss.backward(retain_graph = True)
        critic_optim.step()
        actor_optim.zero_grad()
        actor_loss.backward()
        actor_optim.step()
return 0, sum(loss_list)/10
```

3. PPO 模型训练/部署

训练代码具体流程如下,其中根据传回的信息自动判断是先手还是后手,对于奖励的设置,目前仅对最后一壶根据比赛得分进行设置,其余的奖励均为0,后续可根据规则、经验等对奖励进行自行设计。

(1)定义一个基类 AIRobot,包含与机器人相关的基本方法和属性。再创建一个 PPORobot 类,继承自 AIRobot 类。

(2)在 PPORobot 类的构造函数中,加载和初始化先手和后手的 actor 和 critic 模型。

(3)定义一个 get_reward()方法来根据当前比分计算奖励分数。仅对最后一壶根据比赛得分进行设置,其余奖励均为0。

(4)定义一个 recv_setstate()方法来处理接收到的投掷状态消息。

(5)在 recv_setstate()方法中,根据当前投掷次数和角色,选择合适的动作和模型进行处理,并保存经验数据。

(6)在每轮比赛开始时,清空历史比分。如果到达最大训练局数,则停止训练。

(7)定义一个 get_bestshot()方法来获取最佳投掷动作。

(8)创建一个 PPORobot 实例,并启动机器人,接收投掷状态消息并执行相应的处理。

4. 训练过程曲线的绘制

读取日志文件中的数据,绘制训练过程中的比分变化曲线和 loss 值变化曲线:

```
#导入 matplotlib 函数库
import matplotlib.pyplot as plt

#定义两个曲线的坐标数组
score_x, score_y = [], []
loss_x, loss_y = [], []
```

```
#读取日志文件
log_file = open(myrobot.log_file_name, 'r')
for line in log_file.readlines():
    var_name, var_value, round_num = line.split('')
    #存储比分曲线数据
    if var_name = ='score':
        score_x.append(int(round_num))
        score_y.append(int(var_value))
    #存储 loss 曲线数据
    if var_name = = 'loss':
        loss_x.append(int(round_num))
        loss_y.append(float(var_value))

#分两个子图以散点图的方式绘制比分曲线和 loss 值曲线
fig, axes = plt.subplots(2,1)
axes[0].scatter(np.array(score_x),np.array(score_y),s =5)
axes[1].scatter(np.array(loss_x),np.array(loss_y),s =5)
plt.show()
```

第8章 冰壶机器人 SLAM 导航实践

即时定位与地图构建(simultaneous localization and mapping,SLAM),指搭载特定传感器的主体在没有环境先验信息的情况下,于运动过程中建立环境的模型,同时估计自身的运动。SLAM 导航方案由建图、定位和路径规划三大基本问题组成。本章分别介绍 SLAM 与导航的基本理论、具体的实现框架,并将 SLAM 导航技术应用于冰壶机器人。

8.1 SLAM 的基本理论

1. SLAM 简介

SLAM 技术流程图如图 8.1 所示,通过多传感器的数据采集、时空标定、定位与建图、感知、规划和控制等,实现机器人在未知环境中的自主导航和位置估计能力。SLAM 是一个错综复杂的研究领域,涉及非常多的关键技术,包括不同的传感器、地图、场景和概率图模型的使用,SLAM 研究方向如图 8.2 所示。SLAM 具体实现算法都是某条具体路线,如 Gmapping 算法,就是"滤波方法 + 激光 + 占据栅格地图"这条路线的实现案例。再比如 ORB SLAM 算法,就是"优化方法 + 视觉 + 路标特征地图"这条路线的实现案例。想要学好 SLAM,需要在全局上把握理论本质,再将具体的 SLAM 实现算法在机器人本体上应用起来。

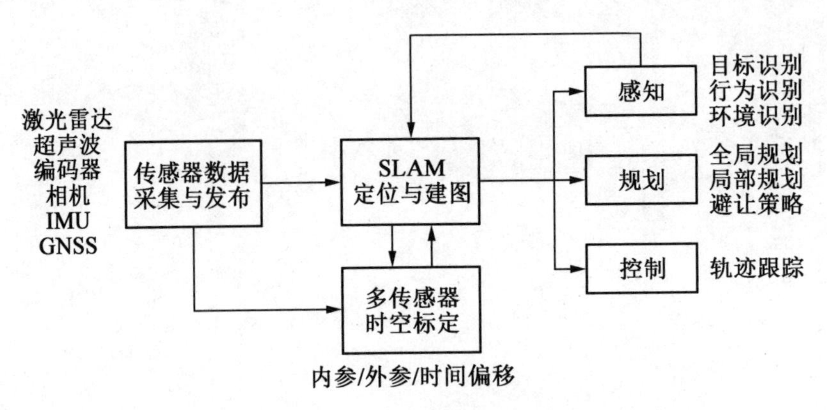

图 8.1 SLAM 技术流程图

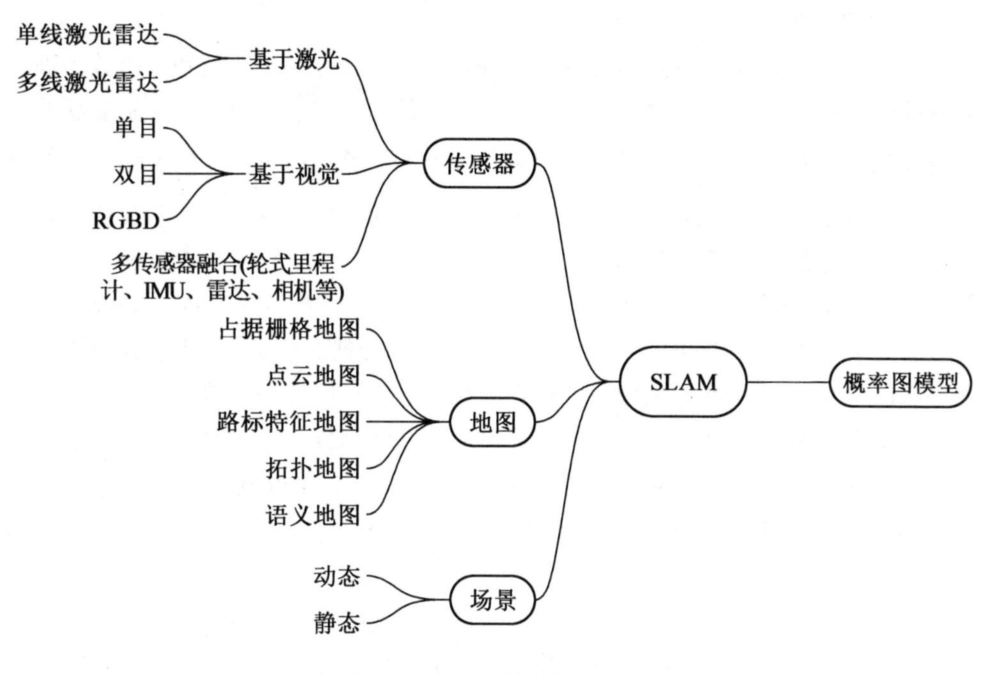

图 8.2　SLAM 研究方向

SLAM 中涉及的概率理论,包括概率运动模型、概率观测模型以及将运动和观测联系在一起的概率图模型,概率图模型包含的内容具体如图 8.3 所示。按照 SLAM 求解方法的不同,已经形成了两大类别,即滤波方法和优化方法。

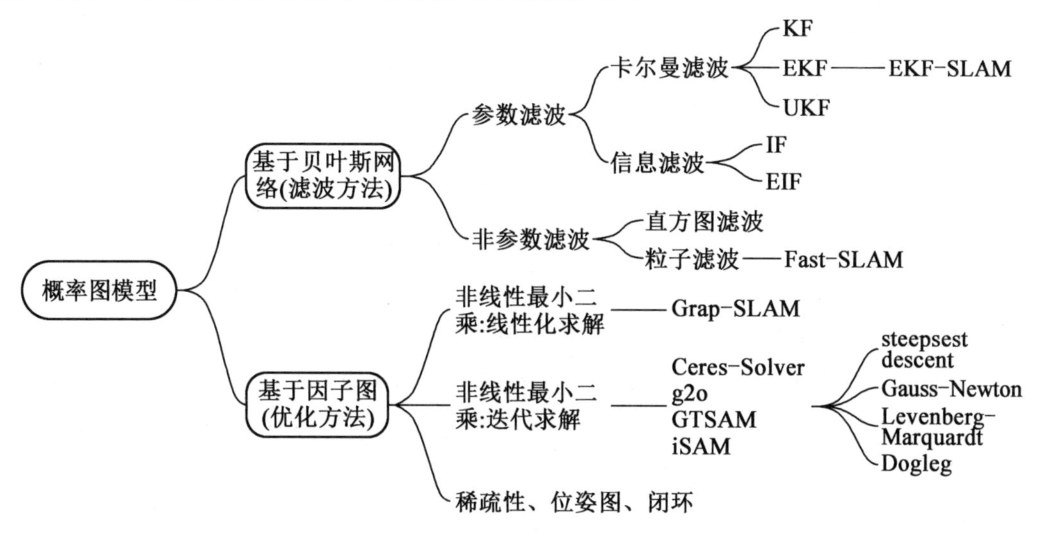

图 8.3　概率图模型

(1)滤波方法。

滤波方法根据其对噪声模型的不同处理方式,又分为参数滤波和非参数滤波。参数滤波按照选取噪声参数的不同,又可以分为卡尔曼滤波和信息滤波。卡尔曼滤波采用矩参数 μ 和 $\sum$ 表示正态分布,具体实现有线性卡尔曼滤波(KF)、扩展卡尔曼滤波(EKF)和无迹卡尔曼波(UKF);信息滤波采用正则参数 ξ 和 Ω 表示正态分布,具体实现有线性信息滤波(IF)、扩展信息滤波(EIF)。参数滤波在非线性问题和计算效率方面有很多弊端,而非参数滤波在这些方面表现会更好,常见的有直方图滤波和粒子滤波。滤波方法可以看成一种增量算法,机器人需要实时获取每一时刻的信息,并把信息分解到贝叶斯网络的概率分布中去,状态估计只针对当前时刻。计算信息都存储在平均状态矢量以及对应的协方差矩阵中,而协方差矩阵的规模随地图路标数量的二次方增长,也就是说,其具有 $O(n^2)$ 计算复杂度。滤波方法在每一次观测后,都要对该协方差矩阵执行更新计算,当地图规模很大时,计算将无法进行下去。

(2)优化方法。

优化方法简单地累积获取到的信息,然后利用之前所有时刻累积到的全局性信息离线计算机器人的轨迹和路标点,这样就可以处理大规模地图了。优化方法的计算信息存储在各个待估计变量之间的约束中,利用这些约束条件构建目标函数并进行优化求解。这其实是一个最小二乘问题,实际中往往是非线性最小二乘问题。求解该非线性最小二乘问题大致上有两种方法:一种方法是先对该非线性问题进行线性化近似处理,然后直接求解线性方程得到待估计量;另一种方法并不直接求解,而是通过迭代策略,让目标函数快速下降到最小值处,对应的估计量也就求出来了。常见的迭代策略有 steepest descent、Gauss - Newton、Levenberg - Marquardt、Dogleg 等,这些迭代策略广泛应用在机器学习、数学、工程等领域,有大量的现成代码实现库,比如 Ceres - Solver、g2o、GTSAM、iSAM 等。为了提高优化方法的计算实时性和精度,稀疏性、位姿图、闭环等也是热门的研究方向。

滤波方法和优化方法其实就是最大似然和最小二乘的区别。滤波方法是增量式的算法,能实时在线更新机器人位姿和地图路标点。而优化方法是非增量式的算法,要计算机器人位姿和地图路标点,每次都要在历史信息中推算一遍,因此不能做到实时。相比于滤波方法中计算复杂度的困境,优化方法的困境在于存储。由于优化方法在每次计算时都会考虑所有历史累积信息,这些信息全部载入内存中,对内存容量提出了巨大的要求。研究优化方法中约束结构的稀疏性,能大大降低存储压力并提供计算实时性。利用位姿图简化优化过程的结构,能大大提高计算实时性,将增量计算引入优化过程,也是提高计算实时性的一个方向。闭环能有效降低机器人位姿的累积误差,对提高计算精度有很大帮助。因此,优化方法在现今 SLAM 研究中已经占据了主导地位。

2. SLAM 中的状态估计问题

下面来讨论 SLAM 中的不确定性,即状态估计问题。如图 8.4 所示,用一个状态向量

$\boldsymbol{X}_k$ 来表示机器人在 k 时刻的位姿(位置和机器人朝向)，m_i 表示的是第 i 个路标的特征值，$Z_{k,i}$ 表示机器人在 k 时刻对第 i 个路标的观测值，$\boldsymbol{u}_k$ 表示机器人从 $k-1$ 时刻运动，并且在 k 时刻到达状态 $\boldsymbol{X}_k$ 的运动控制向量。机器人在运动的过程中，依靠传感器获取的信息和自身的运动向量的信息来对状态信息进行求解，从而实现位姿估计。

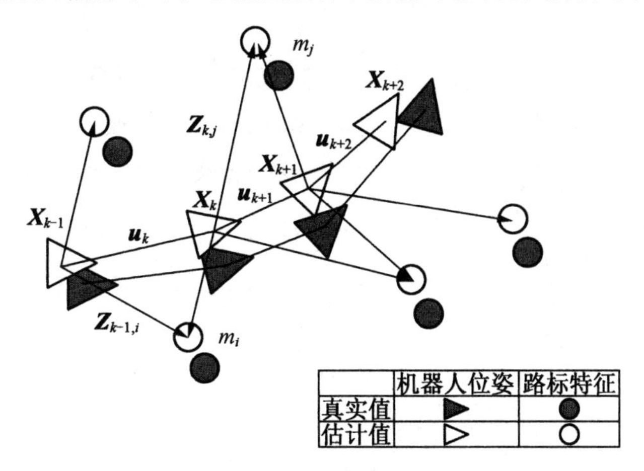

图 8.4　状态估计问题

SLAM 问题的求解从数学的角度来看，可以看成是在每个时刻 k 利用贝叶斯定律来求该时刻的机器人的状态 $\boldsymbol{X}_k$ 和环境地图 m 的后验概率 $P(\boldsymbol{X}_k, m \mid \boldsymbol{Z}_{0:k}, \boldsymbol{U}_{0:k}, \boldsymbol{X}_0)$ 的问题。机器人状态解出后，相应地就能进一步地解决定位问题，环境地图解出则也可以进一步来实现构图功能。

从数学的角度来分析计算该后验概率，则首先需要知道运动模型和观测模型。观测模型是传感器观测值的概率分布，它是用来表示当机器人位姿和路标位置已知的情况下的观测值 $\boldsymbol{Z}_k$ 的概率，用 $P(\boldsymbol{Z}_k \mid \boldsymbol{X}_k, m)$ 表示。而运动模型描述的是机器人的状态转变，从概率论的角度来讲的话，它是一个马尔可夫过程，也就是下一个状态 $\boldsymbol{X}_k$ 仅仅依赖于上一个状态 $\boldsymbol{X}_{k-1}$ 和运动控制向量 $\boldsymbol{u}_k$，而与其他更早的状态和运动控制向量无关。它与观测值和地图环境信息是相互独立的，可用模型 $P(\boldsymbol{X}_k \mid \boldsymbol{X}_{k-1}, \boldsymbol{u}_k)$ 来表示。目前，SLAM 算法大多采用标准的两步递归预测(时间更新)校正(测量更新)的形式，可分别用如下两式来计算：

$$P(\boldsymbol{X}_k, m \mid \boldsymbol{Z}_{0:k-1}, \boldsymbol{U}_{0:k}, \boldsymbol{X}_0) = \int P(\boldsymbol{X}_k \mid \boldsymbol{X}_{k-1}, \boldsymbol{u}_k) * P(\boldsymbol{X}_{k-1}, m \mid \boldsymbol{Z}_{0:k-1}, \boldsymbol{U}_{0:k-1}, \boldsymbol{X}_0)\,\mathrm{d}\boldsymbol{X}_{k-1} \tag{8.1}$$

$$P(\boldsymbol{X}_k, m \mid \boldsymbol{Z}_{0:k}, \boldsymbol{U}_{0:k}, \boldsymbol{X}_0) = P(\boldsymbol{Z}_k \mid \boldsymbol{X}_k, m) P(\boldsymbol{X}_k, m \mid \boldsymbol{Z}_{0:k-1}, \boldsymbol{U}_{0:k}, \boldsymbol{X}_0) / P(\boldsymbol{Z}_k \mid \boldsymbol{Z}_{0:k-1}, \boldsymbol{U}_{0:k}) \tag{8.2}$$

式中，$\boldsymbol{X}_k$ 为机器人在 k 时刻的位姿；$\boldsymbol{X}_0$ 为机器人的初始状态；m 为地图信息；$\boldsymbol{Z}_{0:k}$ 为从开始到 k 时刻的所以观测值；$\boldsymbol{U}_{0:k}$ 为从开始到 k 时刻的所以控制向量；$\boldsymbol{u}_k$ 为 k 时刻的控制向量。

从上两式中可以看出，机器人状态 $\boldsymbol{X}_k$ 和环境地图 m 都依赖于从开始到 k 时刻的所有

观测值 $\boldsymbol{Z}_{0:k}$ 和所有的控制向量 $\boldsymbol{U}_{0:k}$。

8.2 SLAM算法的搭建

图8.5为主流的SLAM算法,本节将从工程实现上介绍ROS最经典的基于粒子滤波的Gmapping算法和基于优化的Cartographer算法的原理、快速搭建和功能实现。

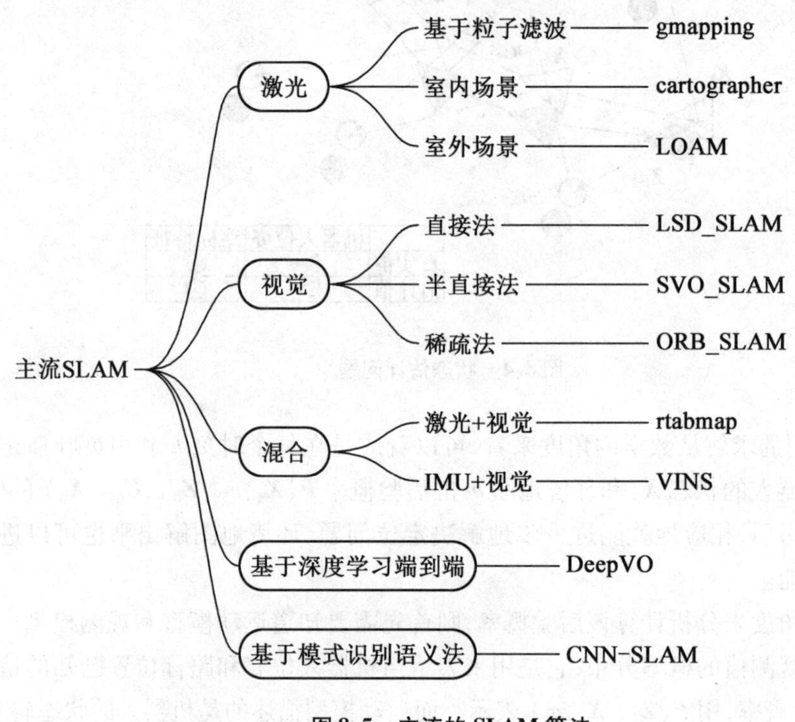

图8.5 主流的SLAM算法

8.2.1 Gmapping

1.简介

Gmapping是ROS开源社区中较为常用且比较成熟的SLAM算法之一,在移动机器人建图中被广泛使用,它使用粒子滤波器来估计移动机器人在环境中的位置,同时构建环境的地图。Gmapping可以根据移动机器人里程计数据和激光雷达数据来绘制二维的栅格地图,Gmapping对硬件也有一定的要求:该移动机器人可以发布里程计消息和雷达消息。

Gmapping功能包的总体框架如图8.6所示,输入话题信息包括:深度信息(激光雷达的二维信息)、里程计信息、IMU信息;输出栅格地图。

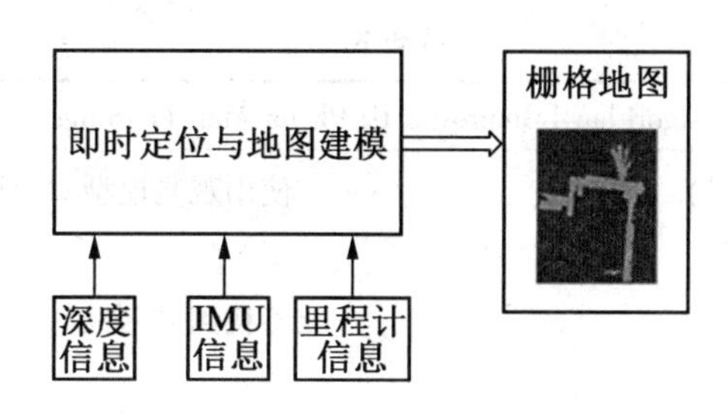

图 8.6 Gmapping 的总体框架

2. Gmapping 算法原理

Gmapping 算法解决的 SLAM 问题可以描述为:移动机器人从开机到 t 时刻一系列传感器测量数据 $z_1:t$(传感器扫描数据/scan)以及一系列控制数据 $u_1:t$(里程计数据/odom)的条件下,同时对地图 m、机器人位姿 $x_{1:t}$ 进行的估计,显然是一个条件联合概率分布:

$$p(x_{1:t},m \mid u_{1:t},z_{1:t}) \tag{8.3}$$

Gmapping 算法主要依赖粒子滤波器,这是一种基于蒙特卡洛方法的概率滤波器,用于估计随时间变化的状态量。通过在状态空间中随机采样一组粒子,粒子滤波器表示当前状态的不确定性,并通过对这些粒子进行加权来计算状态的后验概率分布。在机器人定位和建图的问题中,粒子滤波器用于估计机器人在环境中的位姿和地图的特征。Gmapping 算法实施:基于改进的 RBPF 的地图构建过程见表 8.1。

表 8.1 Gmapping 算法实施:基于改进的 RBPF 的地图构建过程

Algorithm 1 Improved RBPF for Map Learning	
Require:	//输入要求
S_{t-1}, the sample set of the previous time step	//上一时刻粒子群
z_t, the most recent laser scan	//最近时刻的 scan、odom
u_{t-1}, the most recent odometry measurement	
Ensure:	
S_t, the new sample set	// t 时刻的粒子群,采样子集
$S_t = \{\}$	//初始化粒子群
for all $s_{t-1}^{(i)} \in S_{t-1}$ do	//遍历上一时刻粒子群中的粒子
$< x_{t-1}^{(i)}, \omega_{t-1}^{(i)}, m_{t-1}^{(i)} > = s_{t-1}^{(i)}$	//取粒子携带的位姿、权重、地图
//scan - matching	//通过里程计进行位姿更新
$x_t^{\prime(i)} = x_{t-1}^{(i)} \oplus u_{t-1}$	//极大似然估计求得局部极值
$\hat{x}_t^{(i)} = \arg\max_x p(x \mid m_{t-1}^{(i)}, z_t, x_t^{\prime(i)})$	//局部极值距离正态分布较近
if $\hat{x}_t^{(i)}$ = failure then	//如果没有找到局部极值
$x_t^{(i)} \sim p(x_t \mid x_{t-1}^{(i)}, u_{t-1})$	//提议分布,更新粒子位姿状态

续表 8.1

Algorithm 1 Improved RBPF for Map Learning	
$\omega_t^{(i)} = \omega_{t-1}^{(i)} \cdot p(z_t \mid m_{t-1}^{(i)}, x_t^{(i)})$	//使用观测模型对位姿权重更新
else	
//sample around the mode	//若找到局部极值
for $k = 1, \ldots, K$ do	
$x_k \sim \{x_j \mid \lvert x_j - \hat{x}^{(i)} \rvert < \Delta\}$	//在局部极值附近取 k 个位姿
end for	
//compute Gaussian proposal	//认为 k 个位姿服从正态分布
$\boldsymbol{\mu}_t^{(i)} = (0,0,0)^{\mathrm{T}}$	
$\boldsymbol{\eta}^{(i)} = 0$	
for all $x_j \in \{x_1, \ldots, x_K\}$ do	
$\boldsymbol{\mu}_t^{(i)} = \boldsymbol{\mu}_t^{(i)} + x_j \cdot p(z_t \mid m_{t-1}^{(i)}, x_j) \cdot p(x_t \mid x_{t-1}^{(i)}, u_{t-1})$	//计算 k 个位姿的均值
$\boldsymbol{\eta}^{(i)} = \boldsymbol{\eta}^{(i)} + p(z_t \mid m_{t-1}^{(i)}, x_j) \cdot p(x_t \mid x_{t-1}^{(i)}, u_{t-1})$	//计算 k 个位姿的权重
end for	
$\boldsymbol{\mu}_t^{(i)} = \boldsymbol{\mu}_t^{(i)} / \boldsymbol{\eta}^{(i)}$	//均值的归一化处理
$\sum_t^{(i)} = 0$	
for all $x_j \in \{x_1, \ldots, x_K\}$ do	//计算 k 位姿的方差
$\sum_t^{(i)} = \sum_t^{(i)} + (x_j - \boldsymbol{\mu}^{(i)})(x_j - \boldsymbol{\mu}^{(i)})^{\mathrm{T}} \cdot p(z_t \mid m_{t-1}^{(i)}, x_j) \cdot p(x_j \mid x_{t-1}^{(i)}, \boldsymbol{u}_{t-1})$	
end for	
$\sum_t^{(i)} = \sum_t^{(i)} / \boldsymbol{\eta}^{(i)}$	//方差的归一化处理
//sample new pose	//使用多元正态分布近似新位姿
$x_t^{(i)} \sim N\left(\boldsymbol{\mu}_t^{(i)}, \sum_t^{(i)}\right)$	
//update important weights	//计算该位姿粒子的权重
$\omega_t^{(i)} = \omega_{t-1}^{(i)} \cdot \boldsymbol{\eta}^{(i)}$	
end if	
//update map	//更新地图
$m_t^{(i)} = \text{integrateScan}(m_{t-1}^{(i)}, x_t^{(i)}, z_t)$	
//update sample set	//更新粒子群
$S_t = S_t \cup \{ < x_t^{(i)}, \omega_t^{(i)}, m_t^{(i)} > \}$	//循环,遍历上一时刻所有粒子
end for	
$N_{\mathrm{eff}} = \dfrac{1}{\sum_{i=1}^{N} (\tilde{\omega}^{(i)})^2}$	//计算所有粒子权重离散程度

续表8.1

Algorithm 1 Improved RBPF for Map Learning	
if $N_{eff} < T$ then	//判断阈值,是否进行重采样
$S_t = \mathrm{resample}(S_t)$	//重采样
end if	

设 u_t 表示机器人在时间 t 到 $t+1$ 之间的运动模型,z_t 表示机器人在时间 t 的传感器测量结果。粒子滤波器通过一组粒子 $s_t^{[1:M]}$ 来表示机器人在时间 t 的位置和地图特征的确定性,其中 M 表示粒子的数量,每个粒子包含位姿向量 $\boldsymbol{x}_t^{[m]}$ 和地图特征向量 $\boldsymbol{m}_t^{[m]}$ 。

在预测步骤中,对于每个粒子 $x_t^{[m]}$,根据机器人的运动模型进行预测:

$$\bar{x}_{t+1}^{[m]} = u_t(x_t^{[m]}) + \varepsilon_t^{[m]} \tag{8.4}$$

式中,$\bar{x}_{t+1}^{[m]}$ 为预测的下一时刻的位姿状态;$u_t(x_t^{[m]})$ 为机器人根据运动模型预测的状态;$\varepsilon_t^{[m]}$ 为预测误差。

这里假设预测误差服从零均值正态分布,即 $\varepsilon_t^{[m]} \sim N(0, \sum_t)$,其中 $\sum_t$ 是预测误差的协方差矩阵。在测量更新步骤中,对于每个粒子的位姿 $x_{t+1}^{[m]}$,计算其权重 $w_{t+1}^{[m]}$,表示当前粒子的后验概率分布:

$$w_{t+1}^{[m]} = P(z_{t+1} \mid x_{t+1}^{[m]}, m_t^{[m]}) \cdot P(x_{t+1}^{[m]} \mid x_t^{[m]}, u_t) \tag{8.5}$$

式中,$P(z_{t+1} \mid x_{t+1}^{[m]}, m_t^{[m]})$ 为传感器测量结果与地图特征的匹配程度;$m_t^{[m]}$ 为当前地图的特征;$P(x_{t+1}^{[m]} \mid x_t^{[m]}, u_t)$ 为机器人在时间 t 到 $t+1$ 之间的运动模型的概率密度函数。

最终,通过对所有粒子进行加权平均,可以得到机器人在时间 $t+1$ 的位置和地图特征的估计值:

$$\hat{s}_{t+1} = \sum_{m=1}^{M} \omega_{t+1}^{[m]} s_{t+1}^{[m]} \tag{8.6}$$

通过不断迭代上述步骤,粒子滤波器能够逐渐收敛到正确的机器人位姿和地图特征。

3. Gmapping 建图

(1)Gmapping 节点说明。

Gmapping 代码框架如图8.7所示,可以看出 Gmapping 算法用了2个 ROS 功能包来组织代码,分别为 slam_gmapping 和 openslam_gmapping 功能包。其中 slam_gmapping 用于实现算法的 ROS 相关接口,具体实现被放在其所包含的 gmapping 功能包中。单线激光雷达数据通过/scan 话题输入 gmapping 功能包,里程计数据通过/tf 关系输入 gmapping 功能包,gmapping 功能包通过调用 openslam_gmapping 功能包中的建图算法,将构建好的地图发布到/map 等话题。而 openslam_gmapping 功能包用于实现建图核心算法(粒子滤波)。

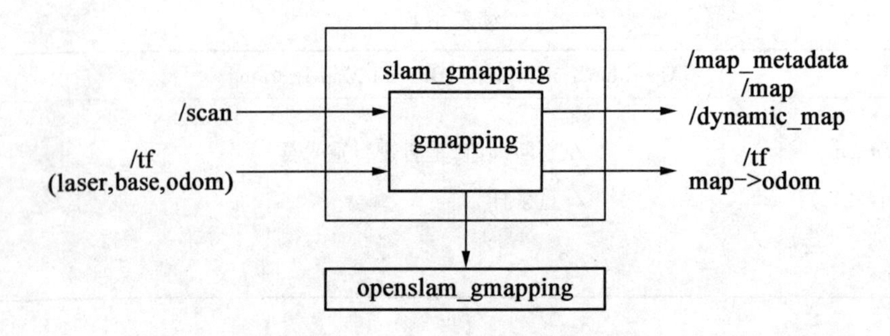

图 8.7　Gmapping 代码框架

通过以上了解,可知 gmapping 功能包中的核心节点是:slam_gmapping。为了方便调用,需要先了解该节点订阅的话题、发布的话题、服务以及相关参数,gmapping 功能包说明见表 8.2。

表 8.2　gmapping 功能包说明

功能描述	名称	消息类型	描述
Topic 订阅	scan	sensor_msgs/LaserScan	SLAM 所需的雷达信息
	tf	tf/tfMessage	用于雷达、底盘与里程计之间的坐标变换消息
Topic 发布	map_metadata	nav_msgs/MapMetaData	地图元数据,包括地图的宽度、高度、分辨率等,该信息会固定更新
	map	nav_msgs/OccupancyGrid	地图栅格数据,一般会在 rviz 中以图形化的方式显示
	entropy	std_msgs/Float64	机器人姿态分布熵估计(值越大,不确定性越大)
Service	dynamic_map	nav_msgs/GetMap	获取地图数据

相关参数如下:

base_frame(string, default:"base_link"):机器人基坐标系。

map_frame(string, default:"map"):地图坐标系。

odom_frame(string, default:"odom"):里程计坐标系。

map_update_interval(float, default: 5.0):地图更新频率,根据指定的值设计更新间隔。

maxUrange(float, default: 80.0):激光探测的最大可用范围(超出此阈值,被截断)。

maxRange(float):激光探测的最大范围。

gmapping 功能包中的 TF 变换见表 8.3。

表 8.3　gmapping 功能包中的 TF 变换

TF 变换		描述
必需的 TF 变换	scan_frame→base_link	激光雷达坐标系与基坐标系之间的变换,一般由 robot_state_publisher 或者 static_transform_publisher 发布
	base_link→odom	基坐标系到里程计坐标系的变换,一般由里程计节点发布
发布的 TF 变换	map→odom	地图坐标系与机器人里程计坐标系之间的变换,估计机器人在地图中的位姿

补充:里程计信息

里程计是一种用于估计机器人在运动中的路程和方向的设备。它通过测量车轮的旋转角度和旋转速度,或通过惯性测量单元(IMU)测量机器人的加速度和角速度来估计机器人的位姿变化。使用以下命令查看 ROS 中 nav_msgs/Odometry 消息类型的定义:

```
$ rosmsg show nav_msgs/Odometrystd_msgs/Header header
  uint32 seq
  time stamp
  string frame_id
string child_frame_id
geometry_msgs/PoseWithCovariance pose
  geometry_msgs/Pose pose
    geometry_msgs/Point position
      float64 x
      float64 y
      float64 z
    geometry_msgs/Quaternion orientation
      float64 x
      float64 y
      float64 z
      float64 w
  float64[36] covariance
geometry_msgs/TwistWithCovariance twist
  geometry_msgs/Twist twist
    geometry_msgs/Vector3 linear
      float64 x
```

```
    float64 y
    float64 z
  geometry_msgs/Vector3 angular
    float64 x
    float64 y
    float64 z
float64[36] covariance
```

该消息类型包括机器人的位姿和速度信息,其中:

header 表示消息头,包含序列号、时间戳和坐标系的信息。

child_frame_id 表示子坐标系的名称。

pose 表示机器人当前位置坐标,包括机器人的 *XYZ* 三轴位置与方向参数,以及用于校正误差的协方差矩阵。

twist 表示机器人当前的运动状态,包括 *XYZ* 三轴的线速度与角速度,以及用于校正误差的协方差矩阵。

covariance 是一个大小为 36 的协方差矩阵,用于描述机器人位姿和速度的不确定性。

(2) gmapping 程序调用流程。

程序调用主要流程如图 8.8 所示,其实主要涉及 SlamGmapping 和 GridSlamProcessor 这 2 个类。其中 SlamGmapping 类在 gmapping 功能包中实现,GridSlamProcessor 类在 openslam_gmapping 功能包中实现,而 GridSlamProcessor 类以成员变量的形式被 SlamGmapping类调用。程序 main()函数很简单,就是创建了一个 SlamGmapping 类的对象 gn。然后,SlamGmapping 类的构造函数会自动调用 init()函数执行初始化,包括创建 GridSlamProcesor 类的对象 gsp_和设置 Gmapping 算法参数。接着,调用 SlamGmapping 类的 startLiveSlam()函数,就可以进行在线 SLAM 建图了。startLiveSlam()函数首先对建图过程所需要的 ROS 订阅和发布话题进行了创建,然后开启双线程进行工作。其中,laserCallback线程在激光雷达数据的驱动下,对雷达数据进行处理并更新地图,调用到的 GridSlamProcessor 类的 processScan 函数是改进 RBPF 算法伪代码的具体实现;而 publishLoop线程负责维护 map->odom 之间的 tf 关系。

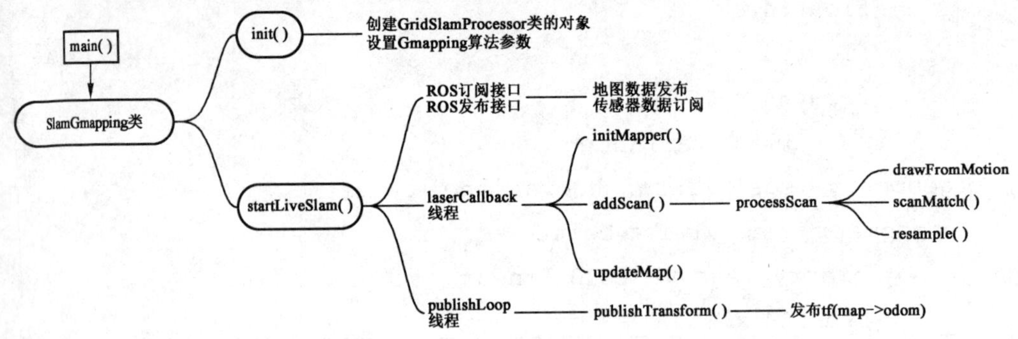

图 8.8 gmapping 程序调用流程

4. Gmapping 安装

打开终端,安装对应 ROS 版本的 Gmapping 功能包、键盘控制包、地图服务包:

```
$ sudo apt-get install ros-melodic-openslam-gmapping ros-melodic-gmapping
$ sudo apt-get install ros-melodic-teleop_twist_keyboard
$ sudo apt-get install ros-melodic-map-server
```

在编译并完成 gmapping 安装后,可以先用 gmapping 官方数据集测试一下安装是否成功。这里使用 basic_localization_stage_indexed. bag 数据集进行测试。将数据集下载到本地目录,然后启动 gmapping 并播放数据集。用默认 launch 文件启动 gmapping:

```
$ roslaunch gmapping slam_gmapping_pr2.launch
```

再打开一个命令行终端,播放 basic_localization_stage_indexed. bag 数据集。切换到数据集存放目录,播放数据集,再打开一个命令行终端,启动 rviz 可视化工具。在 rviz 中订阅地图话题/map,如果能看到地图,那么就说明 Gmapping 安装成功了,到这里可以关闭所有命令行终端的程序了:

```
$ cd -/Downloads/
$ rosbag play basic_localization_stage_indexed.bag
$ rviz
```

5. Gmapping 在线运行

(1)编写 gmapping 节点相关 launch 文件。

参考如下:

```
<launch>
<param name="use_sim_time" value="true"/>
    <node pkg="gmapping" type="slam_gmapping" name="slam_gmapping" output="screen">
    <remap from="scan" to="scan"/> <!-- 雷达话题 -->
    <param name="base_frame" value="base_footprint"/> <!-- 底盘坐标系 -->
    <param name="odom_frame" value="odom"/> <!-- 里程计坐标系 -->
    <param name="map_update_interval" value="5.0"/>
    <param name="maxUrange" value="16.0"/>
    <param name="sigma" value="0.05"/>
    <param name="kernelSize" value="1"/>
    <param name="lstep" value="0.05"/>
    <param name="astep" value="0.05"/>
```

```
    <param name="iterations" value="5"/>
    <param name="lsigma" value="0.075"/>
    <param name="ogain" value="3.0"/>
    <param name="lskip" value="0"/>
    <param name="srr" value="0.1"/>
    <param name="srt" value="0.2"/>
    <param name="str" value="0.1"/>
    <param name="stt" value="0.2"/>
    <param name="linearUpdate" value="1.0"/>
    <param name="angularUpdate" value="0.5"/>
    <param name="temporalUpdate" value="3.0"/>
    <param name="resampleThreshold" value="0.5"/>
    <param name="particles" value="30"/>
    <param name="xmin" value="-50.0"/>
    <param name="ymin" value="-50.0"/>
    <param name="xmax" value="50.0"/>
    <param name="ymax" value="50.0"/>
    <param name="delta" value="0.05"/>
    <param name="llsamplerange" value="0.01"/>
    <param name="llsamplestep" value="0.01"/>
    <param name="lasamplerange" value="0.005"/>
    <param name="lasamplestep" value="0.005"/>
    </node>
    <node pkg="joint_state_publisher" name="joint_state_pub-
lisher" type="joint_state_publisher" />
    <node pkg="robot_state_publisher" name="robot_state_pub-
lisher" type="robot_state_publisher" />
    <node pkg="rviz" type="rviz" name="rviz" />
    <! -- 可以保存 rviz 配置并后期直接使用 -- >
    <node pkg="rviz" type="rviz" name="rviz" args="-d $(find
my_nav_sum)/rviz/gmapping.rviz"/>
    -- >
</launch>
```

其中，<node pkg="gmapping" type="slam_gmapping" name="slam_gmapping" output="screen">是启动 ROS 节点的标准格式，每一个 ROS 节点都是通过 pkg 名称和 type 名称

进行标识的。

<remap from="scan" to="scan"/>是对算法订阅的话题名称进行重映射。当算法订阅的话题与传感器驱动发布的话题不一致时,这个重映射就能解决这种不一致问题。重映射其实就是对算法订阅的话题名进行重命名而已。<param name="base_frame" value="base_footprint"/>、<param name="odom_frame" value="odom"/>是对算法中用到的一些 tf 关系所涉及的 frame_id 名称的设置。底盘通常以 base_footprint 为坐标系名称,轮式里程计通常以 odom 为坐标系名称。后面的这些参数是与 Gmapping 算法粒子滤波过程直接相关的参数,要结合粒子滤波原理进行理解。

(2)测试。

依次执行以下命令,进行测试。

①启动雷达。

```
$ cd lidar_ws
$ source ~/lidar_ws/devel/setup.bash
$ sudo chmod -R 777 /dev/wheeltec_lidar
$ roslaunch lslidar_x10_driver lslidar_x10_serial.launch
```

②启动小车和启动键盘。键盘控制节点,用于控制机器人运动建图。

```
$ source ~/lidar_ws/devel/setup.bash
$ sudo ip link set can0 up type can bitrate 500000
$ roslaunch scout_bringup scout_mini_minimal.launch
$ rosrun teleop_twist_keyboard teleop_twist_keyboard.py
```

③gmapping 建图,同时在 rviz 中添加组件,显示栅格地图,可以通过键盘控制机器人运动,同时,在 rviz 中可以显示 gmapping 发布的栅格地图数据。

```
$ rivz
$ source ~/lidar_ws/devel/setup.bash
$ roslaunch mbot_navigation gmapping_demo.launch
```

查看 ROS 节点数据流向:

```
$ rosrun rqt_graph rqt_graph
```

查看 tf 状态:

```
$ rosrun rqt_tf_tree rqt_tf_tree
```

6. 地图服务

如已经实现通过如 Gmapping 算法构建的地图并在 rviz 中显示了地图,地图数据是保存在内存中的,当节点关闭时,数据也会被一并释放,此处需要将栅格地图序列化到的磁盘以持久化存储,后期还要通过反序列化读取磁盘的地图数据再执行后续操作。在 ROS 中,地图数据的序列化与反序列化可以通过 map_server 功能包实现。

(1)map_server 简介。

map_server 功能包中提供了两个节点：map_saver 和 map_server,前者用于将栅格地图保存到磁盘,后者读取磁盘的栅格地图并以服务的方式提供出去。map_server 安装前面也有介绍,命令如下：

```
$ sudo apt install ros -mlodic -map -server
```

(2)地图保存节点(map_saver)。

①map_saver 节点说明。

订阅的 topic:map(nav_msgs/OccupancyGrid):订阅此话题用于生成地图文件。

②地图保存 launch 文件。

地图保存的语法比较简单,编写一个 launch 文件,内容如下：

```
<launch>
    <arg name="filename" value="$(find mycar_nav)/maps/nav_map" />
    <node name="map_saver_saver" pkg="map_server" type="map_saver" args="-f $(arg filename)" />
</launch>
```

其中,“$(find mycar_nav)/maps/nav_map”是指地图的保存路径以及保存的文件名称。SLAM 建图完毕后,执行该 launch 文件即可。

依次启动激光雷达、机器人、键盘控制节点与 SLAM 节点,通过键盘控制机器人运动并绘图,运行以下指令来保存地图：

```
$ rosrun map_server map_saver -f /home/nvidia/map
```

在指定路径下会生成两个文件,xxx.pgm 与 xxx.yaml。xxx.pgm 本质是一张图片,直接使用图片查看程序即可打开,图片也可以根据需求编辑。xxx.yaml 保存的是地图的元数据信息,用于描述图片,内容格式如下：

```
image: /home/nvidia/map/nav.pgm
# 被描述的图片资源路径,可以是绝对路径也可以是相对路径
resolution: 0.050000   #图片分片率(单位: m/像素)
origin: [-50.000000, -50.000000, 0.000000]
#地图中左下像素的二维姿势,为(x,y,偏航),偏航为逆时针旋转(偏航 = 0 表示无旋转)
negate:0   #是否应该颠倒白色/黑色自由/占用的语义
occupied_thresh: 0.65   #占用概率大于此阈值的像素被视为完全占用
free_thresh: 0.196   #占用率小于此阈值的像素被视为完全空闲
```

(3)地图服务节点(map_server)。

①map_server 节点说明见表 8.4。

表 8.4　map_server 节点说明

功能	名称	消息类型	描述
Topic 发布	map_metadata	nav_msgs/MapMetaData	发布地图元数据
	map	nav_msgs/OccupancyGrid	发布地图栅格数据
Service	static_map	nav_msgs/GetMap	通过此服务获取地图

参数:frame_id(字符串,默认值:“map”),地图坐标系。

②地图读取。

通过 map_server 的 map_server 节点可以读取栅格地图数据,编写 launch 文件如下:

```
<launch>
    <! -- 设置地图的配置文件 -->
    <arg name="map" default="nav.yaml" />
    <! -- 运行地图服务器,并且加载设置的地图 -->
    <node name="map_server" pkg="map_server" type="map_serv-
er" args="$(find mycar_nav)/map/$(arg map)"/>
</launch>
```

其中,参数是地图描述文件的资源路径,执行该 launch 文件,该节点会发布话题:map (nav_msgs/OccupancyGrid)。

(4)地图相关的消息。

地图相关的消息主要有两个。

nav_msgs/MapMetaData,地图元数据,包括地图的宽度、高度、分辨率等。

nav_msgs/OccupancyGrid,地图栅格数据,一般会在 rviz 中以图形化的方式显示。

①nav_msgs/MapMetaData。

调用 rosmsg info nav_msgs/MapMetaData 显示消息内容如下:

```
time map_load_time
float32 resolution   #地图分辨率
uint32 width   #地图宽度
uint32 height   #地图高度
geometry_msgs/Pose origin   #地图位姿数据
    geometry_msgs/Point position
    float64 x
    float64 y
    float64 z
geometry_msgs/Quaternion orientation
```

```
    float64 x
    float64 y
    float64 z
    float64 w
```

②nav_msgs/OccupancyGrid。

调用 rosmsg info nav_msgs/OccupancyGrid 显示消息内容如下：

```
std_msgs/Header header
  uint32 seq
  time stamp
  string frame_id
#--- 地图元数据
nav_msgs/MapMetaData info
  time map_load_time
  float32 resolution
  uint32 width
  uint32 height
  geometry_msgs/Pose origin
    geometry_msgs/Point position
      float64 x
      float64 y
      float64 z
    geometry_msgs/Quaternion orientation
      float64 x
      float64 y
      float64 z
      float64 w
#--- 地图内容数据,数组长度 = width * height
  int8[] data
```

8.2.2 Cartographer

1. 简介

Cartographer 是谷歌开源的用于激光雷达 SLAM 的 ROS 功能包,旨在实现在有限计算资源的情况下,实时获得高精度的二维或三维地图。Cartographer 功能包使用了基于图网络的优化方法来表示机器人在时间和空间上的移动,可以同时进行定位和建图。基于优化方法的 SLAM 系统通常采用前端局部建图、闭环检测和后端全局优化的经典框架

(图 8.9)。Cartographer 主要基于激光雷达,并在初始的版本中只支持激光雷达,但它后续的版本已经支持了更多的传感器和机器人平台,包括 RGB－D 相机、三维感测器和行走机器人等,并增加了新的功能,例如动态环境下的建图和实时定位。总之,Cartographer 是一个很强大的定位与建图功能包,它在很多机器人领域应用广泛,可以为机器人导航、路径规划和目标跟踪等提供重要的基础支持。

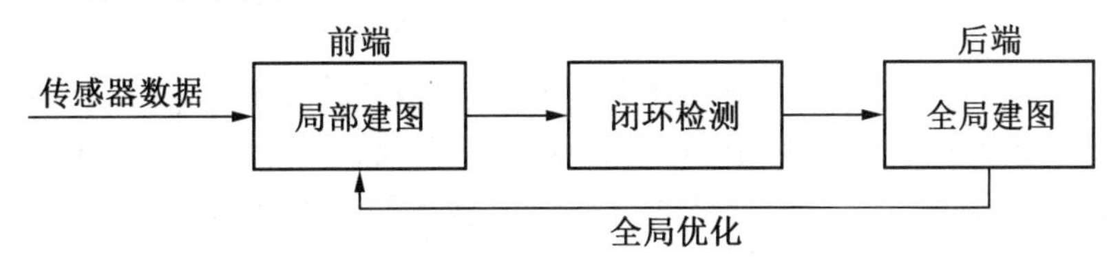

图 8.9 基于优化方法的 SLAM 系统经典框架

Cartographer 代码框架如图 8.10 所示,可以看出,cartographer 算法主要由三部分组成,分别为 cartographer_ros 功能包、cartographer 核心库和 ceres－solver 非线性优化库。推荐目前的稳定版本为 cartographer_ros－1.0.0 ＋ cartographer－1.0.0 ＋ceres－solver－1.13.0。

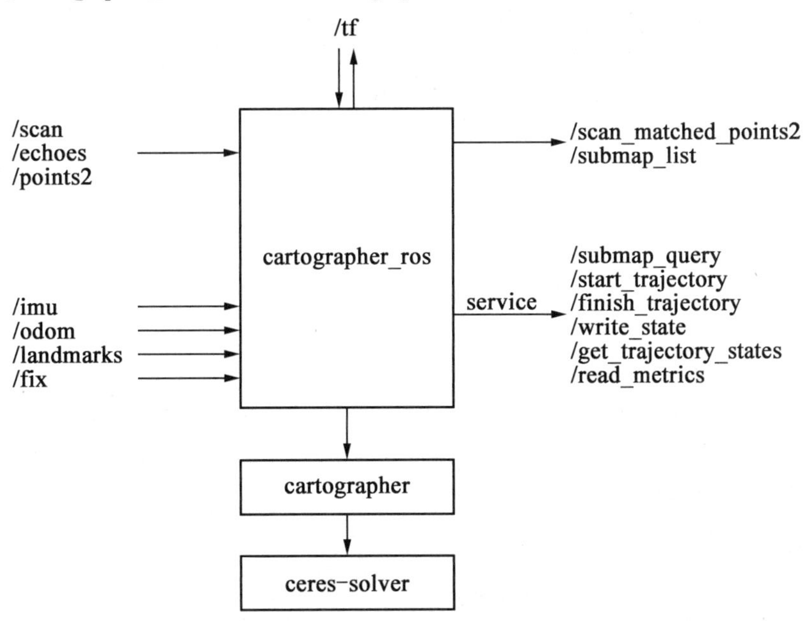

图 8.10 Cartographer 代码框架

2. cartographer_ros 功能包

cartographer_ros 功能包用于实现算法的 ROS 相关接口,cartographer 算法是一个支持多激光雷达、IMU、轮式里程计、GPS、环境已知信标的传感器融合建图算法。激光雷达数据可以通过多种接口输入算法,当只搭载 1 个激光雷达时,用户可以根据自己激光雷达的数据类型选择合适的话题(/scan、/echoes 或/points2)进行输入,由于 cartographer 算法支持 2D 和 3D 建图,所以支持单线激光雷达和多线激光雷达。IMU 数据通过话题/imu

输入算法,轮式里程计数据通过话题/odom 输入算法,GPS 数据通过话题/fix 输入算法,环境已知信标数据通过话题/landmarks 输入算法。

当然,cartographer 支持多种模式建图,既可以只采用激光雷达数据建图,也可以采用激光雷达数据 + IMU、激光雷达 + 轮式里程计、激光雷达 + IMU + 轮式里程计等模式建图,并且还可以用 GPS 和环境已知信标辅助建图过程。

cartographer 建图结果通过 2 个话题输出,其中话题/scan matched_points2 输出 scan - to - submap 匹配结果,话题/submap_list 输出整个 cartographer 最终地图结构。而 cartographer 最终地图结构如图 8.11 所示,包含所有位姿组成的轨迹和所有 submap 组成的 submaps。同时,cartographer 提供多个服务接口供用户调用,最重要的就是/write_state 服务接口,它用于将 cartographer 最终地图的数据保存到文件中。

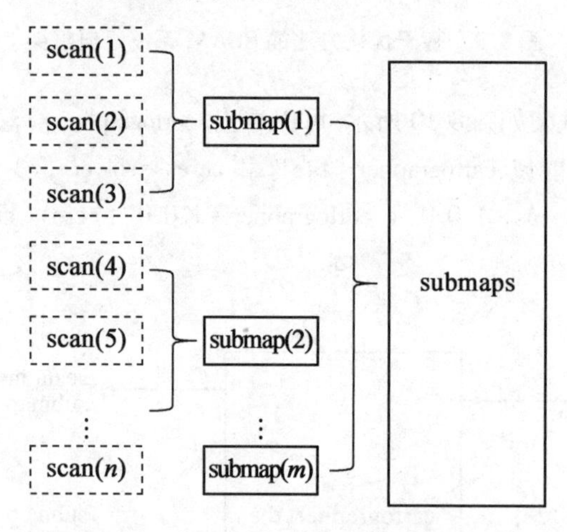

图 8.11 cartographer 地图结构

cartographer_ros 主节点程序运行过程中的调用流程如图 8.12 所示,主要涉及 Node 和 MapBuilder 两个类。其中 Node 类在 cartographer_ros 功能包中实现,MapBuilder 类在 cartographer 核心库中实现,Node 类通过类成员调用的方式将从 ROS 接口中获取的传感器数据传入 MapBuilder 类。

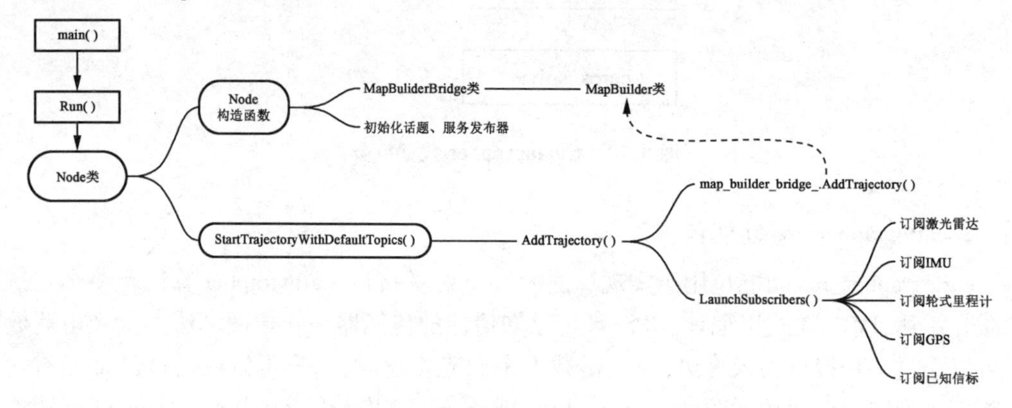

图 8.12 cartographer_ros 程序调用流程

程序 main( )函数调用 Run( )函数,在 Run( )函数中创建一个 Node 类的对象 node。然后,Node 类的构造函数会创建一个 MapBuilderBridge 类的指针,MapBuilderBridge 类会进一步创建一个 MapBuilder 的指针,另外构造函数中会对话题、服务发布器相关 ROS 接口进行初始化。接着,调用 Node 类的 StartTrajectoryWithDefaultTopics( )函数,而该函数会进一步调用 Node 类的 AddTrajectory( )函数。该 AddTrajectory( )函数一方面通过 MapBuilderBridge 类的 AddTrajectory( )函数启动 MapBuilder 类的建图逻辑,另一方面通过 Node 类的 LaunchSubscribers( )函数初始化了传感器话题订阅相关的 ROS 接口。到这里,传感器数据源源不断地被订阅,这些数据传入 MapBuilder 类的建图逻辑用于地图构建。MapBuilder 类的核心功能涵盖了传感器数据融合、局部建图,以及全局建图这三个关键部分。

3. cartographer 安装

下面所讨论的 cartographer 安装、配置和运行的内容都参考了 cartographer_ros 官方文档和 cartographer 官方文档。参照官方教程,cartographer_ros、cartographer、Ceres - Solver 以及各种依赖都可以安装完,不过为了解决从官网下载 Ceres - Solver 速度慢的问题,将 Ceres - Solver 的下载地址换为 GitHub 源,即将官方教程中生成的 src/. rosinstall 替换成了自己的内容,其余安装过程与官方教程一样。

(1)安装编译工具。

编译 cartographer_ros 需要用到 wstool 和 rosdep,为了加快编译,这里使用 ninja 工具进行编译。因此,需要先安装编译相关的工具:

```
$ sudo apt -get update
$ sudo apt -get install  -y python -wstool python -rosdep ninja
-build
```

(2)创建存放 cartographer_ros 的专门工作空间。

```
$ mkdir catkin_ws_carto
$ cd catkin_ws_carto
$ wstool init src
#下载自动安装脚本
$  wstool  merge  - t  src  https://raw. githubusercontent . com/
googlecartographer/
$ cartographer_ ros/master/cartographer ros. rosinstall
#执行下载
$ wstool update  -t src
```

(3)安装依赖项。

安装 cartographer_ros 的依赖项 proto3、deb 包等。如果执行 sudo rosdep init 报错,可以直接忽略:

```
$ src/cartographer/scripts/install_proto3.sh
#如果报错,可以先将已有 sources.list 删除
$ sudo rosdep init
$ rosdep update
$ rosdep install --from-paths src --ignore-src --rosdis-
tro=${ROS_DISTRO} -y
```

(4)编译和安装。

上面的配置和依赖都完成后,就可以开始编译和安装 cartographer_ros 整个项目工程了。如 cartographer_ros 中的配置文件或源码有改动时,都需要执行这个编译命令使修改生效:

```
$ catkin imake isolated --install --use-ninja
```

在完成 Cartographer 安装后,可以先用 Cartographer 官方数据集测试一下安装是否成功。官方提供了 2D 和 3D 建图测试数据集,下面的测试为 2D 建图。下载 2D 建图测试数据集,并启动建图程序。建图启动后,会自动打开 rviz 并显示出地图:

```
$ source ~/catkin ws_carto/install_isolated/setup.bash
#下载 2D 建图测试数据集
$ wget -P ~/Downloads
https://storage.googleapis.com/cartographer-public-data/
bags/backpack_2d/cartographer_paper_deutsches_museum.bag
#启动 2D 建图
$ roslaunch cartographer_ros demo_backpack_2d.launch bag_
filename:=${HOME}/Downloads/cartographer_paper_deutsches_
museum.bag
```

4. Cartographer 实际运行

配置 Cartographer 节点:

Cartographer 的核心是 cartographer_node 节点,可以参考 Cartographer 功能包中的 demo_revo_lds.launch。

在 cartographer_ros 功能包的 launch 文件夹下复制 demo_revo_lds.launch,重命名为 cartographer_demo_delta_lidar.launch,并修改代码:

```
<launch>
  <param name="/use_sim_time" value="false" />
  <node name="cartographer_node" pkg="cartographer_ros"
    type="cartographer_node" args="
        -configuration_directory $(find cartographer_ros)/
configuration_files
```

```
      -configuration_basename delta_lidar.lua"
   output ="screen" >
  <remap from ="scan" to ="scan" />
</node>
<! -- cartographer_occupancy_grid_node -- >
<node pkg ="cartographer_ros" type ="cartographer_occupancy_
grid_node"
      name ="cartographer_occupancy_grid_node"
      args =" -resolution 0.05" />

  <node name ="rviz" pkg ="rviz" type ="rviz" required ="true"
       args =" -d $(find cartographer_ros)/configuration_
files/demo_2d.rviz" />
</launch>
```

此 launch 文件主要包含两部分工作:运行 cartographer_node 节点和启动 rviz 可视化界面。当运行 cartographer_node 节点时,需要用到一个由 Lua 编写的代码文件 delta_lidar. lua,该文件的主要作用是进行参数配置,与 gmapping 在 launch 文件中直接配置参数的方法稍有不同。delta_lidar. lua 配置文件可以根据实际需求进行修改和再编译,达到最优的地图构建效果,具体参考如下:

```
options = {
  map_builder = MAP_BUILDER,
  trajectory_builder = TRAJECTORY_BUILDER,
  map_frame = "map",地图坐标系
  tracking_frame = "base_footprint",
  published_frame = "base_footprint",
  odom_frame = "odom",
  provide_odom_frame =true,
  Publish_frame_projected_to_2d = false,
  use_odometry = true,
  num_laser_scans = 1,
  num_multi_echo_laser_scans = 0,
  num_subdivisions_per_laser_scan = 1,
  num_point_clouds = 0,
  lookup_transform_timeout_sec = 0.2,
  submap_publish_period_sec = 0.3,
```

```
  pose_publish_period_sec = 5e-3,
  trajectory_publish_period_sec = 30e-3,
}
MAP_BUILDER.use_trajectory_builder_2d = true
TRAJECTORY_BUILDER_2D.submaps.num_range_data = 35
TRAJECTORY_BUILDER_2D.min_range = 0.3
TRAJECTORY_BUILDER_2D.max_range = 8.
TRAJECTORY_BUILDER_2D.missing_data_ray_length = 1.
TRAJECTORY_BUILDER_2D.use_imu_data = false
TRAJECTORY_BUILDER_2D.use_online_correlative_scan_matching
= true
TRAJECTORY_BUILDER_2D.real_time_correlative_scan_matcher.
linear_search_window = 0.1
TRAJECTORY_BUILDER_2D.real_time_correlative_scan_matcher.
translation_delta_cost_weight = 10.
TRAJECTORY_BUILDER_2D.real_time_correlative_scan_matcher.
rotation_delta_cost_weight = 1e-1
SPARSE_POSE_GRAPH.optimization_problem.huber_scale = 1e2
SPARSE_POSE_GRAPH.optimize_every_n_scans = 35
SPARSE_POSE_GRAPH.constraint_builder.min_score = 0.65
```

cartographer_slam 演示：

启动激光雷达和机器人的键盘控制节点后，启动 cartographer_demo：

```
$ roslaunch cartographer_ros cartographer_demo_rplidar.
launch
```

8.3 自主导航的基本理论

自主导航问题的本质就是从地点 A 自主移动到地点 B 的问题，机器人要理解“我在哪”“我将到何处去”和“我该如何去”，涉及的核心技术包括环境感知、路径规划、运动控制。本节主要讨论这几个核心技术点，带领大家了解自主导航中的基础。

8.3.1 环境感知

环境感知就是机器人利用传感器获取自身及环境状态信息的过程。自主导航机器人的环境感知主要包括实时定位、环境建模、语义理解等。下面具体进行讨论。

1. 实时定位

实时定位其实就是在回答“我在哪”，机器人不仅要知道自身的起始位姿，还要知道导航过程中的实时位姿。实时定位可以分为被动定位和主动定位两种。被动定位依赖外部人工信标，主动定位则不依赖外部人工信标。

（1）被动定位。

以 GPS 为代表的室外被动定位方法几乎应用到了生活的方方面面。GPS 通过多颗卫星实现三角定位。对于一些定位精度要求特别高的场合，会在地面搭建信息辅助基站来提高 GPS 的定位精度，即差分 GPS。当卫星信号受到遮挡时，GPS 就无法使用了，因此在室内通常会借助移动网络或者 Wi - Fi 进行定位，在定位精度要求更高的场合会使用 UWB 进行定位。这些室内定位方法其实与室外卫星定位方法的原理一样，都是通过外部基站提供的信标进行三角定位。在一些特殊场合，会在环境中放置很多人工信标（比如二维码、RFID、磁条等），从而使机器人在移动过程中检测到这些信标时获取相应的位姿信息。这些被动定位技术通常会结合 IMU、里程计等获得更稳定、更精确的定位效果。

（2）主动定位。

被动定位的缺点主要有两方面，一方面是搭建提供人工信标的基站的成本高昂，另一方面是许多场合不具备基站搭建条件。这时，主动定位就凸显出优势了。所谓主动定位，就是机器人依靠自身传感器对未知环境进行感知并获取定位信息。目前，主动定位技术以 SLAM 为代表，即同时进行建图和定位。通常采用 SLAM 重定位模式进行定位，即先手动遥控机器人进行 SLAM 环境扫描并将构建好的地图保存下来，然后载入事先构建好的离线地图并启动 SLAM 重定位模式获取机器人的实时位姿。大多数 SLAM 算法支持两种工作模式：SLAM 建图模式和 SLAM 重定位模式。比如，Gmapping 在利用 SLAM 利用建图模式时将构建出的地图保存为 *.pgm 和 *.yaml 文件，然后利用 map_server 功能包载入 *.pgm 和 *.yaml 文件并发布到 ROS 话题，最后利用 SLAM 重定位模式（这里通常为 AMCL 算法）及当前传感器信息与地图信息的匹配程度来估计位姿。

2. 环境建模

环境建模其实就是对环境状态进行描述，也就是构建环境地图。地图可以用于定位，也可以用于避障，因此定位用到的地图与避障用到的地图并不一定相同。环境地图有多种，比如特征地图、点云地图、几何地图、栅格地图、拓扑地图等。视觉 SLAM 通常以构建特征地图和点云地图为主，激光 SLAM 则以构建栅格地图为主。由于导航过程中需要避开障碍物，所以特征地图或点云地图必须转换成栅格地图后才能导航，下面主要讨论二维栅格地图和三维栅格地图。

（1）二维栅格地图。

二维栅格地图比较简单，就是将二维连续空间用栅格进行离散划分。机器人通常采用二维占据栅格地图，其是对划分出来的每个栅格用一个占据概率值进行量化。概率为 1 的栅格被标记为占据状态，概率为 0 的栅格被标记为非占据状态，概率在 0 到 1 之间的栅格被标记为未知状态。机器人在导航过程中,要避开占据状态的栅格,在非占据状态的栅格中通行。它通过传感器来探明未知状态的栅格的状态。

(2)三维栅格地图。

由于二维栅格地图无法描述立体障碍物的详细状态,因此其对环境的描述并不完备。按照同样的思路,将三维空间用立体栅格进行离散划分,就得到了三维栅格地图。三维占据栅格地图是对划分出来的每个立体栅格用一个占据概率值进行量化。相比于二维栅格,三维栅格的数量更大。为了提高三维栅格地图数据处理效率,通常采用八叉树(octree)对三维栅格数据进行编码存储,这样就得到了八叉树地图(octomap)。其实,将一个立体空间划分成8个大的立体栅格,然后对每个栅格继续进行同样的划分,这样就形成了一个八叉树结构。利用八叉树,可以很容易地得到不同分辨率的地图表示。

3. 语义理解

对环境状态的理解是多维度的,比如对于定位问题来说,环境状态被机器人理解为特征点或点云;对于导航避障问题来说,环境状态被机器人理解为二维或三维占据栅格。站在更高层次去理解,机器人会得到环境状态数据之间的各种复杂关系,即语义理解。如无人驾驶汽车要学会车道识别、路障识别、交通信号灯识别、移动物体识别、地面分割等。机器人要在环境中运动自如的话,离不开语义理解这项重要能力。

8.3.2 路径规划

路径规划其实就是在回答“我该如何去”。无论是在已知地图上导航还是在未知环境中一边探索地图一边导航,路径规划其实就是在地图上寻找一条从起点到目标点可行的通路。广义上的路径规划就是一种问题求解策略,比如机械臂抓取动作、机器人自主导航等都蕴含着路径规划思想。

机器人的自主导航通常是在给定的栅格地图上进行路径规划的。如在整个栅格地图遍历找到一条从A到B的路径,这样的路径并不唯一,实际导航中还要考虑路径的各项性能(如长度、平滑性、碰撞风险、各种附加约束等)。由于在二维栅格地图和三维栅格地图上的路径规划原理是一样的,为方便讨论,以二维栅格地图为例来介绍一些具体的路径规划算法。

1. 常用的路径规划算法

机器人自主导航中比较常用的路径规划算法包括Dijkstra、A*、D*、PRM(probabilisticroadmaps,概率道路图法)、RRT(rapidly-exploring random tree,快速扩展随机树)、遗传算法、蚁群算法、模糊算法等。

(1)基于图结构的路径搜索。

Dijkstra、A*、D*等都属于基于图结构的路径搜索算法。基于图结构的路径搜索算法大致可以用图8.13进行归纳。求解图结构中两节点之间的可行路径,就是在某种准则下的搜索问题,这个搜索问题可以分为前向搜索、反向搜索和双向搜索。前向搜索是指从源节点朝目标节点方向进行搜索,反向搜索是指从目标节点朝源节点方向进行搜索,双向搜索是指前向搜索和反向搜索相结合的搜索。搜索问题一般都要按照某些优先准则进行,比如广度优先、深度优先、最佳优先、迭代深入等。

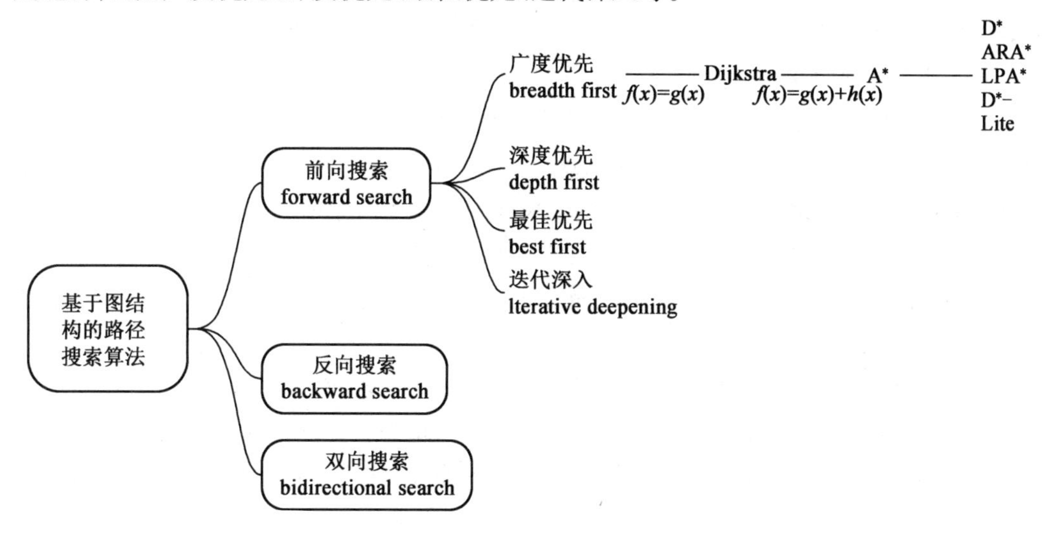

图 8.13 基于图结构的路径搜索算法

Dijkstra 就是前向搜索广度优先的典型代表。传统广度优先准则在挑选下一个搜索节点时比较盲目,Dijkstra 采用节点的实际代价 $g(x)$(即源节点到该节点的实际距离)指导搜索。A* 除了考虑实际代价 $g(x)$ 外,还引入了估计代价 $h(x)$(也就是该节点到目标节点的估计代价,即启发函数),从而加快了搜索速度。基于不同搜索方向、启发、增量等因素衍生出了众多 A* 改进算法,比如 D*、AD*、D*-、Lite 等。对于全局信息已知的静态地图规划问题,前向搜索和反向搜索差不多,如果解存在,则都能求出来。而对于仅局部信息已知的动态地图规划问题,就需要结合反向搜索、启发、增量等来解决。

Dijkstra 算法的具体实现伪代码如下所示:

```
function Dijkstra(Graph, start, target)
  initial U: = Graph. Vertex()
  initial P : = {∞}
  select : = start
  while U≠ϕ:
    U. remove (select)
      for x∈U:
      if P(start, select) + P(select, x) < P(start, x):
        replace( start,x) ← P( start, select) + P( select,x)
          select : = min_x{P(start, x) |x∈U}
    return P(start, target)
```

通过观察 Dijkstra 算法伪代码可以发现，Dijkstra 算法包含两个嵌套的循环，也就是说，其时间复杂度为 $O(n^2)$。当大规模地图中包含的搜索节点数目 n 急剧增加时，Dijkstra 算法的实时性将大幅下降。不过，Dijkstra 算法的优点是其搜索策略是完备的，也就是说，如果最短路径存在的话，只要花足够多的时间就一定能搜索到该路径。

(2)基于采样的路径搜索。

以 PRM、RRT 等为代表的基于采样的路径搜索算法提供了另一种思路，也就是将机器人所处的连续空间用随机采样离散化，然后在离散采样点上进行路径搜索。下面通过分析 PRM 和 RRT 两种典型算法，介绍基于采样的路径搜索原理。

其中，PRM 算法的工作流程大致分为以下 6 个步骤。

①随机采样，即在给定的地图上抛撒一定数量的随机点，利用这些随机点对地图中的连续空间进行离散化。

②移除无效采样点，也就是将落在障碍物上的采样点删除。

③连接，也就是按照最近邻规则将采样点与周围相邻点进行连接。

④移除无效连接，也就是将横穿障碍物的连接删除，这样就构建出了所谓的 PRM 路线图。

⑤添加导航任务的源节点和目标节点，也就是将源节点和目标节点与 PRM 路线图相连。

⑥搜索路径，在构建出来的 PRM 路线图上利用 A^* 算法搜索源节点到目标节点之间的路径。

可以发现，通过在采样点间构建 PRM 路线图的方式对连续空间进行离散化比直接用栅格进行离散化的效率高，因为 PRM 路线图的搜索范围比栅格要小很多。PRM 在构建出路线图之后，采用 A^* 搜索路径。但 PRM 在路径规划问题上是不完备的，当采样点较少时，可能规划不出路径。由于采样点不能覆盖所有情况，所以 PRM 规划出的路径也不是最优的。构建 PRM 路线图的伪代码如下所示：

```
function BuildRoadmap()
  initial V := ϕ, E := ϕ
  initial G ⇐ (V,E)
  while size(V) < N:
    q: = random(FreeSpace)
    V.add(q)
for a ∈ V:
    near := a.neighbor()
    for b ∈ near:
    if edge(a,b) ≠ null and edge(a,b) ∉ E:
      E.add(edge(a,b))
return G: = (V,E)
```

虽然 PRM 利用采样方式对连续空间进行离散化可以大大缩小搜索范围，但最后路径依然是在图结构上进行搜索。而 RRT 算法通过采样方式构建树结构，并且一边构建树结构，一边进行路径搜索。所谓树结构，就是从树根开始生长出树枝，然后在树枝上继续生长出新树枝。RRT 工作流程为以源节点位置为树根，利用随机采样再生长出树枝，在各个树枝上继续利用随机采样再生长出树枝，最终总会有树枝抵达目标节点。那么，从源节点所在的树根位置沿着树枝生长方向有且仅有一条路径抵达目标节点，这条路径就是 RRT 规划出来的路径。与 PRM 一样，RRT 也是不完备的，规划出的路径也不是最优的。

虽然用采样方法规划路径并不完备，规划出的路径也不一定最优，但其运行效率非常高，并且在高维空间规划问题以及带约束规划问题的处理上十分便捷，因此基于采样的路径搜索算法越来越流行。PRM 有诸多改进版本，比如 PRM*。同样，RRT 也有诸多改进版本，比如 Goal - Bias - RRT、Bi - RRT、Dynamic - RRT、RRT*、B - RRT*、SRRT* 等。

8.3.3　运动控制

机器人自主导航涉及 SLAM、环境感知、路径规划、运动控制等核心技术，这些技术的大致关系如图 8.14 所示。对于自主导航来说，目标点为外部给定的一个已知量，目标点由人或者特定程序触发。起始点由 SLAM 定位模块提供。寻路和控制策略则比较复杂，包括全局路径规划、局部路径规划、轨迹规划、轨迹跟踪等过程。

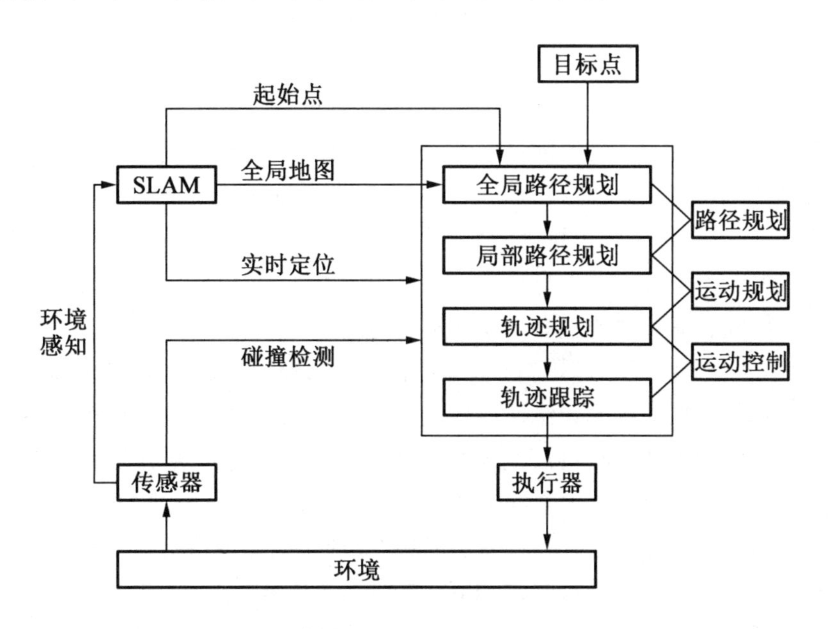

图 8.14　自主导航技术组成

在自主导航中，SLAM 主要扮演着提供全局地图和定位信息两大角色，而 SLAM 主要有两种工作模式:第一种模式,SLAM 先运行建图模式构建好环境地图后将地图保存,接着载入已保存的全局地图并启动 SLAM 重定位模式提供定位信息;第二种模式,SLAM 直接运行在线建图模式,建图过程中直接提供地图和定位信息。

(1)全局路径规划。

全局路径规划以起始点和目标点为输入,利用全局地图描述的障碍物信息规划出一条从起始点到目标点的全局路径。由于全局地图一般为离散、静态形式,因此规划出来的全局路径也是离散、静态形式。因为全局路径由一个个离散路径点连接而成,并且只考虑了静态障碍物信息,所以全局路径无法直接用于导航控制。

(2)局部路径规划。

局部路径规划相当于全局路径规划的细化过程,局部路径规划以机器人能感知的局部边界上的全局路径点为局部目标点,以机器人能感知到的局部动态障碍物信息为基础规划出一条从机器人当前位置点到局部目标点的局部路径。局部路径通常为连续、动态形式。局部路径并不与全局路径重合,而是尽量跟随着全局路径。不过,局部路径并不能直接用于导航控制,因为局部路径常常在突然出现的动态障碍影响下发生较大变化,且机器人实际控制误差使得真实行走路径偏离局部路径。

(3)轨迹规划。

轨迹规划相当于局部路径规划的细化过程,局部路径只考虑了几何约束,而在局部路径上添加运动学约束和动力学约束后就生成了机器人实际能执行的轨迹,这就是所谓的轨迹规划。理想情况下,可以直接取轨迹规划中各个轨迹点的速度信息作为动作量输入执行器(也就是电机)。不过,电机控制误差、路面起伏、轮胎打滑等导致这种开环控制策略很难奏效。

(4)轨迹跟踪。

轨迹跟踪相当于轨迹规划的细化过程,机器人按照轨迹规划出来的参考轨迹开始运动,运动一段时间后,发现偏离参考轨迹。这时,机器人调整运动方向,以便逼近参考轨迹。但由于惯性,其在逼近参考轨迹之后立马又偏离到参考轨迹。机器人会根据真实轨迹与参考轨迹的偏差不断调整自身运动。轨迹跟踪其实就是基于误差反馈的闭环控制,真实轨迹始终跟随着参考轨迹左右摆动并不断逼近。

可以发现,从全局路径到作用在执行器的动作量,就是一个逐步细化的过程。全局路径规划和局部路径规划统称为路径规划,局部路径规划将全局路径分解成各个小片段逐步细化。局部路径规划和轨迹规划统称为运动规划。轨迹规划其实就是在局部路径规划上添加了运动学约束和动力学约束。轨迹规划和轨迹跟踪统称为运动控制,轨迹规划为轨迹跟踪器提供参考轨迹,而轨迹跟踪器生成动作量实现执行器的最终操控。下面介绍几种比较流行的运动控制算法,即 PID、MPC 和强化学习。

1. 基于 PID 的运动控制

移动机器人轨迹跟踪是一个比较复杂的问题,涉及不同机器人底盘模型和控制策略。为了便于问题的讨论,下面以最简单的情况为例进行说明。图 8.15 所示为两轮差速机器人利用 PID 运动控制算法进行轨迹追踪的例子。图中,XY 坐标系为全局坐标系/世界坐标系,xy 坐标系为机器人局部坐标系。

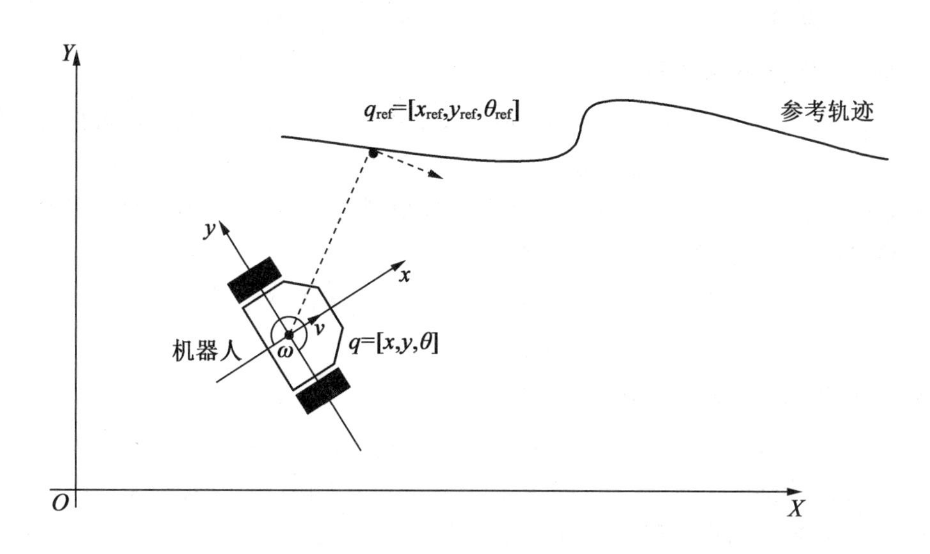

图 8.15　PID 运动控制算法例子

图 8.15 中,机器人在世界坐标系的状态量为 $q = [x,y,\theta]$,其中 x 和 y 为机器人的位置坐标,θ 为机器人的航向角。通常,可以选择参考轨迹中离机器人最近的点 $q_{\mathrm{ref}} = [x_{\mathrm{ref}},y_{\mathrm{ref}},\theta_{\mathrm{ref}}]$ 作为追踪目标,那么就可以以 q 与 q_{ref} 之间的误差为反馈进行运动控制。最简单的方式就是用距离误差调节两轮差速机器人的线速度,以航向角误差调节角速度,如下式所示:

$$v(t) = k_{\mathrm{p}} \cdot D_{\mathrm{e}}(t) + k_{\mathrm{i}} \cdot \sum_{t} D_{\mathrm{e}}(t) + k_{\mathrm{d}} \cdot [D_{\mathrm{e}}(t) - D_{\mathrm{e}}(t-1)] \tag{8.7}$$

式中,D_{e} 为机器人相对于追踪目标的位置误差,$D_{\mathrm{e}}(t) = \sqrt{(x - x_{\mathrm{ref}})^2 + (y - y_{\mathrm{ref}})^2}$;k_{p} 、k_{i} 和 k_{d} 分别为 PID 算法中的比例、积分和微分系数。计算结果为机器人的线速度量 v 。

$$\omega(t) = k'_{\mathrm{p}} \cdot \theta_{\mathrm{e}}(t) + k'_{\mathrm{i}} \cdot \sum_{t} \theta_{\mathrm{e}}(t) + k'_{\mathrm{d}} \cdot [\theta_{\mathrm{e}}(t) - \theta_{\mathrm{e}}(t-1)] \tag{8.8}$$

式中,θ_{e} 为机器人相对于追踪目标的航向角误差,$\theta_{\mathrm{e}}(t) = \theta - \theta_{\mathrm{ref}}$;k'_{p} 、k'_{i} 和 k'_{d} 分别为 PID 算法中的比例、积分和微分系数。计算结果为机器人的角速度量 ω 。

这里采用离散位置型 PID 控制算法,离散其实是指 PID 算法中的积分运算与微分运算分别用累加运算与差分运算替代,位置型是指 PID 算法的计算结果直接为控制量。利用两轮差速机器人运动学模型将 PID 算法得到的线速度量和角速度量转换成每个电机的速度控制量来实现最终控制。

上面的例子以参考轨迹中离机器人最近的点为目标点,然后根据机器人与该目标点之间的位置误差和航向角误差进行量化。除此之外,还有很多量化手段,比如以机器人前进方向射线与参考轨迹相交点为目标点,然后根据机器人与该目标点之间的位置误差和航向角误差进行量化。当然,差速底盘、阿克曼底盘、全向底盘等机器人的控制量与控制策略也不一样。可以说,实现轨迹追踪的运动控制策略非常复杂且多样,由于篇幅限制就不再一一展开了。

2. 基于 MPC 的运动控制

上面介绍的 PID 算法属于典型的无模型控制系统,其缺点是控制量对被控对象的控制永远是滞后的。而在计算控制量时,将下一个时刻的预判状态也考虑进来,就是有模型控制系统。MPC(model prediction control,模型预测控制)算法属于典型的有模型控制系统。该算法包括构建损失函数和优化两个步骤:

$$J = \mathrm{Loss}\{f[q(k-1),u(k)],q_{\mathrm{ref}}(k)\} \tag{8.9}$$

$$u(k) = \underset{u(k)}{\mathrm{argmin}}\, J \tag{8.10}$$

所谓模型预测,就是控制量与状态量之间的映射关系 $f[q(k-1),u(k)]$ 。由于控制方式不同,用于预测的模型并不唯一。如由电机控制的机器人中,一般通过加在电机上的电压或 PWM 波来控制电机转速,而各电机转速到机器人实际线速度和角速度的映射借助运动学模型完成,最后由里程计模型预测出机器人的状态转移量 Δq 。模型预测过程如图 8.16 所示。

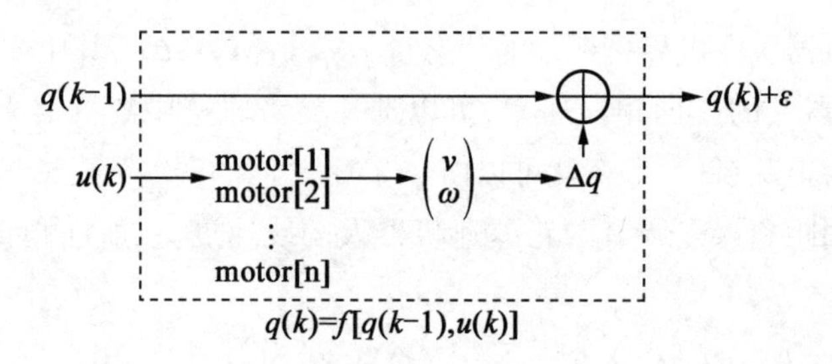

图 8.16 模型预测过程

通常,控制量 u 控制各电机(motor[1]、motor[2]等)转速的过程,也是一个 PID 控制,各电机转速映射到机器人线速度和角速度的过程由运动学模型(差速模型、阿克曼模型、全向模型等)解算完成,机器人线速度 v 和角速度 ω 映射到状态转移量 Δq 的过程由里程计(也就是速度在控制周期内积分)解算完成,将 $q(k-1)$ 与 Δq 相加就是模型预测出来的下一个时刻状态量 $q(k)$ 。由于 $u \to \mathrm{motor}[n]$ 、$\mathrm{motor}[n] \to (v,\omega)$ 和 $(v,\omega) \to \Delta q$ 各个环节的模型本身就存在误差,最终整个模型预测出的状态量自然也就存在误差 ε ,也就是说,机器人在控制量 u 的作用下实际得到的新状态量为 $q(k)+\varepsilon$ 。为了提高模型预测精度,可以从改善模型内部各个环节的精度入手。比如在 $u \to \mathrm{motor}[n]$ 环节将传统 PID 控制替换成精度更高的 MPC 控制;在 $\mathrm{motor}[n] \to (v,\omega)$ 环节除了考虑运动学因素之外,还考虑动力学因素,因为控制量在操控机器人从一个速度变为另一个速度的过程中速度值无法突变(需要有加速或者减速过程);在 $(v,\omega) \to \Delta q$ 环节考虑车轮侧移、打滑、磨损等因素。

利用模型预测的状态 $q(k)=f[q(k-1),u(k)]$ 与目标状态 $q_{\mathrm{ref}}(k)$ 就可以构建损失函数了。损失函数的形式通常为预测状态与目标状态之间误差值的最小二乘运算。考虑控制过程平稳性，通常会在损失函数中加入用于惩罚速度突变的软约束：

$$
\begin{aligned}
J &= \mathrm{Loss}\{f[q(k-1),u(k)],q_{\mathrm{ref}}(k)\} \\
&= \sum_{i=1}^{M}\{\lambda_{x,i}\cdot\|e_{x,i}\|^2+\lambda_{y,i}\cdot\|e_{y,i}\|^2+\lambda_{\theta,i}\cdot\|e_{\theta,i}\|^2+\lambda_{v,i}\cdot\|e_{v,i}\|^2\}+ \\
&\quad \lambda_{\omega,i}\cdot\|e_{\omega,i}\|^2+\lambda_{v'}\|e_{v'}\|^2+\lambda_{\omega'}\|e_{\omega'}\|^2
\end{aligned} \tag{8.11}
$$

式中，$\begin{bmatrix} e_{x,i}\\ e_{y,i}\\ e_{\theta,i}\\ e_{v,i}\\ e_{\omega,i}\end{bmatrix}=\begin{bmatrix} q[k-1+(i)][x]\\ q[k-1+(i)][y]\\ q[k-1+(i)][\theta]\\ q[k-1+(i)][v]\\ q[k-1+(i)][\omega]\end{bmatrix}-\begin{bmatrix} q_{\mathrm{ref}}[k-1+(i)][x]\\ q_{\mathrm{ref}}[k-1+(i)][y]\\ q_{\mathrm{ref}}[k-1+(i)][\theta]\\ q_{\mathrm{ref}}[k-1+(i)][v]\\ q_{\mathrm{ref}}[k-1+(i)][\omega]\end{bmatrix}$

$$e_{v'}=q(k)[v]-q(k-1)[v]$$

$$e_{\omega'}=q(k)[\omega]-q(k-1)[\omega]$$

式中出现了累加的运算，这是因为直接用 k 时刻的预测状态与参考状态之间的误差不足以评价预测轨迹与参考轨迹的偏离度，通常是采集预测轨迹上多个样本点的误差累加和来评价。利用上式进行优化求解时，还需要加入一些硬约束，如控制量的边界约束和控制量增量的边界约束。由于控制量及其增量的取值范围是硬性要求，因此必须以硬约束加入优化问题，如下式所示：

$$
u(k)=\underset{u(k)}{\mathrm{argmin}}\,J,\quad \mathrm{s.t.}\begin{cases} u_{\min}\leqslant u(k)\leqslant u_{\max}\\ \Delta u_{\min}\leqslant \Delta u(k)\leqslant \Delta u_{\max}\end{cases} \tag{8.12}
$$

最后求解上面的优化问题。将求解出来的 $u(k)$ 用于接下来周期内的控制。这就是 MPC 算法的大致流程。

3. 基于强化学习的自主导航

从上面的分析来看，自主导航给人的直观感受就是机器人由外界状态触发产生的一系列运动。机器人的输入就是各种状态信息，比如描述全局障碍的地图信息、描述动态障碍的实时传感器扫描信息、机器人定位信息、目标信息等。机器人的输出就是执行以线速度和角速度为实际控制量的运动过程。当然，输出是由一系列运动控制量组成的控制序列。自主导航问题就是在寻找输入状态与输出控制序列之间的映射关系，这种映射关系也就是控制策略。对于复杂环境中的机器人，构建精确的数学模型比较困难，可以尝试将强化学习与自主导航结合，来求解最优的控制策略。以 AutoRL、PRM－RL 和 AutoRL＋PRM－RL 三种算法为例，介绍强化学习实现自主导航的大致思路。

(1)AutoRL。

借助强化学习,可以将非常复杂的传统自主导航问题变成简单的端到端问题,如图 8.17 所示,以导航目标点(goal)、机器人定位(pose)和雷达扫描数据(laserscan)直接作为输入,以机器人的线速度和角速度控制量作为输出。

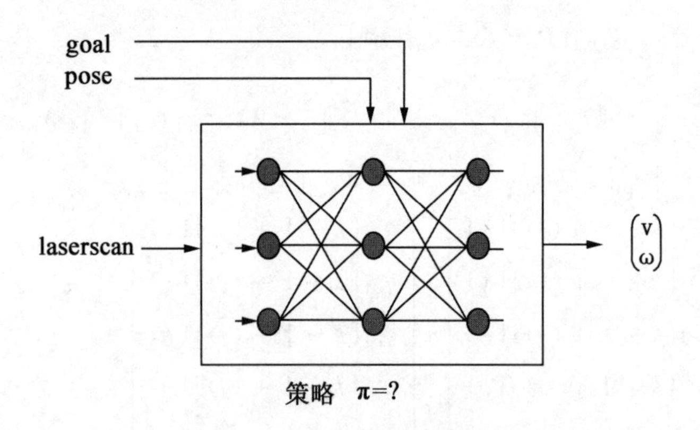

图 8.17　端到端自主导航

可以定义输入状态 $s = f(g,p,l)$,即状态 s 是关于导航目标点 g 、机器人当前位姿 p 和雷达扫描数据 l 的某种函数,其中机器人当前位姿 p 可以由传统的 SLAM 提供,并定义输出行动 $a = \begin{pmatrix} v \\ \omega \end{pmatrix}$,那么输入状态到输出行动的转换由策略 π 决定。输入大量状态数据,然后通过最大化长期回报来寻找最优策略 π^* 。对于机器人自主导航这样的复杂任务,人为设定一个回报函数很不靠谱,因为给机器人当前状态评定一个回报值需要考虑诸多因素(比如离目标点的远近、离障碍物的远近、可操控性、运动稳定度等),将这些因素有机结合起来构造回报函数非常困难。使用 AutoRL 直接对回报函数的形式以及策略 π 同时进行学习。AutoRL 可以自动学习到某个具体任务的回报函数,这就意味着AutoRL 更为通用,常常也被称为强人工智能算法。

AutoRL 将策略、价值函数和回报函数同时进行参数化,分别如下式所示:

$$\pi(s \mid \theta_\pi) = \mathrm{FF}(\theta_\pi) \tag{8.13}$$

$$Q(s,a \mid \theta_Q) = \mathrm{FF}(\theta_Q) \tag{8.14}$$

$$R(s,a \mid \theta_r) = \sum_i r(s,a,\theta_{r_i}) \tag{8.15}$$

其中,使用前向全连接网络(feed - forward fully - connected network,FF)对策略 π 和价值函数 Q 进行参数化,策略参数 θ_π 和价值函数参数 θ_Q 分别代表该前向全连接网络不同位置的连接权值。回报函数 $R(s,a \mid \theta_r)$ 采用各个回报因素(比如离目标点的远近 $r(s,a,\theta_{r_1})$ 、离障碍物的远近 $r(s,a,\theta_{r_2})$ 、可操控性 $r(s,a,\theta_{r_3})$ 、运动稳定度 $r(s,a,\theta_{r_4})$ 等)的线性组合进行参数化。

那么,强化学习的目标(即获得最大化的长期回报)就可以用 θ_π 、θ_Q 和 θ_r ,参数化为

$J(\theta_\pi,\theta_Q,\theta_r)$。AutoRL 首先通过最大化目标函数 $J(\theta_\pi,\theta_Q,\theta_r)$ 来学习回报函数参数 θ_r，然后基于学到的回报函数继续最大化目标函数 $J(\theta_\pi,\theta_Q,\theta_r)$ 来学习策略参数 θ_π 和价值函数参数 θ_Q。反复通过这两步迭代就可以学得策略，具体如下式所示：

$$\theta_r' = \underset{i}{\operatorname{argmax}}\, J(\theta_\pi,\theta_Q,\theta_r^i) \tag{8.16}$$

$$\theta_\pi',\theta_Q' = \underset{j}{\operatorname{argmax}}\, J(\theta_\pi^j,\theta_Q^j,\theta_r') \tag{8.17}$$

$$\pi'(s \mid \theta_\pi') = \mathrm{AutoRL}[\mathrm{Actor}(\theta_\pi'),\mathrm{Critic}(\theta_Q'),R(\theta_r')] \tag{8.18}$$

(2) PRM－RL。

AutoRL 在小范围静态环境中进行训练，其实相当于实现了局部地图的自主导航。而 PRM－RL 是传统路径规划 PRM 与强化学习的结合，PRM 负责从起始点到目标点采样可行的路线，RL 则通过强化学习的策略从这些路线中挑选出一条最合适的，如图 8.18 所示。

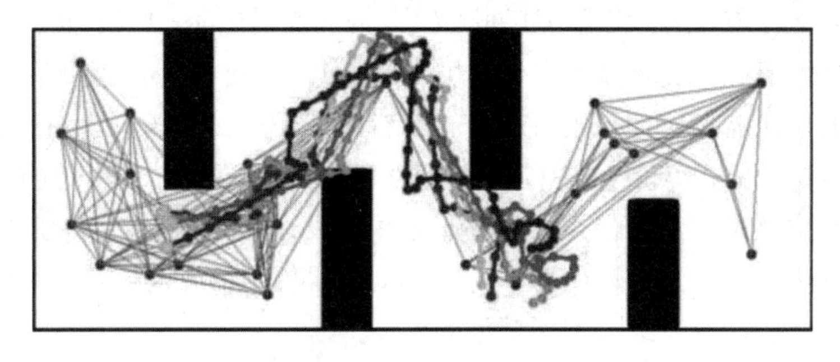

图 8.18　PRM－RL

虽然 PRM－RL 解决了在全局地图中自主导航的问题，但其采用的是传统强化学习方法。如果将 PRM－RL 中的传统强化学习方法替换成 AutoRL，导航效果会更加稳健，这就是 AutoRL＋PRM－RL。

8.4　自主导航系统的搭建

本节以 ros－navigation 这个典型的自主导航系统为例，将从原理分析、源码解读和安装与运行这三个方面展开讲解 ros－navigation 导航系统。真正将自主导航用起来，并通过代码讲解更深入地理解机器人自主导航的工作原理，以便根据实际需求修改和完善开源导航代码。

8.4.1　原理分析

从图 8.14 自主导航技术的组成图来看，导航系统以导航目标、定位信息和地图信息为输入，以操控机器人的实际控制量为输出。首先要知道机器人在哪，然后要知道机器人需要到达的目标点在哪，最后就是寻找路径并利用控制策略开始导航。导航目标通常人为指定或者由特定程序触发，这其实回答了问题“我将到何处去”。定位信息通常由SLAM或者其他定位算法提供，这其实回答了问题“我在哪”。而地图信息为导航起点和终点之间提供了障碍物描述，在此基础上，机器人可以利用路径规划算法寻找路径并利用控制策略输出实际线速度和角速度控制量进行导航。ros-navigation 导航系统的实现也遵循了这样的基本思路，这里主要对其中的自适应蒙特卡洛定位（adaptive Monte Carlo localization，AMCL）和 costmap 代价地图两个概念进行介绍。

1. AMCL

ros-navigation 系统采用了一种比 SLAM 定位更轻量级的方案，即 AMCL 方案。AMCL 包含两种代码实现，即用于二维地图定位的代码实现 amcl 和用于三维地图定位的代码实现 amcl3d，其中 ros-navigation 默认集成了二维地图定位的 amcl 代码包。单独定位问题 $P(x_k \mid Z_{0:k}, U_{0:k}, m)$ 比 SLAM 问题 $P(x_k, m \mid Z_{0:k}, U_{0:k}, x_0)$ 要简单，因为单独定位问题是在环境地图 m 已知的情况下估计机器人位姿 x_k，而 SLAM 问题是在地图 m 未知的情况下同时估计机器人位姿 x_k 和地图 m。不过，当 SLAM 载入已建好的地图时，可以认为 SLAM 重定位模式等价于单独定位问题。从某种意义上说，AMCL 定位在原理上与 gmapping 重定位模式是等价的，虽然 gmapping 中并没有单独设置重定位模式。

AMCL 是蒙特卡洛定位（Monte Carlo localization，MCL）的改进版本，而 MCL 属于粒子滤波的范畴，因此 AMCL 也属于粒子滤波的范畴。

蒙特卡洛是一种将概率现象用统计实验方法进行数值模拟的思想，基于蒙特卡洛思想衍生出了大量的优秀算法。这里用于求解机器人定位问题的粒子滤波也体现了蒙特卡洛思想。求解机器人定位问题的粒子滤波算法是将机器人的待估计位姿量 x_k 的概率分布用空间内的粒子来模拟，粒子点的分布密度近似代表 x_k 的概率密度（也称为置信度，即机器人出现在粒子点聚集的地方的置信度高），通过机器人观测方程和运动方程所提供的数据对粒子点的分布情况不断进行更新，使粒子点最终收敛于某个很小的区域。

MCL 也属于 SIR（sampling importance resampling）滤波器的范畴。MCL 的原理也体现在重采样过程，也就是利用观测方程和运动方程所提供的数据来评估当前每个粒子点的权重，然后依据每个粒子点的权重进行重采样，以更新粒子点的分布。AMCL 对 MCL 做了两方面的改进，一方面是将 MCL 中固定的粒子数量替换成了自适应的粒子数量，另一方面是增加了 MCL 遭遇绑架后的恢复策略。当粒子点比较分散时，粒子点总数可以设得大一点；当粒子点比较聚集时，粒子点总数可以设得小一点，以减少计算量，提高运行效率。AMCL 中的粒子数量自适应有助于提高算法的运行效率，这在计算资源受限的机器中尤为重要。

所谓绑架问题，就是由于观测方程或者运动方程中的数据受噪声干扰或者某些偶然因素，原本表征机器人真实位姿的粒子点被丢弃了，以后的更新过程也只是错误粒子点的收敛。简单点说就是在某次更新中，正确粒子点被意外丢弃后，机器人位姿将永久丢失，即机器人遭遇了绑架。AMCL 中引入了一个机制来监控绑架风险，以便在适当情况下启动恢复策略(即增加一些随机粒子点)。对于在真实环境中持续运行的机器人来说,机器人遭遇绑架是必然的,因此 AMCL 中引入恢复策略非常必要。自适应蒙特卡洛定位算法原理:

```
Algorithm AMCL(χ̄_{t-1}, u_t, z_t, m):
    χ̄_t = χ_t = φ
    for m = 1 to M do
        x_t^[m] = sample_motion_model(u_t, x_{t-1}^[m])
        w_t^[m] = measurement_model(z_t, x_t^[m], m)
        χ̄_t = χ̄_t + ⟨x_t^[m], w_t^[m]⟩
    end for
    for m = 1 to M do
        draw i with probability w_t^[i]
        add x_t^[i] to χ_t
    end for
    return χ_t
```

AMCL 自适应蒙特卡洛定位是一种基于粒子滤波器的机器人定位方法,主要目标是根据机器人的传感数据来评估其在环境中的位姿。估计机器人在 t 时刻的位姿,用 x_t 表示,用 u_t 表示从 $t-1$ 到 t 时刻的运动模型,z_t 表示时刻 t 的观测数据。根据贝叶斯定理,可以表示机器人位姿在运动模型和观测数据条件估计为

$$p(x_t \mid z_{1:t}, u_{1:t}) = \frac{p(z_t \mid x_t, z_{1:t-1}, u_{1:t}) \cdot p(x_t \mid z_{1:t-1}, u_{1:t})}{p(z_t \mid z_{1:t-1}, u_{1:t})} \tag{8.19}$$

为了计算 $p(x_t \mid z_{1:t}, u_{1:t})$,需要引入一个条件概率 $p(x_t \mid x_{t-1}, u_t)$ 表示,它描述了在给定上一个时刻的位姿 x_{t-1} 和当前的运动模型 u_t 下,机器人当前位姿 x_t 的概率分布。应用全概率公式,运动模型可以根据机器人的具体运动特性来表示:

$$p(x_t \mid z_{1:t-1}, u_{1:t}) = \int p(x_t \mid x_{t-1}, u_t) \cdot p(x_{t-1} \mid z_{1:t-1}, u_{1:t-1}) \mathrm{d}x_{t-1} \tag{8.20}$$

为了计算 $p(z_t \mid x_t, z_{1:t-1}, u_{1:t})$,需要引入一个观测模型,用 $p(z_t \mid x_t)$ 表示,这个模型描述了在给定当前位置 x_t 下,观测数据 z_t 的概率分布。

蒙特卡洛定位方法采用粒子滤波器来近似表示和计算上述概率分布,使用一组粒子 $X_t = x_t^{(1)}, x_t^{(2)}, \cdots, x_t^{(M)}$ 来表示时刻 t 的位姿分布,M 是粒子的数量。

根据运动模型,从时刻 $t-1$ 的粒子集合 $X-1$ 和运动模型 u_t 预测时刻 t 的粒子集合 X_t,对于每个粒子 $x_{t-1}^{(i)}$,可以根据运动模型 $p(x_t \mid x_{t-1}^{(i)}, u_t)$ 采样获得一个新的粒子 $x_t^{(i)}$。

根据观测模型,计算每个新粒子 $x_t^{(i)}$ 的权重 $w_t^{(i)}$,对于每个粒子 $x_t^{(i)}$,可以先计算观测数据 z_t 的似然 $p(z_t \mid x_t^{(i)})$,然后将其作为粒子的权重。根据新粒子的权重 $w_t^{(i)}$ 进行重

采样,生成一个新的粒子集合 X_t 。在这个过程中,权重较大的粒子有更高的概率被多次采样,而权重较小的粒子可能被丢弃。这个过程有助于将粒子集合集中在高概率区域,从而提高定位精度。AMCL 的一个关键特性是自适应地调整重采样频率,根据粒子权重的有效样本大小(effective sample size, ESS)来自适应调整,ESS 计算如下:

$$N_{\text{eff}} = \frac{1}{\sum_{i=1}^{M} w_t^{(i)2}} \tag{8.21}$$

当 N_{eff} 低于一个阈值(如总粒子数的一半)时,执行重采样步骤。这样可以防止过早重采样导致的粒子集退化,并减少计算开销。AMCL 蒙特卡洛定位方法通过粒子滤波器和自适应重采样策略对机器人位置进行估计,这种方法在机器人定位问题中表现了较好的鲁棒性和实时性。

2. costmap 代价地图

导航控制策略的首要任务是避障,那么对障碍物的度量就成了关键问题。SLAM 直接提供的地图种类繁多(比如特征地图、点云地图、几何地图、栅格地图、拓扑地图等),这些地图度量障碍物的能力参差不齐。虽然将其他地图转换成统一的栅格地图能在一定程度上提高障碍物的度量能力,但是这种栅格地图仅提供环境中静态障碍物的度量。机器人导航在避障时不仅要考虑 SLAM 地图所提供的静态障碍信息,还要考虑传感器探测到的实时障碍信息,以及一些特殊的障碍信息(比如障碍物膨胀信息、人为划定的危险区域、行人或某些突变的动态语义信息等)。

为了解决各种复杂障碍物的度量问题,ros - navigation 采用 costmap 代价地图对障碍物进行统一度量。costmap 采用多个独立的栅格化图层来维护障碍物信息,每个图层可以独立维护某个来源的障碍物信息,这些图层可以根据不同需求进行叠加,形成特定的障碍描述层。costmap 的结构见表 8.5。

表 8.5　costmap 的结构

名称	说明
Master 主图层	用于路径规划
Inflation 膨胀层	为障碍提供膨胀效果
Proxemics 物体层	描述行人或特殊障碍物
Wagon Ruts 规则层	比如交通规则相关的描述
Hallway 走廊层	比如沿走廊靠右行驶的描述
Sonar 超声层	描述超声传感器检测到的障碍物
Obstacles 障碍层	描述激光雷达等传感器检测到的障碍物
Caution Zones 危险层	描述一些特定危险区域
Static Map 地图层	外部载入静态栅格地图

costmap 度量障碍非常灵活,可以根据需求创建特定的图层,然后在该图层上维护需

要关注的障碍信息。如果机器人上只安装了激光雷达,那么需创建一个 Obstacles 图层来维护激光雷达扫描到的障碍信息。如果机器人上添加了超声波,那么需要新建一个 Sonar 图层来维护声波传感器扫描到的障碍信息。每个图层都可以有自己的障碍更新规则(添加障碍、删除障碍、更新障碍点的置信度等),这极大地提高了导航系统的可扩展性。

3. ros - navigation 系统框架

如图 8. 19 所示,ros - navigaion 其实是一个功能包集(http://wiki. ros. org/move_base),里面包含了大量的 ROS 功能包以及各种算法的具体实现节点。这些节点可以分为三类:必要节点、可选节点和机器人平台相关节点。节点 move_base 为必要节点,节点 amcl 和 map_server 为可选节点,sensor transforms、odometry source、sensorsources 和 base controller 为机器人平台相关节点。其中最为核心的必要节点 move_base 通过插件机制(plugin)组织代码,这使得 move_base 中的 global_planner、local_planner、global_costmap、local_costmap、recovery_behaviors 等算法能被轻易替换和改进。

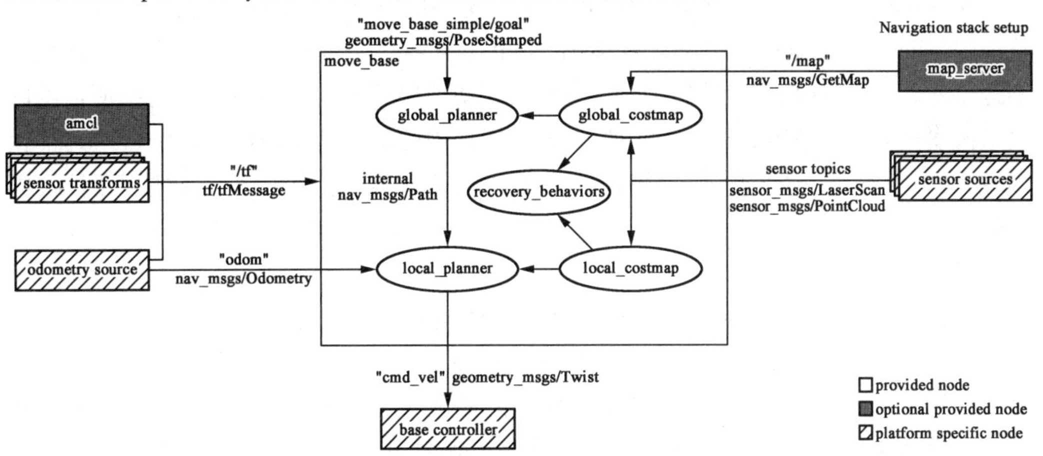

图 8.19 ROS 中机器人导航功能包集

可以发现,ros - navigation 系统框架是导航通用框架中更具体一种实现形式,map_server 节点扮演地图供应者角色,amcl 节点扮演定位信息提供者角色,传感器驱动节点和里程计节点分别扮演障碍信息反馈和运动反馈角色,而底盘控制节点扮演执行器角色。下面从定位、障碍物度量、路径规划和恢复策略这几个方面对 ros - navigation 系统框架展开分析。

(1)定位。

定位解决了机器人与障碍物之间的关联问题,因为路径规划本质上就是基于机器人周围障碍物进行决策的过程。ros - navigation 中的 amcl 节点通过发布 map→odom 的 tf 关系来提供全局定位。amcl 全局定位并不是必需的,用户可以将 amcl 全局定位替换成其他能提供 map→odom 的 tf 关系的全局定位(如 SLAM 定位)。ros - navigation 用机器人平台里程计节点所发布的 odom→base_link 的 tf 关系来提供局部定位,具体采用何种方式提供里程计数据与实际机器人平台有关。

目前，全局定位和局部定位已经构建起一套动态 tf 关系 map→odom→base link。不过，机器人中各个传感器之间的静态 tf 关系（比如 base_link→base_footprint、base_link→laser_link、base_link→imu_link 等）也需要知道。

上面说定位解决了机器人与障碍物之间的关联问题，广义上应该说是 tf 关系解决了机器人与障碍物之间的关联问题。比如激光雷达探测到前方 3 m 处有一个障碍物，那么利用激光雷达与机器人底盘之间的 tf 关系（base_link→laser_link），就可以知道该障碍物与机器人底盘之间的关系；再比如借助全局定位和局部定位提供的 tf 关系（map→odom→base_link），可以知道静态地图中障碍物与机器人底盘之间的关系。除了利用 tf 关系完成机器人与障碍物之间的关联外，还需要利用机器人机械模型 urdf 来完成控制策略与细粒度控制量之间的关联。

(2)障碍物度量。

ros - navigation 采用 costmap 对障碍物进行统一度量，而 costmap 又具体分为全局代价地图（global_costmap）和局部代价地图（local_costmap）。全局代价地图为全局路径规划提供障碍度量，局部代价地图为局部路径规划提供障碍度量。可以自由选择所需的图层来构建全局代价地图和局部代价地图，每个图层中的障碍信息由静态地图、传感器（比如激光雷达、红外、超声波等）、特殊程序（比如行人检测、危险区标记、物体识别等）等提供。

(3)路径规划。

路径规划在 ros - navigation 中分为全局路径规划（global_planner）和局部路径规划（local_planner）。全局路径规划更像是一种战略性策略，需要考虑全局，规划出一条尽量短并且易于执行的路径。在全局路径的指导下，机器人在实际行走时还需要考虑周围实时的障碍物并制定避让策略，这就是局部路径规划要完成的事。可以说，机器人的自主导航最终是由局部路径规划一步步完成的。全局路径规划以目标点、机器人全局定位和全局代价地图为输入，以全局路径为输出；局部路径规划以全局路径、机器人局部定位和局部代价地图为输入，以实际控制量为输出。

(4)恢复策略。

ros - navigation 还提供了全局代价地图和局部代价地图之间的恢复策略（recovery_behaviors）。机器人在实际导航过程中很容易陷入困境，也就是说，机器人被障碍物覆盖或包围。比如机器人不小心撞上了障碍物（机器人已经压到障碍物之上了），此时障碍物已经出现在机器人机械模型内部区域，路径规划肯定会失败；或者机器人行驶到了某个狭窄的死胡同，由于传感器盲区和测量精度等，机器人退不出来；或者由于定位出错，机器人出现在某个障碍物包围区等。总之，导致机器人陷入困境的因素有很多，比如机器人打滑或者机器人绑架导致的定位丢失、传感器自身缺陷（盲区、噪声、精度等）导致噪声障碍物被引入或者已消失的动态障碍无法及时清除、机器人与障碍发生碰撞等。

恢复策略就是让机器人从困境中摆脱出来的策略，比如执行原地旋转来强制清除代价地图中的残留障碍,或者以非常小的速度尝试前进或者倒退来脱离障碍物包围等。

8.4.2 源码解读

ros - navigation 代码框架如图 8.20 所示,代码围绕节点 move_base 来组织,目标导航点通过话题/move_base_simple/goal 输入,地图数据通过话题/map 输入,各个传感器数据通过相应的传感器话题 <sensor_topic> 输入,里程计数据通过话题/odom 输入,而控制量通过话题/cmd_vel 输出。同时,还要为节点 move_base 提供必需的 tf 关系,包括动态 tf 关系(map→odom→base_link)以及传感器之间的静态 tf 关系(base_link→base_footprint、base_link→laser_link、base_link→imu_link 等)。如果 ros - navigation 采用 amcl 包进行全局定位,那么动态 tf 关系 map→odom 由 amcl 包维护。

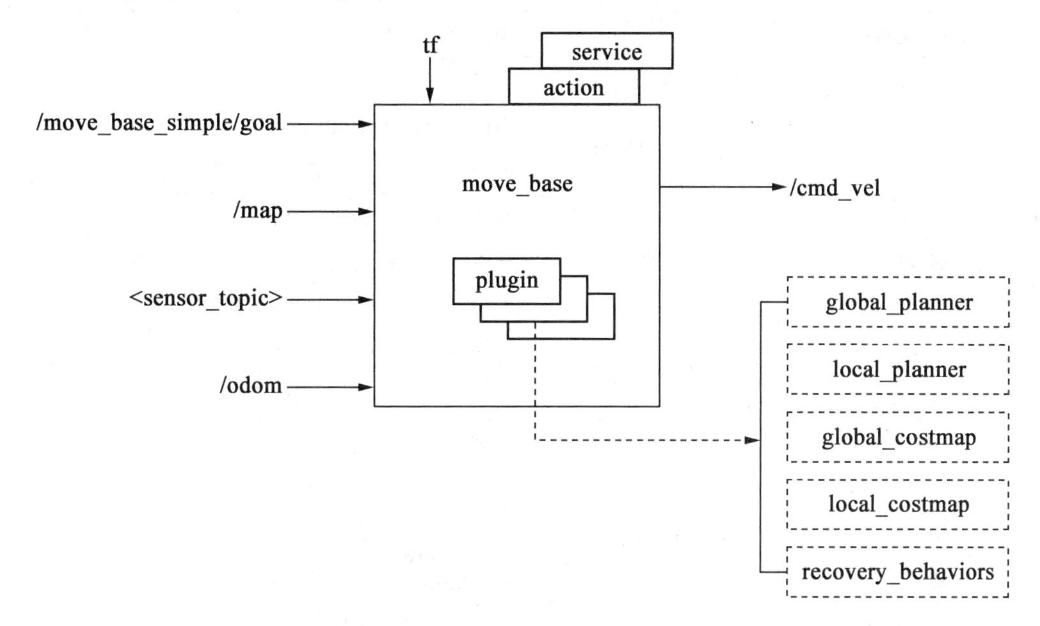

图 8.20 ros - navigation 代码框架

amcl 实质上是通过 map→base_link 与 odom→base_link 之间的差值来修正 map→odom 漂移的。如果 ros - navigation 不采用 amcl 进行全局定位,那么动态 tf 关系 map→odom 则由其他提供全局定位的算法(比如在线的 SLAM、重定位的 SLAM、UWB、二维码定位等)维护。而动态 tf 关系 odom→base_link 由机器人平台里程计维护。该里程计有多种形式,比如轮式里程计、轮式里程计与 IMU 融合后的里程计、视觉里程计等。由于里程计在节点 move_base 上有不同的用途,因此机器人平台里程计节点需要将里程计数据分别发布到 tf 关系和/odom 话题。传感器之间的静态 tf 关系可以由机器人机械模型 urdf 提供,也可以由用户手动提供。

节点 move_base 除了提供 topic 访问接口外,还提供了 service 和 action 访问接口。导航目标除了可以由话题/move_base_simple/goal 输入,还可以通过 action 接口输入。话题/map 主要用于输入实时更新的在线地图,而离线地图更适合通过 service 接口输入。可以发现,move_base 仅仅搭建了一个虚拟的壳体以及各种标准化接口。壳体的各个算法实现通过插件机制(plugin)从外部导入。

ros - navigation 是一个强大的功能包集,除了包含必要功能包 move_base 外,还包含诸多可选功能包以及各种插件和工具。所以在解读 ros - navigation 的具体代码之前,有必要了解一下 ros - navigation 的功能包组织结构,见表 8.6。

表 8.6 ros - navigation 中功能包说明

功能包	类型	说明
amcl	可选功能包	提供全局定位
map_server		加载静态地图文件
move_base	必要功能包	导航框架的虚拟壳体
nav_core	插件接口组件	专门为 BaseGlobalPlanner、BaseLocalPlanner、RecoveryBehavior 提供统一的插件接口
navfn	全局路径规划插件	基于 Dijkastra 的全局路径规划
global_planner		在 NavFn 基础上做了改进
carrot_planner		处理目标点更灵活的全局路径规划
base_local_planner	局部路径规划插件	基于动态窗口轨迹试探的局部路径规划
dwa_local_planner		在 base_local_planner 基础上做了改进
costmap_2d	代价地图插件	实现二维代价地图
rotate_recovery	恢复策略插件	原地旋转 360°来清除空间障碍物
move_slow_and_clear		缓慢移动来清除障碍物
clear_costmap_recovery		强制清除一定半径范围内的障碍物
voxel_grid	其他	实现三维体素栅格
fake_localization		用里程计航迹推演,提供虚假的全局定位
move_base_msgs		定义 move_base 通信用到的消息类型

1. 可选功能包

可选功能包 amcl 和 map_server,其中 amcl 用于提供全局定位,map_server 用于加载静态地图文件。amcl 在整个导航框架中并不是必需的,可以由其他替代方式来提供全局定位,比如 SLAM、UWB、二维码定位等。map_server 在整个导航框架中也不是必需的,可以由其他替代方式来提供地图数据,比如将 SLAM 在线构建的实时地图数据直接用于导航。

amcl 功能包中包含单个节点,调用流程如图 8.21 所示。main()函数作用就是创建一个 AmclNode 类的对象。在 AmclNode()构造函数中先通过外部传入的配置参数设置 amcl 算法参数,然后初始化 ROS 发布接口和订阅接口。

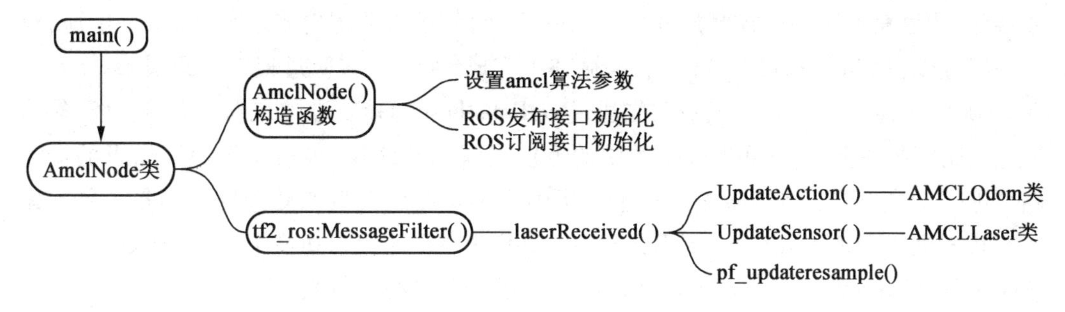

图 8.21　amcl 调用流程

程序主逻辑为粒子滤波,在传感器数据驱动下运行。程序中 tf2_ros:MessageFilter( )保证里程计和激光雷达数据订阅时间同步,同步后的激光雷达数据驱动 laserReceived( )回调函数运行。laserReceived( )回调函数调用粒子滤波器的三个核心步骤,即里程计运动模型更新、激光雷达观测模型更新和粒子重采样。里程计运动模型更新由 UpdateAction( )函数完成,而 UpdateAction( )函数的具体实现封装在 AMCLOdom 类中;激光雷达观测模型更新由 UpdateSensor( )函数完成,而 UpdateSensor( )函数的具体实现封装在 AMCLLaser 类中;粒子重采样由 pf_updateresample( )函数完成。

map_server 功能包中包含两个节点(map_server 和 map_saver),其中节点 map_server 负责加载保存在本地磁盘的地图文件并发布到 ROS 话题,而 map_saver 节点负责将 ROS 话题中的地图数据保存为地图文件。节点 map_server 和 map_saver 的功能是互逆的。

2. 必要功能包

move_base 必要功能包中仅包含单个节点,该节点其实就是导航框架的虚拟壳体。所谓虚拟壳体,就是 move_base 为全局路径规划器、局部路径规划器、全局代价地图、局部代价地图和恢复策略构建了一个顶层协作框架,这些核心模块的具体实现并不在该框架内(由外部载入)。move_base 功能包的调用流程如图 8.22 所示。

main( )函数作用就是创建一个 MoveBase 类对象,在 AmclNode( )构造函数中先通过外部传入的配置参数设置 move_base 参数,然后初始化 ROS 发布接口和订阅接口、创建 planThread 线程、创建 global_costmap 并载入 global_planner 插件、创建 local_costmap 并载入 local_planner 插件、载入 recovery_behaviors 插件。后台运行的线程 planThread 负责执行全局路径规划任务,该线程默认处于静默状态,由外部信号量唤醒。planThread 线程唤醒后会调用 makePlan( )函数执行全局路径规划,makePlan( )函数先通过 getRobotPose( )函数获取机器人全局位姿,然后通过调用封装在 BaseGlobalPlanner 类中的方法求解全局路径。导航目标点可以通过 topic 或者 action 两种方式进入 move_base,其中回调函数 goalCB( )响应 topic 方式的导航目标点,回调函数 executeCb( )响应 action 方式的导航目标点。由于回调函数 goalCB( )最终也还是调用 executeCb( ),因此导航目标点实质上就是在回调函数 executeCb( )中进行处理。回调函数 executeCb( )先通过信号唤醒线程 planThread 并执行全局路径规划,然后利用规划出来的全局路径进行局部路径规划以及轨迹跟踪(也就是实际导航控制过程)。executeCb()中的主要逻辑就是实现 action 响应,整个响应过程在 while(n. ok()){...}大循环中完成。action 响应过程中会调用 executeCycle()函数。executeCycle()函数首先通过 getRobotPose()函数获取机器人全局位姿,然后通过调用封装在 BaseLocalPlanner 类中的方法求解局部路径,最后基于规划出来的局部路径进行轨迹跟踪。轨迹跟踪过程生成机器人的最终线速度与角速度控制量。轨迹跟踪在状态机的 PLANNING、CONTROLLING、CLEARING 等状态切换下进行,其中 CLEARING 状态会调用封装在 RecoveryBehavior 类中的恢复策略进行恢复。

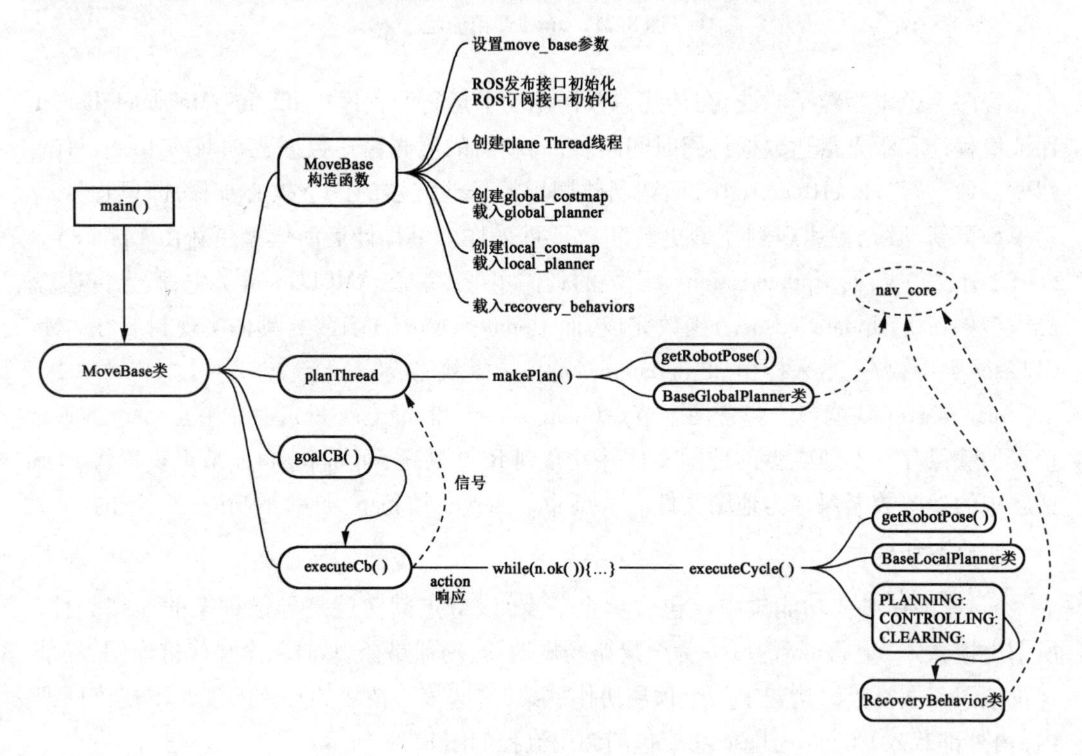

图 8.22 move_base 功能包的调用流程

可以发现,move_base 中的核心算法都被封装在三个类(BaseGlobalPlanner、Base-LocalPlanner 和 RecoveryBehavior)中,而这三个类不在 move_base 代码包中直接实现。它们在 nav_core 中被定义成通用接口。开发者可以根据 nav_core 的接口规范对其进行具体的代码实现,然后将实现好的代码以插件的形式加载到 move_base 中。

3. 插件接口组件

move_base 是导航框架的虚拟壳体,而壳体中的核心算法以插件的形式从外部载入。插件接口组件 nav_core 用于为这些插件提供接口规范,其实就是定义这三个类的基本形式以及一些功能需要的虚函数。在编写具体插件时,通过类继承的方式来继承 nav_core 中的接口。

4. 全局路径规划插件

ros - navigation 中集成了 navfn、global planner 和 carrot planner 全局路径规划插件。用户可以从中选择一种加载到 move_base 中使用，也可以选择第三方全局路径规划插件（比如 SBPL_Lattice_Planner、srl_global planner 等）加载到 move_base 中使用，或者根据 nav_core 的接口规范自己开发所需的全局路径规划插件。

navfn 是 ros - navigation 中最早集成的一个全局路径规划插件，是基于 Dijkstra 算法实现的。global planner 全局路径规划插件是 navfn 的改进版本，增加了对 A* 算法的支持。carrot_planner 全局路径规划插件是一种更灵活的规划器，这体现在对目标点的处理上，当目标点处于障碍物上时，规划器会将目标点附近某个空旷点当成目标点进行规划，以避免规划失败。

5. 局部路径规划插件

ros - navigation 中集成了 base_local_planner 和 dwa_local_planner 局部路径规划插件。用户可以从中选择一种加载到 move_base 中使用，也可以选择第三方局部路径规划插件（比如 teb_local_planner）加载到 move_base 中使用，或者根据 nav_core 的接口规范自己开发所需的局部路径规划插件。

base_local_planner 局部路径规划插件是基于动态窗口轨迹试探的局部路径规划器。动态窗口轨迹试探对完整约束底盘有一定的局限性。dwa_local_planner 局部路径规划插件是 base_local planner 的改进版，对非完整约束底盘和完整约束底盘的支持都较好。

6. 代价地图插件

costmap_2d 功能包为 move_base 实现二维代价地图。move_base 为 costmap_2d 中的 Costmap2DROS 类创建了两个对象：planner_costmap_ros_和 controller_costmap_ros_，其中对象 planner_costmap_ros_用于构造全局代价地图，对象 controller_costmap_ros_用于构造局部代价地图。

7. 恢复策略插件

ros - navigation 中集成了 rotate recovery、move_slow_and_clear 和 clear_costmap_recovery 恢复策略插件。用户可以利用这些插件组成一个状态机加载到 move_base 中使用，也可以选择第三方恢复策略插件，或者根据 nav_core 的接口规范自己开发所需的策略恢复插件。

8. 其他

另外，ros - navigation 中还集成了一些工具、中间件等功能包（voxel_grid、fake_localization 和 move_base_msgs）。voxel_grid 功能包用于实现三维体素栅格，可以弥补二维代价地图在立体障碍度量上的不足。fake_localization 功能包用于提供基于里程计推演得出的虚假全局定位，主要用在仿真场合。move_base_msgs 功能包定义了 move_base 通信用到的各种消息类型。

8.4.3 安装与运行

1. ros - navigation 安装

ros - navigation 的安装与运行，在 Ubuntu 18.04 和 ROS melodic 环境下进行讨论。ros - navigation的安装方法有两种。

①直接通过 apt - get 安装编译好的 ros - navigation 库到系统中。

②下载 ros - navigation 源码手动编译、安装。

此处采用方法②进行安装。先用 apt install 命令将 ros - navigation 及其关联包都装上，这样系统在安装过程中会自动装好相应的依赖；然后用 apt remove 命令将 ros - navigation卸载但保留其依赖，这样就巧妙地将所需依赖都装好了：

```
$ sudo apt install ros-melodic-navigation*
$ sudo apt remove ros-melodic-navigation
```

接下来，下载 ros - navigation 的源码到工作空间编译、安装。由于 ros - navigation 属于功能包集，其中包含多个功能包，建议新建一个专门的工作空间来维护。执行以下命令：

```
$ cd ~/catkin ws/src/
$ git clone https://github.com/ros-planning/navigation.git
$ cd navigation
#查看代码版本是否为 melodic,如果不是,使用 git checkout 命令切换到对应版本
$ git branch
$ cd ~/catkin ws/
$ catkin make
```

2. ros - navigation 在实际机器人中运行

ros - navigation 导航系统的强大功能是依靠多功能包协同实现的。需要配置和启动一系列不同的功能包程序才能真正将自主导航运行起来。下面首先介绍使用 ros - navigation导航系统时涉及的各种配置，然后利用这些配置启动各个功能包。

(1)机器人平台相关节点的配置与启动。

在介绍 ros - navigaion 系统框架时已经说过，sensor transforms、odometry source、sensor sources 和 base controller 为机器人平台相关节点。

其中，sensor transforms 为机器人平台相关的 tf 关系维护节点，所维护的 tf 关系既包括静态 tf 关系（比如传感器之间的静态 tf 关系 base_link→base_footprint、base_link→laser_link、base_link→imu_link 等），也包括动态 tf 关系（比如由机器人平台里程计维护的动态 tf 关系 odom→base_link）。odometry source 为机器人平台相关的里程计供应节点，通过话题的形式发布轮式里程计、轮式里程计与 IMU 融合后的里程计、视觉里程计等。sensor sources为机器人平台相关的传感器供应节点，其实就是各个传感器(比如激光雷达、IMU等)的驱动节点，读取传感器数据后，将其发布到指定的ROS话题，通过控制机器人的电机来实现底盘按照指定线速度和角速度运动。下面具体介绍几个节点的实现。

①运动控制与轮式里程计节点。

运动控制与轮式里程计通常在同一个节点中实现，通常称为底盘ROS驱动，因为它们都需要与电机控制主板进行数据交互。底盘ROS驱动一方面订阅控制话题/cmd_vel将其解析、转发给电机控制主板，另一方面从电机控制主板获取电机编码器数据并将其解析、发布到轮式里程计话题/odom以及odom→base_link的tf关系中。每种机器人底盘都会提供配套的底盘ROS驱动。

虽然minimal.launch(底盘小车启动的launch文件)中包含了大量的参数，但对于接下来的导航，只需要特别注意其中的四个参数。一个是有关控制话题订阅名称的参数cmd_vel_topic，一般取默认值cmd_vel。一个是有关轮式里程计话题发布名称的参数odom_pub_topic，一般取默认值odom。另外两个是有关轮式里程计tf关系的参数odom_frame_id和odom_child _frame_id，其中odom_frame_id一般取默认值odom，odom_child _frame_id一般取默认值base_link或者base_footprint(静态tf关系中会提供base_link与base_footprint的转换关系)，这里取的是base_footprint。这四个参数需要与后续节点中的配置保持一致，否则导航系统无法运行。最后，通过下面命令启动移动机器人中的scout_bringup驱动包：

```
$ roslaunch scout_bringup scout_mini_minimal.launch
```

轮胎打滑会导致轮式里程计偏移误差增大，可采用robot_ekf_pose功能包将轮式里程计与IMU、激光里程计、视觉里程计等融合得到精度更高的里程计。

②传感器节点。

激光雷达是ros-navigaion导航系统必需的部件，这里仅使用激光雷达传感器。在冰壶机器人中，激光雷达数据通过lslidar_x10_driver驱动包发布，雷达数据发布在话题/scan中，雷达数据帧中的frame_id设置为laser。lidar的启动配置文件lslidar_x10_serial.launch如下所示：

```
<launch>
  <node pkg="lslidar_x10_driver" type="lslidar_x10_driver_node" name="lslidar_x10_driver_node" output="screen">
    <param name="lidar_name" value="N10"/>  #雷达选择:M10 M10_P M10_PLUS M10_GPS N10
    <param name="serial_port" value="/dev/wheeltec_lidar"/>  #雷达连接的串口
    <param name="interface_selection" value="serial"/>  #接口选择:net 为网口,serial 为串口
```

```
    <param name="frame_id" value="laser"/>  #激光坐标
    <param name="min_distance" type="double" value="0"/>  #雷达接收距离最小值
    <param name="max_distance" type="double" value="100"/>  #雷达接收距离最大值
    <param name="scan_topic" value="scan"/>  #设置激光数据 topic 名称
    <param name="use_gps_ts" value="false"/>  #雷达是否使用 GPS 授时
  </node>
  <!--N10 雷达参数 -->
    <param name="lslidar_x10_driver_node/truncated_mode" value="1"/>  <!--0:不屏蔽角度 1:屏蔽角度 -->
    <rosparam param="lslidar_x10_driver_node/disable_min">[90]</rosparam>  <!--角度左值 -->
    <rosparam param="lslidar_x10_driver_node/disable_max">[270]</rosparam>  <!--角度右值 -->
  <!-- N10 雷达参数 -->
    <node pkg="tf" type="static_transform_publisher" name="laser_static_tf" args="-0.1 0 0.2 0 0 0 base_link laser 50" />
</launch>
```

对于接下来的导航,只需要关心雷达数据发布话题名称以及雷达数据帧中的 frame_id,一般取默认值就行。最后,通过下面的命令启动机器人中的激光雷达:

```
$ roslaunch lslidar_x10_driver lslidar_x10_serial.launch
```

③传感器静态 tf 节点。

传感器之间的几何装配关系通过静态 tf 关系维护。静态 tf 关系可以在具体启动配置文件中设置并发布,也可以写在 urdf 模型描述文件中统一发布。考虑到机器人后续可能会搭载多种传感器实现更复杂的功能,这里以 urdf 方式发布静态 tf 关系,以便能对不同传感器 tf 关系进行统一管理。对于接下来的导航来说,只需要提供 base_lase_link→base_link 和 base_footprint→ base_link 的静态 tf 关系就行。当然,如果添加新的传感器,可通过修改 urdf 文件来添加其对应的静态 tf 关系。安装在机器人上的所有传感器都在 scout_description 包中通过 urdf 文件设置其与底盘的静态 tf 关系。最后,通过下面的命令启动机器人中的 scout_description 包就行了:

```
#启动底盘 urdf 描述
$ roslaunch scout_description scout_description.launch
```

(2)地图供应节点的配置与启动。

上面说过 map_server 在整个导航框架中不是必需的,因为可以采用其他替代方式提供地图数据,比如将 SLAM 在线构建的实时地图数据直接用于导航。这里假设以 map_server 加载静态地图文件的方式为导航机器人提供地图数据,并假设已经通过 SLAM 构建好了一张地图且将其保存到了本地磁盘。map server 的启动配置文件 map_pub. launch 如代码如下所示:

```
<launch>
    <arg name="map_path"default="/home/ubuntu/map/map.yaml">
    <node name="map server" pkg="map server" type="map server"
   args="$(arg map_path)"/>
</launch>
```

可以发现,启动配置文件 map_pub. launch 其实会进一步调用 map_path 路径下的 *. yaml配置参数,*. yaml 配置参数会随着地图文件 *. pgm 的保存而一起保存下来。关于 *. yaml 中地图配置参数的详细说明,请参考官方教程,这里不展开叙述。最后,通过下面的命令启动 map_server 载入地图:

```
$ roslaunch map server map pub.launch
```

(3)全局定位节点的配置与启动。

amcl 在整个导航框架中也不是必需的,因为可以采用其他替代方式来提供全局定位。这里假设已经使用 map_server 加载静态地图文件,并将地图发布到了指定话题。amcl 功能包中包含很多可以配置的参数。可通过启动配置文件 amcl. launch 对这些参数进行配置,amcl. launch 代码如下:

```
<launch>
    <arg name="scan_topic" default="scan"/>
    <arg name="initial_pose_x" default="0"/>
    <arg name="initial_pose_y" default="0"/>
    <arg name="initial_pose_a" default="0.0"/>

<node pkg="amcl" type="amcl" name="amcl" clear_params="true">
    <param name="min_particles"  value="2000"/>
    <param name="max_particles"  value="5000"/>
    <param name="kld_err"  value="0.05"/>
    <param name="update_min_d"  value="0.25"/>
    <param name="update_min_a"  value="0.20"/>
```

```
    <param name="resample_interval"  value="1"/>
    <param name="transform_tolerance"  value="2.0"/>
    <param name="recovery_alpha_slow"   value="0.00"/>
    <param name="recovery_alpha_fast"  value="0.00"/>
    <param name="initial_pose_x"  value="$(arg initial_pose_
x)"/>
    <param name="initial_pose_y"  value="$(arg initial_pose_
y)"/>
    <param name="initial_pose_a"  value="$(arg initial_pose_
a)"/>
    <param name="gui_publish_rate"  value="10.0"/>

    <remap from="scan" to="$(arg scan_topic)"/>
    <param name="laser_max_range"  value="-0.1"/>
    <param name="laser_max_beams"  value="70"/>
    <param name="laser_z_hit"  value="0.5"/>
    <param name="laser_z_short"  value="0.05"/>
    <param name="laser_z_max"  value="0.05"/>
    <param name="laser_z_rand"  value="0.5"/>
    <param name="laser_sigma_hit"  value="0.2"/>
    <param name="laser_lambda_short"  value="0.1"/>
    <param name="laser_likelihood_max_dist" value="2.0"/>
    <param name="laser_model_type"   value="likelihood_
field"/>

    <param name="odom_model_type"   value="diff"/>
    <param name="odom_alpha1"  value="0.2"/>
    <param name="odom_alpha2"  value="0.2"/>
    <param name="odom_alpha3"  value="0.2"/>
    <param name="odom_alpha4"  value="0.2"/>
    <param name="odom_frame_id"  value="odom"/>
    <param name="base_frame_id"  value="base_link"/>
    </node>
</launch>
```

这些配置参数分为三类:粒子滤波参数、雷达模型参数和里程计模型参数。由于参数比较多,关于参数配置的具体讲解就不展开,请直接参考官方wiki教程。最后,通过下面的命令启动全局定位:

```
$ roslaunch amcl amcl.launch
```

(4)导航核心节点的配置与启动。

一切准备工作就绪后,就可以配置和启动导航核心节点move_base。由于导航核心节点不仅包含move_base本身的参数配置,还涉及众多插件的参数配置,这里建立一个功能包mbot_navigation来专门存放move_base及其插件的参数配置文件。由于ros-navigation系统框架由顶层壳体move_base以及各种算法插件(全局路径规划、局部路径规划、代价地图、恢复策略)组成,也就是说,除了对顶层壳体move_base进行配置外,还需要对选择的具体插件进行配置。这些配置文件都放在mbot_navigation/config路径,以便统一管理。

①顶层壳体move_base的配置。

在mbot_navigation/config中新建配置文件move_base_params.yaml,以便存放顶层壳体move_base的配置参数。move_base_params.yaml的具体代码参考如下:

```
planners:
  - name: GlobalPlanner
    type: global_planner/GlobalPlanner
controllers:
  - name: TebLocalPlannerROS
    type: teb_local_planner/TebLocalPlannerROS
GlobalPlanner:
  use_dijkstra: false
  use_grid_path: true
planner_frequency: 1.0
planner_patience:5.0
planner_max_retries:10
controller_frequency:10.0
controller_patience: 3.0
controller_max_retries:10
recovery_enabled: true
recovery_patience: 30.0
oscillation_timeout: 10.0
oscillation_distance: 0.2
force_stop_at_goal: true
controller_lock_costmap: false
```

②代价地图的配置。

加载到 move_base 中的代价地图分为全局代价地图和局部代价地图。由于全局代价地图和局部代价地图中有些共用的配置参数,因此可以在 mbot_navigation/config 中新建 3 个配置文件。其中,配置文件 costmap_common_params. yaml 用于存放全局代价地图和局部代价地图共用的配置参数,配置文件 global_costmap_params. yaml 用于存放全局代价地图剩下的一些配置参数,配置文件 local_costmap_params. yaml 用于存放局部代价地图剩下的一些配置参数。

costmap_common_params. yaml 是 move_base 在全局路径规划与局部路径规划时调用的通用参数,包括机器人的尺寸、距离障碍物的安全距离、传感器信息等。配置参考如下:

```
#机器人形状:圆形,设置 robot_radius,其他形状,设置 footprint。
footprint: [[0.30, 0.28], [0.30, -0.28], [-0.30, -0.28],
[-0.30,0.28]]

#用于障碍物探测,如值为 3.0,意味着检测到距离小于 3 米的障碍物时,就会引入代价地图
obstacle_range: 3.0
#用于清除障碍物,如值为 3.5,意味着清除代价地图中 3.5 米以外的障碍物
raytrace_range: 3.5
#膨胀半径,扩展在碰撞区域以外的代价区域,使得机器人规划路径避开障碍物
inflation_radius: 0.2
cost_scaling_factor: 3.0 #代价比例系数越大,则代价值越小
map_type: costmap #地图类型
observation_sources: scan #导航包所需要的传感器

#对传感器的坐标系和数据进行配置,也会用于代价地图添加和清除障碍物
scan: {sensor_frame: laser, data_type: LaserScan, topic: scan,
marking: true, clearing: true}
```

global_costmap_params. yaml 用于全局代价地图参数设置。全局代价地图以插件的形式载入所需的图层,在 costmap_common_params. yaml 中定义的各个图层都可以通过插件的形式放入全局代价地图。可以根据需求自由组合图层,global_costmap_params. yaml 如下代码所示:

```
global_frame: map  #地图坐标系
robot_base_frame: base_footprint  #机器人坐标系
#以此实现坐标变换
```

```
  update_frequency: 1.0  #代价地图更新频率
  publish_frequency: 1.0  #代价地图的发布频率
  transform_tolerance: 0.5  #等待坐标变换发布信息的超时时间
  static_map: true  #是否使用一个地图或者地图服务器来初始化全局代价
地图,如果不使用静态地图,这个参数为 false

plugins:
   -{name: static layer, type: "costmap 2d::StaticLayer"}
#- {name: sonar_layer, type: "range_sensor_layer::RangeSensor-
Layer"}
#- {name: obstacle_layer, type: "costmap_2d::ObstacleLayer"}
 -{name: global inflation layer, type: "costmap 2d:: Inflation-
Layer"}
```

local_costmap_params. yaml 用于局部代价地图参数设置,如下代码所示(这里机器人的局部代价地图只用了 obstacle_layer 和 local_inflation_layer 两个图层):

```
  global_frame: odom  #里程计坐标系
  robot_base_frame: base_footprint  #机器人坐标系
  transform_tolerance: 0.5  #等待坐标变换发布信息的超时时间
  update_frequency: 10.0  #代价地图更新频率
  publish_frequency: 10.0  #代价地图的发布频率
  static_map: false  #不需要静态地图,可以提升导航效果
  rolling_window: true  #是否使用动态窗口,默认为 false,在静态的全局
地图中,地图不会变化
  width:3  #局部地图宽度 单位 m
  height:3  # 局部地图高度 单位 m
  resolution: 0.05  #局部地图分辨率 单位 m,一般与静态地图分辨率保持一
致
plugins:
  #- {name: sonar_layer, type: "range sensor layer::RangeSen-
sorLayer"}
   -{name: obstacle_layer, type: "costmap_2d::ObstacleLayer"}
   -{name: local_inflation_layer, type: "costmap_2d::Inflation-
Layer"}
```

base_local_planner_params 为基本的局部规划器参数配置,这个配置文件设定了机器人的最大和最小速度限制值,也设定了加速度的阈值:

```
TrajectoryPlannerROS:
#Robot Configuration Parameters
  max_vel_x: 0.5 #X 方向最大速度
  min_vel_x: 0.1 #X 方向最小速速
  max_vel_theta:1.0 #
  min_vel_theta: -1.0
  min_in_place_vel_theta: 1.0
  acc_lim_x: 1.0 #X 加速限制
  acc_lim_y: 0.0 #Y 加速限制
  acc_lim_theta: 0.6 #角速度加速限制
#Goal Tolerance Parameters,目标公差
  xy_goal_tolerance: 0.10
  yaw_goal_tolerance: 0.05
#Differential-drive robot configuration
#是否是全向移动机器人
  holonomic_robot: false
#Forward Simulation Parameters,前进模拟参数
  sim_time: 0.8
  vx_samples: 18
  vtheta_samples: 20
  sim_granularity: 0.05
```

以上配置在实际操作中,可能会出现机器人在局部路径规划时与全局路径规划不符而进入膨胀区域出现假死的情况,应尽量避免这种情形。全局路径规划与局部路径规划虽然设置的参数是一样的,但是二者路径规划和避障的职能不同,可以采用不同的参数设置策略:全局代价地图可以将膨胀半径和障碍物系数设置得偏大一些;局部代价地图可以将膨胀半径和障碍物系数设置得偏小一些。这样,在全局路径规划时,规划的路径会尽量远离障碍物,而局部路径规划时,机器人即便偏离全局路径,也会和障碍物之间保留更大的自由空间,从而避免了陷入"假死"的情形。

到这里,导航核心节点 move_base 及相应插件的配置文件就准备好了。下面编写一个启动文件 move_base. launch 从这些配置文件载入参数并启动节点 move_base。启动文件 move_base. launch 的内容代码清单如下:

```
<launch>
  <node pkg="move_base" type="move_base" respawn="false" name=
"move_base" output="screen">
```

```
    <rosparam file="$(find mbot_navigation)/config/move_base_params.yaml" command="load" />

    <rosparam file="$(find mbot_navigation)/config/costmap_common_params.yaml" command="load" ns="global_costmap" />
    <rosparam file="$(find mbot_navigation)/config/costmap_common_params.yaml" command="load" ns="local_costmap" />
    <rosparam file="$(find mbot_navigation)/config/global_costmap_params.yaml" command="load" />
    <rosparam file="$(find mbot_navigation)/config/local_costmap_params.yaml" command="load" />
    <rosparam file="$(find mbot_navigation)/config/base_local_planner_params.yaml" command="load" />
</node>
</launch>
```

准备好导航的各个配置文件和启动文件后，就可以通过下面的命令启动 move_base 运行自主导航：

```
#启动 move_base 自主导航
$ roslaunch mbot_navigation move_base.launch
```

最后，向 move_base 节点发送导航目标点让机器人开始自主导航。发送导航目标点的方式有很多种，比如通过 rviz 图形界面、手机 App、用户自己编写的程序等来发送。无论采用何种方式向 move_base 节点发送导航目标点，其原理都是向 move_base 节点的 topic（topic /move base simple/goal）或 action(action 的服务名称为 move_base)接口发送导航目标点的位姿数据。这里就以 rviz 方式来发送导航目标点，假设 PC 与机器人之间的 ROS 网络通信已经设置好，启动 rviz：

```
$ rviz
```

在 rviz 中订阅/map、/scan、/tf 等信息，并观察机器人的初始位置是否正确。如果机器人的初始位置不正确，则需要用“2D Pose Estimate”按钮手动给定一个正确的初始位置。操作方法很简单，先点击“2D Pose Estimate”按钮，然后将鼠标放置到机器人在地图中的实际位置，最后按住鼠标并拖动鼠标来完成机器人朝向的设置。

初始位置设置正确后，就可以通过 rviz 工具栏的“2D Nav Goal”设置目的地实现导航。操作方法很简单，先点击“2D Nav Goal”按钮，然后将鼠标放置到地图中想让机器人到达的任意空白位置，最后按住鼠标并拖动鼠标来完成机器人朝向的设置。这样，机器人就会开始规划路径并自动导航到指定目标点。在导航过程中，可以尝试添加新的障碍物，机器人也可以自动躲避障碍物。

8.5 实验——冰壶机器人 SLAM 导航

实验以冰壶机器人为例，讨论传感器的使用、SLAM 建图、自主导航以及基于自主导航的应用。

1. 运行底盘的 ROS 驱动

底盘 ROS 驱动一方面订阅控制话题/cmd_vel 并将其解析后转发给电机控制板，另一方面从电机控制板获取电机编码器数据并将其解析后发布到轮式里程计话题/odom 以及 odom - > base_link 的 tf 关系中。通过以下命令启动底盘：

```
$ roslaunch scout_bringup scout_mini_minimal.launch
```

底盘 ROS 驱动一旦启动以后，就可以向话题/cmd_vel 发送线速度和角速度控制量来控制底盘运动。其中，话题 /cmd_vel 的消息类型为 geometry_msgs::Twist。同时，从电机控制板获取到的电机编码器数据将被解析成里程计数据并发布到话题/odom 以及 odom - > base_link 的 tf 关系之中。其中，话题/odom 的消息类型为 nav_msgs::Odometry。

2. 运行激光雷达的 ROS 驱动

激光雷达的 ROS 驱动从激光雷达读取扫描数据并发布到话题/scan。激光雷达 ROS 驱动由相应厂商提供。在冰壶机器人中，启动激光雷达：

```
$ sudo chmod -R 777 /dev/wheeltec_lidar
$ roslaunch lslidar_x10_driver lslidar_x10_serial.launch
```

激光雷达 ROS 驱动一旦启动，就可以从话题/scan 中订阅到激光雷达的扫描数据了。其中，话题/scan 的消息类型为 sensor_msgs::LaserScan。

3. 运行 IMU 的 ROS 驱动

IMU 的 ROS 驱动从 IMU 模块中读取数据并发布到话题 imu。在冰壶机器人中，IMU 数据通过 scout_imu 驱动发布。我们可通过以下命令启动 IMU 的 ROS 驱动：

```
$ rosrun scout_imu scout_imu_node
```

IMU 的 ROS 驱动一旦启动，就可以从话题/imu 中订阅到 IMU 的数据了。其中，话题/imu 的消息类型为 sensor_msgs::Imu。sensor_msgs::Imu 的数据结构如下：

```
[sensor_msgs::Imu.msg]
# Raw Message Definition
Header header
geometry_msgs/Quaternion orientation
float64[9]orientation_covariance
geometry_msgs/Vector3 angular_velocity
```

```
float64[9]angular_velocity_covariance
geometry_msgs/Vector3 linear_acceleration
float64[9]linear_acceleration_covariance
```

4. 运行底盘的 urdf 模型

urdf 模型描述了机器人底盘的形状、传感器之间的安装关系、各个传感器在 tf 树中的关系。其实,冰壶机器人底盘的 urdf 模型主要是提供各个传感器在 tf 树中的静态关系,这些静态 tf 关系将在 SLAM 和导航算法中被使用。根据传感器和冰壶机器人的实际布置方式,确定位置关系,坐标系表示可参考:base_footprint 为里程计坐标系中心,base_laser_link 为激光雷达 base_ footprint 坐标系中心,imu_link 为 IMU 模块坐标系中心,坐标系均为标准右手系。

以 base_footprint 为父坐标系,建立 base_footprint →base_laser_link 及 base_footprint→imu_link 的转换关系,就实现了各个传感器之间 tf 关系的构建。tf 关系构建的具体实现在 scout_description/urdf/scout_mini. urdf 中,具体参考内容如下,根据实际情况进行修改:

```
<robot name ="scout_mini">
<! -- Base link -- >
<link name ="base_link">
</link>
<link name ="base_footprint"/>
<joint name ="base_footprint_joint" type ="fixed">
<origin rpy ="0 0 0" xyz ="0 0  -0.178"/>
<parent link ="base_link"/>
<child link ="base_footprint"/>
</joint>

<! -- laser -- >
<link name ="base_laser_link"/>
<joint name ="base_laser_link_joint" type ="fixed">
<origin rpy ="0.08 0.00 0.065" xyz ="0 0 0"/>
<parent link ="base_footprint"/>
<child link ="base_laser_link"/>
</joint>

<! -- imu -- >
<link name ="imu_link"/>
<joint name ="imu_link_joint" type ="fixed">
```

```
<origin rpy ="-0.025 0.00 0.065" xyz ="0 0 0"/>
<parent link ="base_footprint"/>
<child link ="imur_link"/>
</joint >
```

最后,用下面的命令启动底盘的 urdf 模型,传感器之间的 tf 关系就被发布到 tf 树,通过订阅/tf 就能获取所需的转换关系:

```
$ roslaunch scout_description description.launch
```

5. 传感器一键启动

为了操作方便,可以将要启动的传感器都写入 scout_all_sensor. launch 启动文件,通过这个启动文件就能一键启动机器人底盘的 ROS 驱动、激光雷达的 ROS 驱动、IMU 的 ROS 驱动以及底盘的 urdf 模型。一键启动文件 scout_all_sensor. launch 的内容如下:

```
<launch >
    <! - - scout_mini bring up - - >
    <include file ="$ ( find scout_mini_bringup ) /launch/mini-
mal.launch"/>
    <! - launch laser - - >
    <include file ="$ ( find lslidar_x10) /launch/lslidar_x10_
serial.launch"/>
    <! - - launch imu - - >
    <include file ="$ ( find scout_imu ) /launch/imu.launch"/>
    <! - - robot model - - >
     < include file =" $ ( findscout_description ) /launch/de-
scription.launch"/>
    < /launch >
```

在运行 SLAM 和导航时,我们可以通过一键启动文件 scout_all_sensor. launch 很方便地启动机器人平台相关的节点了:

```
$ roslaunch scout_bringup scout_all_sensor.launch
```

6. 运行激光 SLAM 建图功能

实验中,使用基于激光的 Cartographer 来建图。首先启动机器人平台相关的节点:

```
$ roslaunch scout_bringup scout_all_sensor.launch
```

然后启动 Cartographer 建图节点,也就是在命令行终端运行建图启动文件 scout_mapbuild. launch。关于建图效果调优,可以修改 *. lua 配置文件中的参数:

```
# 激光建图
$ roslaunch cartographer_ros scout_mapbuild. launch
```

接下来,就可以遥控机器人在环境中移动,进行地图构建了,这里使用键盘遥控方式来遥控机器人。键盘启动命令如下:

```
# 首次使用键盘遥控时,需要先安装对应功能包
$ sudo apt install ros-melodic-teleop-twist-keyboard
# 启动键盘遥控
$ rosrun teleop_twist_keyboard teleop_twist_keyboard.py
```

遥控底盘建图的过程中,可以打开 rviz 可视化工具查看所建地图的效果以及机器人实时估计位姿等信息:

```
$ rviz
```

当环境扫描完成,路径回环到起始点后,就可以将 Cartographer 构建的地图结果保存下来。cartographer_ros 提供了将建图结果保存为 *.pbstream 的方法,其实就是调用 cartographer_ros 提供的名为/write_state 的服务。

服务传入参数/home/ubuntu/map/carto_map.pbstream 为地图的保存路径:

```
# 保存地图
$ rosservice call /write_state /home/ubuntu/map/carto_map.pbstream
```

由于 Cartographer 构建的地图是 pbstream 格式,后续导航中使用到的地图是 GridMap 格式,因此需要将 pbstream 格式转换成 GridMap 格式。地图格式转换命令如下(注意:这是一条长命令,不需要换行):

```
# 启动地图格式转换
$ roslaunch cartographer_ros scout_pbstream2rosmap.launch pbstream_filename:=/home/ubuntu/map/carto_map.pbstream map_filestem:=/home/ubuntu/map/carto_map
```

7. 运行自主导航

实验中,冰壶机器人使用 ros-navigation 导航系统进行自主导航,首先启动机器人平台的相关节点,接着载入由 cartographer 构建并保存的地图文件 *.pgm 和 *.yaml 到 ros-navigation,然后载入 *.pbstream 进行重定位,并将重定位融合后的全局定位信息提供给 ros-navigation,最后启动 ros-navigation 中的核心节点 move_base,只要机器人收到导航目标点,就会开始自主导航。

ros-navigation 导航系统只是为我们提供了一个最基本的机器人自主导航接口,即从 A 点到 B 点的单点导航。然而在实际的应用中,机器人往往要完成复杂的任务,这些复杂的任务一般是由一个个基本的任务、以状态机的形式组合在一起。

有限状态机(finite-state machine,FSM)就是在有限个状态之间流转,即 FSM 的下一个状态和输出是由输入和当前状态决定的。FSM 有三个特征:状态总数(state)是有限

的;任一时刻,只处在一种状态之中;某种条件下,会从一种状态转变(transition)到另一种状态。以下基于 ros - navigation 所提供的单点导航接口实现一个简单的应用,即多目标点巡逻。这里采用 Python 来编写多目标点巡航逻辑,具体代码参考如下。其中,waypoint 数组中存放的是要巡航的各个目标点,可以根据实际需求进行相应的替换和增减;with patrol 代码块实现状态机的构建,调用状态机的执行函数,状态机就开始工作了,也就是开始执行巡航了。

多目标点巡逻程序 patrol_fsm. py:

```
#! /usr/bin/env python

import rospy
from smach import StateMachine
from smach_ros import SimpleActionState
from move_base_msgs.msg import MoveBaseAction,MoveBaseGoal

waypoints = [
    ['one',( -0.2, -2.1 ), ( 0.0, 0.0, 0.0, 1.0 )],
     [' two', ( 0.4,  - 1.3 ), ( 0.0, 0.0, - 0.984047240305,
0.177907360295 )],
    ['one ',( 0.0, 0.0 ), ( 0.0, 0.0, 0.0, 1.0 )]
]

if_name_main = = '_main_':
    rospy. init node('patrol')
    Patrol = StateMachine(['succeeded','aborted','preempted'])
    with patrol:
    for i,w in enumerate(waypoints):
      goal_pose = MoveBaseGoal()
      goal_pose. target_pose. header. frame id ='map'
      goal_pose. target_pose. pose. Position. x = w [1] [0]
      goal_pose. target_pose. pose. position. y = w [1] [1]
      goal_pose. target_pose. pose. position. z = 0.0
      goal_pose. target_pose. pose. orientation. x = w [2][0]
      goal_pose. target_pose. pose. orientation. y = w [2][1]
      goal_pose. target_pose. pose. orientation. z = w [2][2]
      goal_pose. target_pose. pose. orientation. w = w[2][3]
```

```
    StateMachine.add(
      w[0],
        SimpleActionState('move_base', MoveBaseAction, goal =
goal_pose),
        transitions = { ' succeeded ' : waypoints[(i +1) % len
(waypoints)] [0]}
    )

  patrol.execute()
```

将 patrol_fsm. py 存放到 patrol/src/路径,然后就可以启动该节点程序进行多目标点巡逻了:

```
#启动多目标点巡逻
$ rosrun patrol patrol_fsm.py
```

以冰壶机器人为例,开展了 SLAM 导航的学习与研究。尝试让冰壶机器人可以进行自动导航、人机对话、用机械臂抓取物体、物体识别等。如果将这些任务结合起来,利用基于深度学习或强化学习的推理机制,机器人就能完成更为复杂和智能的任务。

参考文献

[1] 杨辰光,程龙,李杰. 机器人控制:运动学、控制器设计、人机交互与应用实例[M]. 北京:清华大学出版社,2020.

[2] 郭彤颖,安冬. 机器人学及其智能控制[M]. 北京:人民邮电出版社,2014.

[3] 熊有伦,李文龙,陈文斌,等. 机器人学:建模、控制与视觉[M]. 武汉:华中科技大学出版社,2018.

[4] 贾扎尔 N 雷扎. 应用机器人学:运动学、动力学与控制技术[M]. 周高峰,等译. 北京:机械工业出版社,2018.

[5] QUIGLEY M,GERKEY B,SMART W D. ROS 机器人编程实践[M]. 张天雷,李博,谢远帆,等译. 北京:机械工业出版社,2018.

[6] 董豪,丁子涵,仉尚航,等. 深度强化学习:基础、研究与应用[M]. 北京:电子工业出版社,2021.

[7] 戴伊. Python 图像处理实战[M]. 陈盈,邓军,译. 北京:人民邮电出版社,2020.

[8] 王耀南,彭金柱,卢笑,等. 移动作业机器人感知、规划与控制[M]. 北京:国防工业出版社,2020.

[9] 王珂,冯伟. 冰壶投壶技术分析[J]. 冰雪运动,2006(1):39 – 41.

[10] 蔡怀宇,黄战华,张昊,等. 模式识别和图像分析技术在冰壶运动中的应用[J]. 仪器仪表学报, 2002(S1):210 – 211.

[11] 邵蔚. 基于强化学习的冰壶比赛策略生成方法研究[D]. 哈尔滨:哈尔滨工业大学,2018.

[12] 王学峰. 冰壶运动技术的数据采集与分析系统的研究与实现[D]. 成都:电子科技大学,2014.

[13] 金晶,姜宇,李丹丹,等. 基于冰壶机器人的人工智能实验教学设计与实践[J]. 实验技术与管理,2020,37(4):210 – 212,230.

[14] 姜宇,金晶,李丹丹. 智能冰壶机器人实践教学平台设计与建设[J]. 黑龙江教育(高教研究与评估),2022(8):39 – 41.

[15] 赵海阔. 基于强化学习的数字冰壶策略研究[D]. 哈尔滨:哈尔滨工业大学,2021.

[16] 穆亮. 冰壶竞技战术研究:以中国女子冰壶队为个案[D]. 长春:东北师范大学,2015.

[17] 李凌姝,钱军,王骏,等. 冰壶入门与教学实践[M]. 上海:上海世界图书出版公

司,2015.

[18] 李彤. 智能视频监控下的多目标跟踪技术研究[D]. 合肥:中国科学技术大学,2013.

[19] REDMON J,DIVVALA S,GIRSHICK R,et al. You only look once:unified,real - time object detection[C]//2016 IEEE Conference on Computer Vision and Pattern Recognition (CVPR). June 27 - 30,2016. Las Vegas,NV,USA. IEEE,2016:779 - 788.

[20] NIU Jiqiang,TANG Wenwu,XU Feng,et al. Global research on artificial intelligence from 1990—2014: spatially - explicit bibliometric analysis[J]. ISPRS international journal of geo - information,2016,5(5):66.

[21] SILVER D,HUANG A,MADDISON C J,et al. Mastering the game of Go with deep neural networks and tree search[J]. Nature,2016,529(7587):484 - 489.

[22] ITO T, KITASEI Y. Proposal and implementation of "digital curling" [C]//2015 IEEE Conference on Computational Intelligence and Games (CIG). August 31 - September 2,2015. Tainan,Taiwan,China. IEEE,2015:469 - 473.

[23] COOK S. CUDA 并行程序设计:GPU 编程指南[M]. 苏统华,李东,李松泽,等译. 北京:机械工业出版社,2014.

[24] 施一飞. 对使用 TensorRT 加速 AI 深度学习推断效率的探索[J]. 科技视界,2017(31):26 - 27.

[25] 张光河. Ubuntu Linux 基础教程[M]. 北京:清华大学出版社,2018.

[26] MATTHES E. Python 编程:从入门到实践[M]. 袁国忠,译. 北京:人民邮电出版社,2016.

[27] 胡春旭. ROS 机器人开发实践[M]. 北京:机械工业出版社,2018.

[28] YAMAMOTO M,KATO S, IIZUKA H. Digital curling strategy based on game tree search [C]//2015 IEEE Conference on Computational Intelligence and Games (CIG). August 31 - September 2,2015. Tainan,Taiwan,China. IEEE,2015:474 - 480.

[29] LEE K, KIM S A, CHOI J, et al. Deep reinforcement learning in continuous action spaces: a case study in the game of simulated curling[C]. Stockholm, Sweden, International Conference on Machine Learning,2018:2937 - 2946.

[30] CHOI J H,NAM K,OH S. High - accuracy driving control of a stone - throwing mobile robot for curling[J]. IEEE transactions on automation science and engineering,2022,19(4):3210 - 3221.

[31] CHOI J H,SONG C Y,KIM K,et al. Development of stone throwing robot and high precision driving control for curling[C]//2018 IEEE/RSJ International Conference on Intelligent Robots and Systems (IROS). October 1 - 5,2018. Madrid. IEEE,2018:2434 - 2440.

[32] LASKEY M,CHUCK C,LEE J,et al. Comparing human - centric and robot - centric

sampling for robot deep learning from demonstrations[C]//2017 IEEE International Conference on Robotics and Automation (ICRA). May 29 - June 3,2017. Singapore, Singapore. IEEE,2017:358 - 365.

[33] JOHNS E, LEUTENEGGER S, DAVISON A J. Deep learning a grasp function for grasping under gripper pose uncertainty[C]//2016 IEEE/RSJ International Conference on Intelligent Robots and Systems (IROS). ACM,2016:4461 - 4468.

[34] MAHLER J, LIANG J, NIYAZ S, et al. Dex - net 2.0: deep learning to plan robust grasps with synthetic point clouds and analytic grasp metrics[C]. Cambridge: Robotics Science and Systems (RSS),2017.

[35] WU B H, AKINOLA I, GUPTA A, et al. Generative attention learning: a "GenerAL" framework for high - performance multi - fingered grasping in clutter[J]. Autonomous robots,2020,44(6):971 - 990.

[36] FANG Haoshu, WANG Chenxi, GOU Minghao. GraspNet - 1billion: a large - scale benchmark for general object grasping[C]//2020 IEEE/CVF Conference on Computer Vision and Pattern Recognition (CVPR), 2020.

[37] WOJKE N, BEWLEY A, PAULUS D. Simple online and realtime tracking with a deep association metric[C]//2017 IEEE International Conference on Image Processing (ICIP), 2017.

[38] BEWLEY A, GE Z Y, OTT L, et al. Simple online and realtime tracking[C]//2016 IEEE International Conference on Image Processing (ICIP). September 25 - 28, 2016. Phoenix, AZ, USA. IEEE,2016:3464 - 3468.

[39] TREMBLAY J, TO T, SUNDARALINGAM B, et al. Deep object pose estimation for semantic robotic grasping of household objects[C]. Zurich, Switzerland: 2nd Conference on Robot Learning,2018.

[40] 肖智清. 强化学习:原理与 Python 实现[M]. 北京:机械工业出版社,2019.

[41] TSUNEDA T, KUYOSHI D, YAMANE S. Q - learning in continuous action space by extending EVA[C]//2020 Eighth International Symposium on Computing and Networking Workshops (CANDARW). November 24 - 27, 2020. Naha, Japan. IEEE, 2020:489 - 491.

[42] ZHAO L, JIN J, LIN W Y, et al. Design and implementation of human - machine safety system based on visual perception[C]//2021 China Automation Congress (CAC). October 22 - 24, 2021. Beijing, China. IEEE, 2021:7270 - 7275.

[43] MORRISON D, CORKE P, LEITNER J. Learning robust, real - time, reactive robotic grasping[J]. The international journal of robotics research, 2020, 39(2/3): 183 - 201.

[44] LEVINE S, PASTOR P, KRIZHEVSKY A, et al. Learning hand - eye coordination for robotic grasping with deep learning and large - scale data collection[J]. The inter-

national journal of robotics research, 2018, 37(4/5): 421 -436.

[45] LENZ I,LEE H, SAXENA A. Deep learning for detecting robotic grasps[J]. Journal of robotics research, 2015, 34(4/5):705 -724.

[46] SILVER D,HUBERT T,SCHRITTWIESER J,et al. A general reinforcement learning algorithm that masters chess, shogi, and Go through self - play[J]. Science, 2018, 362(6419):1140 -1144.

[47] 张虎. 机器人 SLAM 导航:核心技术与实战[M]. 北京:机械工业出版社,2022.

[48] JOSEPH L. ROS robotics projects: build a variety of awesome robots that can see, sense, move, and do a lot more using the powerful Robot Operating System[M]. Birmingham: Packt Publishing,2017.

[49] YOONSEOK P, HANCHEOL C, RYUWOON J, et al. ROS robot programming [M]. Seoul: Robotis Co, Ltd,2017.

[50] QUIGLEY M, GERKEY B, SMART W D. Programming robots with ROS[M]. New York: O'Reilly Media, Inc,2015.

[51] FERNÁNDEZ - MADRIGAL J - A, CLARACO J L B. Simultaneous localization and mapping for mobile robots: introduction and methods[M]. Pennsylvania: IGI Global, 2013.

[52] PRASAD K V. Fundamentals of statistical signal processing: estimation theory[J]. Control engineering practice,1994,2(4):728.

[53] 王宜举,修乃华. 非线性规划理论与算法[M]. 2 版. 西安:陕西科学技术出版社,2008.

[54] DELLAERT F, KAESS M. Square root SAM: simultaneous localization and mapping via square root information smoothing [J]. The international journal of robotics research, 2006, 25(12): 1181 -1203.

[55] GRISETTI G, STACHNISS C, BURGARD W. Improved techniques for grid mapping with rao - blackwellized particle filters[J]. IEEE transactions on robotics, 2007, 23(1): 34 -46.

[56] MORAVEC H P. Sensor fusion in certainty grids for mobile robots[J]. AI magazine, 1988,9(2):61 -74.

[57] HESS W,KOHLER D,RAPP H,et al. Real - time loop closure in 2D LIDAR SLAM [C]//2016 IEEE International Conference on Robotics and Automation (ICRA). May 16 -21,2016. Stockholm,Sweden. IEEE,2016.

[58] ZHANG J,SINGH S. LOAM:lidar odometry and mapping in real - time[C]//Robotics:Science and Systems X. Robotics:science and systems foundation,2014.

[59] 陈孟元. 移动机器人 SLAM、目标跟踪及路径规划[M]. 北京:北京航空航天大学出版社,2018.

[60] TOVAR B, MUÑOZ - GÓMEZ L, MURRIETA - CID R, et al. Planning exploration strategies for simultaneous localization and mapping[J]. Robotics & autonomous systems, 2006, 54(4): 314 - 331.

[61] LAWLER G F. 随机过程导论[M]. 张景肖, 译. 2 版. 北京: 机械工业出版社, 2010.

[62] SUTTON R S, BARTO A G. 强化学习[M]. 俞凯, 等译. 2 版. 北京: 电子工业出版社, 2019.

[63] LIU L, DUGAS D, CESARI G, et al. Robot navigation in crowded environments using deep reinforcement learning[C]//2020 IEEE/RSJ International Conference on Intelligent Robots and Systems (IROS). October 24 2020 - January 24, 2021, Las Vegas, NV, USA. IEEE, 2020.

[64] CHEN C G, LIU Y J, KREISS S, et al. Crowd - robot interaction: crowd - aware robot navigation with attention - based deep reinforcement learning[C]//2019 International Conference on Robotics and Automation (ICRA). ACM, 2019: 6015 - 6022.